教育部高等学校电子信息类专业教学指导委员会规划教材

高等学校电子信息类专业系列教材·新形态教材

无线通信原理与技术

熊磊 陈霞 徐少毅 编著

清华大学出版社

北京

内 容 简 介

本书是一部介绍无线通信原理和技术的新形态教程(含纸质图书、教学课件、微课视频、习题解答、虚拟实验、思政案例等)。

全书共11章。第1章为无线通信概论；第2～4章分别介绍无线电波传播、窄带无线信道、宽带和方向性信道；第5～8章分别介绍数字调制解调、信道编码、均衡、分集等无线通信关键技术；第9～11章分别介绍扩展频谱、正交频分复用和多天线等3G、4G和5G的关键技术。

为便于读者高效学习，本书提供配套的MOOC课程(48学时)，包括完整的微课视频、教学课件，并配备了习题与解答、虚拟实验以及在线论坛交流服务等内容。

本书适合作为高等学校通信工程及相关专业本科生和研究生的课程教材，也可作为相关领域工程技术人员的参考书和企业培训教材。

图书在版编目(CIP)数据

无线通信原理与技术/熊磊，陈霞，徐少毅编著. —北京：清华大学出版社，2024.1(2025.2重印)
高等学校电子信息类专业系列教材.新形态教材
ISBN 978-7-302-65347-9

Ⅰ.①无… Ⅱ.①熊… ②陈… ③徐… Ⅲ.①无线电通信－高等学校－教材 Ⅳ.①TN92

中国国家版本馆CIP数据核字(2024)第039447号

责任编辑：盛东亮　吴彤云
封面设计：李召霞
责任校对：时翠兰
责任印制：沈　露

出版发行：清华大学出版社
　　网　　址：https://www.tup.com.cn，https://www.wqxuetang.com
　　地　　址：北京清华大学学研大厦A座　　**邮　　编**：100084
　　社 总 机：010-83470000　　**邮　　购**：010-62786544
　　投稿与读者服务：010-62776969，c-service@tup.tsinghua.edu.cn
　　质量反馈：010-62772015，zhiliang@tup.tsinghua.edu.cn
　　课件下载：https://www.tup.com.cn，010-83470236
印 装 者：三河市君旺印务有限公司
经　　销：全国新华书店
开　　本：185mm×260mm　　**印　　张**：18.75　　**字　　数**：458千字
版　　次：2024年3月第1版　　**印　　次**：2025年2月第2次印刷
印　　数：1501～2300
定　　价：69.00元

产品编号：090382-01

推荐序

FOREWORD

改革开放以来，我国无线移动通信取得了飞速发展。截至2023年底，我国已累计开通337万余个5G基站，建成全球规模最大的5G移动通信网络。以无线移动通信为代表的新一代信息通信技术，为传统产业数字化、网络化、智能化融合发展深度赋能，推动全球进入数字经济新时代，是建设制造强国、网络强国和数字中国的基石。

党的二十大报告指出，"培养造就大批德才兼备的高素质人才，是国家和民族长远发展大计"。无线移动通信产业的快速发展，离不开大量高素质的科技创新和工程技术人才。与无线移动通信相关的课程越来越得到高校的重视。然而，无线移动通信技术的快速发展，对课程教学提出了严峻挑战。学生、教师、科研人员和工程技术人员都需要一本面向前沿技术和工程实际且内容丰富的参考书。

本书的3位编者均长期从事无线通信研究，并承担无线通信教学工作十余年，有着深厚的理论基础、丰富的教学经历和一定的工程实践经验。他们很好地将无线通信最新研究进展和产业发展热点融入本书，如大规模MIMO(Massive MIMO)、智能超表面(RIS)、非平稳无线信道、非正交多址接入(NOMA)等5G和6G的前沿技术。同时，本书重视基本概念、基本原理和基本规律，能够为读者在无线通信领域的进一步学习和研究打下扎实的基础。

随着无线移动通信技术的飞速发展，研究越来越离不开数学和物理等相关基础理论的支持。但深奥和繁杂的数学公式和推导过程往往又令学生和工程技术人员望而却步。本书在编写上重视物理概念和内在规律的解读，内容深入浅出。

作为一本新形态教材，除了纸质书以外，本书还配套有MOOC课程、微课视频和教学课件，能够激发学生学习兴趣，提升教学效果。书中提供延伸学习所需的部分文献和资料的下载链接，满足不同读者差异化的需求。

本书重视课程思政建设，凝炼了十多个课程思政案例，大力弘扬爱国主义，厚植家国情怀，树立远大理想，培养职业道德，树立辩证唯物主义的科学观。课程思政案例有高度，有温度，接地气，有的放矢，言之有物，实现了课程思政和专业教学的相得益彰，落实了立德树人的根本任务。

我很高兴看到本书的出版，相信本书对于无线移动通信领域的本科生、研究生、科研人员和工程技术人员会有所裨益。

谈振辉

北京交通大学

前言

PREFACE

近40年，无线通信成为电信产业中发展最迅猛的分支，无线通信技术已经渗透到国民经济的各个方面。无线通信技术是推动数字经济、建设“数字强国”“网络强国”和“制造强国”的重要组成部分。5G也已成为“新基建”的战略排头兵和重要基础设施。“4G改变生活，5G改变社会”正在成为现实。

面对快速发展的无线通信技术，本书系统地阐述无线通信基本概念、基本原理，帮助读者形成较为完整的无线通信知识体系；积极反映无线通信技术(如5G和6G)的最新发展，如毫米波通信、大规模MIMO和智能超表面(RIS)等。本书还特别强调面向工程应用，培养熟练使用无线通信基本原理和分析方法进行计算和设计的能力，旨在提升读者解决复杂工程问题的能力。

本书摒弃了非必要的公式推导和理论证明，尽可能降低学习的难度，聚焦于公式的物理意义。读者只需要具备基本的“高等数学”“信号处理”“通信原理”等课程的知识即可开展学习。

中国大学MOOC的“无线通信基础”在线课程采用本书作为教材，在线课程配备了课程视频、课件、作业和测试题，以及常见问答等。课程上线4年来，已吸引了超过27000人次学习。

课程组自主设计开发了“5G电波传播与无线信道测量虚拟仿真实验”，可以帮助读者更深入地理解电波传播与无线信道知识点，提升实际操作能力和解决工程的能力。

全书共11章。第1章为无线通信概论。第2～4章分别介绍无线电波传播、窄带无线信道、宽带和方向性无线信道。第5～8章分别介绍数字调制解调、信道编码、均衡、分集等无线通信关键技术。第9～11章分别介绍扩频技术、正交频分复用技术和多天线技术等3G、4G和5G的关键技术。

本书的出版得到了北京交通大学先进轨道交通自主运行全国重点实验室的支持，相关研究工作得到了中央高校基本科研业务费专项资金(2022JBXT001)、国家自然科学基金“地区联合基金”(U21A20445)等科研项目的资助，特此感谢。

恩师北京交通大学原校长谈振辉教授对书稿进行了认真的审阅，提出了很多宝贵意见，并撰写了推荐序，在此表示衷心感谢。

同时特别感谢清华大学出版社盛东亮、钟志芳、吴彤云等编辑的大力支持和帮助，如果没有他们，这本书很可能无法问世。最后衷心感谢所有支持和帮助我们的领导、专家和各界朋友。

由于编者水平有限，书中难免有疏漏或不足之处，恳请读者批评指正。

编　者

2024年3月

知识结构

KNOWLEDGE STRUCTURE

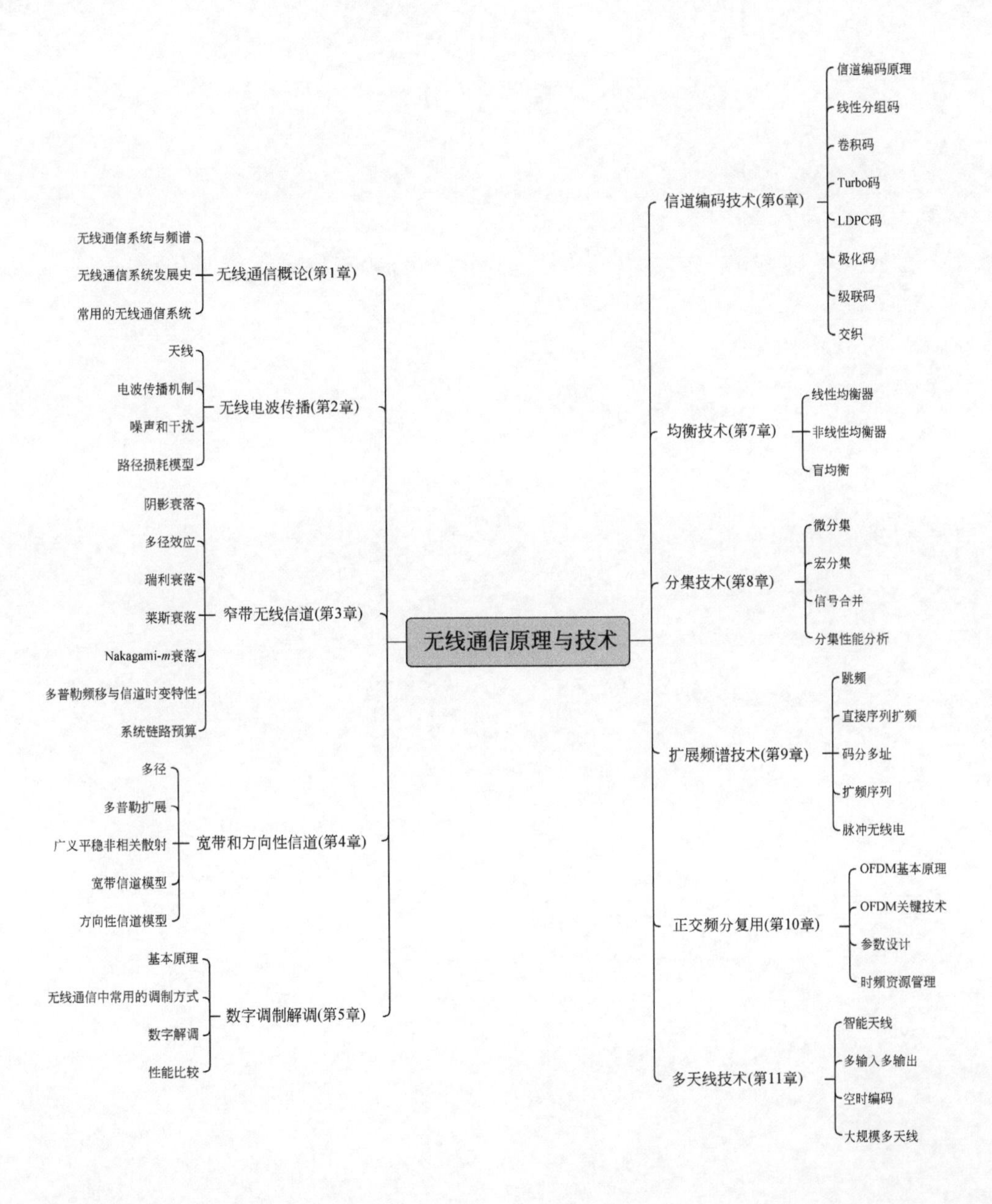

教学建议

TEACHING SUGGESTIONS

序号	教学内容	学习要点及教学要求	推荐学时
1	第1章　无线通信概论	1. 了解无线通信的概念与无线通信频率 2. 了解无线通信发展史 3. 了解各类无线通信系统 4. 了解无线通信面临的技术挑战	2
2	第2章　无线电波传播	1. 了解全向天线、定向天线、天线增益、有效全向辐射功率等概念 2. 掌握无线电波的主要传播机制和传播特性 3. 掌握噪声的基本特征和计算方法 4. 掌握不同传播机制下路径损耗的基本特征和计算方法 5. 掌握工程上常用的路径损耗模型	4
3	第3章　窄带无线信道	1. 理解小尺度衰落的成因，掌握小尺度衰落特点和小尺度衰落余量计算方法 2. 理解多普勒谱的成因和信道的时间相关性，掌握多普勒频移的计算方法 3. 理解大尺度衰落的成因，掌握大尺度衰落分布特性和衰落余量计算方法 4. 掌握链路预算的基本方法，能够进行基站部署设计	4
4	第4章　宽带和方向性信道	1. 理解宽带信道中多径传播时延扩展的机理，了解符号间干扰和频率选择性衰落的成因，能够熟练地进行时延均值、均方根时延扩展和相干带宽的计算 2. 理解在多径环境中，由于收发机相对移动导致的多普勒扩展的机理，了解时变衰落的成员，能够熟练地进行多普勒均值、均方根多普勒扩展和相干带宽的计算，掌握衰落类型的判定方法 3. 理解广义平稳非相关散射的含义，掌握无线信道抽头延迟线仿真方法 4. 理解方向性信道的主要特性和仿真方法 5. 了解常用的宽带信道模型和方向性信道模型	5
5	实验1　5G电波传播测量实验	1. 直观了解实际环境中无线电波传播过程和传播机制 2. 掌握覆盖场强和路径损耗测量方法 3. 掌握基站优化选址方法	2

续表

序号	教学内容	学习要点及教学要求	推荐学时
6	实验 2　5G 无线信道测量实验	1. 掌握多径时延测量方法，不同环境多径时延的差异，直观感受多径时延对信号传输的影响 2. 掌握多普勒频移测量方法，了解移动速度和方向与多普勒频移的关系，直观感受多普勒频移对信号传输的影响	2
7	第 5 章　数字调制解调	1. 了解调制的基本原理和目标 2. 了解信号空间构建和信号在信号空间中的表示方法 3. 了解脉冲成形基本原理，分析不同成形方式和参数对成形脉冲频域和时域的影响 4. 掌握常用的数字调制方式，计算调制方式的频谱利用率，比较不同调制方式的优缺点 5. 了解多种解调准则，掌握相干解调与非相干解调 6. 能够计算 AWGN 信道下多种调制方式的误比特率和误码率；掌握不同信道下，不同调制方式的性能，分析影响性能的主要因素	6
8	第 6 章　信道编码技术	1. 了解信道编码的基本原理 2. 了解线性分组码基本原理、编码和译码算法 3. 了解卷积码基本原理、编码器设计和编码方法，掌握 Viterbi 译码算法 4. 掌握 Turbo 码基本原理和编码器结构，常用软信息和外信息的基本概念和计算方法，掌握 Turbo 码译码原理 5. 了解低密度奇偶校验码(LDPC)基本原理、图形表示和编码算法，掌握 BP 译码算法，分析低密度奇偶校验码和 Turbo 码的优缺点 6. 了解极化的基本原理，了解极化码的编码和译码原理 7. 了解衰落信道中交织的意义，常用的交织方法，交织器带来的性能提升和付出的代价	6
9	第 7 章　均衡技术	1. 了解均衡技术的基本原理 2. 了解均衡技术分类方法 3. 掌握迫零均衡和最小均方误差均衡原理，掌握迫零均衡器和最小均方误差均衡器设计方法，分析两类均衡器的特点 4. 掌握最大似然序列估计原理与实现方法 5. 了解判决反馈均衡器原理与实现方法 6. 了解盲均衡概念和特点	4
10	第 8 章　分集技术	1. 了解分集技术的基本原理 2. 掌握常用的 5 种微分集的基本形式、各种微分集技术的应用场合、参数设置方式和优缺点 3. 了解对抗阴影衰落的宏分集技术 4. 掌握常用的信号合并方式的基本原理，能够计算合并信号信噪比，能够分析不同合并方式的优缺点 5. 了解衰落信道中分集接收性能	3

续表

序号	教学内容	学习要点及教学要求	推荐学时
11	第9章　扩展频谱技术	1. 了解跳频通信技术的基本原理和性能特点 2. 掌握直接序列扩频与解扩的基本原理和性能特点，特别是对抗多径衰落的原理 3. 掌握多址技术原理，理解码分多址的特点 4. 掌握常用的扩频序列的产生方法和主要特点 5. 了解跳时脉冲无线电的基本原理	4
12	第10章　正交频分复用	1. 了解正交频分复用基本原理、系统模型和数字实现方式 2. 掌握正交频分复用对抗多径的原理 3. 掌握衰落信道中正交频分复用参数的设置方式 4. 了解正交频分多址的原理和特点，了解时频域资源的高效管理方法	4
13	第11章　多天线技术	1. 掌握多天线的基本原理，了解信道容量的定义和计算方法 2. 掌握波束赋形基本原理、实现方式和特点 3. 掌握空时编码的原理、分类和特点 4. 了解大规模 MIMO 的含义和特点	2
教学总学时建议			48

说明：

1. 本书为电子信息类本科专业“无线通信”课程教材，建议学时为48学时，不同专业根据不同的教学要求和计划学时数酌情对教材内容进行适当取舍。
2. 本书理论授课学时数为44学时，其中包含习题课、测验等必要的课内教学环节。
3. 本书配套了两个虚拟仿真实验，共4学时。

物理量符号及单位

符　号	符号名称	单　位	单位名称
d	距离	m	米
$\boldsymbol{r}$	空间位置矢径	m	米
A	面积	m^2	平方米
v	移动速度	m/s	米每秒
E	电场强度	F/m	法[拉]每米
E_s	符号能量	J	焦[耳]
E_b	比特能量	J	焦[耳]
R_s	符号速率	symbol/s	符号每秒
R_b	比特速率	b/s	比特每秒
G	增益[量]	—	
L	衰减/损耗[量]	—	
P	功率	W	瓦[特]
T	时间	s	秒
h	高度	m	米
r	信号幅度	V	伏[特]
ε	相对介电常数	—	
σ	电导率	S/m	西[门子]每米
n	折射率	—	
	路径损耗指数	—	
f	频率	Hz	赫[兹]
f_d	多普勒频移	Hz	赫[兹]
ω	角频率	rad/m	弧度每米
λ	波长	m	米
k	波数	—	
c	[真空中]光速	m/s	米每秒
ν_F	菲涅耳参数	—	
F	菲涅耳半径	m	米
	噪声系数	—	
ρ	相关系数	—	
N	噪声功率谱密度	dBm/Hz	分贝每赫兹
B	带宽	Hz	赫[兹]
α	滚降系数	—	
	归一化系数	—	
β	偏移系数	—	
M	衰落余量	—	
τ	时延	s	秒
γ	信噪比	—	

续表

符　　号	符号名称	单　　位	单位名称
η	效率	—	
Γ	反射系数	—	
T	透射系数	—	
θ	相移[量],角度	rad	弧度
φ	相移[量],角度	rad	弧度

目录

CONTENTS

视频目录

VIDEO CONTENTS

视频名称	时长/min	位置
第1-1集　无线通信系统与频谱	4	1.1节
第1-2集　无线通信发展史	13	1.2节
第1-3集　常用的无线通信系统	4	1.3节
第1-4集　无线通信面临的挑战	5	1.4节
第2-1集　天线	30	2.1节
第2-2集　电波传播机制与直射	10	2.2节
第2-3集　反射与透射	15	2.2.2节
第2-4集　绕射与散射	9	2.2.3节
第2-5集　噪声和干扰	28	2.3节
第3-1集　概述与阴影衰落	16	3.1节
第3-2集　多径效应	6	3.3节
第3-3集　瑞利衰落	18	3.4节
第3-4集　莱斯衰落	13	3.5节
第3-5集　多普勒频移与信道时变特性	33	3.7节
第3-6集　系统链路预算	15	3.8节
第4-1集　多径	11	4.1节
第4-2集　多普勒扩展	5	4.2节
第4-3集　广义平稳非相关散射与宽带信道模型	6	4.3节
第4-4集　方向性信道模型	4	4.5节
第5-1集　调制解调原理	13	5.1节
第5-2集　无线通信常用的调制方式	32	5.2节
第5-3集　数字解调	23	5.3节
第6-1集　信道编码原理	34	6.1节
第6-2集　线性分组码	33	6.2节
第6-3集　卷积码	46	6.3节
第6-4集　Turbo码	41	6.4节
第6-5集　LDPC码	46	6.5节
第6-6集　交织与级联码	13	6.7节
第7-1集　概述	20	7.1节
第7-2集　线性均衡器	11	7.2节
第7-3集　判决反馈均衡器	25	7.3节
第7-4集　最大似然序列估计-Viterbi检测	7	7.4节
第7-5集　盲均衡	3	7.5节

续表

视频名称	时长/min	位置
第 8-1 集　基本原理	6	8.1 节
第 8-2 集　微分集	15	8.2 节
第 8-3 集　宏分集	3	8.3 节
第 8-4 集　信号合并	20	8.4 节
第 8-5 集　分集增益	6	8.5 节
第 9-1 集　跳频	13	9.1 节
第 9-2 集　直接序列扩频与码分多址	24	9.2 节
第 9-3 集　扩频序列	9	9.4 节
第 9-4 集　脉冲无线电	3	9.5 节
第 10-1 集　概述与 OFDM 关键技术	13	10.1 节
第 10-2 集　数字实现	6	10.2.2 节
第 10-3 集　抗多径	10	10.2.3 节
第 10-4 集　参数设计	6	10.4 节
第 10-5 集　时频资源管理	8	10.5 节
第 11-1 集　概述与信道容量	19	11.2 节
第 11-2 集　波束赋形	7	11.2 节
第 11-3 集　空时编码	13	11.3 节
第 11-4 集　大规模 MIMO 技术	3	11.4 节

第1章 无线通信概论

CHAPTER 1

100 多年来，无线通信取得了飞速发展。各种无线通信系统已经进入了生产生活的各个领域，和水、电、交通等一起成为不可或缺的基础设施，与每个人的生活和工作息息相关。"4G 改变生活，5G 改变社会"。无线通信已经改变了我们的生活方式、生产方式、思维方式，改变了整个社会的面貌。

本章将介绍无线通信的基本概念和频谱，回顾无线通信发展史，介绍常用的无线通信系统，并分析无线通信面临的挑战。

1.1 无线通信系统与频谱

1.1.1 什么是无线通信

第 1-1 集
微课视频

无线通信是利用电磁波可以在空间中传播的特性进行信息交换的一种通信方式。顾名思义，无线通信摆脱了线的束缚，是实现"任何人（Whoever）在任何时间（Whenever）和任何地方（Wherever），以任何方式（Whatever）与任何人（Whoever）进行通信"的通信终极目标（5W）的必由之路。

无线通信利用电磁波传输信息，电磁波是信息的载体。信息可以加载在电磁波的幅度上，也可以加载在频率、相位和极化方式上，也可以是上述的组合。

电磁波能量的传输不是无线通信的目的，这一点与微波炉和无线充电有着本质的不同。然而，当前在一些无线通信系统，如无线传感网中，也在研究信息与能量的同传技术。

1.1.2 无线通信频谱

电磁波按照波长（或频段）可分为电波、微波、红外线、可见光、紫外线、X 射线、γ 射线等，如图 1-1 所示。表 1-1 给出了无线通信主要使用的 300GHz 以下频段的划分。

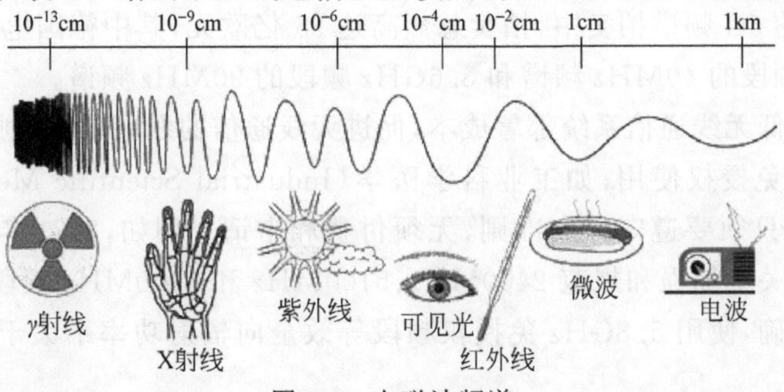

图 1-1 电磁波频谱

表 1-1 无线通信系统主要使用频段

频段名称	频率范围	波长范围/m	频段别名
极低频(ELF)	3～30Hz	10^8～10^7	极长波
超低频(SLF)	30～300Hz	10^7～10^6	超长波
特低频(ULF)	300Hz～3kHz	10^6～10^5	特长波
甚低频(VLF)	3～30kHz	10^5～10^4	甚长波
低频(LF)	30～300kHz	10^4～10^3	长波
中频(MF)	300kHz～3MHz	10^3～10^2	中波
高频(HF)	3～30MHz	10^2～10	短波
甚高频(VHF)	30～300MHz	10～1	米波
特高频(UHF)	300MHz～3GHz	1～0.1	分米波
超高频(SHF)	3～30GHz	0.1～0.01	厘米波
极高频(EHF)	30～300GHz	0.01～0.001	毫米波

1. 频率是无线通信最宝贵的资源

无线电频率资源有限。当前无线通信系统主要使用 300MHz～300GHz 的微波频段。而且,无线电信号是在开放的环境中传输,信号之间容易相互干扰。在无线通信发展的早期,由于未对频率进行授权,用户可以随意使用频率,导致了严重的干扰。早在 1906 年,《电气世界》就指出,"情况发展到非常复杂的地步,除非很快采取措施,否则就会变为类似电话中转站的情形,所有人都在同一条线上同时说话……现在对无线电报要么是进行管理,要么是任其陷入混乱,两者中当然是前者为好"。

为了合理使用频率资源,保证各种通信业务和系统彼此之间不会干扰,国际电信联盟无线电通信部门(ITU-R)颁布了国际无线电规则,对各种业务和通信系统所使用的无线频段进行了统一的规定。按照国际无线电规则规定,现有的无线电通信共分为航空通信、航海通信、陆地通信、卫星通信、广播、电视、无线电导航、定位,以及遥测、遥控、空间探索等 50 多种不同的业务,并对每种业务都规定了一定的频段。这些频段的频率范围在各个国家和地区实际应用时会略有不同,但都必须在国际规定的范围内。

为保证无线通信系统的正常工作,各国都出台法律法规,对无线电频率进行管理。《中华人民共和国无线电管理条例》第三条规定:"无线电频谱资源属于国家所有。国家对无线电频谱资源实行统一规划、合理开发、有偿使用的原则。"第六条规定:"任何单位或者个人不得擅自使用无线电频率,不得对依法开展的无线电业务造成有害干扰,不得利用无线电台(站)进行违法犯罪活动。"

无线电频率是无线通信中最宝贵的资源,在很多国家都通过拍卖获得。例如,在 2019 年 6 月德国进行的 5G 频谱拍卖中,拍卖总额高达 65 亿欧元,其中德国电信花费约 22 亿欧元购买了 2GHz 频段的 40MHz 频谱和 3.6GHz 频段的 90MHz 频谱。

另外,为了降低无线通信系统部署成本,促进无线通信的发展,鼓励创新,各国又专门留出一些频段,用于免授权使用,如工业科学医学(Industrial Scientific Medical,ISM)频段。使用免授权频段,只须要遵守一定准则,无须付费和申请。例如,2021 年 9 月 8 日印发的《工业和信息化部关于加强和规范 2400MHz、5100MHz 和 5800MHz 频段无线电管理有关事宜的通知》中明确,使用 5.8GHz 免授权频段等效全向辐射功率不大于 100mW 时,无须取得无线电频谱使用许可。

各国对 ISM 频段的规定并不统一。例如，美国有 3 个 ISM 频段，分别为 902～928MHz、2400～2484.5MHz 和 5725～5850MHz。当前广泛使用的无线局域网(IEEE 802.11b/IEEE 802.11g)、无绳电话、蓝牙、射频识别(Radio Frequency Identification，RFID)等无线通信系统，均工作在 ISM 频段。

2. 不同频段电磁波特性不同

不同频段的电磁波特性不同，因此需要根据业务和系统的特点，选择合适的电磁波频段。

1) 低频

低频的频率范围为 30～300kHz，也称为长波。低频具有以下特点。

(1) 大气衰减小，可以实现上万千米传输。

(2) 海水衰减小，能够深入海面以下数百米。

(3) 信号传播稳定，受电离层扰动干扰小。

(4) 可用带宽极窄，数据速率低，天线架设困难。

因此，长波一般用于与岸-潜(艇)通信。

2) 高频

高频的频率范围为 3～30MHz，也称为短波。高频具有以下特点。

(1) 可以通过电离层反射，能够实现几千甚至数万千米传输，如图 1-2 所示。

(2) 信号传播不稳定，传输质量差。

短波广泛应用于调幅广播、军事通信、应急通信等。

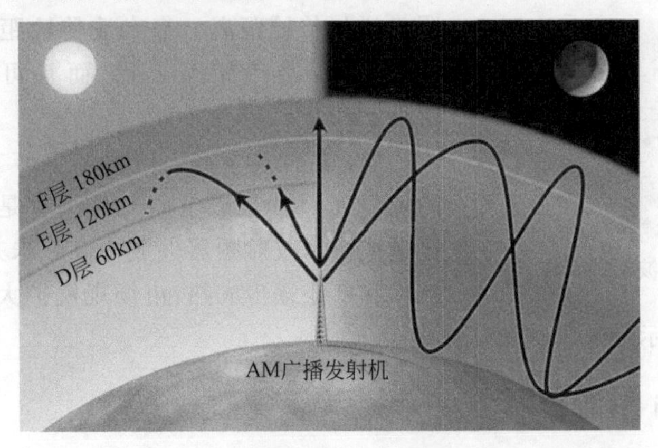

图 1-2 短波信号通过电离层反射

3) 特高频和超高频

特高频的频率范围为 300MHz～3GHz，也称为分米波；超高频的频率范围为 3～30GHz，也称为厘米波。特高频和超高频具有以下特点。

(1) 可用带宽较大。

(2) 覆盖范围适中(数百米到数十千米)。

(3) 发射和接收设备成本低。

(4) 易于部署。

特高频和超高频是当前无线通信系统使用最多的频段，如蜂窝移动通信、无线局域网等均使用该频段。

1.1.3 毫米波通信

6GHz 以下的频段(Sub-6GHz),具有信号覆盖范围较大、射频器件成本较低、产业链完整等方面的优势,是无线通信系统主要使用的频段。然而,随着无线通信系统的发展,Sub-6GHz 频段当前基本已被分配殆尽,新的无线通信系统难以获得较大的带宽。为了实现超高速数据传输,当前无线通信系统越来越多地向高频段发展,特别是毫米波频段。

毫米波(mmWave)是指频率为 30～300GHz 的电磁波,其波长为 1～10mm。但实际上,毫米波频段的范围要更宽一些,界定也并不确切,一般认为 24GHz 以上即为毫米波频段。

毫米波频段具有以下特点。

(1) 频段高,可用频带宽,可实现超高速传输。当前仅卫星通信和雷达等系统使用了部分毫米波频段,整体上占用较少,容易获得超过 1GHz 的连续大带宽。借助超大的带宽,毫米波通信可实现超高速传输。例如,2023 年华为在 5G 毫米波独立组网外场测试中,单用户下行峰值速率超过 7.2Gb/s,上行峰值速率超过 2.2Gb/s。

(2) 易于实现射频器件小型化。毫米波射频器件(如天线)易于实现小型化,有利于大规模多天线等技术的实现。

(3) 传播损耗大,传输距离短。毫米波频段高,主要通过直射传播,绕射能力弱,传播损耗相对低频段更大。因此,毫米波通信系统的覆盖范围较小,一般为几米到几十米,而且发射机和接收机之间一般不能有障碍物遮挡。当前可通过波束赋形技术实现窄波束,能够明显增加传输距离。毫米波传输距离短,在某些应用中,有利于避免相互干扰,而且可以提高传输的保密性。

图 1-3 毫米波测试系统

(4) 器件成本高。研发和生产工作于毫米波频段的亚微米尺寸集成电路元件一直是重大的技术挑战,这造成毫米波射频器件成本高。未来随着毫米波器件技术和产业逐步成熟,市场规模扩大后,器件成本将逐步降低。图 1-3 所示为毫米波测试系统。

1.1.4 5G 系统频率

国际标准组织第三代合作伙伴计划(3rd Generation Partnership,3GPP)在 TS 38.104 规范中将 5G 系统频率分别定义为 FR1 与 FR2。

FR1 频段的频率范围为 450MHz～6GHz,又称为 Sub-6GHz 频段。针对 FR1,3GPP 定义了 n1～n84 等频段号,如表 1-2 所示。5G 系统包括频分双工(Frequency Division Duplex,FDD)和时分双工(Time Division Duplex,TDD)两种双工模式。当双工模式为频分双工时,上、下行使用不同的频率;而当双工模式为时分双工时,上、下行使用相同的频率,分别占用不同的时隙。

目前全球 5G 系统都部署在 FR1,我国 5G 商用频段如表 1-3 所示。

表 1-2　3GPP 5G NR 频段定义(FR1)

频段号	上行频段/MHz (终端发射/基站接收)	下行频段/MHz (基站发射/终端接收)	双工模式
n1	1920～1980	2110～2170	FDD
n2	1850～1910	1930～1990	FDD
n3	1710～1785	1805～1880	FDD
n5	824～849	869～894	FDD
n7	2500～2570	2620～2690	FDD
n8	880～915	925～960	FDD
n12	699～716	729～746	FDD
n14	788～798	758～768	FDD
n18	815～830	860～875	FDD
n20	832～862	791～821	FDD
n25	1850～1915	1930～1995	FDD
n26	814～849	859～894	FDD
n28	703～748	758～803	FDD
n29	N/A	717～728	SDL
n30	2305～2315	2350～2360	FDD
n34	2010～2025	2010～2025	TDD
n38	2570～2620	2570～2620	TDD
n39	1880～1920	1880～1920	TDD
n40	2300～2400	2300～2400	TDD
n41	2496～2690	2496～2690	TDD
n48	3550～3700	3550～3700	TDD
n50	1432～1517	1432～1517	TDD
n51	1427～1432	1427～1432	TDD
n53	2483.5～2495	2483.5～2495	TDD
n65	1920～2010	2110～2200	FDD
n66	1710～1780	2110～2200	FDD
n70	1695～1710	1995～2020	FDD
n71	663～698	617～652	FDD
n74	1427～1470	1475～1518	FDD
n75	N/A	1432～1517	SDL
n76	N/A	1427～1432	SDL
n77	3300～4200	3300～4200	TDD
n78	3300～3800	3300～3800	TDD
n79	4400～5000	4400～5000	TDD
n80	1710～1785	N/A	SUL
n81	880～915	N/A	SUL
n82	832～862	N/A	SUL
n83	703～748	N/A	SUL
n84	1920～1980	N/A	SUL
n86	1710～1780	N/A	SUL
n89	824～849	N/A	SUL

续表

频段号	上行频段/MHz（终端发射/基站接收）	下行频段/MHz（基站发射/终端接收）	双工模式
n90	2496～2690	2496～2690	TDD
n91	832～862	1427～1432	FDD②
n92	832～862	1432～1517	FDD②
n93	880～915	1427～1432	FDD②
n94	880～915	1432～1517	FDD②
n95①	2010～2025	N/A	SUL

① 仅用于中国。

② 不同的双工模式不支持网络进行动态双工方式配置，仅支持上、下行频率范围独立配置补充上行链路(Supplementary Uplink，SUL)增强上行链路覆盖范围，即终端一个下行载波可与两个上行载波关联。

表 1-3 我国 5G 商用频段

运营商	上、下行频段/MHz	带宽/MHz
中国移动	2515～2675	160
	4800～4900	100
中国联通	3500～3600	100
中国电信	3400～3500	100

注：我国 5G 系统均采用时分双工方式，即上、下行使用相同的频率。

第 1-2 集
微课视频

FR2 频段的频率范围为 24.25～52.6GHz，属于毫米波频段。3GPP 定义了 n257、n258 和 n260 三个频段号，如表 1-4 所示。其中 24.25～27.5GHz(n258)和 37～40GHz(n260)的发展前景最好。2017 年，我国工业和信息化部批复将 24.75～27.5GHz 和 37～42.5GHz 用于 5G 技术研发试验，毫米波 5G 系统已“飞入寻常百姓家”。

表 1-4 3GPP 5G NR 频段定义(FR2)

频段号	上、下行频段/GHz	双工模式
n257	26.5～29.5	TDD
n258	24.25～27.5	TDD
n260	37～40	TDD

1.2 无线通信系统发展史

下面一起重温无线通信波澜壮阔、风起云涌的百年发展史。

1.2.1 无线通信的诞生

1820 年 4 月 21 日，丹麦物理学家奥斯特发现，当电线通电时，电线旁边的磁针偏离了正常的磁北极。通过反复实验，奥斯特确信电流可以产生磁场，即“电能生磁”。

1831 年，英国物理学家法拉第发现，当磁铁穿过一个闭合线路时，线路内会产生电流，这个效应称为“电磁感应”。

1865 年，英国物理学家麦克斯韦根据其提出的麦克斯韦方程组，预言了电磁场周期振荡(电磁波)的存在,而且传播速度等于光速。由此,他断言"光本身也是电磁波"。

1887 年,德国物理学家赫兹通过实验证实了电磁能量可以通过空间进行传播,并设计了世界上第 1 副无线电天线。

1895 年 5 月 7 日,俄国的波波夫用他发明的无线电接收机(见图 1-4)探测到约 60m 外发送的无线电信号;意大利的马可尼也于 1895 年成功发明了无线电报机(见图 1-5),于 1896 年在英国进行了无线电报演示试验,并取得了无线电报的发明专利。1901 年 12 月 12 日,人类实现了跨越大西洋长达 3000km 的无线电报。

图 1-4 波波夫发明的无线电接收机

图 1-5 马可尼与他发明的无线电报机

无线电报的发明使人类首次感受到了无线通信的巨大作用,标志着无线通信的正式诞生。

1.2.2 现代无线通信

无线电报的发明开启了无线通信发展的时代,各种无线通信系统不断涌现。

1906 年,美国的费森登发明了调幅无线电广播;

1924 年,无线通信设备被安装在车上,这也是车载移动电话的前身(见图 1-6);

图 1-6 早期的车载移动电话

1933 年,美国阿姆斯特朗发明了调频无线电广播;

1936 年,英国广播公司首先开通了电视广播(TV)服务;

1946 年,美国开通了公众移动电话系统;

1947 年,纽约和波士顿之间建成世界上第 1 条模拟微波通信线路;

1948 年,克劳德 · 香农(Claude Shannon)创立了信息论(见图 1-7),提出了信息熵(Entropy)的概念,实现了对信息的严格数学定义,奠定了数字通信的理论基础;

1955 年,人类实现了长达 2600km 对流层散射通信线路;

1968 年,模拟寻呼系统开通;

1969 年,阿波罗 11 号载人登月(见图 1-8),成功地实现了月地通话和月面电视中继;

1971 年,美国夏威夷大学开发了第 1 个无线分组网络 ALOHAnet;

1973 年，数字寻呼系统开通；

……

图 1-7　香农与信道容量

图 1-8　阿波罗 11 号载人登月

下面将重点介绍市场规模最大、发展最为迅速、与日常生活关系最为紧密、关注度最高的蜂窝移动通信的发展历程。

1.2.3　蜂窝移动通信的发展——从 1G 到 6G

蜂窝移动通信(Cellular Mobile Communication)系统通常把通信服务区域分为若干小的无线覆盖区(即小区)，由于小区通常表示为六角蜂窝状，因故得名。

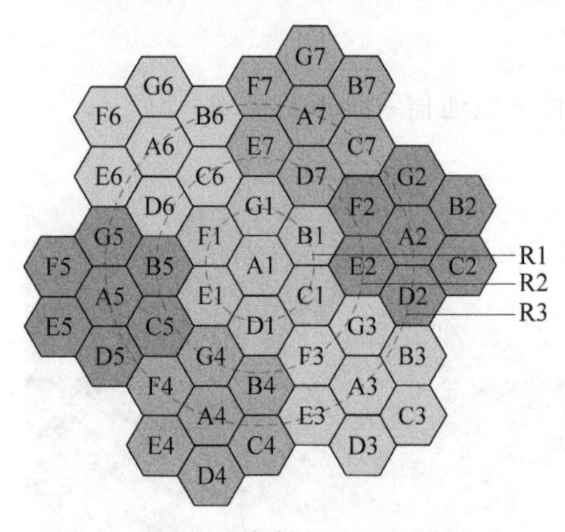

图 1-9　蜂窝小区示意图

通常在每个小区设置一个基站，负责小区内移动台的通信和控制，如图 1-9 所示。基站与核心网相连，并通过核心网与固定电话系统和互联网相连，如图 1-10 所示。

蜂窝移动通信系统支持双向通信，即用户可以主叫，也可以被叫；支持切换和漫游，用户在移动过程中，只要有信号覆盖，就可以接入网络，能够保证通信不中断。

蜂窝移动通信经过了 40 年的发展，基本上每 8～10 年更新一代，目前第五代移动通信系统已经商用，如图 1-11 所示。各代蜂窝移动通信系统主要的技术标准如下。

- 1G：AMPS/TACS。
- 2G：GSM/IS-95/ IS-136/IDEN/PDC。
- 3G：WCDMA/CDMA2000/TD-SCDMA/WiMAX。
- 4G：LTE/LTE-A。
- 5G：IMT-2020。

1. 第一代移动通信(1G)系统

1973 年，摩托罗拉公司马丁·库帕团队成功研制世界上第 1 部手机，如图 1-12 所示。美国电报电话公司(AT&T)开发了第 1 代蜂窝移动通信系统——高级移动电话系统

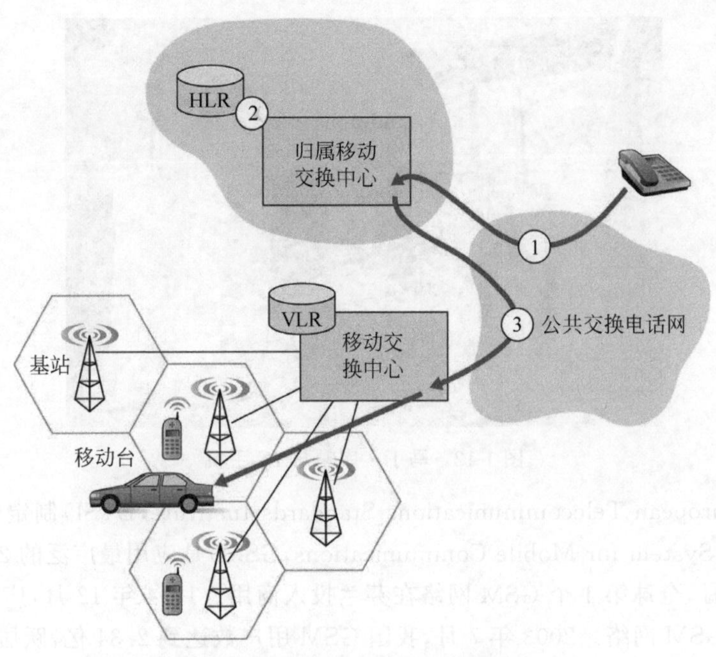

图 1-10 蜂窝移动通信系统原理

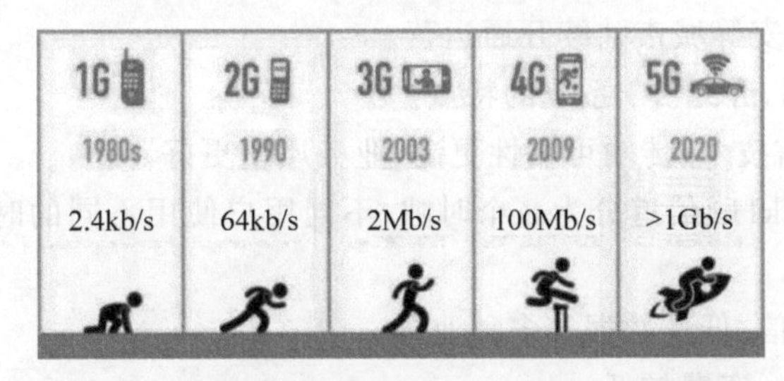

图 1-11 蜂窝移动通信系统从 1G 到 5G 发展历程

(Advanced Mobile Phone System,AMPS)。1979 年,日本电报电话(Nippon Telegraph and Telephone,NTT)公司在东京部署了世界上第 1 个 AMPS 系统。英国对 AMPS 系统进行了改进,将信道带宽改为 25kHz,称为全接入通信系统(Total Access Communication System,TACS)。1987 年 11 月 18 日,我国建成第 1 个商用 TACS;截至 1987 年底,全国仅有 3200 个用户。

1G 系统具有以下特点。

(1) 采用模拟频率调制技术。

(2) 不同用户使用不同的频率,即频分多址技术。

(3) 上、下行采用不同的频率,即频分双工技术。

(4) 仅能承载语音业务,且语音质量较差。

(5) 系统容量小,资费高。

(6) 移动终端价格高,体积大,不便于携带。

(7) 不支持自动漫游。

2. 第二代移动通信(2G)系统

随着数字通信技术的发展,基于数字信令和数字传输的 2G 系统应运而生。由欧洲电

图 1-12　马丁·库帕与 1G 手机

信标准协会(European Telecommunications Standards Institute,ETSI)制定的全球移动通信系统(Global System for Mobile Communications,GSM)是应用最广泛的 2G 系统。

1991 年 7 月,全球第 1 个 GSM 网络在芬兰投入商用。1994 年 12 月,广东省开通了我国第 1 个省级 GSM 网络。2003 年 7 月,我国 GSM 用户数达到 2.34 亿,跃居世界第一。

1995 年 9 月,2G 系统的另一标准 IS-95(窄带 CDMA)首先在中国香港投入运营。1998 年北京、上海、广州、西安等城市陆续开通运营。

下面以 GSM 为例,介绍 2G 系统的特点。

(1) 采用数字通信技术,传输可靠性更高,业务质量更好。

(2) 将带宽为 200kHz 信道分为 8 个时隙,不同用户使用不同的时隙,即采用时分多址技术。

(3) 承载语音、短信、低速数据等多种业务。

(4) 系统容量较大,资费较低。

(5) 移动终端价格低,体积小,易于携带,如图 1-13 所示。

(6) 支持自动漫游。

(7) 保密性好。

图 1-13　GSM 手机

为了提高 GSM 的数据传输速率，又相继发展了通用分组无线服务技术（General Packet Radio Service，GPRS）和增强型数据速率 GSM 演进技术（Enhanced Data Rate for GSM Evolution，EDGE）。

GPRS 是在 GSM 基础上发展的一种无线分组交换技术，俗称 2.5G 技术。GPRS 数据传输速率相对于 GSM 提升了 10 倍以上，理论上最高可以达到 171.2kb/s；可以让多个用户共享固定的信道资源，保持永远在线，无须为每次数据访问建立呼叫连接；可以按流量计费，而不像 GSM 按照通话时长计费。

EDGE 是 GSM 到 3G 的过渡技术，采用了更高阶的 8PSK 调制、增强型自适应多速率（Adaptive Multi-rate，AMR）语音编码、链路自适应、递增冗余（Incremental Redundancy，IR）传输等技术，而且可支持 9 种信道调制编码方式。EDGE 的性能进一步优于 GPRS，理论速率最高可达 473.6kb/s，并能够与 3G 的 WCDMA 制式共存。

3. 第三代移动通信（3G）系统

随着移动互联网的发展，多媒体业务需求不断涌现，如网页浏览、电话会议、电子商务、在线游戏、社交网络等。为了满足这一需求，3G 系统应运而生。

事实上，国际电信联盟（International Telecommunication Union，ITU）在 1985 年就提出了第三代移动通信的概念，当时称为未来公共陆地移动通信系统。由于当时预计系统将于 2000 年商用，且使用 2000MHz 频段，因此 1996 年更名为国际移动电信系统 2020（International Mobile Telecommunication 2000，IMT-2000）。3G 系统的三大主流国际标准分别是 WCDMA、CDMA 2000 和 TD-SCDMA。3G 系统使移动电话从单一的通信终端真正向个人移动智能终端发展，如图 1-14 所示。

图 1-14 3G 智能手机

3G 系统具有以下特点。

（1）采用直接序列扩频和码分多址等关键技术。

（2）数据传输速率明显提升，在高速移动环境、室外步行环境、室内环境分别支持 144kb/s、384kb/s、2Mb/s 的数据传输速率。

（3）抗多径能力强，通信质量高。

（4）相邻小区可以使用相同频率，频率规划简单，频率复用系数高。

（5）系统容量大，且为软容量。

（6）支持软切换。

（7）支持全球范围的无缝漫游。

4. 第四代移动通信（4G）系统

3G 技术虽然相对于 2G 技术在数据速率和容量方面有了较大的提高，又进而发展了高速分组接入（High-Speed Packet Access，HSPA）技术，也称为 3.5G 技术。但随着移动多媒体等业务的迅猛发展，3G 系统难以满足日益增长的数据业务需求。于是 3GPP 在 2004 年启动了长期演进（Long Term Evolution，LTE）计划。

3GPP 先后发布了从 Release 8 到 Release 14 共 7 个版本的 LTE 标准。其中，Release 8 和 Release 9 被称为 3.9G 技术；而 Release 10、Release 11 和 Release 12 则被称为 LTE-Advanced（LTE-A），是严格意义上的 4G 技术；Release 13 和 Release 14 则被称为 LTE-Λ

Pro,俗称4.5G,即向5G过渡的含义。

LTE名为演进,实际上采用了正交频分复用、多输入多输出、载波聚合等一批先进技术,大幅度提升了数据传输速率,能够承载丰富的业务,如图1-15所示。

图1-15 LTE系统支持丰富的业务

LTE具有以下特点。

(1) 灵活的带宽配置。支持1.4MHz、3MHz、5MHz、10MHz、15MHz和20MHz等多种带宽。

(2) 较高的数据速率和频谱利用率。在20MHz带宽下,LTE系统的峰值数据速率达到100Mb/s(下行)和50Mb/s(上行),频谱利用率达5b/(s·Hz)(下行)和2.5b/(s·Hz)(上行),LTE-A系统的峰值速率进一步提高到1Gb/s(下行)和500Mb/s(上行)。

(3) 较低的业务时延。用户面内部单向传输时延低于5ms,控制面从睡眠状态到激活状态的迁移时间小于50ms,从驻留状态到激活状态的迁移时间小于100ms。

(4) 较大的覆盖范围。可以在0～5km实现较高的频谱利用率,5～30km指标略有降低,最大可支持100km覆盖范围。

(5) 支持高速移动。移动速度为0～15km/h时,系统具有最佳的性能;移动速度为15～120km/h时,系统具有较好的性能;移动速度为120～350km/h时,可以保证连接,不掉线。

(6) 全IP分组交换。取消了电路交换,采用基于全IP分组交换,符合移动通信系统全IP化的发展趋势,适应未来移动通信网和互联网逐步融合的大趋势。

(7) 扁平化的网络结构。取消了无线网络控制器(Radio Network Controller,RNC),减少了系统复杂性和系统内互操作,降低了建设和运营成本,易于大规模部署。

(8) 增强的安全性。将网络安全分为网络接入安全、网络域安全、用户域安全、应用域安全和安全服务的可视性与可配置性5个域,采用双向鉴权、密钥协商、完整性保护等方法增强了网络的安全性。

(9) 支持增强型的广播与多播业务。不仅可以实现传统的点对点通信,而且可以实现广播和多播业务。

LTE包括LTE FDD和TD-LTE两大制式。2009年12月,全球首个LTE商用网络在挪威投入运营;2014年,中国移动开始LTE商用。根据全球移动供应商协会(Global Mobile Suppliers Association,GSA)的统计,截至2021年底,全球共有806个运营商已建成LTE商用网络,用户数达68.3亿,占全球移动通信用户的67.1%。

5. 第五代移动通信(5G)系统

5G 系统是当前全球正式商用的最新一代移动通信系统。

1) 5G 标准化

2018 年 6 月,3GPP 发布了首个 5G 国际标准 Release 15;2020 年 7 月,3GPP 宣布 5G 第 1 个演进标准 Release 16 冻结。Release 15 标准侧重于增强移动宽带能力,而 Release 16 标准作为“升级版”,进一步提升 5G 频谱和网络利用效率、网络覆盖能力、业务带宽提供能力和业务感知。受新冠疫情的影响,5G 标准的第 3 个版本 Release 17 延迟至 2022 年 6 月宣布冻结。Release 17 的完成标志着 5G 技术演进第一阶段(Release 15/ Release 16/ Release 17)的圆满结束。Release 17 包括大规模 MIMO 进一步增强、覆盖增强、终端节电、频谱范围扩展等新特性。

2) 5G 商用

在 5G 商用方面,2019 年 4 月,韩国宣布成为全球第 1 个 5G 商用的国家。GSA 统计数据显示,截至 2023 年 3 月底,全球共有 97 个国家和地区的 249 家运营商开通了符合 3GPP 标准的 5G 系统。

2019 年 6 月 6 日,工业和信息化部向中国移动、中国联通、中国电信和中国广电 4 家运营商发放 5G 商用牌照,标志着我国正式进入 5G 商用元年。5G 基站建设也成为“新基建”七大领域之首,5G 建设进入了蓬勃发展快车道。

据工业和信息化部最新数据显示,截至 2023 年 6 月底,我国 5G 基站建设数量累计达到 293.7 万个,占全球 70%以上,覆盖所有地级市城区、县城城区,是全球规模最大、覆盖最广、技术最先进的 5G 独立组网网络。

3) 5G 性能指标与应用场景

ITU、3GPP 和我国 IMT-2020(5G)推进组均提出了 5G 关键性能指标。IMT-2020(5G)推进组在 2014 年发布的《5G 愿景与需求白皮书》中,5G 关键性能指标如下。

(1) 峰值速率达到 10~20Gb/s,满足高清视频、虚拟现实等大数据量传输。

(2) 端到端时延降低至毫秒级,满足自动驾驶、远程医疗等实时应用。

(3) 设备连接数密度能力达到 1 百万连接/km^2,满足物联网通信。

(4) 频谱效率比 LTE 提升 3 倍以上。

(5) 在连续广域覆盖和高移动性下,用户体验速率达到 100Mb/s~1Gb/s。

(6) 流量密度达到数十 Tb/(s·km^2)。

(7) 支持 500km/h 及以上高速移动。

可以更直观地将 5G 关键能力指标表示为如图 1-16 所示的一朵花。

5G 具备非常优异的性能,能够支持丰富的应用。ITU 发表的 5G 白皮书中,定义了 5G 的三大主要应用场景。

(1) 增强型移动宽带(Enhanced Mobile Broadband,eMBB)。eMBB 主要支持多媒体内容、服务和数据的高速访问,面向三维/超高清视频等大流量移动宽带业务,要求峰值速率到达 10Gb/s。

(2) 大规模物联网(Massive Machine Type Communication,mMTC)。mMTC 主要支持物与物的大规模通信需求,应用于智慧城市、智能家居、可穿戴设备等以传感和数据采集为目标的场景,要求支持 1 百万连接/km^2。

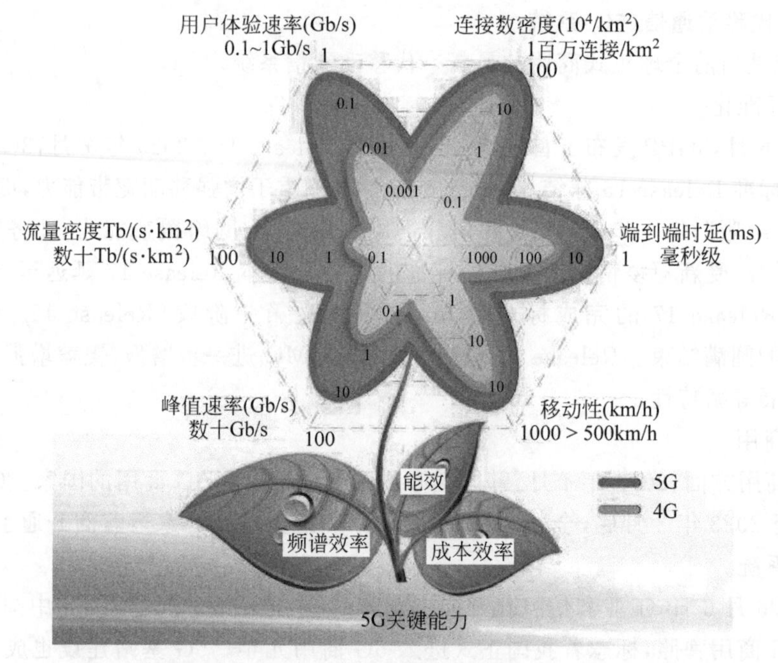

图 1-16 5G关键能力指标

(3) 超高可靠低时延通信(Ultra-Reliable Low Latency Communication, uRLLC)。uRLLC 面向如自动驾驶、移动医疗等对时延和可靠性要求极高的应用,要求实现毫秒级延迟和 99.999%的可靠性。

纵观整个移动通信发展史,1G 到 4G 移动通信系统,主要解决了人与人之间的通信,而 5G 则将与人工智能、大数据紧密结合,在提升人与人之间通信质量的基础上,开启万物互联的全新时代,解决人与物、物与物之间(Machine to Machine, M2M)的通信需求,如图 1-17 所示。因此,5G 不仅在公众移动通信得到了大规模建设,而且正与垂直行业实现深度融合。正所谓"4G 改变生活,5G 改变社会"。

图 1-17 5G 支持丰富的 M2M 应用

6. 第六代移动通信(6G)系统

当前国际上已经开始 6G 的研究。ITU-R 明确提出了 6G 的 4 个总体目标,包括可持续性、泛在连接、安全与韧性、泛在智能。2019 年 6 月,我国成立了 IMT-2030(6G)推进组,积极推进6G愿景需求研究、关键技术研发、标准研制、国际合作交流及社会经济影响研究等各项工作。6G将是空天地海一体化的、以人为中心的通信系统。

6G在5G基础上进一步扩展了应用场景，具体如下。

(1) 沉浸式通信(Immersive Communication)。

(2) 极高可靠低时延通信(Hyper Reliable and Low-Latency Communication)。

(3) 超大规模连接(Massive Communication)。

(4) 泛在连接(Ubiquitous Connectivity)。

(5) AI与通信融合(Artificial Intelligence and Communication)。

(6) 通感一体(Integrated Sensing and Communication)。

6G的主要特点如下。

(1) 能够提供深度全球覆盖，包括卫星通信、无人机通信、海洋通信等，将极大扩展无线通信网络的覆盖范围。

(2) 能够实现全频谱通信，包括6GHz以下频段、毫米波频段、太赫兹频段以及光频段，将充分挖掘可用频段资源。

(3) 能够实现更丰富的应用，人工智能和大数据技术将与6G网络高效融合，实现更好的网络管理与自动化。

(4) 网络具有强安全或内生安全，包括物理层与网络层安全。

6G技术关键性能指标如下。

(1) 峰值速率：可达200Gb/s。

(2) 用户体验速率：可达500Mb/s。

(3) 流量密度：30～50Mb/(s·m^2)。

(4) 频谱效率：比5G网络提高1.5～3倍。

(5) 能量效率：比5G网络提高100倍以上。

(6) 连接数密度：100万～1亿设备/km^2。

(7) 支持移动速度：500～1000km/h。

(8) 端到端时延：0.1～1ms。

(9) 其他：成本效率、安全容量、覆盖范围、智能化程度。

课程思政：我国移动通信发展成就与面临的挑战

40年来，移动通信产业从1G发展到5G，取得了举世瞩目的伟大成就。

1G时代，我国通信产业尚处于襁褓之中，无论是技术标准还是核心产品，基本上都是空白，在国际上没有话语权。国内市场完全被摩托罗拉、爱立信、西门子等欧美公司垄断，无论是基站、核心网，还是移动终端都是清一色的外国产品。设备价格高，话费贵，手机成了名副其实的奢侈品，因此有"大哥大"的俗称。这严重制约了我国通信产业发展。

2G时代，以巨龙、大唐、中兴、华为(并称"巨大中华")为代表的中国通信企业开始崛起。我国在2G技术标准上虽然尚未突破，但是已具备了较强的设备研发和制造能力。例如，1997年，华为的GSM产品亮相。国产通信设备也有了较大的市场占有率。手机不再是奢侈品，而"飞入寻常百姓家"，得到了广泛的普及。2003年，我国移动通信产业规模已经跃居世界第一。

3G时代，我国无线通信自主研发水平取得了长足进步，在技术标准领域有了一席之地。

1998年11月，大唐电信代表中国提出的TD-SCDMA成功跻身3G三大主流国际标准，成为百年电信史上中国提出的第1个完整标准。我国企业经过长期的技术积累，已经完全实现了所有3G制式的自主研发和自主生产。

4G时代，我国在国际标准制定、核心技术等方面有了更大的话语权，积极参与国际通信产业竞争。移动互联网（如社交网络、电子商务、移动支付等）的蓬勃发展成为创新的典范，实现了“4G改变生活”。

5G时代，以华为和中兴为代表的中国企业拥有的专利数分别位列世界第一和第三，5G必要专利占比超过1/3。在产业发展上，我国在5G基站数、终端数、网络覆盖等方面都处于世界前列，我国5G产品也远销世界五大洲，开始引领国际5G发展。

40年来，我国移动通信走过了“1G空白、2G跟随、3G突破、4G并跑、5G引领”的发展之路，我国移动通信产业规模稳居全球第一，研发实力为世界所瞩目。我国移动通信的发展是改革开放伟大成就的一个缩影，是坚持大力开展科技创新的成功典范。

但同时也要清醒地看到，移动通信产业的竞争已经进入白热化。而且，竞争是全方位的，通信产业已经成为政治博弈的战场。中兴事件和华为事件也给我们敲响了警钟。“关键核心技术是要不来、买不来、讨不来的”。企业稍有迟疑就可能被市场淘汰。唯有大力开展技术创新，主动参与国际竞争，在竞争中求生存、谋发展，才能立于不败之地，闯出一条新路。

1.3 常用的无线通信系统

第1-3集
微课视频

当前各式各样的无线通信系统已经深入社会的方方面面，成为社会赖以生存发展的基础设施之一。除了蜂窝移动通信以外，本节将介绍卫星通信、微波通信、无线局域网、短距离无线通信、无线广播/电视广播等常用的无线通信系统。

1.3.1 卫星通信

卫星通信系统由通信卫星（见图1-18）和卫星地面站（见图1-19）等组成，利用通信卫星作为中继站转发无线电信号，实现两个或多个卫星地面站之间的通信。

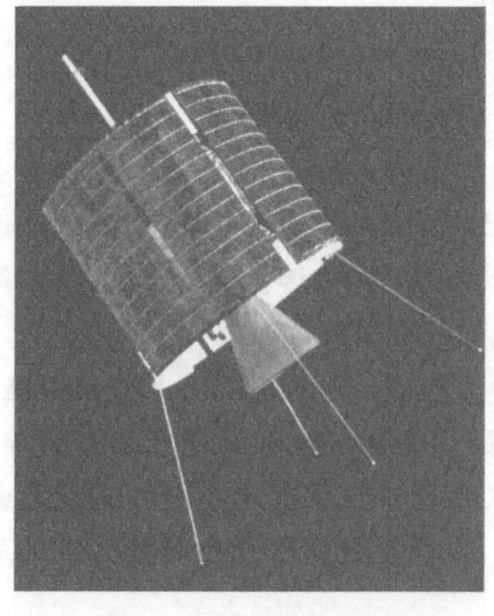

图1-18 通信卫星

图1-19 卫星地面站

按照运行轨道,可将通信卫星分为赤道轨道卫星、极轨道卫星和倾斜轨道卫星。

按照卫星轨道距地面的高度,可分为低轨道卫星(500～2000km)、中轨道卫星(2000～20000km)和高轨道卫星(20000km 以上)。

卫星通信主要使用的频段包括:L 波段(1～2GHz)、S 波段(2～4GHz)、C 波段(4～8GHz)、X 波段(8～12GHz)、Ku 波段(12～18GHz)、K 波段(18～27GHz)、Ka 波段(27～40GHz)。其中,C 波段频段较宽,天线尺寸小,技术最为成熟,应用最为广泛;Ka 波段的可用带宽大,干扰小,设备体积小,可以支持高速卫星通信,但雨衰较大,而且器件工艺要求高,是卫星通信未来发展的方向。

卫星通信主要特点如下。

(1) 通信距离远,覆盖范围大,通信成本与通信距离基本无关。卫星离地面较高,天线波束能覆盖地球上广大面积,且电波传播不受地形限制,可以很容易地实现远达数千千米的超远距离通信。理论上,只需在赤道上空部署 3 颗地球同步轨道卫星,就可以实现除两极地区之外的全球覆盖。在空中、海洋、原始森林、草原、沙漠、高原、海岛、南北极等地区,由于通信业务量极低,或者自然环境非常恶劣,采用地面通信系统建设和运行成本高,特别适合采用卫星通信。

(2) 通信质量高。卫星链路大部分是在大气层以外的宇宙空间,无线电波基本上通过自由空间传播,不受通信两点间的各种自然环境和人为因素的影响,信道质量稳定,噪声小,通信质量好,可靠性可达 99.8%以上。

(3) 安全可靠,抗毁性好。卫星通信受地面基础设施的制约较小。当发生自然灾害时,如地震、海啸、森林大火、滑坡等,地面通信网络受到严重破坏,发生瘫痪时,卫星通信可以保证应急通信。例如,在 2008 年的汶川地震中,卫星通信很好地保障了灾区的通信,在救援工作发挥了重要作用。

(4) 频段较宽,通信容量较大。卫星通信使用 1～40GHz 微波频段,频带较宽。每个通信卫星上携带多个通信转发器,可在两点间提供几百、几千甚至上万条话路,几十至数百兆比特每秒的中高速数据传输。

(5) 具有较强的多址接入能力。在通信卫星覆盖区域内,各个地面站都可以通过卫星进行通信,实现多个地面站的接入。

(6) 传输延迟大。以地球同步轨道卫星为例,其单向通信距离(地面站-通信卫星-地面站)约为 80000km,传输延迟约为 0.27s。为了降低传输延迟,可采用低轨道卫星。

(7) 受日凌和太阳黑子影响大。当卫星处于太阳和地球之间时,会受到强大的太阳噪声的影响,造成通信中断,即日凌中断;当太阳处于黑子活跃期时,卫星通信也会受到很大的干扰。

综上所述,卫星通信系统是地面无线通信系统很好的补充。构建“天地一体化”无线通信系统,实现全方位的互联互通,已经成为当前无线通信发展的一个重要方向。

当前卫星通信已经得到了广泛的应用,下面简要介绍典型的卫星通信系统。

1. 铱星系统

铱星系统是美国摩托罗拉公司建立的完全依靠通信卫星实现全球覆盖的个人通信系统。铱星系统在最初设计时,计划设置 7 条运行轨道,每条轨道上均匀分布 11 颗卫星,共 77 颗卫星,如图 1-20 所示。由于卫星数量与铱(Iridium)原子的电子数相同,故取名为铱星系统。但在实际部署时，卫星数削减为66颗(外加6颗备用卫星)。

铱星系统实现了向地球上任何地区、任何人提供语音、数据、传真及寻呼等业务，实现了星际交换，突破了地面蜂窝无线通信的局限。

铱星系统于1998年11月1日正式投入运营。但由于系统复杂，造价高昂，终端体积大(见图1-21)，通信费用高，而且支持的业务较为单一，无法支持移动互联网等高数据速率业务，导致市场规模无法扩展，很快就在与地面移动通信系统的竞争中败下阵来。铱星公司也于2000年3月宣布破产。

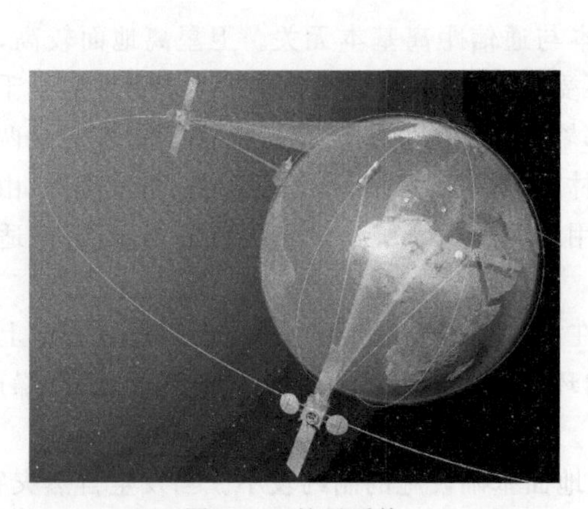

图1-20 铱星系统

图1-21 铱星系统通信终端

2001年3月，铱星公司恢复了业务，并于2001年6月开始提供速度为2.4kb/s的互联网连接服务。铱星公司目前正在开发第二代铱星系统。

2. SpaceX公司的“星链”(Starlink)计划

SpaceX公司于2015年提出了“星链”计划，计划发射约1.2万颗卫星(见图1-22)，在太空搭建“星链”网络，向全球用户提供最低1Gb/s，最高可达23Gb/s的低延迟、高带宽通信服务。据有关消息，SpaceX公司还准备再增加3万颗卫星，使卫星总量达到约4.2万颗。2019年9月24日，SpaceX公司以一箭多星的形式一次性发射了60颗星链卫星。

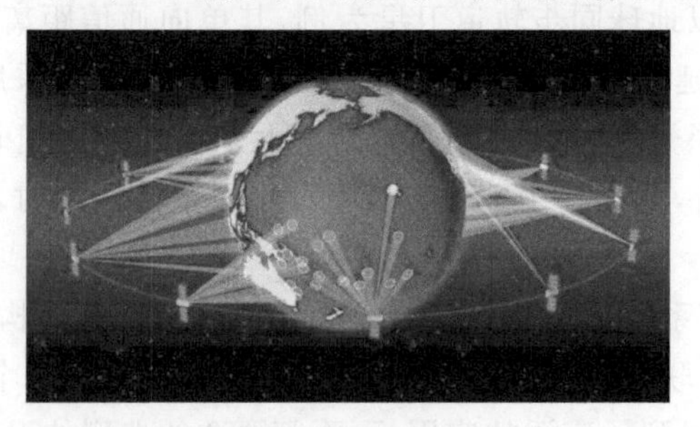

图1-22 “星链”计划

3. 天通一号卫星移动通信系统

天通一号卫星移动通信系统(见图1-23)是我国自主研制建设的卫星移动通信系统，实现了对我国及周边、中东、非洲等地区，以及太平洋、印度洋大部分海域的信号覆盖，可提供全天候、全天时、稳定可靠的移动通信服务，能够支持话音、短消息和数据业务。

整个系统由空间段、地面段和用户终端组成，其中空间段由3颗地球同步轨道组成。

2023年发布的华为Mate60系列手机，不仅支持4G和5G移动通信系统，而且支持卫星通信系统，是全球第1部量产的大众卫星通信手机。

图1-23 天通一号卫星移动通信系统

1.3.2 微波通信

微波通信是利用微波作为载波进行信息传输的一种无线通信方式。微波通信于20世纪50年代开始应用，早期为模拟微波，后来发展为数字微波。微波技术问世后，得到了飞速的发展，成为通信骨干网重要的通信方式。然而，随着20世纪90年代光纤通信开始广泛普及，微波通信的干线功能逐步被光纤取代。然而，在山区、海岛、乡村等地区，微波通信系统建设和维护成本较低，仍有用武之地。

另外，4G和5G基站与核心网间通常采用光纤的方式进行回传。当前，通信运营商也在探索采用毫米波实现基站数据的回传。

微波通信具有以下特点。

(1) 通信容量大。微波通信带宽大，数据速率高。例如，分组传送网(Packet Transport Network，PTN)数字微波能够实现1.25Gb/s的高传输速率，可实现与PTN光网络的完全兼容。

(2) 成本低，建设周期短。微波通信系统的建设费用较低，约为电缆投资的1/5，而且建设周期短。

(3) 容灾能力强，适合应急通信。微波通信系统以点对点为主，具有良好的容灾性能。而且由于微波通信系统易于部署，在各种突发情况下，如抢险救灾、大型集会、体育赛事等，可以在很短时间内在局部区域构建通信网络。

(4) 通过中继方式实现远距离传输。微波通信基本上采用视距方式传输，因此一般将微波天线架设在较高的位置，如山顶和高塔上，如图1-24所示。但由于地球表面为曲面，因此相邻两个微波站的距离一般为50～100km，需要采用中继的方式，实现远距离传输。

图1-24 微波通信塔

1.3.3 无线局域网

无线局域网(Wireless Local Area Network，WLAN)通过无线通信技术，实现设备与计算机网络的互联，是计算机网络与无线通信技术相结合的产物。无线局域网摆脱了网线的束缚，使网络的构建和终端的移动更加灵活，也降低了建网成本。

1997年6月，电气与电子工程师协会(Institute of Electrical and Electronics Engineers，IEEE)制定了无线局域网第1个标准—— IEEE 802.11，工作在2.4GHz频段，最大数据传

输速率为 2Mb/s。

1999 年 9 月，IEEE 发布了 IEEE 802.11b 和 IEEE 802.11a 两个标准。其中，IEEE 802.11b 工作在 2.4GHz 频段，最大数据传输速率为 11Mb/s；IEEE 802.11a 工作在 5GHz 频段，提供了更多的可用信道，最大数据传输速率提高到 54Mb/s，几乎为 IEEE 802.11b 标准的 5 倍。

2003 年 3 月，Intel 正式推出支持 WLAN 的迅驰处理器。迅驰处理器以其高性能、低功耗等突出优点，使 WLAN 技术迅速得以普及。目前，在机场、图书馆、校园、宾馆、餐厅、家庭等区域，已经部署了数以亿计的无线接入点（Access Point，AP）。

2003 年 6 月，IEEE 发布了 IEEE 802.11g 标准。IEEE 802.11g 不仅可以兼容 IEEE 802.11b 标准，而且可提供 54 Mb/s 接入速率。

2009 年 9 月，IEEE 发布了 IEEE 802.11n 标准。IEEE 802.11n 采用了多输入多输出（Multi-Input Multi-Output，MIMO）和正交频分复用（Orthogonal Frequency Division Multiplexing，OFDM）技术，在 40MHz 带宽最高可提供 600Mb/s 的接入速率。

IEEE 802.11ac 标准即第五代 Wi-Fi，带宽进一步增大至 160MHz，并采用了更多的 MIMO 空间流、多用户 MIMO 和更高阶的调制，在使用多基站时，无线传输速率提高到至少 1Gb/s，单信道无线传输速率提高到 500Mb/s。

IEEE 802.11ax 标准也称为高效无线网络（High-Efficiency Wireless，HEW），即第六代 Wi-Fi（Wi-Fi 6）。IEEE 802.11ax 标准采用了 OFDMA、MU-MIMO、1024QAM 高阶调制、空间复用（Spatial Reuse）等一系列新技术，能够在密集用户环境中，为更多的用户提供一致和可靠的数据吞吐量，其目标是将用户的平均吞吐量提高至少 4 倍。

Wi-Fi 技术演进如图 1-25 所示。

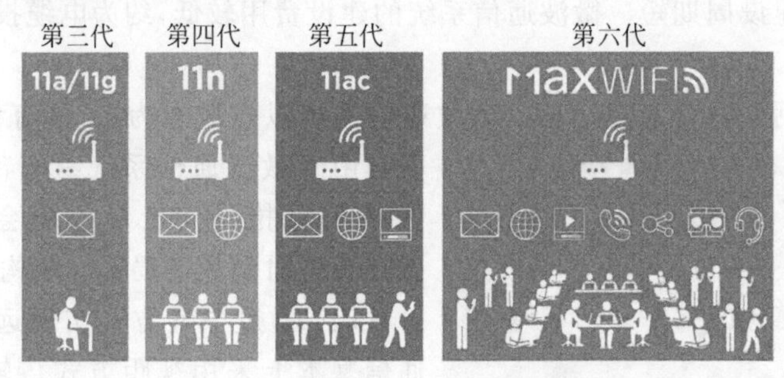

图 1-25 Wi-Fi 技术演进

无线局域网技术能够得到广泛应用和飞速发展，有赖于其以下突出特点。

（1）传输速率高。

（2）使用免授权的 ISM 频段。

（3）兼容性好。

（4）小型化，低成本。

（5）易于部署和维护。

1.3.4 短距离无线通信

传统的无线通信系统主要是解决人与人的通信。随着物联网（Internet of Things，IoT）技术的发展和广泛应用，无线通信向人与物，甚至物与物的通信发展。短距离无线通信系统应运而生。

短距离无线通信系统并没有严格的定义，一般认为通信距离不超过 100m。短距离无线通信特点如下。

（1）通信距离短。

（2）大多数为对等式通信（Peer-to-Peer，P2P），没有主从和中心节点。

（3）多使用免授权频段。

（4）低功耗，发射功率一般在 100mW 以下。

（5）低成本。

短距离无线通信技术发展非常迅速，当前主要的短距离无线通信技术如下。

（1）红外（IR）。利用红外线进行无线通信，是最早的短距离无线通信技术。例如，电视、空调的遥控设备，采用的就是红外技术。

（2）射频识别（RFID）。RFID 技术是一种无须直接接触的自动识别技术。RFID 系统由电子标签、读写器和天线 3 部分构成。电子标签分为有源标签和无源标签两类。其中无源标签通过耦合读写器发射信号产生的电流进行供电，无须电池供电，工作寿命长、体积小、成本低。当前广泛使用的公交一卡通采用的就是 RFID 技术。

（3）蓝牙（Bluetooth）。蓝牙技术能够实现移动电话、笔记本电脑、无线耳机、鼠标、键盘等设备的无线连接，有效地简化移动通信终端设备之间的通信，也能够成功地简化设备与 Internet 之间的通信，从而使数据传输变得更加迅速高效。

（4）近场通信（Near Field Communication，NFC）。NFC 技术是基于 RFID 技术发展起来的一种短距离无线通信技术，通信距离一般不超过 10 cm。NFC 技术工作在 13.56MHz，可实现 106kb/s、212kb/s 或 424kb/s 3 种传输速率。与 RFID 技术相比，NFC 技术的传输距离更近、带宽更大、能耗更低、安全性更高。当前很多手机支持 NFC 功能，可以直接刷手机进行移动支付，如图 1-26 所示。

（5）ZigBee。作为 ZigBee 联盟制定一种无线自组网技术标准，ZigBee 工作在 2.4GHz、868MHz 和 915MHz 这 3 个频段上，分别具有最高 250kb/s、20kb/s 和 40kb/s 的传输速率，传输距离可达 10～75m，支持点对点、点对多点、对等和 Mesh 网络等多种网络结构，网络容量大，支持最多 65 535 个节点。ZigBee 系统当前已广泛应用于物联网行业，如智能电网、智能交通、智能家居、工业自动化、智能建筑等领域，如图 1-27 所示。

图 1-26　近场通信

图 1-27　ZigBee 技术应用领域

1.3.5 无线广播/电视通信

通过无线电波向广大地区播送声音、图像、视频等节目，统称为无线广播。其中，只播送声音的称为声音广播；播送图像、视频和声音的称为电视广播。

无线广播/电视通信系统的特点如下。

(1) 发射功率高，覆盖范围大。广播/电视通信系统的发射功率一般为几十至几百千瓦；覆盖范围为几十千米至几百千米，使用短波频段时，通过电离层反射，甚至可以达到数千千米。

(2) 单向传输。一般而言，广播/电视台发射信号，用户终端接收信号。

(3) 用户终端成本低。用户终端的复杂度相对较低，成本较低。

(4) 连续通信。广播/电视节目按照播出计划连续播放。

无线广播/电视是最早的无线通信系统，距今已有100多年的历史。1906年12月25日，物理学家费森登(Reginald Aubrey Fessenden)在美国马萨诸塞州布兰特罗克镇的国家电器公司128m高的无线电塔上进行了一次调幅(Amplitude Modulation，AM)广播，将人声和音乐传播到了新英格兰海岸附近的船上，被公认为无线广播诞生的标志。

为了解决调幅广播易受干扰的问题，美国电机工程师阿姆斯特朗于1939年发明了通过控制载波频率变化传输信号的方法，即调频(Frequency Modulation，FM)广播。调频广播特别适用于高质量音乐节目，也用于电视的伴音系统。

图1-28 早期的电视机

电视(Television，TV)指使用电子技术传输活动的图像画面和音频信号，也是重要的广播通信方式。电视机是由费罗·法恩斯沃斯、维拉蒂米尔·斯福罗金和贝尔德3人于1924年各自独立发明的，如图1-28所示。1936年，英国广播公司(British Broadcasting Corporation，BBC)采用贝尔德机电式电视广播，首次播出了具有较高清晰度、具有实用价值的电视图像。

当前无线广播/电视系统已经从模拟走向数字，数字视频广播(Digital Video Broadcasting，DVB)和数字音频广播(Digital Audio Broadcasting，DAB)正在逐步普及。以数字视频广播为例，当前的传输技术标准主要包括地面无线(DVB-Terrestrial，DVB-T)、卫星(DVB-Satellite，DVB-S及DVB-S2)和手持地面无线(DVB-Handheld，DVB-H)。

不同的技术标准采用不同的频率、带宽和调制方式。例如，DVB-T使用VHF及UHF频段，采用COFDM调制方式；DVB-S使用11/12GHz频段，采用QPSK调制方式；DVB-H标准是建立在DVB和DVB-T两个标准之上的标准。DVB-S标准被绝大多数卫星广播数字电视系统采用，我国也选用了DVB-S标准。DVB-H标准支持手机等小型终端设备，天线更小巧，移动更为灵活。

电视信号的分辨率也从标清的640×480，提高到高清的720p(1280×720，逐行)、1080i(1920×1080，隔行)与1080p(1920×1080，逐行)，进一步提高到超高清的4K(4096×2160)、8K(8192×4320)和16K(15360×8640)。

1.4 无线通信面临的挑战

1. 更高的传输速率要求

从无线通信诞生之日起，人类对新业务的追求就从未停歇，从最早的话音业务，到静止图像、视频等多媒体业务。当前随着移动互联网业务的发展，以及高清视频、虚拟现实/增强现实、人工智能等技术发展迅速，业务和业务速率呈现爆炸性增长。例如，一路4K高清视频的数据速率为30Mb/s；而要实现虚拟现实，数据速率需要达到300～500Mb/s，甚至超过1Gb/s。

用户对更高数据传输速率的需求是无止境的，这既是无线通信系统面临的挑战，也是推动无线通信不断向前发展的内在动力。以移动通信系统为例，1G系统不支持数据传输；2G时代，GSM系统最高只能实现40kb/s的低速数据传输；3G时代，WCDMA系统可以实现最高21.6Mb/s的传输速率；4G系统最高可达1Gb/s；而5G系统则进一步可达20Gb/s；未来6G系统预计可提升至1Tb/s的水平，如图1-29所示。

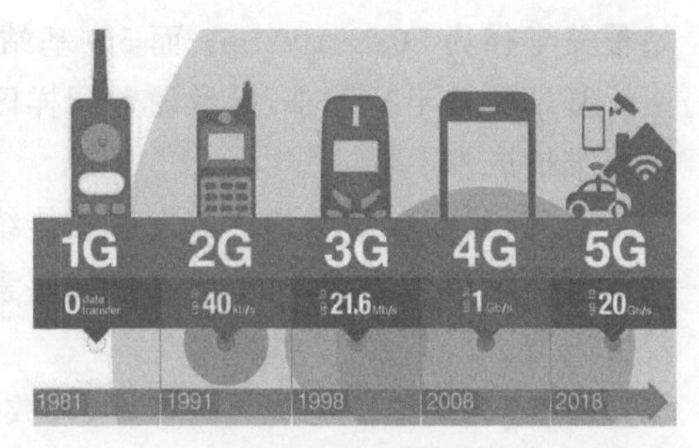

图1-29 移动通信系统数据传输速率的提升

2. 频率资源日渐稀缺

第1-4集
微课视频

无线通信的频率资源极为有限。目前无线通信技术可以使用的频段一般不超过100GHz，大多数无线通信系统使用的频段都集中在6GHz以下。而且无线信号在开放环境中传播，不同系统/用户之间要共享频率资源，造成每个无线通信系统/用户能够获得的带宽极为有限。

目前，低频段资源基本已经分配殆尽，而高频段不仅具有更加丰富的频率资源，而且目前使用较少，容易获得连续的大带宽，因此无线通信产业将目光更多地集中在更高频段，不断开拓新的频率资源，如毫米波频段和太赫兹频段(100GHz～10THz)。

当前无线频率资源的使用情况也极不平衡。由于系统建设、应用推广和更新换代等多方面原因，部分频段的利用率较低，或者业务时空分布不均匀。为了充分利用现有频率资源，当前采用频谱重耕(Spectrum Refarming)技术，通过将传统的无线通信系统进行退网，从而释放频率资源，供新的无线通信系统使用。例如，当前运营商正在进行GSM和3G系统的退网，将释放出来的频率供4G和5G系统使用。

另外，采用认知无线电(Cognitive Radio，CR)技术，与周围环境交互信息，感知和利用空间中的可用频谱，在不对原有通信系统造成严重干扰的前提下，使频率资源可供次级系统使用，从而提高频率利用率。

3. 恶劣的无线电波传播环境

随着城镇化的发展，人口和无线通信业务都越来越向城市地区集中。而在城市地区，高楼林立，导致无线电波容易被建筑物遮挡。而且，当前无线通信系统越来越多地使用高频段，更容易产生覆盖盲区，或形成多径传播。

另外，随着无线通信系统的发展，无线干扰源日益增加，特别是在免授权频段中，干扰情况更为严重。

恶劣的无线电波传播环境，使得必须对无线网络进行精心部署，合理选择基站位置，并采用多种信号覆盖方式。例如，在隧道、地下通道等场景采用漏缆进行覆盖，对大楼停车场、大型会议室等采用室内分布式基站进行覆盖，从而保证足够的覆盖水平。此外，多径传播也是无线通信技术必须应对的重要问题。

4. 网络建设成本激增和业务收入增长缓慢

当前移动通信向着高频段和大带宽发展。当发射功率一定时，频率越高，带宽越大，信号覆盖范围越小。另外，为了提高系统容量，保证传输质量，也会控制基站覆盖范围。以城市区域为例，GSM 基站覆盖半径为 2～3km；WCDMA 基站覆盖半径为 1～2km；LTE 基站覆盖半径为 500～1000m；而 5G 基站覆盖半径仅为 300m 左右。

基站覆盖半径缩小，导致覆盖同样区域，需要部署更多的基站，这就增大了网络建设和运营维护成本。

而且，移动互联网的快速发展和传统通信业务市场趋于饱和，使流量红利快速消退，移动运营商管道化严重，简单依靠传统要素投入推动业绩增长难以为继，运营商的盈利也承受较大压力。

因此，无线通信需要与云计算、大数据、物联网、人工智能、行业应用等进行深度融合，抓住数字化转型时代的机遇，避免被管道化和边缘化，获取新的利润增长点，才能获得更大、长期可持续的发展。

5. 节能环保

随着无线通信网络的大规模建设和数据流量的爆发性增长，无线通信系统能源消耗大幅增加。无线通信系统能耗主要包括网络能耗和终端能耗两部分，其中网络能耗占总能耗的 80%以上。而终端侧能耗增加导致手机续航能力明显不足，用户经常饱受缺电之苦，笨重的充电宝成为很多人外出的标配，严重影响用户体验。

此外，社会公众对电磁辐射安全日益关注，担心电磁辐射损害健康而引起的纠纷也时有发生。

课程思政："双碳"目标与坚持绿色发展

党的十八届五中全会提出"创新、协调、绿色、开放、共享"的新发展理念，把绿色发展作为关系我国发展全局的一个重要理念。我国明确提出力争于 2030 年前实现"碳达峰"与 2060 年前实现"碳中和"目标。"绿水青山就是金山银山"的理念已经深入人心，成为全社会的普遍共识和行动自觉。

无线通信系统在造福人类的同时，其能耗问题同样不容忽视。仅中国移动一家运营商，2021 年能耗费用就高达 369 亿元，达到总运营成本的 15%以上。而 5G 网络的能耗将是 4G 网络的数倍，能耗压力更大。因此，推进无线通信的节能降耗，不仅造福当代，更利于未来和惠及世界。

当前无线通信，一方面研究节能降耗技术，另一方面探索通过多种形式获取无线能量。绿色通信、无线能量获取、自适应功率控制、高效率功放等技术已经成为当前研究的热点。

第2章

CHAPTER 2

无线电波传播

信号通过无线的方式传播，是无线通信的本质属性。本章首先介绍天线的基本原理、主要类型和重要参数，重点介绍无线电波的5种主要传播机制（直射、反射、透射、绕射和散射）；然后介绍噪声和干扰，特别是高斯白噪声的数学描述与计算方法；最后介绍常用的路径损耗模型。

2.1 天线

2.1.1 天线基本原理

第2-1集
微课视频

天线是将电磁波由传输线辐射到空间中，或者从空间上接收下来的一种装置。天线是无线通信系统必不可少的组成部分，合理设计和选择天线对于无线通信系统至关重要。

1887年，德国物理学家赫兹在证实电磁能量可以通过空间进行传播的著名实验中，就采用了其设计的世界上第一副天线，即如图2-1所示的环形天线（Loop Antenna）。

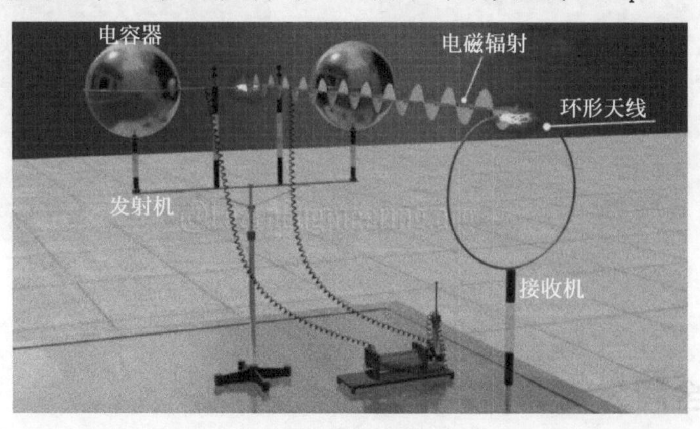

图2-1 赫兹设计的世界上第1副天线

无线通信系统使用天线的种类繁多，包括鞭状天线、板状天线、抛物面天线、喇叭天线、微带天线等，如图2-2所示。

根据辐射的方向性，天线可分为全向天线和定向天线。

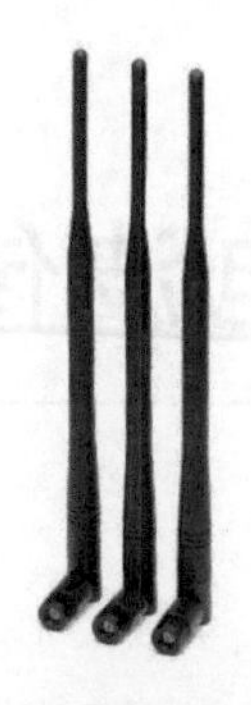

(a) 鞭状天线

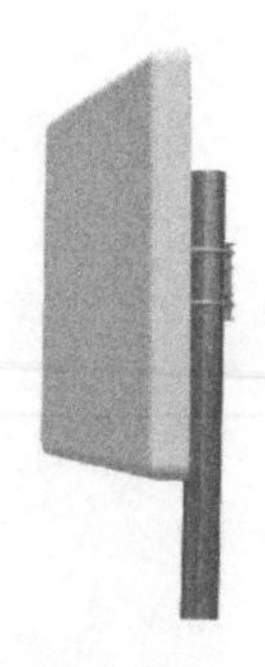

(b) 板状天线

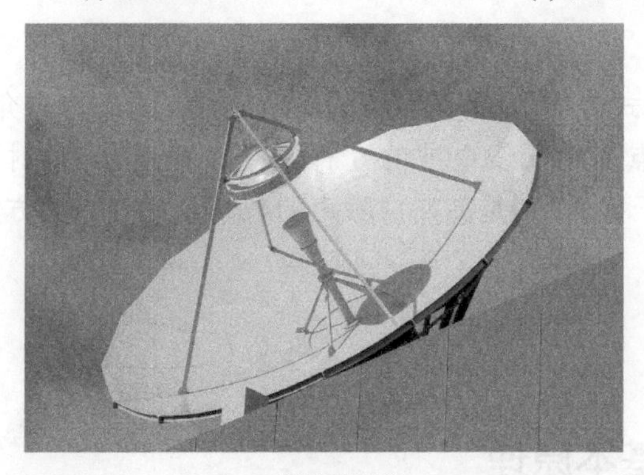

(c) 抛物面天线

(d) 喇叭天线

(e) 微带天线

图 2-2　无线通信系统常用天线

2.1.2　全向天线

全向天线一般是指水平方向 360°均匀辐射的天线，即辐射在水平方向无方向性，而在垂直方向上可以有一定方向性。

1. 理想点源天线

理想点源天线是一个点状辐射源，在空间各个方向的辐射强度均相同，三维辐射方向图是一个球形，即水平方向和垂直方向都是圆，如图 2-3 所示，因此也称为理想全向辐射天线。理想点源天线是一个理论天线模型，主要应用于理论分析，在工程上难以严格实现。

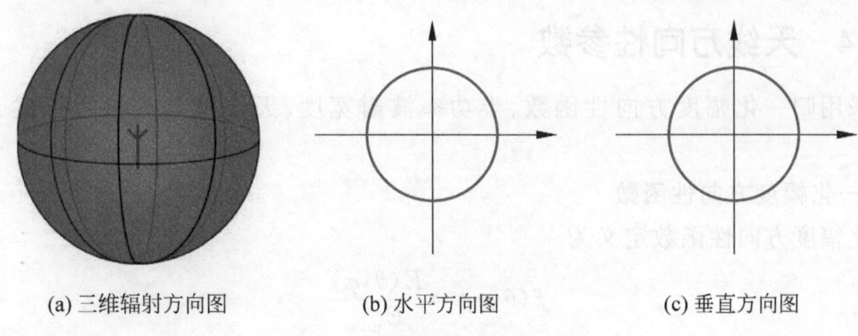

图 2-3　理想点源天线方向图

2. 半波偶极子天线

偶极子天线(Dipole Antenna)由一对对称放置的导体构成,导体相互靠近的两端分别与馈电线相连。偶极子天线是无线通信使用最早、结构最简单、应用最广泛的一类天线。赫兹最早在验证电磁波存在的实验中使用的天线就是一种偶极子天线。

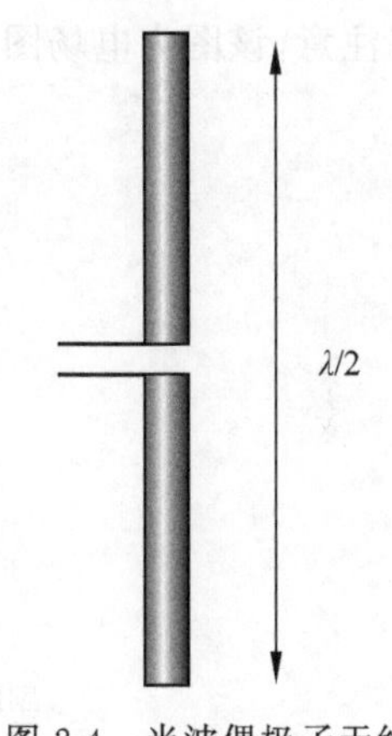

图 2-4　半波偶极子天线

最常见的偶极子天线是半波偶极子天线(λ/2-Dipole Antenna),其天线总长度约为信号波长的一半,如图 2-4 所示。因此,信号频率越高,波长越短,天线的尺寸也就越小。这一规律不仅适用于半波偶极子天线,也适用于其他类型的天线。

如图 2-5 所示,半波偶极子天线的辐射方向图在水平方向是一个圆,即没有方向性,因此也属于全向天线;但在垂直方向上有一定的方向性。

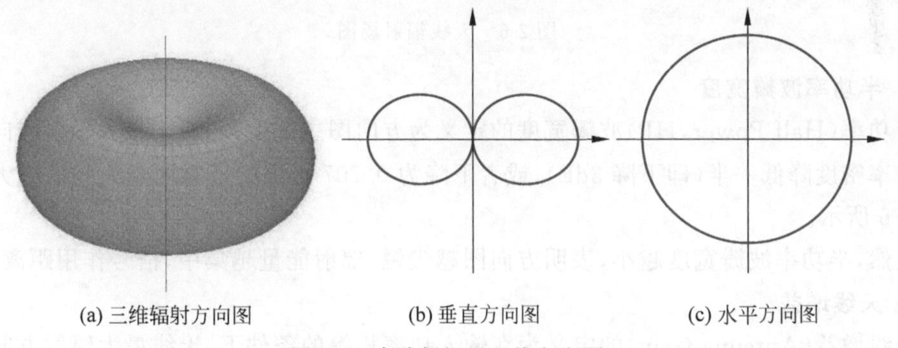

图 2-5　半波偶极子天线方向图

2.1.3　定向天线

与全向天线不同,定向天线将信号向特定方向辐射,能量更加集中,从而能够提高接收信号功率,扩大覆盖范围,而且可以减少对其他方向的干扰,或者减少来自其他方向的干扰。但定向天线覆盖的均匀性下降,天线的主瓣方向必须对准发射机/接收机,如果偏离主瓣方向,会导致接收信号严重减弱。

板状天线、抛物面天线和喇叭天线都是典型的定向天线。

2.1.4 天线方向性参数

通常采用归一化幅度方向性函数、半功率波瓣宽度、天线增益等参数描述天线的方向性。

1. 归一化幅度方向性函数

归一化幅度方向性函数定义为

$$f(\theta,\varphi)=\frac{E(\theta,\varphi)}{E_{\max}} \tag{2-1}$$

其中，$E(\theta,\varphi)$为辐射电场；$E_{\max}$ 为最大辐射电场；θ 和 φ 分别为水平角和俯仰角，如图 2-6 所示(注意，该图为电场图，不是功率图)。

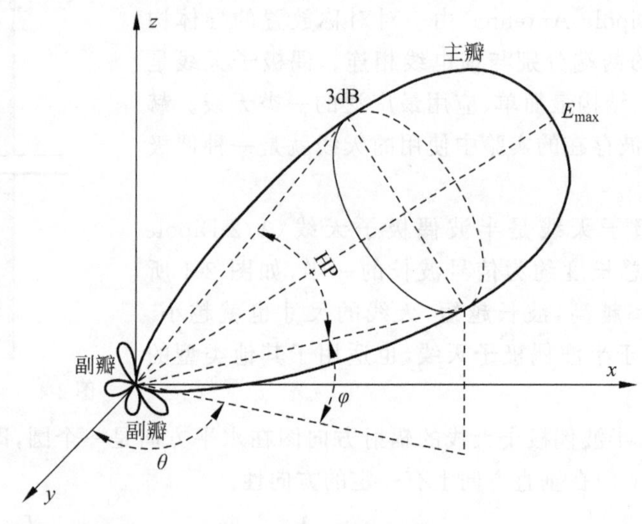

图 2-6 天线辐射场图

2. 半功率波瓣宽度

半功率(Half Power，HP)波瓣宽度的定义为方向图主瓣上，相对于最大辐射方向，天线辐射功率密度降低一半(即下降 3dB)，或者下降为 0.707 场强的任意两点之间的最大夹角，如图 2-6 所示。

显然，半功率波瓣宽度越小，表明方向图越尖锐，辐射能量越集中，信号作用距离越远。

3. 天线增益

天线增益(Antenna Gain)的定义为在输入功率相等的条件下，天线最大辐射方向上，实际天线与参考天线在空间同一点的辐射功率密度之比。

发射天线增益：在发射功率相等的条件下，实际天线与理想全向辐射天线在空间同一点处所产生的信号的功率密度之比。

接收天线增益：在空间同一点处，实际天线与理想全向辐射天线所接收信号功率之比。

一般而言，天线在不同方向上增益也不相同，因此通常将天线的最大增益定义为天线增益。接收天线增益计算方法如下。

$$G_{\mathrm{RX}}=\frac{A_{\mathrm{RX}}}{A_{\mathrm{iso}}}$$

其中，A_{iso} 为参考天线有效面积；A_{RX} 为接收天线有效面积，A_{RX} 并不等于天线物理面积 A，可表示为 $A_{\text{RX}}=\eta A$，η 为效率参数。这表明，并不是辐射到天线物理面积上的所有功率都会被接收。例如，抛物面天线 $\eta=0.55$。

根据互易性(Reciprocity)定理，对于同一副天线，在相同的频率上，作为发射天线或接收天线时，其天线增益是相同的。

参考天线可以选择理想全向辐射天线(水平方向和垂直方向均为全向)，也可以选择半波偶极子天线(仅水平方向为全向)。

当采用理想全向辐射天线为参考天线时，$A_{\text{iso}}=\dfrac{\lambda^2}{4\pi}$，天线增益的单位为 dBi；当采用半波偶极子天线为参考天线时，$A_{\text{iso}}=\dfrac{1.64\lambda^2}{4\pi}$，天线增益的单位为 dBd。

注意到，半波偶极子天线相对于理想全向辐射天线有 1.64 倍(即 2.15dBi)的增益，因此以 dBi 为单位的天线增益等于以 dBd 为单位的天线增益+2.15，即 0dBd=2.15dBi。简便起见，本书如无特别说明，都采用理想全向辐射天线作为参考天线，采用 dB 代替 dBi 作为天线增益单位。

天线增益与放大器增益不同。天线本身并不放大信号，天线增益只是将信号的能量集中向某些特定方向辐射。因此，天线增益获得主要依靠减小波瓣宽度，波瓣宽度越小，方向图越尖锐，辐射的能量越集中，天线增益越大。全向天线(一般水平方向全向即称为全向天线)也可以有一定的天线增益(即通过压缩垂直方向波瓣宽度)。

2.1.5 有效全向辐射功率

定义发射功率为

$$P_{\text{TX}}=\lim_{T\to\infty}\frac{1}{T}\int_{-T/2}^{T/2}|s(t)|^2\,\mathrm{d}t \tag{2-2}$$

其中，$s(t)$ 为发射信号；T 为信号持续时间。

定义接收功率为

$$P_{\text{RX}}=\lim_{T\to\infty}\frac{1}{T}\int_{-T/2}^{T/2}|r(t)|^2\,\mathrm{d}t \tag{2-3}$$

其中，$r(t)$ 为接收信号。

无线通信常用分贝毫瓦(dBm)表示功率的绝对值，可认为是以 1mW 为基准的比值，计算方法为

$$P|_{\text{dBm}}=10\lg(P/1\text{mW}) \tag{2-4}$$

一般而言，采用分贝值进行计算和表示更为方便。表 2-1 给出了常用分贝值与线性值的换算。

表 2-1 常用分贝值与线性值的换算

分贝值/dB	线性值
3	2
4	2.5
6	4

续表

分贝值/dB	线 性 值
7	5
9	8
10	10

【例 2-1】 功率值与分贝值的换算。

解 1W=30dBm,1mW=0dBm,33dBm=20W,−10dBm=0.1mW。

对于接收机,接收信号功率不仅与发射天线输入功率有关,而且与发射天线增益有关。因此,定义了等价全向辐射功率(Equivalent Isotropically Radiated Power,EIRP),也称为有效全向辐射功率,或各向同性辐射功率,即要达到一定接收功率,等效于采用理想全向辐射天线所需的发射功率。EIRP 计算方法为

$$\mathrm{EIRP}=P_{\mathrm{TX}}G_{\mathrm{TX}} \tag{2-5}$$

或

$$\mathrm{EIRP}\,|_{\mathrm{dBm}}=P_{\mathrm{TX}}\,|_{\mathrm{dBm}}+G_{\mathrm{TX}}\,|_{\mathrm{dB}} \tag{2-6}$$

EIRP 主要用于衡量发射机发射信号的能力。

【例 2-2】 某天线的发射功率为 13dBm,发射天线增益为 6dB,求 EIRP。

解 $\mathrm{EIRP}|_{\mathrm{dBm}}=P_{\mathrm{TX}}|_{\mathrm{dBm}}+G_{\mathrm{TX}}|_{\mathrm{dB}}=13+6=19\mathrm{dBm}$。

由此可知,采用高增益天线,可以在不增大发射功率的情况下增大 EIRP。

第 2-2 集
微课视频

2.2 电波传播机制

在实际环境中,无线电波可能通过多种机制进行传播,主要包括直射(自由空间传播)、反射、透射、绕射、散射等,如图 2-7 所示。在不同的环境中,无线电波的传播机制也不同,而不同的电波传播机制则具有不同的传播特性。

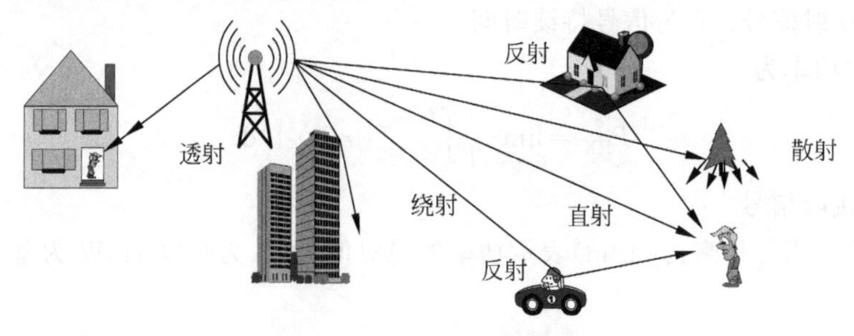

图 2-7 主要的电波传播机制

2.2.1 直射

直射也称为自由空间传播,是指发射机和接收机之间存在视距路径(Line-of-Sight,LoS),无线电波的传播没有受到“阻挡”。直射是最常见和最重要的电波传播机制。例如,在卫星通信、微波中继通信、无线局域网、短距离无线通信等通信系统中,直射都是主要的电波传播机制。在高速铁路高架桥场景中,直射也是主要的传播机制,如图 2-8 所示。

在自由空间传播中,根据能量守恒定律,对围绕发射天线的任意闭合表面上的能量密度

的积分，都等于发射功率。因此，假定发射天线为理想点源天线，向四周均匀（各向同性）地辐射能量，那么以发射天线为圆心，半径为 d 的球面上的能量密度为 $P_{TX}/(4\pi d^2)$，如图 2-9 所示。然而，实际天线辐射并非各向同性，而是具有一定的方向性，因此在最大辐射方向，还需要乘以发射天线增益 G_{TX}，即 $\mathrm{EIRP}=P_{TX}G_{TX}$。

图 2-8　高速铁路高架桥场景

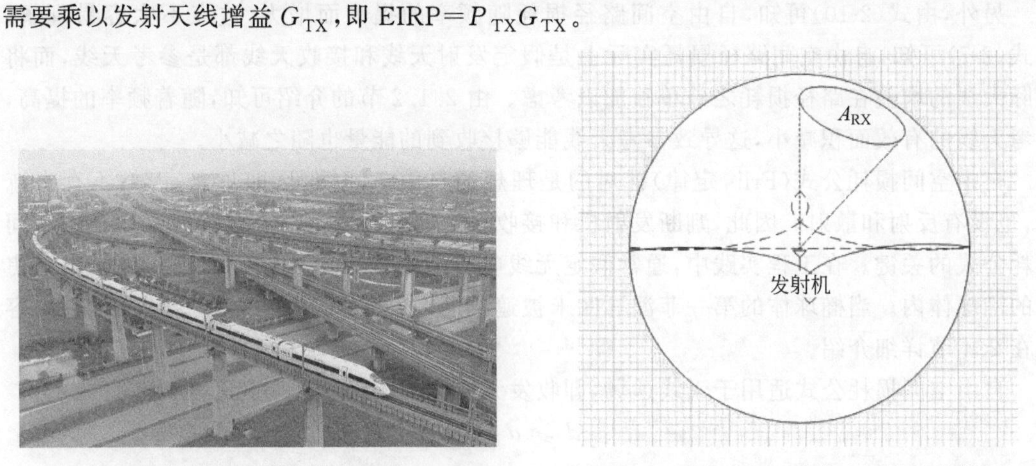

图 2-9　理想点源天线各向同性辐射能量

假定接收天线"有效面积"为 A_{RX}，即认为所有辐射到天线"有效面积"（而非天线物理面积）上的能量都会被接收到，则接收功率为

$$P_{RX}(d)=\frac{P_{TX}G_{TX}}{4\pi d^2}A_{RX} \tag{2-7}$$

由天线增益定义可知

$$G_{RX}=\frac{A_{RX}}{A_{iso}}$$

其中，A_{iso} 为参考天线的有效面积。

这里采用理想全向辐射天线作为参考天线，其有效面积为 $A_{iso}=\lambda^2/(4\pi)$，则

$$G_{RX}=\frac{4\pi}{\lambda^2}A_{RX} \tag{2-8}$$

将 G_{RX} 代入式(2-7)，得到接收功率表达式，也称为 Friis 定律。

$$P_{RX}(d)=P_{TX}G_{TX}G_{RX}\left(\frac{\lambda}{4\pi d}\right)^2 \tag{2-9}$$

将 $L=(4\pi d/\lambda)^2$ 定义为自由空间路径损耗。

在研究和工程应用中，通常将路径损耗表示为分贝(dB)形式，即

$$L\,|_{dB}=10\lg(4\pi d/\lambda)^2\approx 32.4+20\lg(f\,|_{MHz})+20\lg(d\,|_{km}) \tag{2-10}$$

需要注意，这里频率 f 的单位是 MHz，收发距离 d 的单位是 km。

【例 2-3】 某卫星通信系统，工作频段为 20GHz，卫星距地面 1000km，求路径损耗。

解　路径损耗为

$$L=32.4+20\lg(f\,|_{MHz})+20\lg(d\,|_{km})=178.4\mathrm{dB}。$$

由 Friis 定律可知，自由空间路径损耗随着收发距离 d 的平方增长。这是由于信号呈球形扩散，球的表面积随收发距离 d 的平方增长。

这里需要注意的是，自由空间路径损耗并非严格意义上的损耗，无线电波的能量实际上并未减少。之所以接收功率随距离增加而降低，是因为无线电波的能量扩散到更大的范围，从而使接收天线“有效面积”上接收到的能量下降。

另外，由式(2-10)可知，自由空间路径损耗随频率的提高而增大，这点不太容易理解。由式(2-7)可知，自由空间路径损耗实际上是假定发射天线和接收天线都是参考天线，而将实际天线的增益在路径损耗之外单独加以考虑。由 2.1.2 节的介绍可知，随着频率的提高，参考天线的有效面积减小，这导致参考天线能够接收到的能量也随之减小。

自由空间损耗公式(Friis 定律)针对的是理想的自由空间情况，即只有直射，不存在遮挡，也没有反射和散射。因此，判断发射机和接收机之间是否“无遮挡”是能否采用自由空间损耗公式的关键。在工程实践中，通常假定无线电波的能量集中在以发射机和接收机为焦点的椭球体内。当椭球体的第一菲涅耳区未被遮挡时，就可以认为是“无遮挡”。相关内容将在 2.4 节详细介绍。

自由空间损耗公式适用于天线远场，即收发天线至少相距一个瑞利距离，即

$$d \geqslant d_{\mathrm{R}}$$

且

$$d \gg \lambda \quad 及 \quad d \gg L_{\mathrm{a}}$$

其中，瑞利距离 $d_{\mathrm{R}}=\dfrac{2L_{\mathrm{a}}^{2}}{\lambda}$，$L_{\mathrm{a}}$ 为天线的最大尺寸。

第 2-3 集
微课视频

2.2.2 反射与透射

当电磁波投射到一个相对波长尺寸较大、较为光滑的物体表面时，由于两种介质的介电常数不同，一部分能量被反弹回第 1 种介质，即发生反射；而另一部分能量则进入第 2 种介质，即发生透射，也称为折射。若第 2 种介质为理想导体，则全部能量返回第 1 种介质，无透射，没有能量损耗，即发生全反射。根据斯涅尔(Snell)定律，可以精确计算反射和透射系数，如图 2-10 所示。

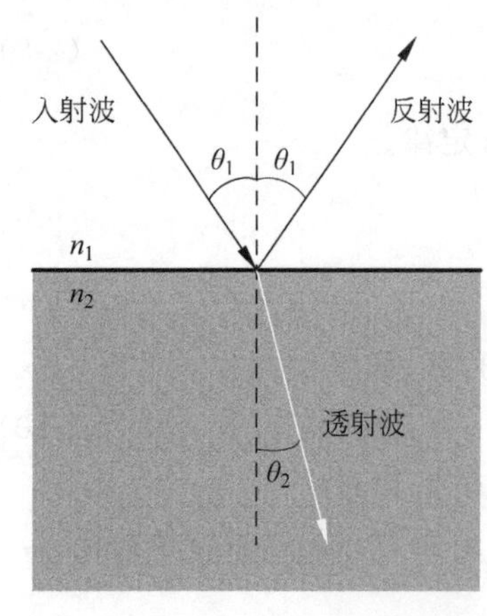

图 2-10 斯涅尔(Snell)定律示意图

反射也是常见和重要的电波传播机制。例如，地面可以认为是一个巨大的导体，会对无线电波造成较大的反射。在城市场景中，建筑物和车辆也是重要的反射体。另外，在短波通信中，通过电离层的反射，从而实现数几千千米的远距离传输。

考虑如图 2-11 所示的光滑平坦地面的情况。发射天线(TX)和接收天线(RX)的高度分别为 h_{TX} 和 h_{RX}，收发天线之间的水平距离为 d。接收机处的无线电波包括直射波和一个地面形成的反射波，两条路径长度分别为

$$d_{1}=\sqrt{d^{2}+(h_{\mathrm{TX}}-h_{\mathrm{RX}})^{2}} \tag{2-11}$$

和

$$d_{2}=\sqrt{d^{2}+(h_{\mathrm{TX}}+h_{\mathrm{RX}})^{2}} \tag{2-12}$$

当 d 远大于 h_{TX} 和 h_{RX} 时，两条路径之差为

$$\Delta d = d_2 - d_1 \propto 1/d \tag{2-13}$$

因此,d 较大时,路径差 Δd 非常小,一般要远小于波长。

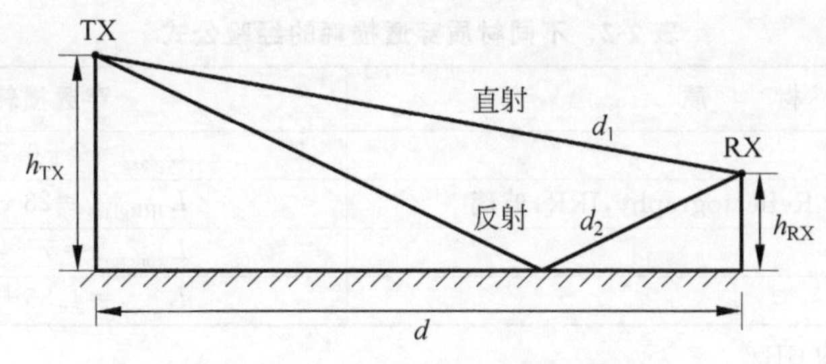

图 2-11 光滑平坦地面反射示意图

由于信号在经地面反射时,电场方向会发生反转,直射波和反射波将发生严重抵消,可得接收功率为

$$P_{RX}(d) \approx P_{TX} G_{TX} G_{RX} \left(\frac{h_{TX} h_{RX}}{d^2}\right)^2 \tag{2-14}$$

可见,接收功率与频率无关,但与发射天线和接收天线高度有关。

而且,由于叠加了反射波,使路径损耗随距离的 4 次方增长;而在自由空间传播时,路径损耗随距离的平方增长。

通常将路径损耗表示为分贝形式,即

$$L|_{dB} = 40\lg(d) - 20\lg(h_{TX}) - 20\lg(h_{RX}) \tag{2-15}$$

该公式要适用,要求 $d > d_{break}$,其中 d_{break} 为断点距离,一般 $d_{break} \geqslant 4h_{TX}h_{RX}/\lambda$。而当 $d \leqslant d_{break}$ 时,该公式不适用,可采用自由空间路径损耗公式。总结为

$$L|_{dB} = \begin{cases} 32.4 + 20\lg(f|_{MHz}) + 20\lg(d|_{km}), & d \leqslant d_{break} \\ 40\lg d - 20\lg h_{TX} - 20\lg h_{RX}, & d > d_{break} \end{cases} \tag{2-16}$$

然而,在实际情况中反射情况更为复杂,通常并不是只有地面形成的一个反射波。

因此,在无线通信工程上,还广泛采用如式(2-17)所示的对数损耗模型。

$$L(d) = L_0 + 10n\lg(d/d_0) \tag{2-17}$$

其中,L_0 为断点至发射机的路径损耗,一般采用自由空间路径损耗公式计算;d_0 为断点距发射机的距离,通常选取距基站较近,存在视距路径的位置,一般为 1~100m;n 为路径损耗指数,一般为 1.5~5.5,在某些场景中甚至更大。n 值越大,表明路径损耗随距离增长越快,信号功率衰减越快。例如,在城市场景中,由于建筑物较多,对信号传播造成了较严重的遮挡,n 值一般为 3~4;在郊区和乡村等较为开阔的场景,n 值略大于 2;而在一些限定或半限定场景中(如走廊、室内办公室、隧道等),由于波导效应,n 值可能小于 2,相关内容详见 2.2.5 节。

据统计,当前约有 70% 的无线通信业务发生在室内。当基站处于室外,或者处于室内其他房间时,无线电波需要穿透墙壁、玻璃、地板才能到达接收机,会造成严重的穿透损耗。此外,对于乘坐高铁的旅客,无线电波也需要通过透射的方式进行传播,而列车车体以不锈钢和铝合金为主,对信号的屏蔽作用很强,会造成很大的透射损耗(可达 15~25dB)。这是造成高铁车厢内信号覆盖不佳,数据传输速率下降,甚至发生通信中断的一个重要原因。

在工程上,由于无法精确确定入射角,而且材质也是千差万别,难以直接采用 Snell 定律进行计算,多采用经验公式对穿透损耗进行估计。例如,针对 5G 系统,3GPP 在 TS 38.901

规范中给出了不同材质穿透损耗的经验公式，如表 2-2 所示。图 2-12 给出了不同材质、不同频率下的穿透损耗值。

表 2-2　不同材质穿透损耗的经验公式

材　　质	穿透损耗/dB
标准多层玻璃	$L_{\text{glass}}=2+0.2f$
红外反射(Infrared Reflectography，IRR)玻璃	$L_{\text{IRRglass}}=23+0.3f$
混凝土	$L_{\text{concrete}}=5+4f$
木材	$L_{\text{wood}}=4.85+0.12f$

注：频率 f 的单位为 GHz。

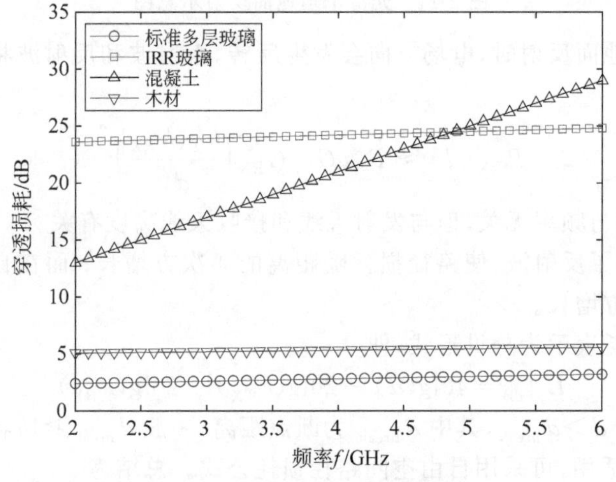

图 2-12　不同材质的穿透损耗

第 2-4 集
微课视频

2.2.3　绕射

电磁波在遇到尺寸与波长相近的障碍物时，会绕过障碍物，在其背面进行传播，称为绕射(Diffraction)，也称为衍射。实际上，电磁波是在障碍物的不规则突出表面的边缘(如房顶的边缘、窗户的四角等)形成了若干新的次波源。高中物理中介绍了声波和光波的绕射。频率越高，绕射现象越弱。

科学家很早就开始绕射的研究。1678 年，荷兰物理学家克里斯蒂安・惠更斯(Huygen)最早研究了绕射现象，提出了惠更斯原理：球形波面上的每一点(面源)都是一个次级球面波的子波源，子波的波速与频率等于初级波的波速和频率，此后每一时刻的子波波面的包络就是该时刻总的波动的波面。

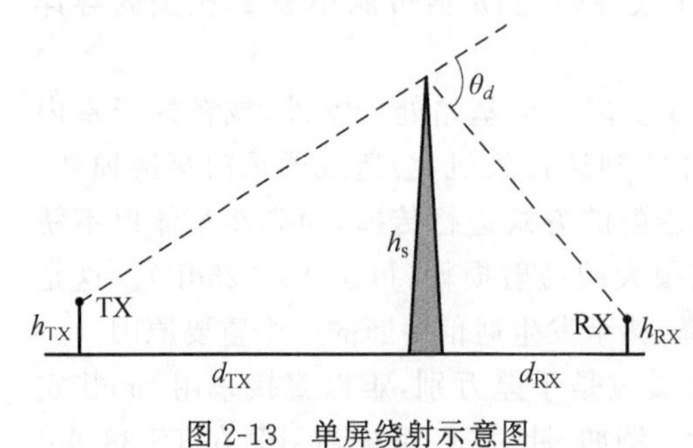

图 2-13　单屏绕射示意图

1. 单屏绕射

法国物理学家奥古斯丁・菲涅耳针对厚度可以忽略的刃形障碍物，提出了菲涅耳刃形绕射模型。该模型由于简单易用，成为当前常用的绕射模型。

下面首先介绍最简单的单屏绕射，即传播路径上只有一个刃形障碍物，如图 2-13 所示。假定发射天线和接收天线高度分别为 h_{TX} 和

h_{RX}，屏的高度为 h_s，与发射机和接收机之间的距离分别为 d_{TX} 和 d_{RX}，则绕射系数的计算方法如下。

绕射角：

$$\theta_d = \arctan\left(\frac{h_s - h_{TX}}{d_{TX}}\right) + \arctan\left(\frac{h_s - h_{RX}}{d_{RX}}\right) \tag{2-18}$$

菲涅耳参数：

$$\nu_F = \theta_d \sqrt{\frac{2d_{TX}d_{RX}}{\lambda(d_{TX}+d_{RX})}} \tag{2-19}$$

菲涅耳积分：

$$F(\nu_F) = \int_0^{\nu_F} \exp\left(-j\pi \frac{t^2}{2}\right) dt \tag{2-20}$$

绕射系数：

$$\widetilde{F}(\nu_F) = \frac{1}{2} - \frac{\exp(j\pi/4)}{\sqrt{2}} F(\nu_F) \tag{2-21}$$

接收场强：

$$E_{total} = \exp(-jk_0 x)\widetilde{F}(\nu_F) \tag{2-22}$$

其中，$\exp(-jk_0 x)$ 为入射场。绕射损耗 $L = -20\lg(|F(\nu_F)|) = -20\lg\left(\frac{1}{2} - \frac{\exp(j\pi/4)}{\sqrt{2}} F(\nu_F)\right)$。

2. 多屏绕射

当发射机和接收机之间存在多个障碍物时，即发生多屏绕射。多屏绕射的计算方法包括布林顿(Bullington)方法、易普斯丁-彼得森(Epstein-Petersen)方法和 Deygout 方法等。

1) 布林顿方法

对于发射机和接收机之间存在的多个障碍物，布林顿提出了等效屏的方法，简化了计算。下面以图 2-14 为例介绍布林顿方法。

(1) 确定 TX 与所有屏顶点的最陡连线。如图 2-14 所示，TX 与#2 屏顶点之间为最陡连线。

(2) 确定 RX 与所有屏顶点的最陡连线。如图 2-14 所示，RX 与#3 屏顶点之间为最陡连线。

(3) 以两条连线的交点作为等效屏的顶点。

(4) 用等效屏替代多个屏，采用菲涅耳刃形绕射模型计算绕射损耗。

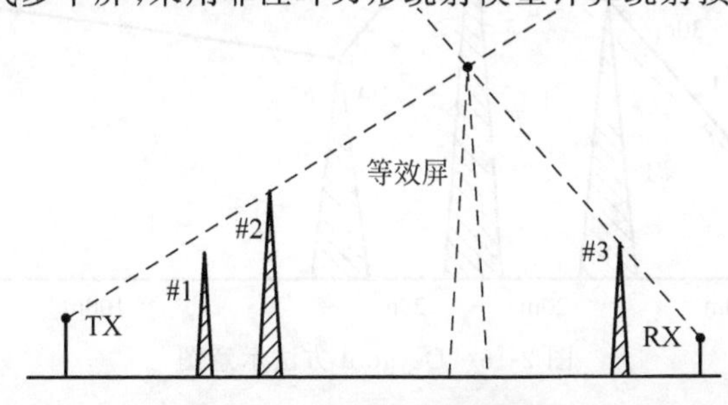

图 2-14　布林顿方法示意图

布林顿方法计算简单，但该方法会忽略一些较矮的屏，如图 2-14 中的#1 屏对最终得到绕射损耗没有任何贡献。因此，布林顿方法计算得到的绕射损耗通常会比实际值小。

2) 易普斯丁-彼得森方法

易普斯丁-彼得森方法是通过在每个屏的两侧放置虚拟接收机和发射机，分别计算每个屏的绕射损耗,最后以求和的方法得到总绕射损耗。下面以图 2-15 为例介绍易普斯丁-彼得森方法。

(1) 计算#1 屏的绕射损耗 L_1。假定#2 屏的顶端有一个虚拟的 RX,计算#1 屏造成的 TX 到虚拟 RX 的绕射损耗。

(2) 计算#2 屏的绕射损耗 L_2。假定#1 屏的顶端有一个虚拟的 TX,#3 屏的顶端有一个虚拟的 RX,计算#2 屏造成的虚拟 TX 到虚拟 RX 的绕射损耗。

(3) 计算#3 屏的绕射损耗 L_3。假定#2 屏的顶端有一个虚拟的 TX,计算#3 屏造成的虚拟 TX 到 RX 的绕射损耗。

(4) 计算总绕射损耗 L,为 $L=L_1+L_2+L_3$。

易普斯丁-彼得森方法相对于布林顿方法更加准确,但当存在相距很近的两个屏时,仍然会存在较大误差。

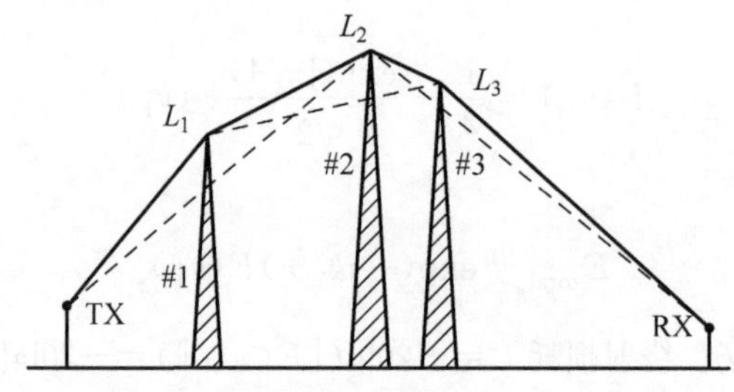

图 2-15 易普斯丁-彼得森方法示意图

3) Deygout 方法

Deygout 方法首先确定影响最大的屏,然后逐步确定影响次大的屏,最后将各屏的绕射损耗求和得到总绕射损耗。下面以图 2-16 为例介绍 Deygout 方法。

【例 2-4】 如图 2-16 所示,3 个屏的高度分别为 30m、40m 和 25m,3 个屏间距均为 20m,#1 屏距发射机 30m,#3 屏距接收机 100m,发射机高度为 1.5m,接收机高度为 30m。求频率为 900MHz(GSM 系统工作频率)时绕射损耗。

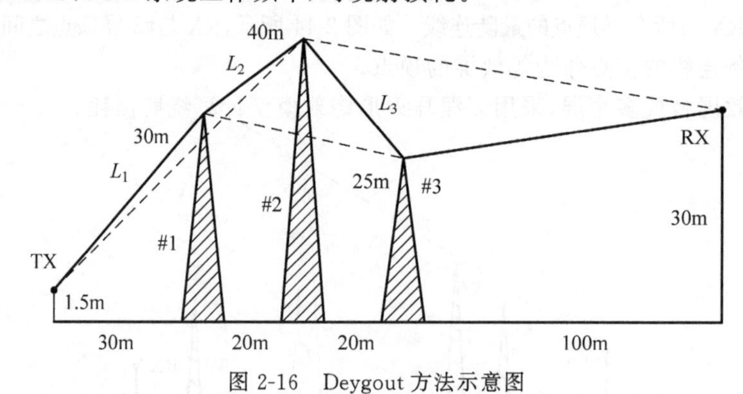

图 2-16 Deygout 方法示意图

解 (1) 首先计算某个屏单独存在时的绕射损耗。

#1 屏单独存在时,有

$$\theta_d=\arctan\left(\frac{30-1.5}{30}\right)+\arctan\left(\frac{30-30}{140}\right)=0.76\text{rad}$$

$$\nu_F=\theta_d\sqrt{\frac{2d_{TX}d_{RX}}{\lambda(d_{TX}+d_{RX})}}=0.76\sqrt{\frac{2\times30\times140}{1/3\times(30+140)}}=9.25$$

$$L_1=-20\lg\left(\left|\frac{1}{2}-\frac{\exp(j\pi/4)}{\sqrt{2}}F(\nu_F)\right|\right)=32.28\text{dB}$$

同理,可得#2 屏和#3 屏单独存在时的绕射损耗分别为 $L_2=33.59$dB 和 $L_3=26.54$dB。显然,#2 屏单独存在时绕射损耗 L_2 最大,因此#2 为主屏。

(2) TX 到#2 屏之间只有一个屏(#1 屏),因此#1 屏是 TX 与主屏之间的次主屏。将虚拟 RX 放置在#2 屏顶端,计算绕射损耗。

$$\theta_d=\arctan\left(\frac{30-1.5}{30}\right)+\arctan\left(\frac{30-40}{20}\right)=0.296\text{rad}$$

$$\nu_F=\theta_d\sqrt{\frac{2d_{TX}d_{RX}}{\lambda(d_{TX}+d_{RX})}}=0.296\sqrt{\frac{2\times30\times20}{1/3\times(30+20)}}=2.51$$

$$L'_1=-20\lg\left(\left|\frac{1}{2}-\frac{\exp(j\pi/4)}{\sqrt{2}}F(\nu_F)\right|\right)=21.01\text{dB}$$

(3) 同理,#2 屏到 RX 之间只有一个屏(#3 屏),因此#3 屏是主屏与 RX 之间的次主屏。将虚拟 TX 放置在#2 屏顶端,计算绕射损耗 $L'_3=0.17$dB。

(4) 总绕射损耗为 $L=L_2+L'_1+L'_3=54.77$dB。

思考题 如果将例 2-4 中的信号频率改为 3500MHz(5G 系统工作频率),求绕射损耗。与频率为 900MHz 时相比,绕射损耗是增大了还是减小了?这说明了什么?

3. 菲涅耳环带

到两个相距 d 的点 T 和 R 的距离之和(即 $|PT|+|PR|$)为常数的点的集合,如果在平面上是一个椭圆,如图 2-17 所示,那么在三维空间中就是一个椭球。

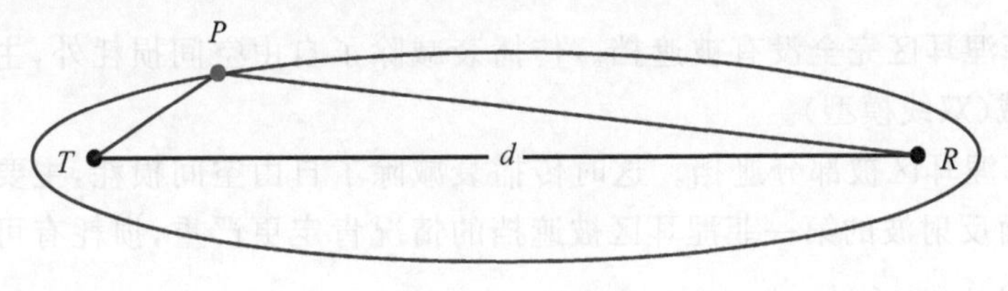

图 2-17 椭圆

定义第 n 菲涅耳椭球面为 $|PT|+|PR|=d+n\times\frac{\lambda}{2}$,如图 2-18 所示。

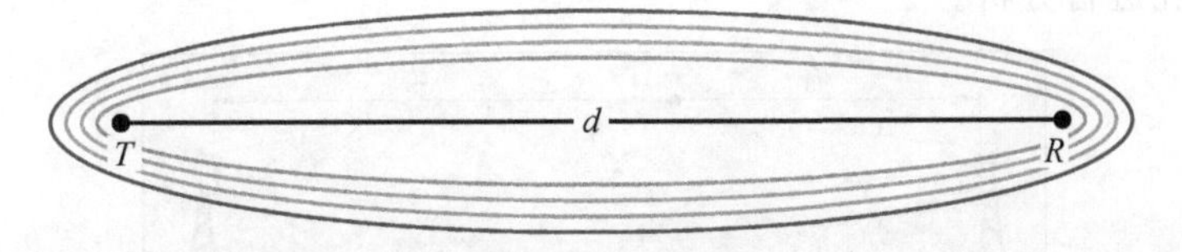

图 2-18 菲涅耳椭球

根据菲涅耳椭球,可以把空间划分为若干菲涅耳区,如图 2-19 所示。其中,第一菲涅耳区为最内侧的菲涅耳椭球内部的区域,第二菲涅耳区则为最内侧的菲涅耳椭球与次内侧的菲涅耳椭球之间的区域,以此类推。

定义菲涅耳区半径为从菲涅耳椭球面上一点到 TR 的垂直距离,推导可得第 n 菲涅耳

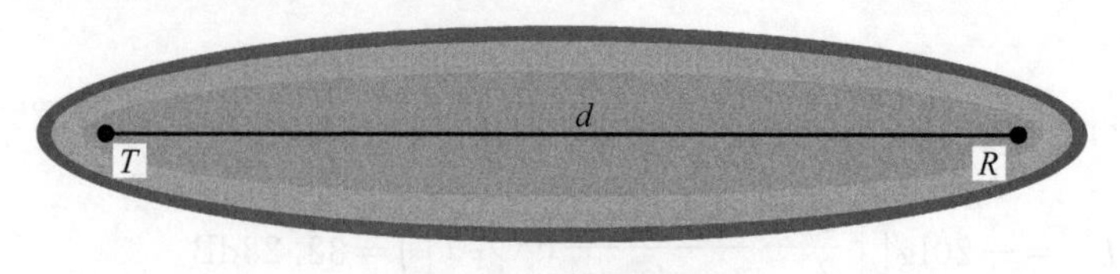

图 2-19 菲涅耳区

区半径 F_n 为

$$F_n=\sqrt{\frac{n\lambda d_1 d_2}{d}}=\sqrt{n}F_1 \tag{2-23}$$

其中，$F_1=\sqrt{\frac{\lambda d_1 d_2}{d}}$ 为第一菲涅耳区半径；d_1 和 d_2 分别为垂线与 TR 交点距 T 和 R 的距离；当垂线交于 TR 中点时，得到最大菲涅耳区半径，如图 2-20 所示。第 n 菲涅耳区最大半径为 $F_{n\mathrm{m}}=\sqrt{n}F_{1\mathrm{m}}$，其中第一菲涅耳区最大半径为 $F_{1\mathrm{m}}=\sqrt{\frac{\lambda d_1 d_2}{d}}=\frac{\sqrt{\lambda d}}{2}$。

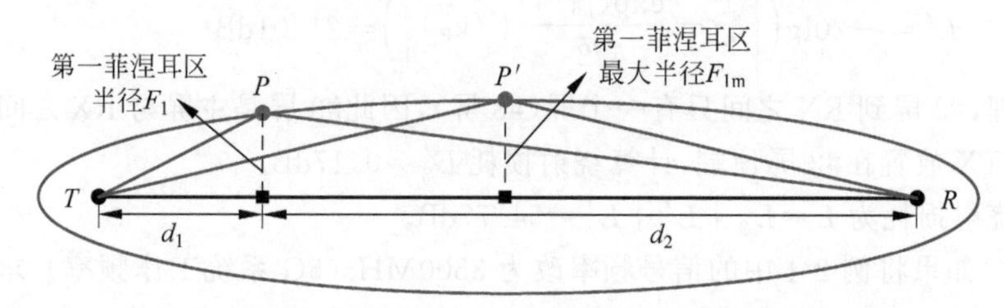

图 2-20 菲涅耳半径与最大菲涅耳半径

利用菲涅耳区可以分析电波传播能量集中程度，如图 2-21 所示。第一菲涅耳区是能量最集中的区域，约占全部能量的 1/2，如果被阻挡，将产生严重损耗，也是分析时重点需要考虑的区域。

(1) 第一菲涅耳区完全没有被遮挡。传播衰减除了自由空间损耗外，主要考虑地面反射波导致的衰减(双线模型)。

(2) 第一菲涅耳区被部分遮挡。这时传播衰减除了自由空间损耗，主要考虑直射波的绕射衰减。地面反射波的第一菲涅耳区被遮挡的情况肯定更严重，损耗有可能比完全没有遮挡的情况还小。

(3) 第一菲涅耳区被完全遮挡。这时一般是因为天线架设高度不够高，或通信距离较远，接收机落到了阴影区里。这时传播主要以绕射为主，具体计算很复杂，地形对其影响还要根据具体情况进行分析。

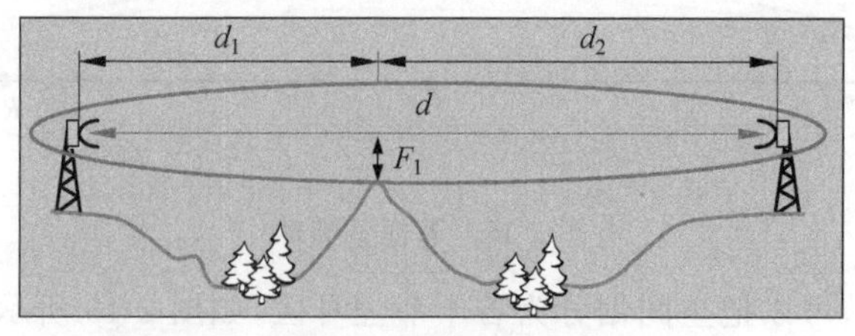

图 2-21 菲涅耳区遮挡

一般而言，电磁波的频率越低，绕射能力越强，信号覆盖能力更强。因此，使用较低的频段，对于保证网络覆盖水平(特别是在隧道、车站等场景)、降低网络建设和运维成本具有较大意义。例如，FM 广播通信系统为了实现大范围覆盖，采用了 87.5～108.0MHz 的较低频段。

2.2.4 粗糙表面的散射

当电磁波遇到粗糙表面，或者相对于波长尺寸较小物体或其他不规则物体时，将发生散射。与（镜面）反射信号能量具有确定方向不同，发生散射时，信号能量散布于各个方向。

由散射造成的能量色散，意味着反射方向上的反射波的能量减弱。因此，只需要在反射系数上乘以一个小于 1 的因子，就可以计算出由于散射而被削弱之后的信号的强度。这个因子取决于由瑞利理论确定的表面粗糙程度。

2.2.5 其他传播机制

1. 波导

在限定和半限定空间中，由于电磁波辐射方向受限，只能沿着有限的方向传播，类似于在管道中的传播，称为波导效应（Wave Guides Effect）。波导效应的存在，使得相比于自由空间传播，信号能量更为集中，路径损耗随距离衰减的速度比自由空间更慢，接收功率更高。在城市街道、走廊、隧道等场景中，都存在较为明显的波导效应，如图 2-22 所示。

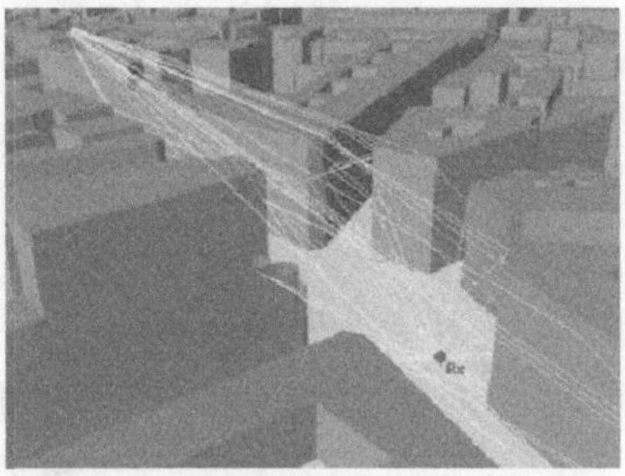

图 2-22　城市街道中存在的波导效应

2. 大气衰减和雨衰

当无线电波穿过大气和降雨区域时，会造成一定的衰减，称为大气衰减和雨衰。

大气衰减主要是由于无线电波在大气中传播时，受气体分子（氧气、水蒸气、二氧化碳、臭氧等）、水汽凝结物（冰晶、雪、雾等）及悬浮微粒（尘埃、烟、盐粒、微生物等）的吸收和散射作用，造成的无线电波能量的衰减。

在 300GHz 以下频率，主要是氧气和水蒸气分子吸收无线电波的能量。大气衰减具有明显的频率选择性，如图 2-23 所示。当频率低于 1GHz 时，大气衰减基本可以忽略不计；随

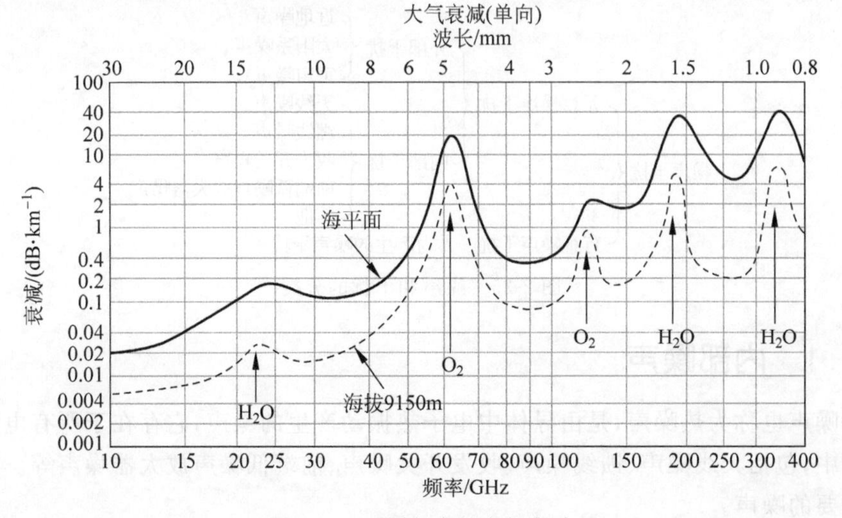

图 2-23　不同频率的大气衰减

着频率的提高,大气衰减趋于明显;氧气引起的衰减峰值出现在 60GHz 频段和 120GHz 频段,而水蒸气引起的衰减峰值出现在 22GHz 频段和 184GHz 频段。在不同的海拔高度,由于氧气和水蒸气浓度不同,大气衰减也不同。一般而言,海拔越高,大气衰减越弱。

当无线电波穿过降雨区域时,会出现雨衰。雨衰的大小与雨滴直径与无线电波波长的比值有着密切的关系。当无线电波的波长大于雨滴直径时,散射衰减起决定作用;当波长小于雨滴直径时,吸收损耗起决定作用。雨衰也具有明显的频率选择性,对于 10GHz 以上频段,雨衰的影响不可忽视。一般而言,频率越高,雨量越强,雨衰也越强。图 2-24 所示为国际电信联盟(ITU)提供的雨衰与频率和雨量的关系。

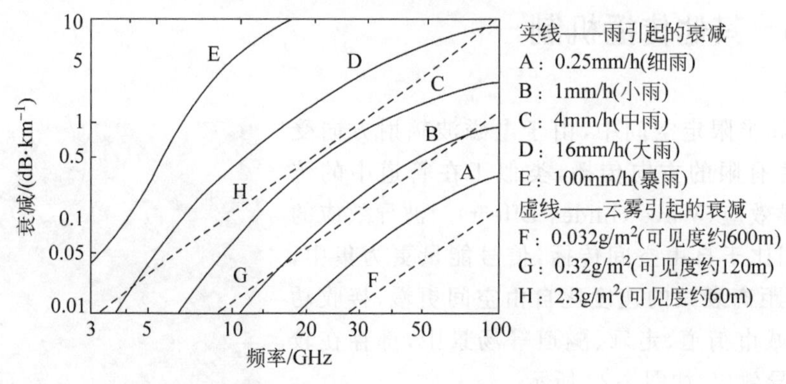

图 2-24 雨衰与频率和雨量的关系

第 2-5 集
微课视频

2.3 噪声和干扰

无线信道中的噪声和干扰是指信道中无意或有意产生、随机性强、影响无线通信可靠传输的信号。但噪声和干扰并不完全相同。噪声是完全随机的,只具有统计规律,无法精确预测;而干扰则具有一定规律,可以在一定程度上进行预测。

噪声和干扰种类很多,如图 2-25 所示。

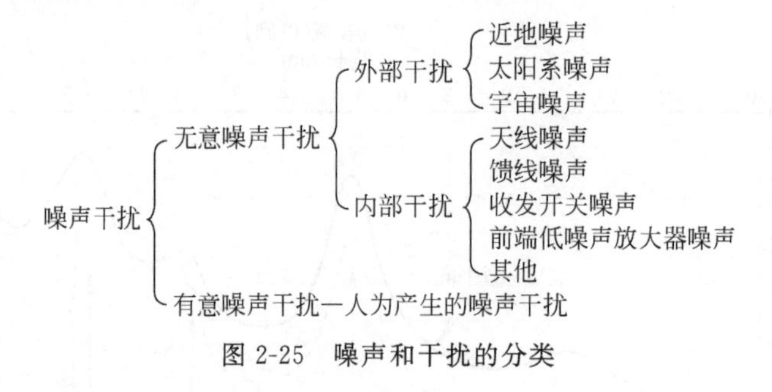

图 2-25 噪声和干扰的分类

2.3.1 内部噪声

内部噪声也称为热噪声,是由导体中电子热振动产生的噪声,它存在于所有电子器件和传输介质中,包括天线噪声、馈线噪声、收发开关噪声、前端低噪声放大器噪声等。内部噪声是最为重要的噪声。

内部噪声由温度决定,只要不是处于绝对零度,就一定存在内部噪声。内部噪声几乎在整个频谱上具有相同的功率谱密度，类似于白光的特性，因此又称为白噪声。

内部噪声功率为

$$P_n = k_B T_0 B \tag{2-24}$$

其中，k_B 为玻尔兹曼常数，$k_B = 1.38 \times 10^{-23}$ J/K；T_0 为温度，单位为开尔文(K)；B 为接收机带宽，单位为 Hz。

内部噪声功率谱密度为

$$N_0 = k_B T_0 \tag{2-25}$$

在常温($T_0 = 290$K)下，$N_0 = 4 \times 10^{-21}$ W/Hz；通常表示为对数形式，$N_0 = -174$dBm/Hz。

则带宽 B 上的内部噪声功率为

$$-198.6 + 10\lg(T_0) + 10\lg(B)\text{dBm} \tag{2-26}$$

常温时的内部噪声功率为

$$-174 + 10\lg(B)\text{dBm} \tag{2-27}$$

【例 2-5】 某系统带宽为 200kHz，求常温(290K)下接收机热噪声功率 P_n。如果将接收机放到液氮中(77K)，P_n 为多少？某系统带宽为 20MHz，求常温下接收机热噪声功率 P_n。

解 常温时的热噪声功率为

$$P_n = -174 + 10\lg(B) = -121\text{dBm}$$

当将接收机放到液氮中(77K)时，热噪声功率为

$$P_n = -174 + 10\lg(B) + 10\lg(77/300) = -127\text{dBm}$$

这说明，通过降低接收机温度，可以明显降低热噪声功率。例如，在深空通信中，由于传输距离远，接收信号非常微弱，为了提升通信质量，通常使用这种方法降低热噪声。

对于带宽 20MHz 的信号，常温时热噪声功率为

$$P_n = -174 + 10\lg(B) = -101\text{dBm}$$

这说明，带宽越大的信号，信号带宽内的噪声功率也越大。

2.3.2 外部噪声

外部噪声指由外部产生并进入接收机的噪声，主要包括近地噪声、太阳系噪声、宇宙噪声等。

近地噪声是在地面与卫星、航天器间的无线通信中，无线电波在穿过地球大气层中与大气层(对流层、平流层、中间层、电离层、散逸层)中的氧气、水蒸气、雨等相互作用，从而产生的噪声。

太阳系噪声是太阳系中太阳、各行星以及月亮辐射的电磁干扰而形成的噪声，其中太阳是最大的热辐射源。只要天线不对准太阳，在静寂期太阳噪声对天线噪声贡献不大；其他行星和月亮，除了使用高增益天线直接指向时，对噪声贡献也不大；在某些应用环境(如卫星通信、深空通信中)，当发射机与接收机之间的延长线正好指向太阳时，无线通信系统就会受太阳的严重干扰，即日凌干扰(见图 2-26)；当太阳黑子(见图 2-27)活动强烈时，对无线通信的干扰则更大，甚至造成全球范围的部分无线通信系统发生中断。

图 2-26 日凌干扰

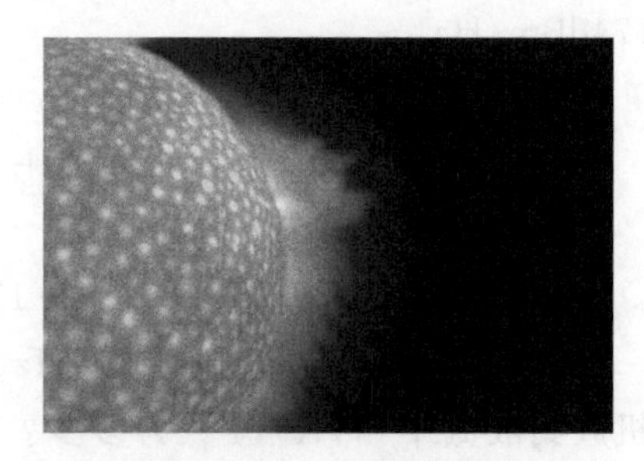

图 2-27 太阳黑子

宇宙噪声是外空间星体及分布在星际空间的物质所形成的噪声。宇宙噪声在银河系中心的指向上达到最大值(通常称为指向热空),在其他某些指向上则很低(称为冷空)。

宇宙噪声与频率的三次方成反比,1GHz 以下是噪声的主要来源;宇宙微波背景辐射是来自宇宙空间背景上的各向同性的微波辐射,噪声温度为 2.725K,约为 3K,因此也称为 3K 背景辐射,如图 2-28 所示。宇宙大爆炸理论认为宇宙微波背景辐射是 150 亿年前宇宙诞生时残留的余热。

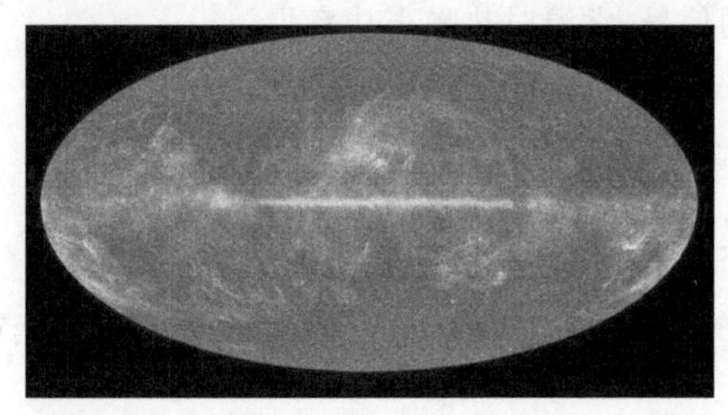

图 2-28 "普朗克"天文望远镜完成首张全天域宇宙微波背景辐射

2.3.3 人为噪声

人为噪声(Man-Made Noise)是由于人类活动而产生的噪声,主要包括:

(1) 其他无线电台泄漏的无线电信号;

(2) 电源开关产生的无线电信号;

(3) 点火线圈产生的电磁辐射信号;

(4) 电力线干扰;

(5) 荧光灯干扰。

通常将人为噪声表示为相对于热噪声的增加量。图 2-29 给出了郊区和城区的人为噪声。不同场景,不同频段,人为噪声导致的噪声增加量也不相同。例如,在 900MHz 频段,城区场景人为噪声会导致噪声增加约 17dB;而在郊区场景,则增加约 2dB。另外,频率越低,人为噪声相对越大。

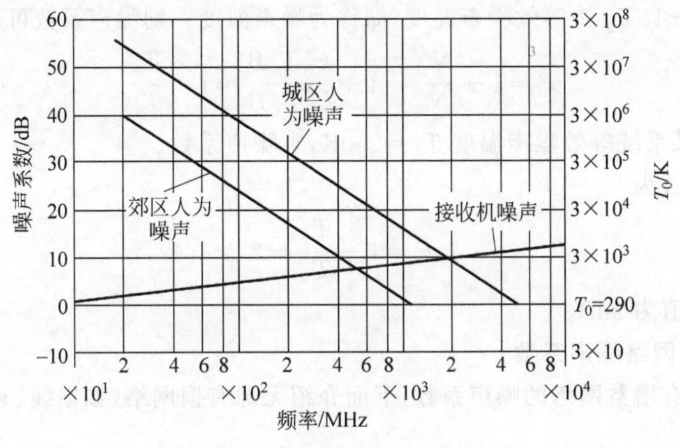

图 2-29 人为噪声[Jakes(1974)]

2.3.4 噪声系数

1. 定义

信号经过网络时,不仅携带的噪声会输入网络,而且网络本身也可能产生额外的噪声,或者信号发生衰减,因此网络输出端的信噪比相对于输入端会发生下降。

噪声系数 F 定义为输入信噪比 S_i/N_i 与输出信噪比 S_o/N_o(一般指等效到基带)的比值,即

$$F=\frac{\mathrm{SNR_i}}{\mathrm{SNR_o}}=\frac{S_i/N_i}{S_o/N_o} \tag{2-28}$$

即信噪比下降的比例。其中 N_i 为常温(即 290K)下的热噪声功率。

考虑如图 2-30 所示的网络,其增益为 G,网络本身产生的噪声功率为 N_a,外部输入噪声功率为 N_i。可将网络本身产生的噪声等效为外部输入噪声 $N_{ai}=N_a/G$,与原外部输入噪声 N_i 串联,而网络内部则认为无噪声。

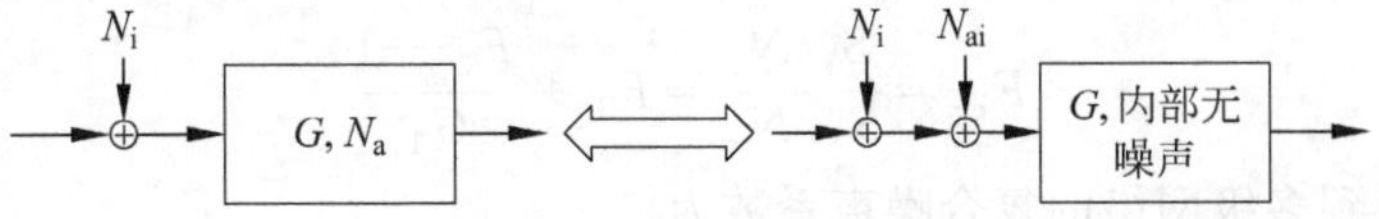

图 2-30 噪声等效示意图

噪声系数为

$$F=\frac{S_i/N_i}{GS_i/(GN_i+N_a)}=\frac{N_i+N_{ai}}{N_i}=1+\frac{N_{ai}}{N_i} \tag{2-29}$$

显然,噪声系数 $F\geqslant1$。噪声系数 F 越大,表明网络本身产生的噪声功率越大,导致信噪比下降越多。对于理想情况,网络本身不产生任何噪声,即 $N_{ai}=0$ 时,$F=1$。

2. 等效噪声温度

由2.3.1节可知，热噪声功率谱密度只与所处的温度有关。因此，可将网络内部噪声在输入端等效为具有一定温度的热噪声源。对式(2-29)进行变换，可得

$$N_{ai}=(F-1)N_i=k_B(F-1)T_0 \tag{2-30}$$

称 $T_e=(F-1)T_0$ 为等效噪声温度，简称为噪声温度。则噪声系数可以表示为

$$F=1+\frac{N_{ai}}{N_i}=1+\frac{k_B T_e B}{k_B T_0 B}=1+\frac{T_e}{T_0} \tag{2-31}$$

【例2-6】 某系统等效噪声温度 $T_e=290\text{K}$，求噪声系数。

解 噪声系数为

$$F=1+\frac{T_e}{T_0}=2$$

换算为分贝值为3dB。

3. 无源有损网络噪声系数

前面介绍了有增益网络的噪声系数，下面介绍无源有损网络（如馈线、衰减器等）的噪声系数。

无源有损网络本身不会产生新的噪声，可认为噪声功率保持不变，但有用信号发生了功率衰减，即 $L_f=\dfrac{S_i}{S_o}$。

由于 $N_o=N_i$，则 $F=\dfrac{S_i/N_i}{S_o/N_o}=\dfrac{S_i}{S_o}=L_f$，即对于无源有损网络，噪声系数等于功率衰减值，而等效噪声温度 $T_e=(F-1)T_0=(L_f-1)T_0$。

这里就更加清楚，当信号通过一个网络时，引入新的噪声和（或）有用信号发生衰减，实际上都反映为噪声相对于有用信号功率的增加。因此，可以等效地认为信号功率不变，而噪声功率在基础热噪声的基础上增加到原来的 F 倍。

4. 复合噪声系数

实际的通信系统并不是简单地由一个网络构成，而可以认为是由多个网络级联而成。根据前文的方法，可以对各网络的噪声进行等效。图2-31给出了由网络1（增益 G_1，噪声系数 F_1）和网络2（增益 G_2，噪声系数 F_2）构成的级联网络及其噪声等效网络。

由于噪声是非相干叠加，因此级联网络的复合噪声系数为

$$F_{eq}=\frac{S_i/N_i}{S_o/N_o}=F_1+\frac{F_2-1}{G_1} \tag{2-32}$$

同理可以得到多级网络的复合噪声系数为

$$F_{eq}=F_1+\frac{F_2-1}{G_1}+\frac{F_3-1}{G_1G_2}+\cdots \tag{2-33}$$

注意，这里的噪声系数 F 和增益 G 均为线性值，而不是分贝值。

由式(2-33)可知，要想降低整个级联网络的复合噪声系数，关键在于降低第1级网络的噪声系数 F_1。而且，由于后面各级的噪声系数折算进复合噪声系数中时，都会随着前级增益的增加而降低，因此提高第1级网络的增益 G_1 也非常重要。

但是，同时获得较低的 F_1 和较大的 G_1 是无法实现的。因此，通常在接收机前端采用

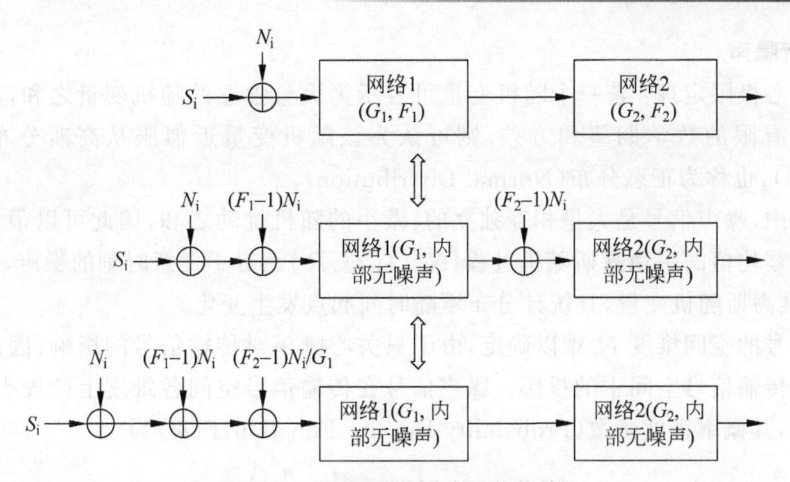

图 2-31　级联网络噪声系数等效

增益较低的低噪声放大器(Low Noise Amplifier,LNA)。图 2-32 给出了 GPS 射频前端接收机芯片 MAX2742 的内部结构。射频信号从 RFIN(7 号管脚)输入后,首先进入 LNA 模块。

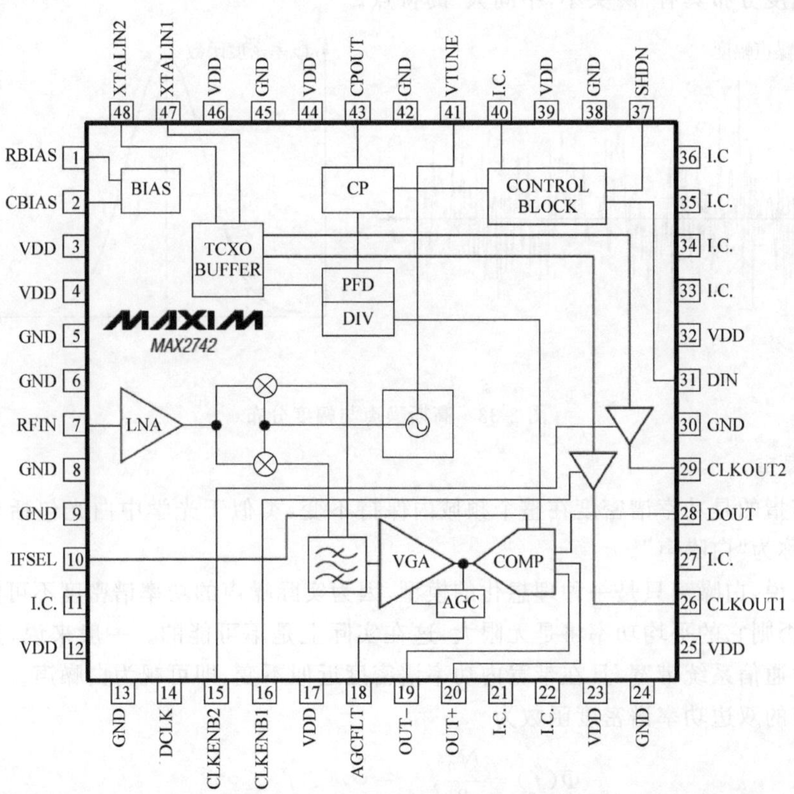

图 2-32　MAX2742 芯片内部结构

2.3.5 高斯白噪声

高斯白噪声(White Gaussian Noise,WGN)是一种经典的噪声模型。高斯白噪声包括“高斯”和“白”两方面。

1. 高斯噪声

根据中心极限定理：若一个随机变量可表示为大量独立的随机变量之和，其中每个随机变量具有有限的数学期望和方差，则可认为该随机变量近似服从高斯分布（Gaussian Distribution），也称为正态分布（Normal Distribution）。

在实际中，噪声信号是大量相互独立的、微小的随机扰动之和，因此可以很自然地认为噪声信号是零均值的平稳高斯随机过程$\{N(t);\ t\in\mathbb{R}\}$。对于任意时刻的噪声，则是一个零均值的 N 维高斯随机变量，且统计分布不随时间起点发生变化。

噪声信号的空间维度 N 难以确定，由于只关心噪声对传输信号的影响，因此只需考虑噪声信号在传输信号空间中的投影。噪声信号在传输信号空间各维度上的投影，服从零均值高斯分布，其概率密度函数（Probability Density Function，PDF）为

$$p(n)=\frac{1}{\sigma\sqrt{2\pi}}\exp\left(-\frac{n^2}{2\sigma^2}\right) \tag{2-34}$$

其中，σ 为标准差。

当传输信号空间为一维时，也可以简单地理解为噪声信号的幅度。如图 2-33 所示，高斯噪声的幅度分布具有“两头小，中间大”的特点。

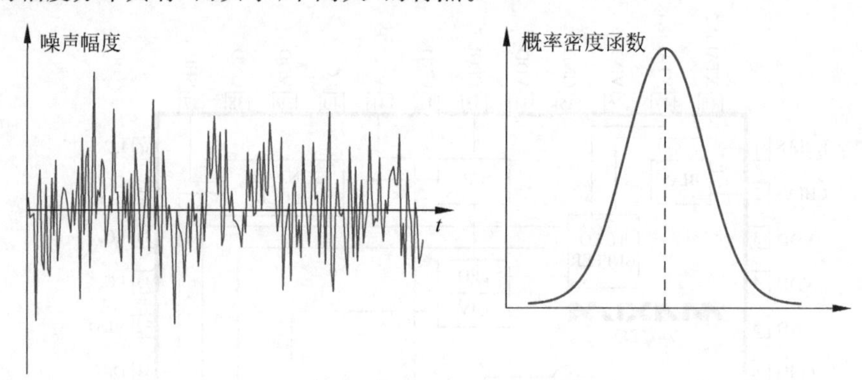

图 2-33 高斯噪声与幅度分布

2. 白噪声

白噪声指的是功率谱密度在整个频域内保持不变，类似于光学中白光包括全部可见光频率，因此称为“白噪声”。

严格地说，白噪声只是一种理想化的模型，因为实际噪声的功率谱密度不可能具有无限宽的带宽，否则它的平均功率将是无限大，这在实际上是不可能的。一般来说，只要噪声的带宽远超过通信系统带宽，且在带宽内功率谱密度近似不变，即可视为白噪声。

白噪声的双边功率谱密度函数为

$$\Phi(f)=\frac{N_0}{2},\quad -\infty<f<\infty \tag{2-35}$$

白噪声的单边功率谱密度函数定义为

$$\Phi(f)=N_0,\quad 0\leqslant f<\infty \tag{2-36}$$

白噪声信号的自相关函数为

$$\phi(\tau)=\frac{1}{2\pi}\int_{-\infty}^{\infty}\frac{N_0}{2}\mathrm{e}^{\mathrm{j}\omega\tau}\mathrm{d}\omega=\frac{N_0}{2}\delta(\tau) \tag{2-37}$$

这是一个冲激函数。

白噪声的双边功率谱密度和自相关函数如图 2-34 所示。

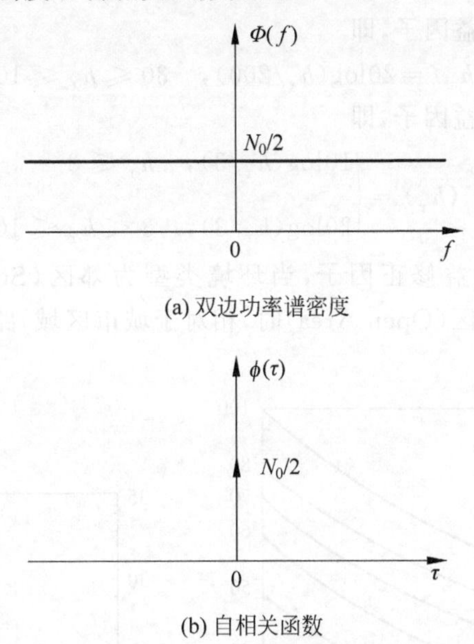

图 2-34　白噪声的双边功率谱密度和自相关函数

因此，$\phi(\tau)=E[n(t)n(t-\tau)]=0,\tau\neq 0$。这意味着白噪声信号时域完全不相关，因此无法根据既往的采样值进行精确预测。

高斯白噪声数学描述简单，易于分析处理，而且真实地反映了实际噪声的特性，因此得到了广泛的采用。

2.4　路径损耗模型

2.2 节介绍了不同电波传播机制下的路径损耗。本节将重点介绍无线通信研究和工程部署中广泛采用的路径损耗模型。在部分路径损耗模型中，还将阴影衰落包括在内。

2.4.1　奥村(Okumura)模型

奥村(Okumura)模型是 20 世纪 60 年代在日本大量实地测试数据基础上得到的路径损耗模型，提出以来得到了广泛使用。

模型适用范围如下。

(1) 频率 f：150～1920MHz(通过外推的方法，可扩展到 3000MHz)。

(2) 收发距离 d：1～100km。

(3) 移动台高度 h_r：3～10m。

(4) 基站高度 h_t：30～1000m。

(5) 环境：大城市和中等城市。

奥村模型路径损耗计算方法如下。

$$L_{\text{Oku}}=L_{\text{free}}+A(f,d)-G_t(h_t)-G_r(h_r)-G_{\text{AREA}} \tag{2-38}$$

其中，L_{free} 为自由空间路径损耗；$A(f,d)$为附加损耗，是频率和收发距离的函数，如图 2-35 所示。

G_t 为发射天线高度增益因子，即

$$G_t(h_t)=20\log(h_t/200),\quad 30\leqslant h_t\leqslant 1000 \tag{2-39}$$

G_r 为接收天线高度增益因子，即

$$G_r(h_r)=\begin{cases}10\log(h_r/3), & h_r\leqslant 3\\ 20\log(h_r/3), & 3< h_r\leqslant 10\end{cases} \tag{2-40}$$

G_{AREA} 为环境类型增益修正因子，当环境类型为郊区(Suburban Area)、半开阔区(Quasi Open Area)和开阔区(Open Area)时，相对于城市区域，路径损耗较小，具体取值如图 2-36 所示。

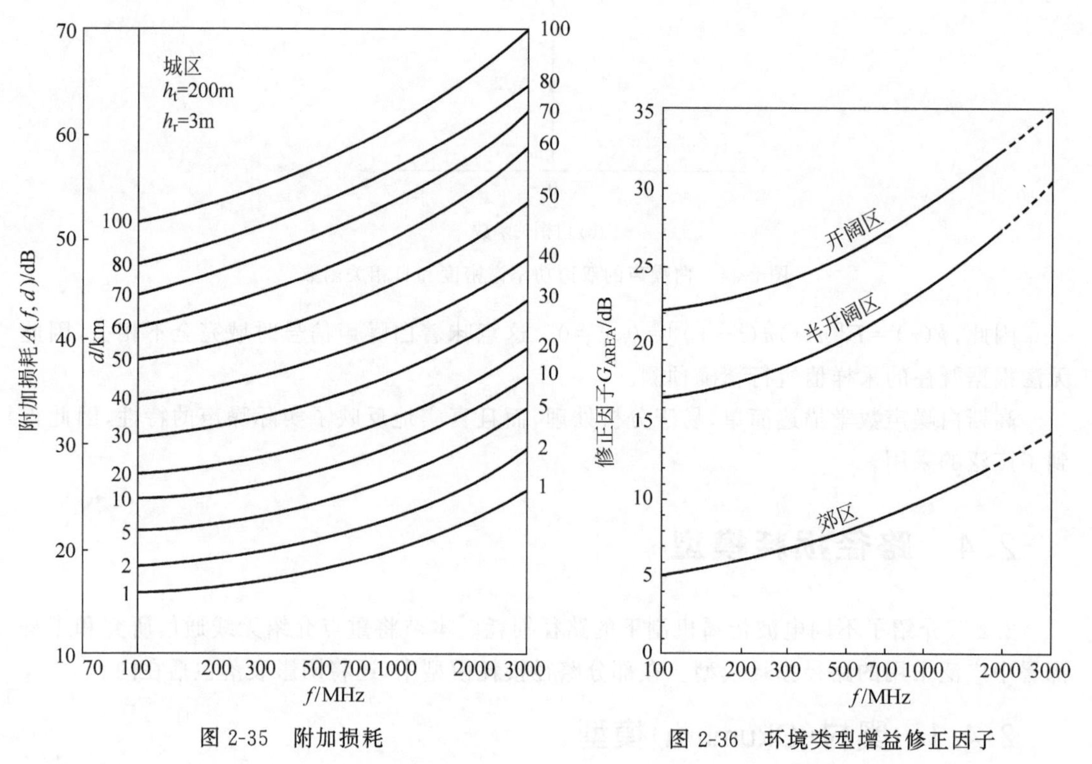

图 2-35 附加损耗　　图 2-36 环境类型增益修正因子

奥村模型完全基于现场实测数据，没有任何理论解释。对于城市和郊区环境，奥村模型计算得到的路径损耗值与实测值较为吻合；但对于乡村环境，误差可达 10~14dB。

【例 2-7】 在郊区场景中，收发距离 $d=10\text{km}$，$h_t=40\text{m}$，$h_r=3\text{m}$；发射功率为 40W，发射天线增益为 12dB，接收天线增益为 1dB，工作频率为 900MHz。采用奥村模型计算接收功率。

解 首先，计算自由空间路径损耗为

$$L_{\text{free}}\approx 32.4+20\lg(f\,|_{\text{MHz}})+20\lg(d\,|_{\text{km}})=111.5\text{dB}$$

然后根据工作频率 f 和收发距离 d，查图 2-35，可得附加损耗 $A=29.5\text{dB}$。

将 $h_t=40\text{m}$ 和 $h_r=3\text{m}$ 代入式(2-39)和式(2-40)，可得 $G_t(h_t)=-14\text{dB}$，$G_r(h_r)=0\text{dB}$。

由图 2-36 可得，郊区场景中 $G_{\text{AREA}}=9\text{dB}$。

因此，路径损耗为

$$L_{\text{Oku}}=L_{\text{free}}+A(f,d)-G_t(h_t)-G_r(h_r)-G_{\text{AREA}}$$
$$=111.5+29.5-(-14)-0-9=146\text{dB}$$

由发射功率 40W=46dBm，可得接收功率 $P_r=P_t+G_t+G_r-L_{\text{Oku}}=-114\text{dBm}$。

2.4.2 奥村(Okumura)-哈塔(Hata)模型

奥村(Okumura)-哈塔(Hata)模型是在奥村模型的基础上发展而来的一种中值路径损耗模型，广泛应用于宏蜂窝路径损耗预测。

模型适用范围如下。

(1) 频率 f：150～1500MHz。

(2) 收发距离 d：1～100km。

(3) 基站天线有效高度 h_b：30～200m。

(4) 移动台天线有效高度 h_m：1～10m。

(5) 场景：大城市、中等城市、郊区、乡村。

路径损耗中值为

$$L_{50}=A+B\log(d|_{\text{km}})+C \tag{2-41}$$

其中，$A=69.55+26.16\log(f|_{\text{MHz}})-13.82\log(h_b)-\alpha(h_m)$，$h_b$ 和 h_m 分别为基站天线和移动台天线高度，单位为 m；$B=44.9-6.55\log(h_b)$；$\alpha(h_m)$和 C 的值取决于不同的场景和频段，如表 2-3 所示。

表 2-3 Okumura-Hata 模型参数

场景	$\alpha(h_m)$	C
大城市	$8.29[\log(1.54h_m)]^2-1.1, f\leqslant 300\text{MHz}$ $3.2[\log(11.75h_m)]^2-4.97, f>300\text{MHz}$	0
中小城市	$[1.1\log(f\|_{\text{MHz}})-0.7]h_m-1.56\log(f\|_{\text{MHz}})+0.8$	0
郊区		$-2[\log(f\|_{\text{MHz}}/28)]^2-5.4$
乡村		$-4.78[\log(f\|_{\text{MHz}})]^2+18.33\log(f\|_{\text{MHz}})-40.94$

2.4.3 COST 231-Hata 模型

欧洲研究委员会 COST 231 工作组对 Okumura-Hata 模型进行了进一步开发，提出了 COST 231-Hata 模型，将频率范围扩展为 1500～2000MHz，适用于 1～20km 小区半径的宏蜂窝系统。

COST 231-Hata 模型适用范围如下。

(1) 频率 f：1500～2000MHz。

(2) 收发距离 d：1～20km。

(3) 基站天线有效高度 h_b：30～200m。

(4) 移动台天线有效高度 h_m：1～10m。

COST 231-Hata 模型路径损耗为

$$L_{50}=46.3+33.9\log(f)-13.82\log(h_b)-\alpha(h_m)+[44.9-6.55\log(h_b)]\log(d)+C_M \tag{2-42}$$

其中,C_M 为城市校正因子。

$$C_M=\begin{cases}0\text{dB}, & \text{中等城市和郊区}\\ 3\text{dB}, & \text{大城市}\end{cases}$$

$\alpha(h_m)$的计算方法与 Okumura-Hata 模型相同。

2.4.4 Motley-Keenan 室内模型

Morley-Keenan 是知名的室内传播模型,以对数损耗模型为基础,考虑了室内多个墙体以及多个楼层对信号的穿透损耗。路径损耗为

$$L=L_0+10n\log(d/d_0)+F_{\text{wall}}+F_{\text{floor}} \tag{2-43}$$

其中,$L_0+10n\log(d/d_0)$为 2.2.2 节介绍的对数损耗模型;F_{wall} 为信号穿过墙壁导致的损耗之和,一般频率为 300MHz~5GHz 时,每墙损耗 1~20dB,且频率越高,衰减越大;F_{floor} 为信号穿过地板导致的损耗之和。

2.4.5 WINNER Ⅱ信道模型

为了满足 LTE 等宽带移动通信系统研究和部署的需求,欧盟于 2003 年启动了无线世界新无线电技术(Wireless World Initiative New Radio,WINNER)项目,2004 年提出了 WINNER 模型,2007 年又进一步提出了 WINNER Ⅱ模型。在 WINNER Ⅱ模型中,共定义了 13 种电波传播场景。针对各场景,建立了相应的路径损耗模型(详细内容可查询相关规范文档)。

下面以城市微蜂窝场景(编号 C1)为例,简要介绍路径损耗模型。场景 C1 既支持视距(LoS)路径,也支持非视距(Non-Line-of-Sight,NLoS)路径,下面分别给出路径损耗表达式。

对于 LoS 情况,有

$$L=\begin{cases}23.8\lg(d\mid_m)+41.2+20\lg(f/5.0), & 30\text{m}<d<d_{\text{BP}}\\ 40.0\lg(d)+11.65-16.2\lg(h_{\text{BS}})-16.2\lg(h_{\text{MS}})+3.8\lg(f/5.0), & d_{\text{BP}}<d<5\text{km}\end{cases} \tag{2-44}$$

其中,频率 f 的单位为 GHz;$d_{\text{BP}}=4h_{\text{BS}}h_{\text{MS}}f/C$ 为分段函数的断点,h_{BS} 和 h_{MS} 分别为基站和移动台天线高度。

对于 NLoS 情况,有

$$L=[44.9-6.55\lg(h_{\text{BS}})]\lg(d)+31.46+5.83C\lg(h_{\text{BS}})+23\lg(f/5.0),\quad 50\text{m}<d<5\text{km} \tag{2-45}$$

2.4.6 3GPP 4G 系统路径损耗模型

针对 4G 系统,3GPP 在 TS 36.873 规范中定义了 4 种场景,分别如下。

(1) 乡村宏蜂窝(Rural Macro-Cell,RMa)场景:高密度的用户终端处于室内或室外的,基站低于周边建筑物。

(2) 城市宏蜂窝(Urban Macro-Cell,UMa)场景：高密度的用户终端处于室内或室外的,基站高于周边建筑物。

(3) 城市微蜂窝(Urban Micro-Cell,UMi)场景：高密度的用户终端处于室内或室外的,基站高于周边建筑物。

(4) 室内热点(Indoor Hotspot,InH)场景：用户终端和基站都处于室内,且用户终端密度高。

3GPP 针对 2～6GHz 频段、乡村宏蜂窝等 4 种场景、LoS 和 NLoS 两种情况,分别定义了路径损耗模型,如表 2-4 所示(详细内容可查询相关规范文档)。其中距离的定义方式如图 2-37 和图 2-38 所示。

表 2-4 3GPP TS 36.873 规范定义的 4G 路径损耗模型

场景	LoS/NLoS	路径损耗/dB(频率 f_c 单位为 GHz,收发距离 d 单位为 m)	阴影衰落标准差/dB	适用范围,天线高度和默认值
3D-UMi	LoS	$PL=22.0\lg(d_{3D})+28.0+20\lg(f_c)$	$\sigma_{SF}=3$	$10m<d_{2D}<d'_{BP}$ ①
		$PL=40\lg(d_{3D})+28.0+20\lg(f_c)-9\lg((d'_{BP})^2+(h_{BS}-h_{UT})^2)$	$\sigma_{SF}=3$	$d'_{BP}<d_{2D}<5000m$ $h_{BS}=10m$ $1.5m\leqslant h_{UT}\leqslant 22.5m$
	NLoS	对于六边形小区布局： $PL=\max(PL_{3D\text{-}UMi\text{-}NLoS},PL_{3D\text{-}UMi\text{-}LoS})$ $PL_{3D\text{-}UMi\text{-}NLoS}=36.7\lg(d_{3D})+22.7+26\lg(f_c)-0.3(h_{UT}-1.5)$	$\sigma_{SF}=4$	$10m<d_{2D}<2000m$ $h_{BS}=10m$ $1.5m\leqslant h_{UT}\leqslant 22.5m$
3D-UMa	LoS	$PL=22.0\lg(d_{3D})+28.0+20\lg(f_c)$	$\sigma_{SF}=4$	$10m<d_{2D}<d'_{BP}$ ②
		$PL=40\lg(d_{3D})+28.0+20\lg(f_c)-9\lg[(d'_{BP})^2+(h_{BS}-h_{UT})^2]$	$\sigma_{SF}=4$	$d'_{BP}<d_{2D}<5000m$ $h_{BS}=25m$ $1.5m\leqslant h_{UT}\leqslant 22.5m$
	NLoS	$PL=\max(PL_{3D\text{-}UMa\text{-}NLoS},PL_{3D\text{-}UMa\text{-}LoS})$ $PL_{3D\text{-}UMa\text{-}NLoS}=161.04-7.1\lg(W)+7.5\lg(h)-[24.37-3.7(h/h_{BS})^2]\lg(h_{BS})+[43.42-3.1\lg(h_{BS})][\lg(d_{3D})-3]+20\lg(f_c)-[3.2(\lg17.625)^2-4.97]-0.6(h_{UT}-1.5)$	$\sigma_{SF}=6$	$10m<d_{2D}<5000m$ h 为建筑物平均高度 W 为街道宽度 $h_{BS}=25m$ $1.5m\leqslant h_{UT}\leqslant 22.5m$ $W=20m,h=20m$ 适用范围： $5m<h<50m$ $5m<W<50m$ $10m<h_{BS}<150m$ $1.5m\leqslant h_{UT}\leqslant 22.5m$

续表

场景	LoS/NLoS	路径损耗/dB（频率 f_c 单位为 GHz，收发距离 d 单位为 m）	阴影衰落标准差/dB	适用范围，天线高度和默认值
3D-RMa	LoS	$PL_1=20\lg(40\pi d_{3D}\ f_c/3)+\min(0.03h^{1.72},10)\lg(d_{3D})-\min(0.044h^{1.72},14.77)+0.002\lg(h)d_{3D}$	$\sigma_{SF}=4$	$10\text{m}<d_{2D}<d_{BP}$③
		$PL_2=PL_1(d_{BP})+40\lg(d_{3D}/d_{BP})$	$\sigma_{SF}=6$	$d_{BP}<d_{2D}<10\ 000\text{m}$ $h_{BS}=35\text{m}$ $h_{UT}=1.5\text{m}$ $W=20\text{m}$ $h=5\text{m}$ h 为建筑物平均高度 W 为街道宽度 适用范围： $5\text{m}<h<50\text{m}$ $5\text{m}<W<50\text{m}$ $10\text{m}<h_{BS}<150\text{m}$ $1\text{m}<h_{UT}<10\text{m}$
	NLoS	$PL=161.04-7.1\lg(W)+7.5\lg(h)-[24.37-3.7(h/h_{BS})^2]\lg(h_{BS})+[43.42-3.1\lg(h_{BS})][\lg(d_{3D})-3]+20\lg(f_c)-[3.2(\lg(11.75\ h_{UT}))^2-4.97]$	$\sigma_{SF}=8$	$10\text{m}<d_{2D}<5000\text{m}$ $h_{BS}=35\text{m}$ $h_{UT}=1.5\text{m}$ $W=20\text{m}$ $h=5\text{m}$ h 为建筑物平均高度 W 为街道宽度 适用范围： $5\text{m}<h<50\text{m}$ $5\text{m}<W<50\text{m}$ $10\text{m}<h_{BS}<150\text{m}$ $1\text{m}<h_{UT}<10\text{m}$
3D-InH	LoS	$PL=16.9\lg(d_{3D})+32.8+20\lg(f_c)$	$\sigma_{SF}=3$	$3\text{m}<d_{2D}<150\text{m}$ $h_{BS}=3\sim6\text{m}$ $h_{UT}=1\sim2.5\text{m}$
	NLoS	$PL=43.3\lg(d_{3D})+11.5+20\lg(f_c)$	$\sigma_{SF}=4$	$10\text{m}<d_{2D}<150\text{m}$ $h_{BS}=3\sim6\text{m}$ $h_{UT}=1\sim2.5\text{m}$

① 断点距离 $d'_{BP}=4h'_{BS}h'_{UT}f_c/c$，其中频率 f_c 的单位为 Hz，$c=3.0\times10^8\text{m/s}$ 为光速，h'_{BS} 和 h'_{UT} 分别是基站（Base Station，BS）和用户终端（User Terminal，UT）天线有效高度（下同）。在 3D-UMi 场景中，天线有效高度 h'_{BS} 和 h'_{UT} 的计算方法为 $h'_{BS}=h_{BS}-1.0\text{m}$，$h'_{UT}=h_{UT}-1.0\text{m}$，其中 h_{BS} 和 h_{UT} 是天线的实际高度（下同），环境有效高度假定为 1.0m。

② 在 3D-UMa 场景中，天线有效高度 h'_{BS} 和 h'_{UT} 的计算方法为 $h'_{BS}=h_{BS}-h_E$，$h'_{UT}=h_{UT}-h_E$，有效环境高度 h_E 是 BS 和 UT 间链路的函数，具体计算方法请参考 TS 36.873 规范。

③ 断点距离 $d_{BP}=2\pi h_{BS}h_{UT}\ f_c/c$，式中参数的定义同①。

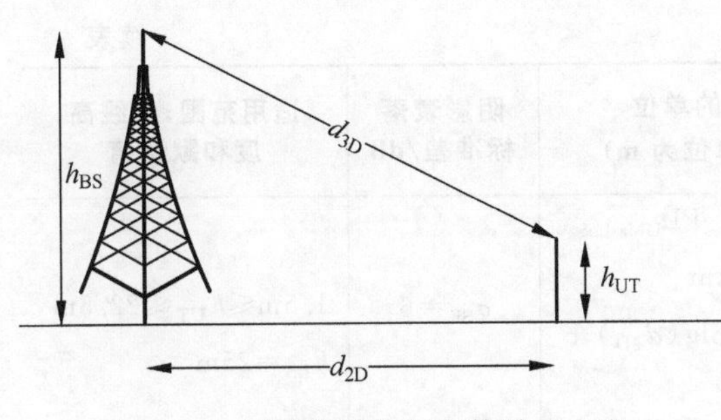

图 2-37 用户终端位于室外时 d_{2D} 和 d_{3D} 的定义

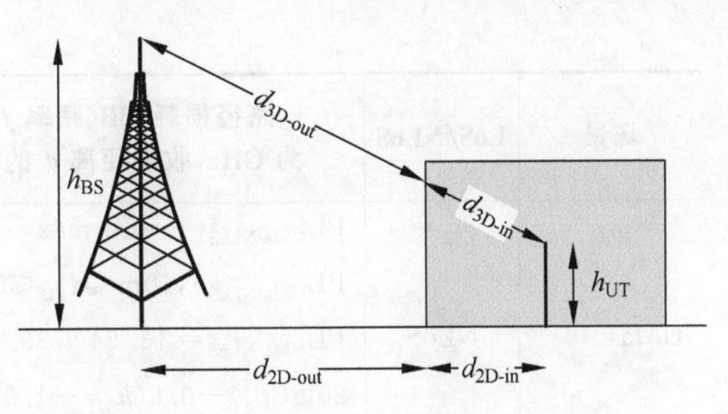

图 2-38 用户终端位于室内时 $d_{2D\text{-out}}$、$d_{2D\text{-in}}$、$d_{3D\text{-out}}$ 和 $d_{3D\text{-in}}$ 的定义

2.4.7 3GPP 5G系统路径损耗模型

3GPP 在 TS 38.901 规范中定义了 5G 系统信道模型，支持的场景在 4G 系统场景 RMa、UMa、UMi 和 InH 的基础上，又增加了室内工厂（Indoor Factory，InF）场景；支持的频段则进一步扩展到了 0.5～100GHz。针对各种场景，规范定义了路径损耗模型，如表 2-5 所示，其中变量的定义方式与 2.4.6 节一致，详见规范。

表 2-5 3GPP TS 38.901 规范定义的 5G 路径损耗模型

场景	LoS/NLoS	路径损耗/dB（频率 f_c 的单位为 GHz，收发距离 d 的单位为 m）	阴影衰落标准差/dB	适用范围，天线高度和默认值
RMa	LoS	$PL_{RMa\text{-}LoS}=\begin{cases}PL_1, & 10\text{m}\leqslant d_{2D}\leqslant d_{BP}\\ PL_2 & d_{BP}\leqslant d_{2D}\leqslant 10\text{km}\end{cases}$	$\sigma_{SF}=4$	$h_{BS}=35\text{m}$ $h_{UT}=1.5\text{m}$ $W=20\text{m}$ $h=5\text{m}$ $5\text{m}\leqslant h\leqslant 50\text{m}$ $5\text{m}\leqslant W\leqslant 50\text{m}$ $10\text{m}\leqslant h_{BS}\leqslant 150\text{m}$ $1\text{m}\leqslant h_{UT}\leqslant 10\text{m}$
		$PL_1=20\lg(40\pi d_{3D}f_c/3)+\min(0.03h^{1.72},10)\lg(d_{3D})-\min(0.044h^{1.72},14.77)+0.002\lg(h)d_{3D}$ $PL_2=PL_1(d_{BP})+40\lg(d_{3D}/d_{BP})$	$\sigma_{SF}=6$	
	NLoS	$PL_{RMa\text{-}NLoS}=\max(PL_{RMa\text{-}LoS},PL'_{RMa\text{-}NLoS})$，$10\text{m}\leqslant d_{2D}\leqslant 5\text{km}$ $PL'_{RMa\text{-}NLoS}=161.04-7.1\lg(W)+7.5\lg(h)-[24.37-3.7(h/h_{BS})^2]\lg(h_{BS})+[43.42-3.1\lg(h_{BS})][\lg(d_{3D})-3]+20\lg(f_c)-[3.2(\lg(11.75h_{UT}))^2-4.97]$	$\sigma_{SF}=8$	
UMa	LoS	$PL_{UMa\text{-}LoS}=\begin{cases}PL_1, & 10\text{m}\leqslant d_{2D}\leqslant d'_{BP}\\ PL_2 & d'_{BP}\leqslant d_{2D}\leqslant 5\text{km}\end{cases}$ $PL_1=28.0+22\lg(d_{3D})+20\lg(f_c)$ $PL_2=28.0+40\lg(d_{3D})+20\lg(f_c)-9\lg[(d'_{BP})^2+(h_{BS}-h_{UT})^2]$	$\sigma_{SF}=4$	$1.5\text{m}\leqslant h_{UT}\leqslant 22.5\text{m}$ $h_{BS}=25\text{m}$

续表

场景	LoS/NLoS	路径损耗/dB(频率 f_c 的单位为 GHz,收发距离 d 的单位为 m)	阴影衰落标准差/dB	适用范围,天线高度和默认值
UMa	NLoS	$PL_{UMa\text{-}NLoS}=\max(PL_{UMa\text{-}LoS}, PL'_{UMa\text{-}NLoS})$, $10m\leqslant d_{2D}\leqslant 5km$ $PL'_{UMa\text{-}NLoS}=13.54+39.08\lg(d_{3D})+20\lg(f_c)-0.6(h_{UT}-1.5)$	$\sigma_{SF}=6$	$1.5m\leqslant h_{UT}\leqslant 22.5m$ $h_{BS}=25m$
		可选 $PL=32.4+20\lg(f_c)+30\lg(d_{3D})$	$\sigma_{SF}=7.8$	
UMi-Street Canyon	LoS	$PL_{UMi\text{-}LoS}=\begin{cases}PL_1, & 10m\leqslant d_{2D}\leqslant d'_{BP}\\ PL_2 & d'_{BP}\leqslant d_{2D}\leqslant 5km\end{cases}$ $PL_1=32.4+21\lg(d_{3D})+20\lg(f_c)$ $PL_2=32.4+40\lg(d_{3D})+20\lg(f_c)-9.5\lg[(d'_{BP})^2+(h_{BS}-h_{UT})^2]$	$\sigma_{SF}=4$	$1.5m\leqslant h_{UT}\leqslant 22.5m$ $h_{BS}=10m$
	NLoS	$PL_{UMi\text{-}NLoS}=\max(PL_{UMi\text{-}LoS}, PL'_{UMi\text{-}NLoS})$, $10m\leqslant d_{2D}\leqslant 5km$ $PL'_{UMi\text{-}NLoS}=35.3\lg(d_{3D})+22.4+21.3\lg(f_c)-0.3(h_{UT}-1.5)$	$\sigma_{SF}=7.82$	$1.5m\leqslant h_{UT}\leqslant 22.5m$ $h_{BS}=10m$
		可选 $PL=32.4+20\lg(f_c)+31.9\lg(d_{3D})$	$\sigma_{SF}=8.2$	
InH-Office	LoS	$PL_{InH\text{-}LoS}=32.4+17.3\lg(d_{3D})+20\lg(f_c)$	$\sigma_{SF}=3$	$1m\leqslant d_{3D}\leqslant 150m$
	NLoS	$PL_{InH\text{-}NLoS}=\max(PL_{InH\text{-}LoS}, PL'_{InH\text{-}NLoS})$ $PL'_{InH\text{-}NLoS}=38.3\lg(d_{3D})+17.30+24.9\lg(f_c)$	$\sigma_{SF}=8.03$	$1m\leqslant d_{3D}\leqslant 150m$
		可选 $PL'_{InH\text{-}NLoS}=32.4+20\lg(f_c)+31.9\lg(d_{3D})$	$\sigma_{SF}=8.29$	
InF	LoS	$PL_{LOS}=31.84+21.50\lg(d_{3D})+19.00\lg(f_c)$	$\sigma_{SF}=4.3$	$1m\leqslant d_{3D}\leqslant 600m$
	NLoS	InF-SL: $PL=33+25.5\lg(d_{3D})+20\lg(f_c)$ $PL_{NLoS}=\max(PL, PL_{LoS})$	$\sigma_{SF}=5.7$	
		InF-DL: $PL=18.6+35.7\lg(d_{3D})+20\lg(f_c)$ $PL_{NLoS}=\max(PL, PL_{LoS}, PL_{InF\text{-}SL})$	$\sigma_{SF}=7.2$	
		InF-SH: $PL=32.4+23.0\lg(d_{3D})+20\lg(f_c)$ $PL_{NLoS}=\max(PL, PL_{LoS})$	$\sigma_{SF}=5.9$	
		InF-DH: $PL=33.63+21.9\lg(d_{3D})+20\lg(f_c)$ $PL_{NLoS}=\max(PL, PL_{LoS})$	$\sigma_{SF}=4.0$	

第3章 窄带无线信道

CHAPTER 3

本章将探究窄带无线信道的大尺度衰落和小尺度衰落的产生原因和统计特性；介绍常用的窄带信道模型，主要包括两径模型、瑞利(Rayleigh)模型和莱斯(Rice)模型；掌握大尺度和小尺度衰落余量的概念和计算方法；理解多普勒谱的产生原因和衰落的时间相关性。

3.1 概述

第2章介绍了无线电波传播机制和路径损耗模型。图3-1给出了实测接收场强随距离的变化。由图3-1可知，随着收发距离的增加，接收场强整体降低，这与路径损耗随收发距离增大而增大的变化规律相符合。但接收场强并不是单调下降，在局部还存在一些波动，称为衰落(Fading)。衰落可分为两大类：小尺度衰落和大尺度衰落。

第3-1集
微课视频

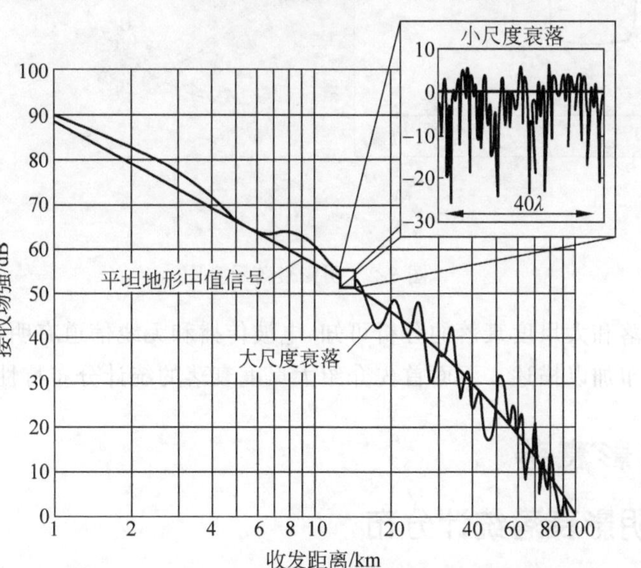

图3-1 接收场强变化

3.1.1 小尺度衰落

如图3-1右上角的局部放大图所示，在很小的范围，如约40个波长的范围内，接收场强会围绕一个局部平均值发生若干次起伏(幅度超过20dB)。由于每次波动基本上在大约一个波长范围内，因此称为小尺度衰落(Small-Scale Fading，SSF)。

小尺度衰落产生的主要原因是信道的多径传播和移动导致的多普勒频移；衰落类型包括瑞利衰落、莱斯衰落、Nakagami-m 衰落等。相关内容将在下文中详细介绍。由于小尺度衰落的变化速率较快，因此有的文献中也称为快衰落。

3.1.2 大尺度衰落

如图 3-1 所示，在几百个波长范围内，接收功率会围绕平均值发生一定的波动，因为这种波动发生在相对小尺度衰落更大的空间范围上，因此称为大尺度衰落(Large-Scale Fading，LSF)。

大尺度衰落主要是由于地形地物等障碍物的遮挡导致，使得在距发射机相同距离的不同位置上(如图 3-2 中 B 至 C 这段区域由于遮挡，接收功率明显低于其他区域)，接收功率存在一定的波动，因此也称为阴影衰落(Shadowing Fading)。

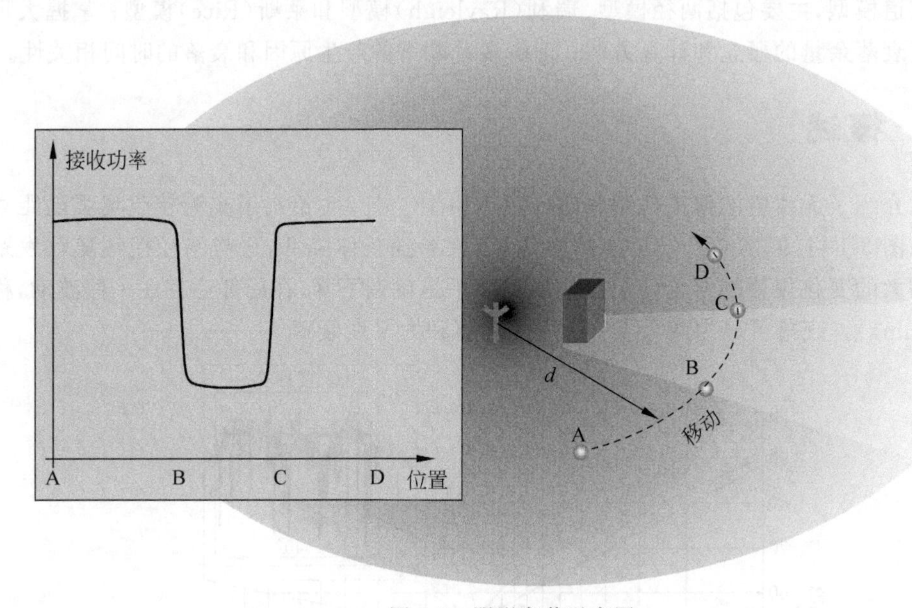

图 3-2 阴影衰落示意图

由小尺度衰落和大尺度衰落的分析可知，电波传播和无线信道有明显的随机特性，因此通常采用统计分布加以描述。下面首先介绍大尺度衰落的统计分布特性。

3.2 阴影衰落

3.2.1 阴影衰落统计分布

阴影衰落中影响信号场强波动的因素主要包括障碍物的大小、位置和介电特性等，这些因素都是未知且随机变化的，因此一般采用统计模型表征这种衰落。最常用的模型为对数正态(Log-Normal)阴影模型，即阴影衰落的分贝值 $L_{\text{SF}}|_{\text{dB}}$ 服从正态分布，概率密度函数为

$$p(L_{\text{SF}}|_{\text{dB}})=\frac{1}{\sqrt{2\pi}\sigma_{\text{SF}}|_{\text{dB}}}\exp\left[-\frac{(L_{\text{SF}}|_{\text{dB}}-\mu_{\text{SF}}|_{\text{dB}})^2}{2\sigma_{\text{SF}}^2|_{\text{dB}}}\right] \tag{3-1}$$

其中，$\sigma_{SF}|_{dB}$ 为阴影衰落分贝值的标准差；$\mu_{SF}|_{dB}$ 为阴影衰落分贝值的均值。

对于不同电波传播场景和不同频率，σ_{SF} 的值不尽相同。一般而言，在障碍物较多、几乎不存在 LoS 路径的场景中，σ_{SF} 相对较大，可达 4～10dB；而在开阔场景中，障碍物较少，LoS 路径广泛存在，σ_{SF} 则相对较小，一般为 2～4dB。

简便起见，常将阴影衰落的均值吸收到路径损耗中，这样阴影衰落服从零均值的对数正态分布，即 $\mu_{SF}=0$。在工程应用中，也经常将阴影衰落与路径损耗合并考虑，认为是路径损耗本身的波动。

此外，阴影衰落具有位置相关性，即空间上相距 d 的两个位置阴影衰落值具有相关性，这也是阴影衰落的重要特性。一般认为阴影衰落相关系数服从负指数模型，即

$$\rho(d)=\exp(-|d|/d_{cor}) \tag{3-2}$$

其中，d_{cor} 为相关距离，即相关系数下降到 1/e 时两个位置间的距离，相关距离一般为几十米。

3.2.2 阴影衰落余量

由于阴影衰落的存在，即使接收机与基站距离不变，接收功率也不完全相同。因此，直接根据路径损耗公式计算得到的接收功率可以近似认为是平均值。图 3-3 分别给出了考虑和不考虑阴影衰落时的接收功率等高线。在考虑阴影衰落后，大致可以认为只有约 50%时间（或位置）上瞬时接收功率可以超过平均值。因此，如果不预留任何余量，则约有 50%的情况，无线通信系统无法正常工作，这显然是无法接受的。

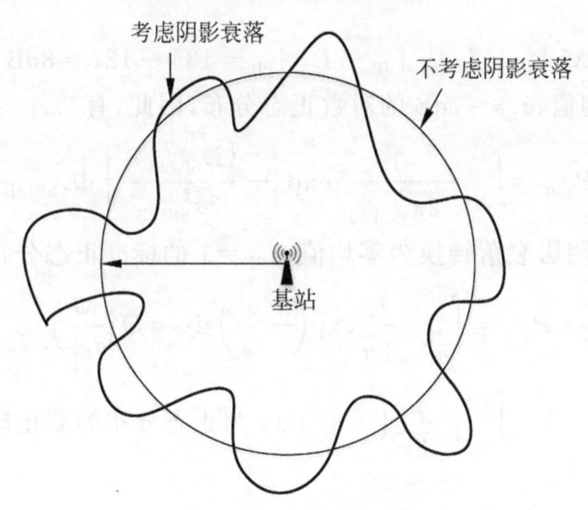

图 3-3　接收功率等高线

因此，为了保证系统具有较好的性能，必须在路径损耗公式计算得到的路径损耗基础上，追加一个余量，称为衰落余量，即需要考虑更恶劣一些的情况，这样才能确保接收功率以较高概率（如 90%、95%或 99%）超过这个值。

阴影衰落余量定义为

$$M|_{dB}=L_{max}|_{dB}-\bar{L}|_{dB} \tag{3-3}$$

其中，$L_{max}|_{dB}$ 为系统可接受的最大路径损耗；$\bar{L}|_{dB}$ 为路径损耗均值，即根据路径损耗公式计算得到的值。

中断概率(Outage Probability)定义为实际路径损耗(考虑阴影衰落)$L|_{\mathrm{dB}}$ 大于可接受的最大路径损耗的概率,即

$$P_{\mathrm{out}}=P\{L|_{\mathrm{dB}}>L_{\max}|_{\mathrm{dB}}=\bar{L}|_{\mathrm{dB}}+M|_{\mathrm{dB}}\} \tag{3-4}$$

中断概率如图 3-4 中的拖尾部分所示。显然,阴影衰落余量越大,中断概率越小,系统正常工作的概率越大。然而,较大的衰落余量,也意味着更大的发射功率,或者更小的基站覆盖范围,会造成网络建设和运营成本的增加。因此,需要根据系统性能要求,合理设置衰落余量。

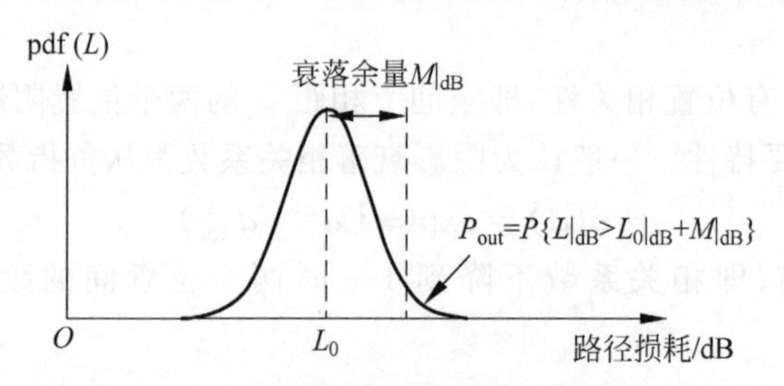

图 3-4 阴影衰落余量与中断概率

【例 3-1】 距发射机距离 d 的各处的路径损耗均值 $L_0=127\mathrm{dB}$,阴影衰落服从零均值、标准差 $\sigma_{\mathrm{SF}}=7\mathrm{dB}$ 的对数正态分布。若系统能够接受的最大路径损耗为 135dB,求在此距离上由阴影衰落引起的中断概率,并判断系统性能是否能满足中断概率不超过 10%的要求。如果无法满足,衰落余量应该增加到多少?如果阴影衰落标准差减小到 5dB,则所需的衰落余量又为多少?(不考虑小尺度衰落。)

解 衰落余量为

$$M|_{\mathrm{dB}}=L_{\max}|_{\mathrm{dB}}-L_0|_{\mathrm{dB}}=135-127=8\mathrm{dB}$$

阴影衰落服从零均值、$\sigma_{\mathrm{SF}}=7\mathrm{dB}$ 的对数正态分布,因此,有

$$P_{\mathrm{out}}=\int_M^{\infty}\frac{1}{\sqrt{2\pi}\sigma_{\mathrm{SF|dB}}}\exp\left[-\frac{(L_{\mathrm{SF|dB}})^2}{2\sigma_{\mathrm{SF|dB}}^2}\right]\mathrm{d}L_{\mathrm{SF|dB}}$$

进行积分换元,将阴影衰落转换为零均值、$\sigma_{\mathrm{SF}}=1$ 的标准正态分布,则

$$P_{\mathrm{out}}=\int_{\frac{M}{\sigma_{\mathrm{SF}}}}^{\infty}\frac{1}{\sqrt{2\pi}}\exp\left(-\frac{y^2}{2}\right)\mathrm{d}y=Q\left(\frac{M}{\sigma_{\mathrm{SF}}}\right)$$

其中,$Q(x)=P(X>x)=\int_x^{+\infty}\frac{1}{\sqrt{2\pi}}\left(-\frac{y^2}{2}\right)\mathrm{d}y$ 为正态分布的截止概率。

可得中断概率为

$$P_{\mathrm{out}}=Q\left(\frac{M}{\sigma_{\mathrm{SF}}}\right)=Q\left(\frac{8}{7}\right)=0.127=12.7\%$$

因此,8dB 的阴影衰落余量无法满足中断概率不超过 10%的系统性能要求。

要满足系统性能要求,需要进一步增大衰落余量。

由

$$P_{\mathrm{out}}=Q\left(\frac{M}{\sigma_{\mathrm{SF}}}\right)=Q\left(\frac{M}{7}\right)=0.1$$

可得衰落余量 $M=9\mathrm{dB}$,即需要 9dB 的衰落余量,才能满足系统 10%中断概率的要求。

另外,如果阴影衰落标准差减小到 5dB,则

$$P_{\text{out}}=Q\left(\frac{M}{\sigma_{\text{SF}}}\right)=Q\left(\frac{M}{5}\right)=0.1$$

可得 $M=6.4\text{dB}$。这意味着对于一定的中断概率，阴影衰落标准差越小，所需的衰落余量也越小。

3.3　多径效应

在实际环境中，无线电波通常会通过直射、反射、透射、绕射、散射等多种机制进行传播，无线电波经过不同的传播路径到达接收机，称为多径(Multipath)。在多径环境中，接收信号实际上是各传播路径信号的矢量叠加。下面介绍简单的两径模型。

假设发射信号为单载波信号(窄带信号)，有

$$E_{\text{TX}}(t)=A\cos(2\pi f_c t) \tag{3-5}$$

其中，A 为发射信号的幅值；f_c 为载频。

信道经过两条不同的路径到达接收机，两条路径的接收信号分别为

$$E_{\text{RX1}}(t)=E_1\cos(2\pi f_c t-2\pi d_1/\lambda)$$

和

$$E_{\text{RX2}}(t)=E_2\cos(2\pi f_c t-2\pi d_2/\lambda)$$

其中，E_1 和 E_2 为两条路径接收信号的幅值；$2\pi d_1/\lambda$ 和 $2\pi d_2/\lambda$ 分别为两条路径的相位滞后；d_1 和 d_2 为两条路径的长度。注意，这里没有考虑反散射导致的相移。

为了研究方便，一般将射频信号表示为等效基带(复)信号。

第 3-2 集
微课视频

路径 1 接收信号为

$$E_{\text{RX1}}=E_1\exp(-\text{j}k_0 d_1)$$

路径 2 接收信号为

$$E_{\text{RX2}}=E_2\exp(-\text{j}k_0 d_2)$$

其中，$k_0=2\pi/\lambda$ 为波数。

两条路径的接收信号在接收机处矢量叠加，由于相位不同，当相位差绝对值小于 $\pi/2$ 时，发生相长(Constructively)干涉，相互加强；反之，则发生相消(Destructively)干涉，信号相互削弱。

这一现象与托马斯·杨双缝干涉实验类似。1801 年，英国物理学家托马斯·杨将光束照射于两条相互平行的狭缝，如图 3-5 所示。经过两个狭缝的光相互干涉，在屏幕上显示出一系列亮条纹与暗条纹相间的图样，如图 3-6 所示。

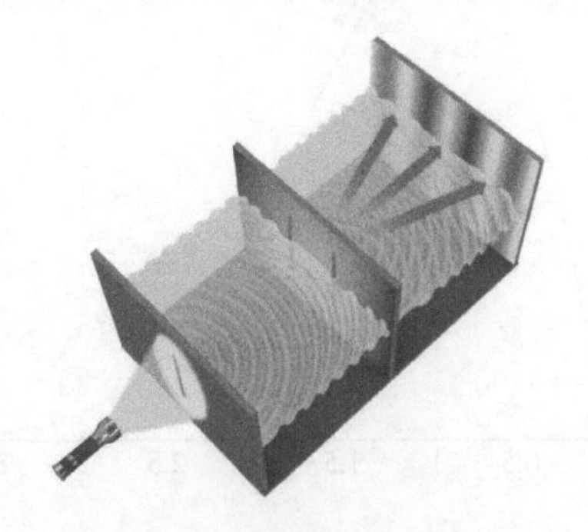

图 3-5　双缝干涉实验

图 3-6　双缝干涉条纹

可以想象，如果接收机处于屏幕中的亮条纹处，接收功率较强；而如果处于暗条纹处，则接收功率会严重下降，即接收功率发生剧烈波动。由于相邻明暗条纹的间距与波长相当，因此称为小尺度衰落。

3.4 瑞利衰落

3.3 节讨论了最简单的两条路径的情况。而在实际环境中，路径数要多得多，传播情况更为复杂。

假定信道中有 N 条路径，且其中没有主导分量，每个路径信号的幅度和相位随机变化，且相互独立。接收信号是各路径信号的矢量叠加。图 3-7 给出了一个包括 4 条路径的情况。

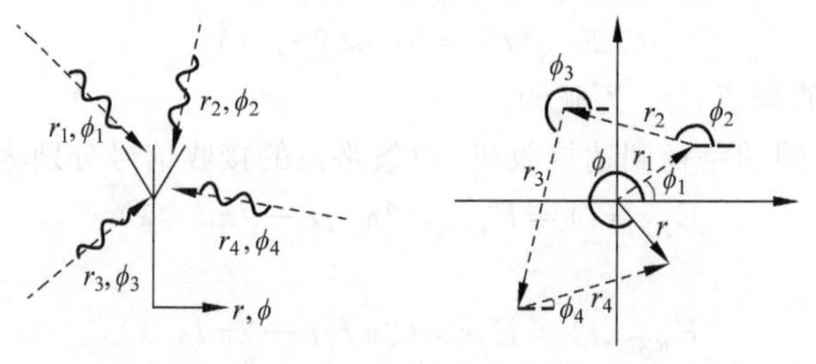

图 3-7 无主导分量时 4 条路径信号的合成

第 3-3 集 微课视频

显然，接收信号的实部和虚部分别为各路径信号实部和虚部之和。由于每条路径幅值和相位都相互独立，因此实部 $\mathrm{Re}(r)$ 和虚部 $\mathrm{Im}(r)$ 相互独立，且都是很多随机变量的和。

由于没有主导分量，因此根据中心极限定理，当路径数 N 趋于无穷时，接收信号的实部和虚部服从正态分布，且均值均为 0，方差相等，三维分布如图 3-8 所示。

接收功率则服从卡方(Chi-Square)分布，接收信号幅度 r 服从如图 3-9 所示的瑞利分布(Rayleigh Distribution)，因此称为瑞利衰落。接收信号幅度 r 的概率密度函数为

$$p(r)=\begin{cases}\dfrac{r}{\sigma^2}\exp\left(-\dfrac{r^2}{2\sigma^2}\right), & 0\leqslant r<\infty \\ 0, & r<0\end{cases} \tag{3-6}$$

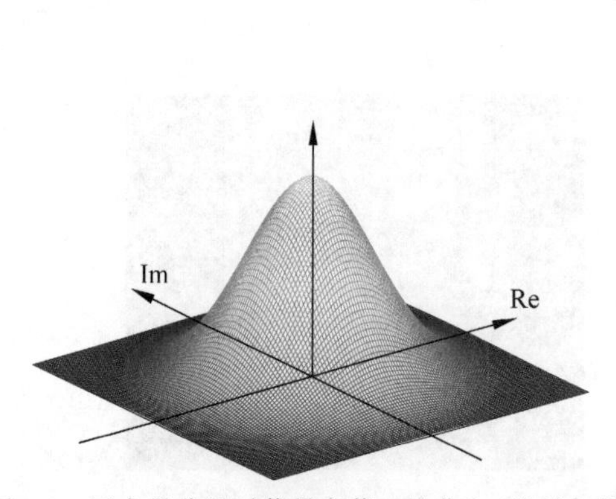

图 3-8 无主导分量时信号衰落三维分布(瑞利衰落)

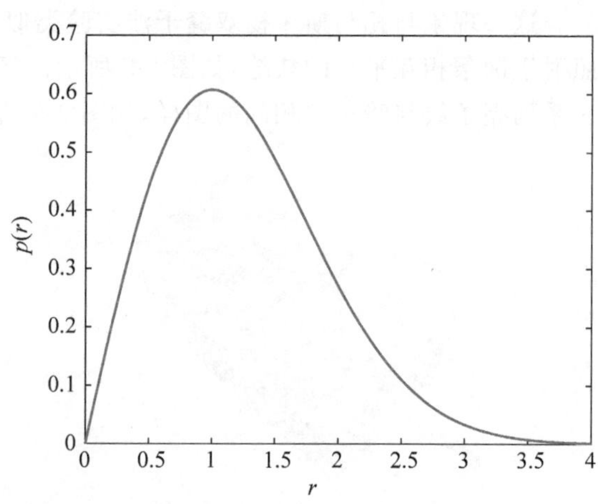

图 3-9 瑞利衰落幅度分布

其中，σ^2 为接收信号实部与虚部的方差。

相位 φ 服从$[0,2\pi)$上的均匀分布，概率密度函数为

$$p(\varphi)=\begin{cases}\dfrac{1}{2\pi}, & 0\leqslant\varphi<2\pi \\ 0, & \text{其他}\end{cases} \tag{3-7}$$

3.2.2 节介绍了为了对抗阴影衰落造成的系统性能恶化，通常需要留出一定的余量。同样地，针对小尺度衰落，也需要一定的衰落余量，即小尺度衰落余量。

当信道为瑞利衰落时，可得中断概率为

$$P(r<r_{\min})=\int_0^{r_{\min}}p(r)\mathrm{d}r=1-\exp\left(-\frac{1}{M}\right) \tag{3-8}$$

其中，r 为接收信号幅度；$r_{\min}$ 为系统能够正常工作的最小接收信号幅度；$p(r)$为 r 的概率密度函数；M 为衰落余量，即平均接收功率与正常工作所需的最小接收功率之比(对数域为差)。

【例 3-2】 假定信道为瑞利衰落，请问需要多大的衰落余量才能保证中断概率为 1%？当衰落余量分别为 3dB、6dB 和 20dB 时，中断概率分别是多少？

解 由 $P(r<r_{\min})=1-\exp\left(-\dfrac{1}{M}\right)=0.01$ 可得 $M=100=20\text{dB}$。

同理可得，衰落余量 $M=3\text{dB}$ 时，中断概率 0.393；衰落余量 $M=6\text{dB}$ 时，中断概率 0.221；衰落余量 $M=20\text{dB}$ 时，中断概率 0.01。

3.5 莱斯衰落

第 3-4 集
微课视频

假定无线信道中有 N 条路径，其中存在稳定的(非衰落)的主导分量，最常见的就是视距路径。显然，接收信号的实部和虚部仍然为各路径信号实部和虚部之和。同样，根据中心极限定理，当路径数 N 趋于无穷时，接收信号的实部和虚部服从正态分布。

由于接收信号中包含主导分量，不失一般性地，将主导分量放到实部正半轴上。因此，如图 3-10 所示，接收信号实部和虚部正态分布的均值分别为 A 和 0，其中 A 为主导分量的幅度。

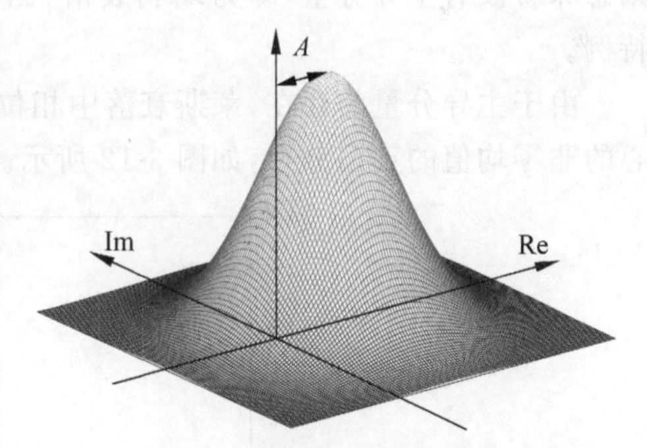

图 3-10 有主导分量时信号衰落三维分布(莱斯衰落)

接收信号幅度 r 服从如图 3-11 所示的莱斯分布(Rice Distribution)，因此称为莱斯衰落。接收信号幅度 r 概率密度函数为

$$p(r)=\begin{cases}\dfrac{r}{\sigma^2}\mathrm{e}^{-\frac{(r^2+A^2)}{\sigma^2}}I_0\left(\dfrac{Ar}{\sigma^2}\right), & A\geqslant 0, r\geqslant 0 \\ 0, & r<0\end{cases} \tag{3-9}$$

其中,A 为主导分量的幅度;σ^2 为非主导分量(反/散射信号的合成信号)实部/虚部的方差;I_0 为零阶第一类修正贝塞尔函数。

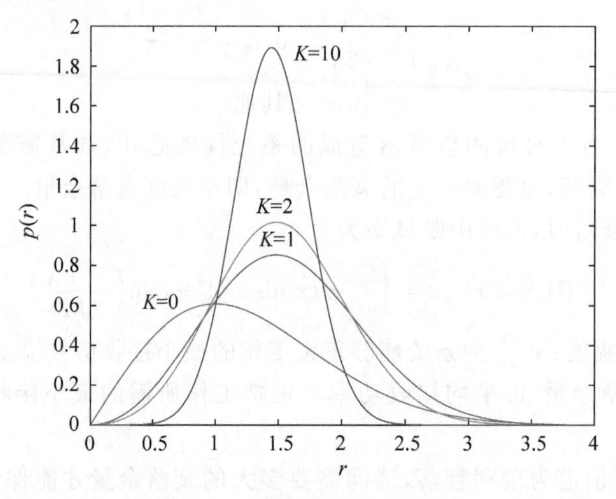

图 3-11 莱斯衰落幅度分布

通常采用莱斯 K 因子刻画莱斯信道,莱斯 K 因子定义为主导分量与非主导分量功率之比,即

$$K=\frac{A^2}{2\sigma^2} \tag{3-10}$$

不同莱斯 K 因子的衰落幅度分布如图 3-11 所示。显然,K 值越大,即主导分量相对于非主导分量的功率越强,此时无线信道越趋近于无衰落,趋近于高斯分布;而当 $K=0$ 时,则意味着没有主导分量,即为瑞利衰落,因此瑞利衰落可以认为是莱斯衰落在 $K=0$ 时的特例。

由于主导分量的存在,莱斯衰落中相位不再服从均匀分布,而是以主导分量的相位为中心的非零均值的正态分布,如图 3-12 所示。

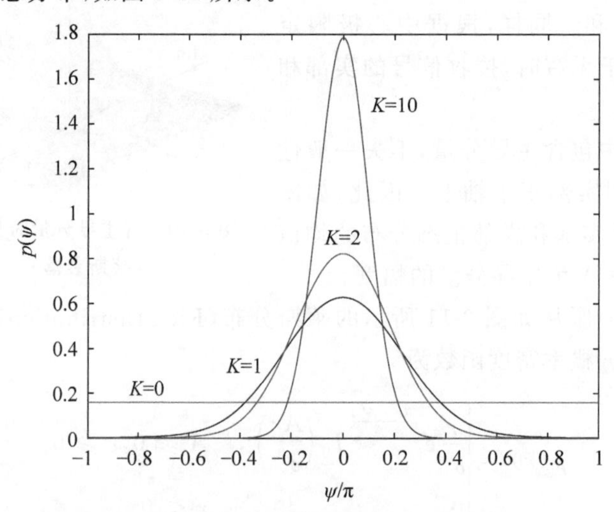

图 3-12 莱斯衰落相位分布

接收信号相位 ψ 概率密度函数为

$$p(\psi)=\frac{[1+\sqrt{\pi K}\exp(K\cos^2(\psi))\cos(\psi)][1+\operatorname{erf}(\sqrt{K}\cos(\psi))]}{2\pi\exp(K)} \tag{3-11}$$

其中，$\operatorname{erf}(x)=\frac{2}{\sqrt{\pi}}\int_0^x\exp(-t^2)\mathrm{d}t$ 为误差函数。

3.6 Nakagami-*m* 衰落

Nakagami-*m* 最早于 1960 年被提出，用于模拟无线通信中的衰落信道，简称为 Nakagami 衰落，也是得到广泛应用的衰落模型。接收信号包络 r 的概率密度函数为

$$p(r)=\frac{2m^m r^{2m-1}}{\Gamma(m)\Omega^m}\exp\left(-\frac{m}{\Omega}r^2\right),\quad r\geqslant 0 \tag{3-12}$$

其中，$m=\frac{\Omega^2}{(r^2-\Omega)^2}$为衰落参数；$\Omega=E(r^2)$为信号平均功率；$\Gamma(m)$为伽马函数。

Nakagami-*m* 分布更具一般性，改变 m 的值，可以转变为多种衰落模型。例如，当 $m=1$ 时，衰落退化为瑞利衰落；令 $m=(K+1)^2/(2K+1)$，则近似为莱斯因子为 K 的莱斯衰落；$m=\infty$则代表无衰落。

一些城区场景的无线信道测量结果显示，Nakagami-*m* 分布与实测数据有很好的拟合程度。

3.7 多普勒频移与信道时变特性

第 3-5 集
微课视频

3.7.1 多普勒频移

当发射机、接收机或周边的反散射体存在相对运动时，接收信号的频率 f 相对发射频率 f_0 会发生偏移，即 $f=f_0+f_d$，其中 f_d 为频移。由于这一现象最早由奥地利物理学家多普勒发现，因此称为多普勒频移(Doppler Shift)。在研究中，通常假设只有接收机移动。

多普勒频移计算式为

$$f_d=f_0\frac{v}{c}\cos\theta \tag{3-13}$$

其中，f_0 为发射信号频率；v 为发射机与接收机之间的相对速度；θ 为接收机运动方向与信号来波方向的夹角；c 为光速。

如图 3-13 所示，当接收机迎着无线信号来波方向运动时，多普勒频移 f_d 为正，接收信号频率将高于发射信号频率；当接收机背对无线信号来波方向运动时，多普勒频移 f_d 为负，接收信号频率将低于发射信号频率。当 $\theta=90°$时，即接收机垂直于无线信号来波方向运动时，多普勒频移 f_d 为 0。

而最大多普勒频移为

$$f_{d,\max}=f_0\frac{v}{c} \tag{3-14}$$

表 3-1 给出了无线通信系统在一定工作频段和移动速度下的最大多普勒频移。显然，频率越高，运动速度越快，最大多普勒频移的值越大。例如，当复兴号列车以 350km/h 高速

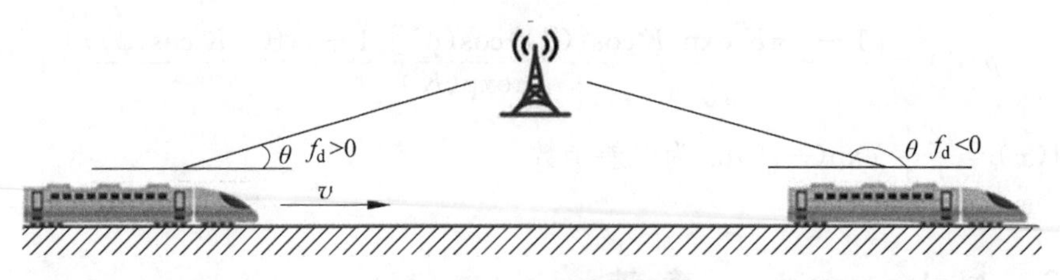

图 3-13　多普勒频移

行驶时，对于 3.5GHz 的 5G 系统，最大多普勒频移 $f_{d,max}=1134$Hz，当子载波间隔为 30kHz 时，约为子载波间隔的 3.78%。此时，接收机如果不采用有效的频率校正技术，将会导致接收信号发生失真，造成系统性能的恶化。这是很多旅客反映乘坐高铁时网速下降，甚至出现中断的一个重要原因。未来无线通信系统使用的频率将更高，多普勒频移也将更大。多普勒频移已经成为无线通信系统需要解决的重要问题之一。

表 3-1　最大多普勒频移

无线通信系统	工作频段	移动速度/(km·h^{-1})	最大多普勒频移/Hz
GSM	900MHz	80	66.7
WLAN	5.2GHz	5	24.1
LTE	2.6GHz	350	843
5G	3.5GHz	350	1134
毫米波通信	38GHz	80	4222

【例 3-3】 在高速铁路高架桥场景中，假定始终存在视距路径。基站覆盖半径 $D_s=1000$m，基站距铁轨垂线距离 $D_{min}=50$m，列车移动速度 $v=350$km/h，如图 3-14 所示。对于 3.5GHz 的 5G 系统，请画出列车从进入基站覆盖范围到离开的全过程中，视距路径的多普勒频移的变化规律。

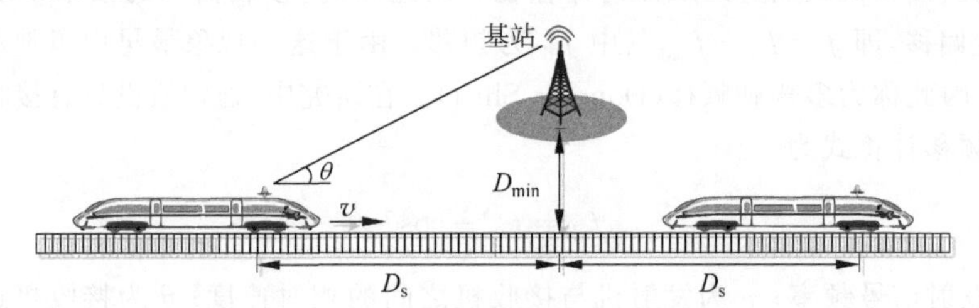

图 3-14　高速铁路高架桥场景中网络部署示意图

解　视距路径与列车运动方向的夹角 θ 随着列车的移动(时间)而变化，为

$$\cos\theta(t)=\frac{D_s-vt}{\sqrt{D_{min}^2+(D_s-vt)^2}},\quad 0<t\leqslant 2D_s/v \tag{3-15}$$

将式(3-15)代入式(3-13)，可得视距路径多普勒频移的变化规律，如图 3-15 所示。当列车靠近基站时，多普勒频移为正值；通过基站时，多普勒频移为 0；而远离基站时，多普勒频移为负值。即在列车通过基站的过程中，多普勒频移经历由正向负的跳变，多普勒频移具有显著的动态特性。

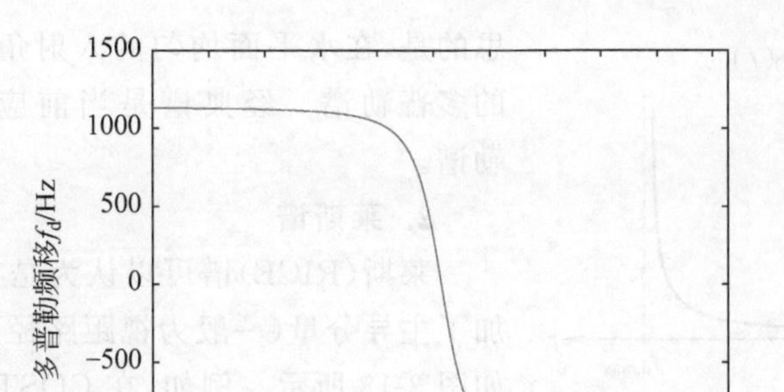

图 3-15 高速铁路高架桥场景视距路径多普勒频移

3.7.2 多普勒谱

在多径环境中，不同路径的信号到达接收机的方向不同，因此具有不同的多普勒频移。图 3-16 给出了 4 条路径及其接收信号频率。当多径数趋于无穷时，各径的多普勒频移的离散谱线扩展成为连续的多普勒谱(Doppler Spectra)，从而造成接收信号频域上的扩展，即多普勒扩展(Doppler Spread)。

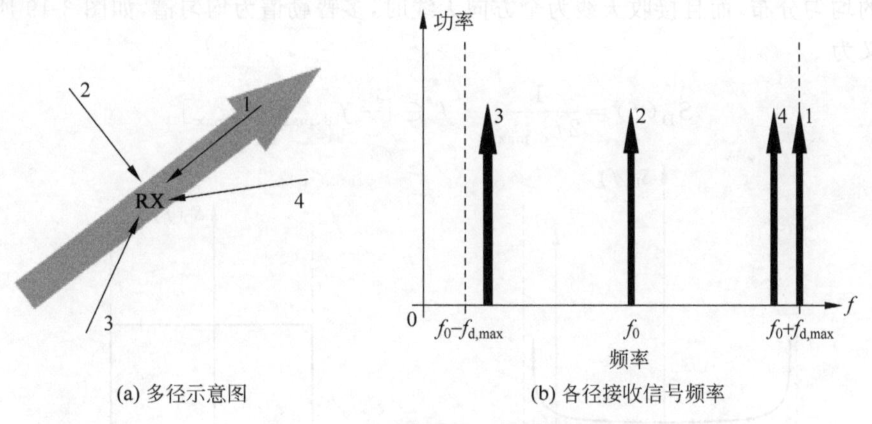

图 3-16 多径环境中的多普勒频移

在不同的多径环境中，具有不同的多普勒谱。常见的多普勒谱包括经典谱、莱斯谱、均匀谱和高斯谱等。

1. 经典谱

当不存在视距路径，反/散射体均匀分布在移动台周围，接收信号从水平面上均匀入射，而接收天线是垂直偶极子天线时，多普勒谱为经典谱(Classic Spectrum，CLASS 谱)，也称为 Jakes 谱，功率谱密度定义为

$$S_D(f)=\frac{A}{\pi f_{d,\max}\sqrt{1-(f/f_{d,\max})^2}},\quad f\in(-f_{d,\max},f_{d,\max}) \tag{3-16}$$

其中，A 为归一化系数，使平均功率不发生变化。

经典谱具有典型的“浴缸”形状，而且在 $\pm f_{d,\max}$ 处存在奇点，如图 3-17 所示。很有意

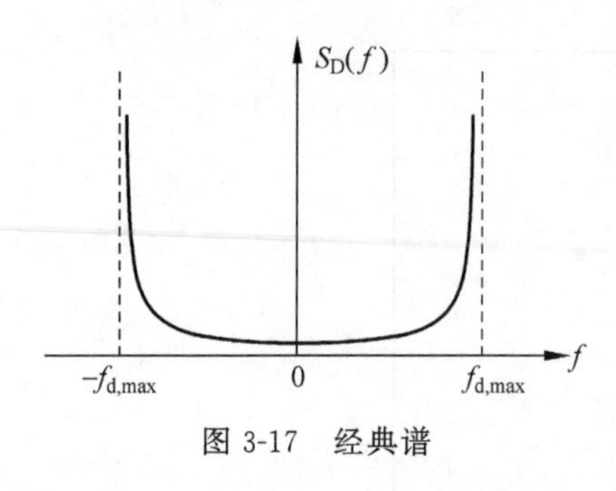

图 3-17　经典谱

思的是，在水平面均匀的入射角，却导致高度非均匀的多普勒谱。经典谱是当前应用非常广泛的多普勒谱。

2. 莱斯谱

莱斯(RICE)谱可以认为是在经典谱的基础上增加了主导分量(一般为视距路径)对应的多普勒谱线，如图 3-18 所示。例如，在 COST 207 模型中，功率谱定义为

$$S_D(f)=\frac{0.41}{\pi f_{d,max}\sqrt{1-(f/f_{d,max})^2}}+0.91\delta(f-f_{shift}),\quad f\in(-f_{d,max},f_{d,max}) \tag{3-17}$$

其中，$f_{shift}=0.7f_{d,max}$ 为视距路径的多普勒频移；δ 为冲激函数。

莱斯谱的应用非常普遍。但需要注意的是，在一些信道模型中(如 COST 207)，假定视距分量与移动方向的夹角始终为 $\theta=\pi/4$，因此 $f_{shift}=\cos(\pi/4)f_{d,max}\approx 0.7f_{d,max}$。然而这一假定在某些场景中并不成立，应根据实际夹角计算 f_{shift}。

3. 均匀谱

当不存在视距路径，接收信号入射角在三维空间均匀分布，即在垂直面和水平面都服从 $[0,2\pi)$ 的均匀分布，而且接收天线为全方向天线时，多普勒谱为均匀谱，如图 3-19 所示。功率谱定义为

$$S_D(f)=\frac{1}{2f_{d,max}},\quad f\in[-f_{d,max},f_{d,max}] \tag{3-18}$$

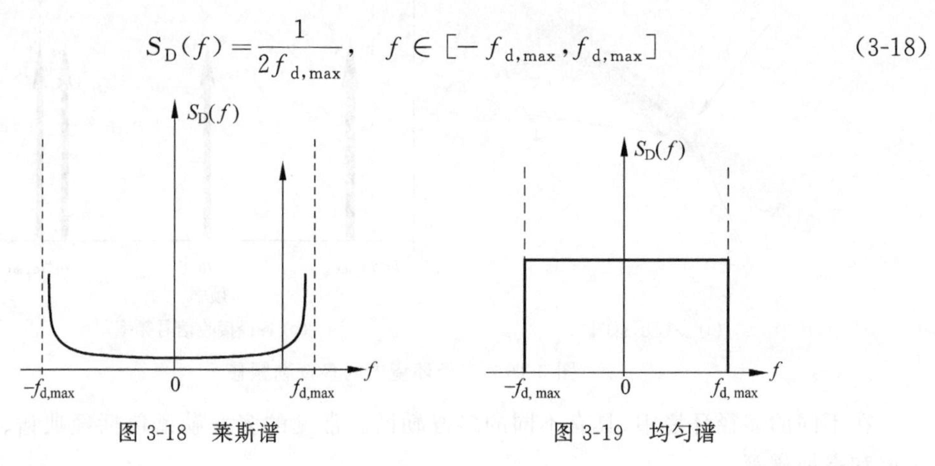

图 3-18　莱斯谱　　图 3-19　均匀谱

4. 高斯谱

当散射体相对较为集中，且距发射机较远时，多普勒谱为高斯谱。根据多径时延的不同，可将高斯谱分为高斯Ⅰ型谱(GAUS Ⅰ)和高斯Ⅱ型谱(GAUS Ⅱ)，如图 3-20 所示。

当 $500\text{ns}<\tau\leqslant 2\mu\text{s}$ 时，为高斯Ⅰ型谱，功率谱定义为

$$S_D(f)=G(A,-0.8f_{d,max},0.05f_{d,max})+G(A_1,0.4f_{d,max},0.1f_{d,max}) \tag{3-19}$$

其中，A_1 比 A 低 10dB；$G(A,f_1,f_2)=A\exp\left[-\frac{(f-f_1)^2}{2f_2^2}\right]$。

当 $\tau>2\mu\text{s}$ 时，为高斯Ⅱ型谱，功率谱定义为

$$S_{\mathrm{D}}(f)=G(B,-0.7f_{\mathrm{d,max}},0.1f_{\mathrm{d,max}})+G(B_1,0.4f_{\mathrm{d,max}},0.15f_{\mathrm{d,max}}) \quad (3\text{-}20)$$

其中，B_1 比 B 低 15dB。

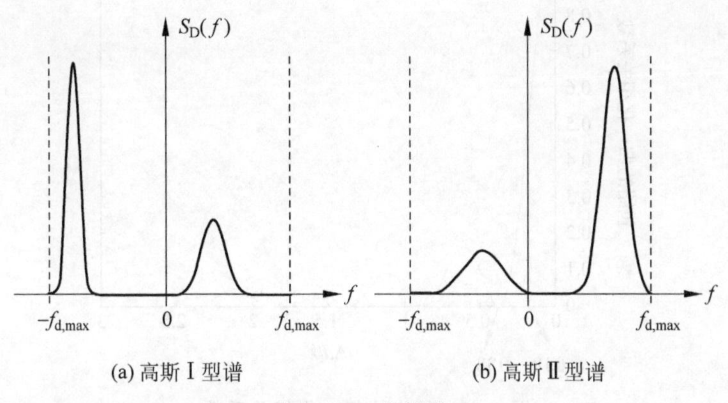

图 3-20 高斯谱

3.7.3 信道时变特性

1. 信道自相关函数

通常用信道的自相关函数，即 t 时刻和 $t+\Delta t$ 时刻信道衰落的相关性，描述信道的时变特性，也就是信道随时间变化的特性。

信道同向分量 $I(t)$ 的归一化相关函数为

$$\frac{\overline{I(t)I(t+\Delta t)}}{\overline{I(t)^2}}=J_0(2\pi f_{\mathrm{d,max}}\Delta t) \quad (3\text{-}21)$$

其中，J_0 为第一类零阶贝塞尔函数。

将 $f_{\mathrm{d,max}}=f\dfrac{v}{c}$ 代入式(3-21)，可得

$$\frac{\overline{I(t)I(t+\Delta t)}}{\overline{I(t)^2}}=J_0\left(2\pi f\frac{v}{c}\Delta t\right)=J_0\left(2\pi\frac{\Delta d}{\lambda}\right) \quad (3\text{-}22)$$

其中，$\Delta d=v\Delta t$，即接收机在 Δt 时间内的位移；λ 为载波波长。

而同向分量 $I(t)$ 和正交分量 $Q(t)$ 则完全不相关，即

$$\overline{I(t)Q(t+\Delta t)}=0 \quad (3\text{-}23)$$

包络 $r(t)$ 的归一化相关函数为

$$\frac{\overline{r(t)r(t+\Delta t)}}{\overline{r(t)^2}}=J_0^2(2\pi f_{\mathrm{d,max}}\Delta t)=J_0^2\left(2\pi\frac{\Delta d}{\lambda}\right) \quad (3\text{-}24)$$

显然，移动速度越快，信道的时间相关性越小，信道变化越快。可以想象，当坐在高速列车上，看向窗外，会发现窗外的景色像打开了视频的快进一样，变化非常快。

图 3-21 给出了包络相关函数与接收机位移的关系。由图 3-21 可知，随着接收机位移 Δd 的增加，包络相关函数并不是严格单调下降，而是在震荡中下降。

如果定义包络相关系数等于 0.5，即认定为不相关，那么对应的 $\Delta d/\lambda$ 约为 0.18，即移动台只要移动 0.18λ，信道就可以认为不再相关；如果定义包络相关系数为 0 才是不相关，那么对应 $\Delta d/\lambda=0.38$，即移动台需要移动 0.38λ 的距离，信道就完全不相关。

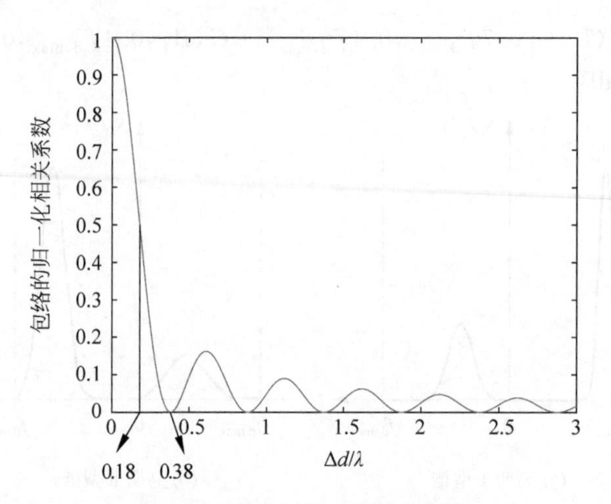

图 3-21 包络的归一化相关系数

衰落深度为低于平均功率一定值(如 10dB、20dB)的概率(用于确定衰落余量)。衰落深度部分地反映了衰落的分布特性,还需要参数反映衰落的快慢。

2. 电平通过率

通常采用电平通过率(Level Crossing Rate,LCR)刻画接收电平的变化速率。电平通过率定义为接收信号包络在单位时间内(通常为 1s)以正斜率通过某一电平 r(可称为门限电平、规定电平和参考电平)的期望次数。以图 3-22 为例,接收信号包络在单位时间 T 内以正斜率通过门限电平 r 共 3 次。

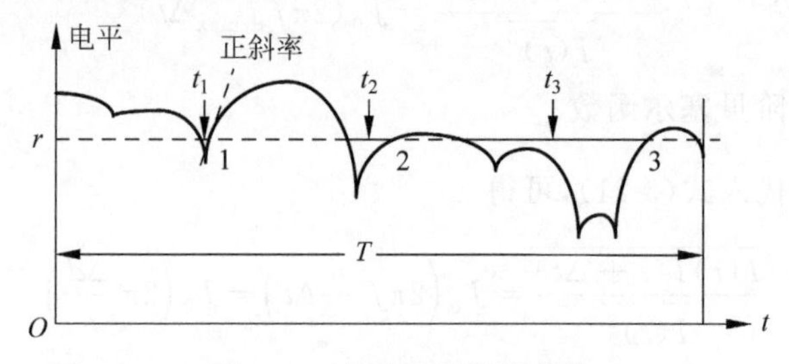

图 3-22 电平通过率示意图

对于瑞利衰落经典谱,电平通过率为

$$N_{\mathrm{R}}(r)=\sqrt{\frac{\Omega_2}{\pi\sigma^2}}\frac{r}{\sqrt{2}\sigma}\exp\left[-\left(\frac{r}{\sqrt{2}\sigma}\right)^2\right] \tag{3-25}$$

其中,$\Omega_n=(2\pi)^n\int_{-f_{\mathrm{d,max}}}^{f_{\mathrm{d,max}}}S_{\mathrm{D}}(f)f_{\mathrm{d}}^n\mathrm{d}f_{\mathrm{d}}$ 为多普勒(角频率)谱的 n 阶距(n-th Moments)。对于瑞利衰落经典谱,有 $\Omega_0=\sigma^2,\Omega_2=\frac{1}{2}\sigma^2(2\pi f_{\mathrm{d,max}})^2$。

图 3-23 给出了瑞利衰落经典谱情况下的电平通过率。电平通过率随门限电平 r 的增加而逐步增加,当门限电平 $r=\frac{r_{\mathrm{RMS}}}{\sqrt{2}}=\sigma$ 时,电平通过率取得最大值$\sqrt{\pi}\exp(-1/2)f_{\mathrm{d,max}}$;继续增大门限电平,电平通过率将急剧下降。

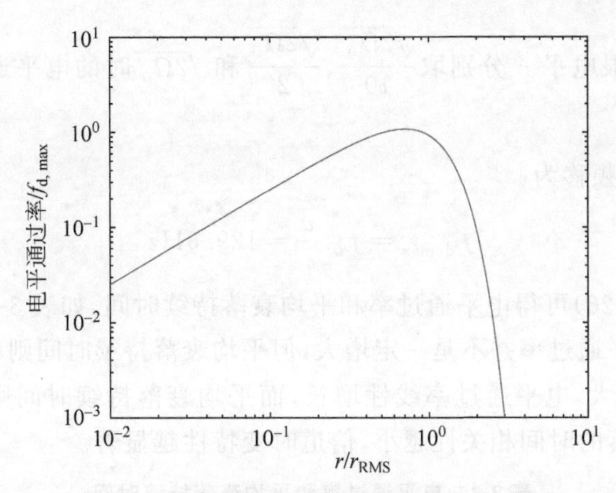

图 3-23 瑞利衰落经典谱情况下的电平通过率

3. 平均衰落持续时间

平均衰落持续时间(Average Duration of Fades,ADF)为每次接收信号包络低于门限电平 r 的平均持续时间,定义为

$$\mathrm{ADF}(r)=\frac{\mathrm{cdf}(r)}{N_{\mathrm{R}}(r)} \tag{3-26}$$

其中,$\mathrm{cdf}(r)$为单位时间中接收信号包络低于门限电平 r 的时间; $N_{\mathrm{R}}(r)$为电平通过率,即单位时间内低于门限的次数。

对于经典谱,根据包络的累计概率函数 $\mathrm{cdf}(r)=1-\exp\left(-\frac{r^2}{2\Omega_0}\right)$,由 $\mathrm{ADF}(r)=\frac{\mathrm{cdf}(r)}{N_{\mathrm{R}}(r)}$,可得平均衰落持续时间。

图 3-24 给出了瑞利衰落经典谱情况下的平均衰落持续时间。平均衰落持续时间随着门限电平 r 的增加而逐步增加。

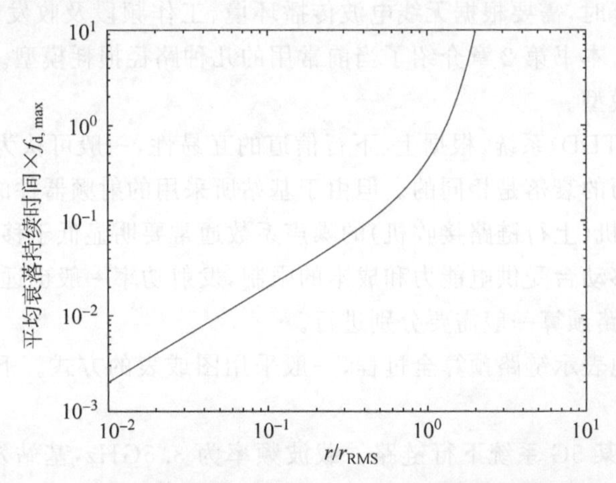

图 3-24 瑞利衰落经典谱情况下的平均衰落持续时间

【例 3-4】 假定某 5G 系统工作频率为 3.5GHz,移动速度为 40km/h,信道为瑞利衰落

多普勒经典谱，求门限电平 r 分别取 $\frac{\sqrt{2\Omega_0}}{10}$、$\frac{\sqrt{2\Omega_0}}{2}$ 和 $\sqrt{2\Omega_0}$ 时的电平通过率和平均衰落持续时间。

解 最大多普勒频移为

$$f_{\mathrm{d,max}} = f_0 \frac{v}{c} = 129.6\mathrm{Hz}$$

由式(3-25)和(3-26)可得电平通过率和平均衰落持续时间，如表 3-2 所示。可见随着门限电平 r 的增大，电平通过率并不是一定增大，但平均衰落持续时间则单调增加。随着最大多普勒频移 $f_{\mathrm{d,max}}$ 增大，电平通过率线性增长，而平均衰落持续时间则呈倒数下降。多普勒频移越大，信道衰落的时间相关性越小，信道时变特性越显著。

表 3-2 电平通过率和平均衰落持续时间

r	$N_R(r)$	cdf(r)	ADF(r)/ms
$\frac{\sqrt{2\Omega_0}}{10}$	32.2	0.01	0.31
$\frac{\sqrt{2\Omega_0}}{2}$	126.5	0.22	1.74
$\sqrt{2\Omega_0}$	119.5	0.63	5.27

第 3-6 集
微课视频

3.8 系统链路预算

在无线网络规划中，通常采用链路预算技术确定发射功率和小区覆盖范围，进行基站优化选址。

在进行链路预算时，需要根据无线电波传播环境、工作频段及收发天线高度，确定应采用的路径损耗模型。本书第 2 章介绍了当前常用的几种路径损耗模型。本节链路预算中均采用对数路径损耗模型。

对于时分双工(TDD)系统，根据上、下行信道的互易性，一般可认为上行链路和下行链路的路径损耗和经历的衰落是相同的。但由于基站所采用的射频器件的性能指标要优于移动台，因此基站接收机(上行链路接收机)的噪声系数通常要明显低于移动台接收机(下行链路接收机)。而且，移动台受供电能力和成本的限制，发射功率一般也远低于基站发射功率。因此，上行和下行链路预算一般需要分别进行。

为了更加直观地表示链路预算全过程，一般采用图或表的方式。下面用两个例子介绍链路预算。

【例 3-5】 考虑某 5G 系统下行链路。载波频率为 3.5GHz，基站发射功率为 40W，基站天线增益为 17dB；移动台接收灵敏度为 −93dBm，移动台天线增益为 1dB；衰落余量(包含大尺度和小尺度衰落余量)为 20dB。采用对数路径损耗模型，断点距离基站 10m，路径损耗因子为 3.8。求基站信号的最大覆盖距离。

解 链路预算过程如图 3-25 所示。

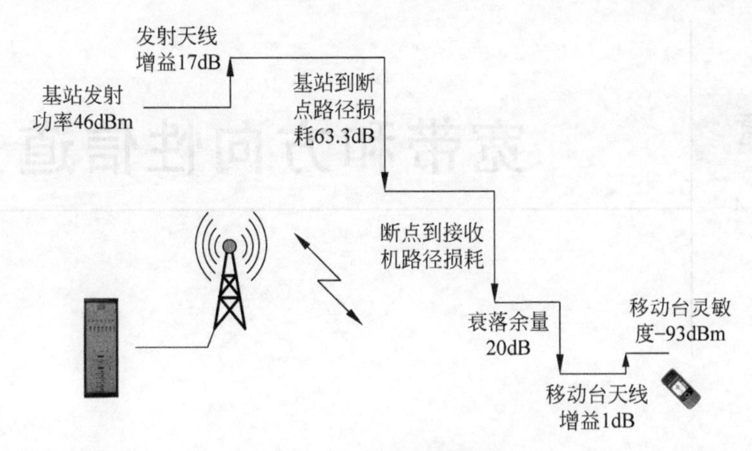

图 3-25 例 3-5 链路预算过程

对于 TX：基站发射功率为 40W ＝46dBm，基站天线增益为 17dB，因此全向有效辐射功率(EIRP)为 46＋17＝63dBm。

对于 RX：移动台灵敏度为－93dBm，移动台天线增益为 1dB，衰落余量为 20dB，因此最小接收功率为－93－1＋20＝－74dBm，允许的路径损耗为 63－（－74）＝137dB。

基站到断点 10m 路径损耗为

$$L_1 = 32.4 + 20\lg(f|_{\mathrm{MHz}}) + 20\lg(d|_{\mathrm{km}}) = 63.3\mathrm{dB}$$

因此，断点以外的路径损耗为

$$L_2 = 137 - 63.3 = 73.7\mathrm{dB}$$

由对数路径损耗模型

$$L_2 = 10n\lg(d/10) = 73.7\mathrm{dB}$$

可得基站信号的最大覆盖距离 $d=870\mathrm{m}$。

【例 3-6】 考虑城市宏蜂窝(3D-UMa)场景中的 4G 系统的上行链路，假定存在 LoS。载波频率为 2600MHz，基站的接收灵敏度为－110dBm，基站天线高度为 25m，天线增益为 18dB，馈线损耗为 0.5dB，阴影衰落余量 8.6dB，其他余量合计为 20dB。用户终端天线高度为 1.5m，天线增益为 0.5dB，用户终端(UE)的发射功率为 23dBm。如果只考虑上行链路，则最大收发距离为多少？

解 对于 RX：基站的接收灵敏度为－110dBm，基站天线增益为 18dB，馈线损耗为 0.5dB，阴影衰落余量 8.6dB，其他余量合计为 20dB。因此，最小接收功率为－110－18＋0.5＋8.6＋20＝－98.9dBm。

对于 TX：用户终端发射功率为 23dBm，天线增益为 0.5dB，因此 EIRP＝23＋0.5＝23.5dBm。

可得，上行链路允许的最大路径损耗为 23.5－(－98.9)＝122.4dB。

根据 3GPP 4G 系统路径损耗模型，可得 $d_{3D}=1655\mathrm{m}$。

当传播条件为 NLoS 时，其他参数保持不变，建筑物平均高度 $h=20\mathrm{m}$，街道宽度 $W=20\mathrm{m}$，尝试再次计算最大收发距离。

第4章 宽带和方向性信道

CHAPTER 4

本章将介绍多径时延扩展与多普勒扩展和对宽带无线信号传输造成的影响；介绍相干带宽和相干时间的计算方法，频率选择性衰落和平坦衰落、快衰落和慢衰落的判定方法，广义平稳非相关散射(Wide-Sense Stationary Uncorrelated Scattering，WSSUS)假设的意义和抽头延迟线模型的仿真方法，了解方向性信道基本概念，并介绍常用的宽带和方向性信道模型。

4.1 多径

4.1.1 多径时延

第4-1集
微课视频

无线信号在空间中传播时，由于环境中各种反散射体的存在，无线信号会经过多条路径传输到接收机，这种现象称为多径(Multipath)传播。经过不同路径传输的信号通常具有不同的衰减和时延。

以图4-1为例，发射一个类似冲激信号(时域宽度为0，频域无限宽的信号)的窄脉冲。发射信号经过3条不同长度的路径到达接收机。由于脉冲时域很窄，因此接收机能够分辨出来自3条路径的具有不同功率和时延的冲激信号(多径分量)。信号在时域发生了展宽，即时延扩展(Delay Spread，DS)，也称为时延色散或时延弥散。

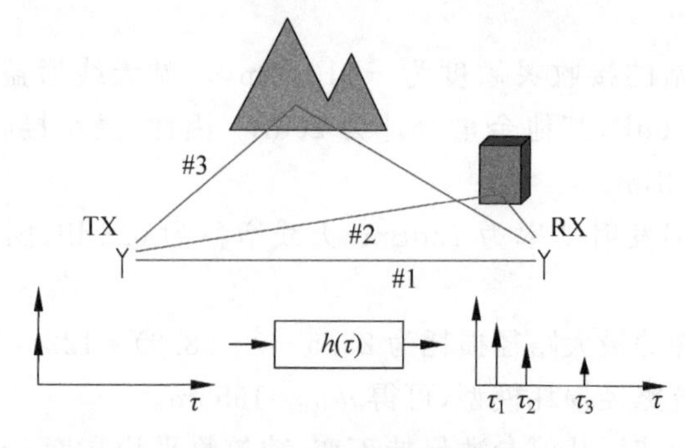

图4-1 多径传播示意图

在图4-1所示的传播环境中，窄带信号同样会经过3条不同路径到达接收机。但带宽较窄，就意味着符号持续时间较长，一般远大于多径造成的时延扩展。因此，各多径分量虽然是先后达到接收机，但在接收机基本上无法分辨不同，各多径分量在接收机矢量叠加。由于不同路径之间存在相位差，因此多径之间可能发生相长(Constructively)干涉，也可能发生相消(Destructively)干涉，从而导致接收信号幅度发生剧烈起伏，即小尺度衰落。本书第3章详细介绍了多种窄带信道小尺度衰落模型，如瑞利模型、莱斯模型、Nakagami-m 模型等。

假定在一个静态场景中，发射机、接收机和散射体都静止不动，且信号只经过一次反散射到达接收机。可以构建以发射机和接收机为焦点的若干椭球面，如图 4-2 所示。显然，处于同一椭球面上反散射体形成的多径分量，由于路径长度相同，因此具有相同的时延，接收机无法在时延域区分这些多径。

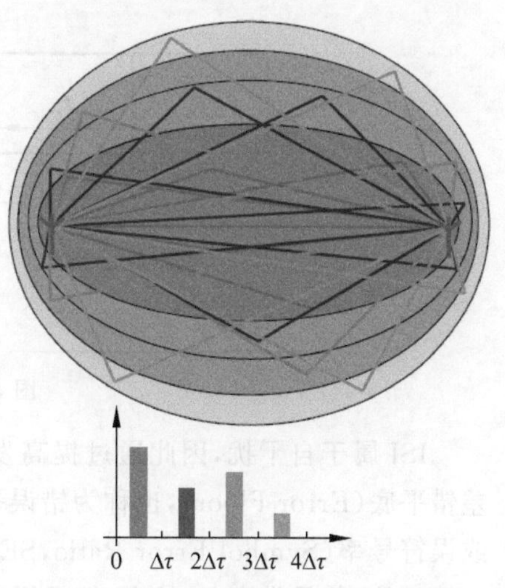

图 4-2 静态场景中多径散射环境

而处于不同椭球面的反散射体形成的多径分量具有不同的时延。一般只有当时延差大于或等于 $1/W$ (W 为信号带宽)时，接收机才能够在时延域区分开这些多径，称为可分辨多径，$1/W$ 也称为多径分辨率。而当时延差小于多径分辨率 $1/W$ 时，则认为无法在时延域区分开，称为不可分辨多径。实际上每个可分辨多径都是由若干不可分辨多径构成的。这些不可分辨多径相互干涉，导致可分辨多径的幅度发生快速变化，即小尺度衰落。

在实际的电波传播环境中，发射机和接收机周边通常存在较多的反散射体。严格来讲，每个反散射体形成的时延都不相同。简便起见，通常需要对宽带信道的冲激响应进行时域离散，把冲激响应分成宽度为 $\Delta\tau$ 的小块。可以理解为按照时延差 $\Delta\tau=1/W$ 划分若干椭球，如图 4-2 所示。冲激响应的每个小块实际上是对应两个椭球面之间的区域的相互作用体形成的多径分量的总和。当反散射体的数量足够多，且多径分量无主导时，根据中心极限定理(Central Limit Theorem)，可以用瑞利分布对每个小块的幅度变化进行统计描述。

可以进一步定义最大时延和最小时延的差值，即通过最远的"有效"的反散射体形成的时延与最短路径(如视距路径)时延之间的差值，称为最大时延扩展 $\tau_{\max}$。这里的"有效"指的是能够对冲激响应产生可测量的贡献，即不考虑那些功率极低无法测量的多径分量。

需要注意的是，本节讨论的"宽带"和"窄带"，实际上取决于信号与信道两者之间的关系。因此，对于某个确定带宽的信号(或系统)，在某一场景中可以认为是宽带的，而在另外一个场景中可能就是窄带的。抛开所处的信道环境，简单地判别一个信号(或系统)是宽带还是窄带，实际上是不恰当的。

4.1.2 多径传播的影响

可以从时域和频域两个角度分析多径传播造成的影响。

从时域来看，多径传播导致时延扩展，接收信号在时域发生展宽。可以简单地认为符号持续时间增加了 $\tau_{\max}$。因此，接收信号中前一个码元的波形会扩展到后一个码元周期中，从而引起符号间干扰(Inter-Symbol Interference，ISI)，也称为码间干扰或码间串扰。

如图 4-3 所示，符号周期为 T_s 的符号，经过最大附加时延为 $\tau_{\max}$ 的无线信道传输后，在接收机处符号周期展宽为 $T_s+\tau_{max}$，两个相邻的符号发生了重叠，产生了ISI。其中，对于 T_s 远大于 τ_{max} 的情况，此时第2个符号与第1个符号重叠部分占整个符号周期的比例较小，ISI的影响也较小；而 T_s 与 τ_{max} 相当的情况则不同，此时两个符号在时域上重叠部分占整个符号周期的比例较大，会造成严重的ISI。

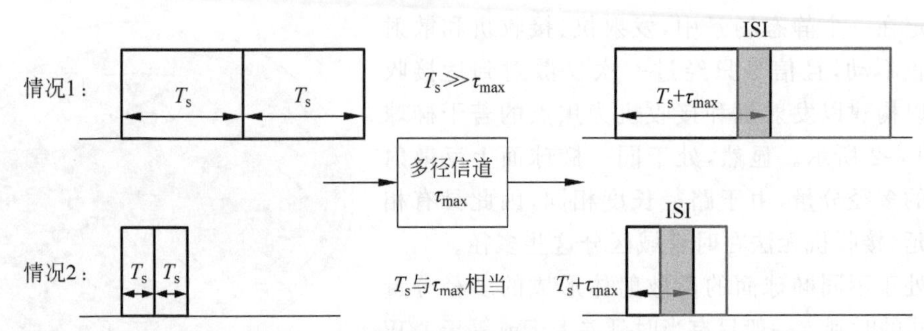

图 4-3 符号间干扰示意图

ISI属于自干扰，因此通过提高发射功率或信噪比的方式无法抑制ISI。ISI可能导致差错平底(Error Floor)，也称为错误平层和误码底板等，即误比特率(Bit Error Ratio，BER)或误符号率(Symbol Error Ratio，SER)不会随着信噪比的不断增加而一直下降。

显然，信号带宽 W 越大，符号周期 T_s 越短，则最大附加时延 τ_{max} 相对于符号周期 T_s 也越大，符号间干扰的影响也更大。当前的无线通信系统正向宽带化方向发展，如LTE系统带宽最大可达20MHz，而5G系统则超过100MHz，最高可超过1GHz。多径会对宽带系统造成更为严重的影响，是当前宽带无线通信系统必须解决的关键性问题。

显然，增大码元周期，使符号周期 T_s 远大于最大附加时延 τ_{max}，可以减小符号间干扰。但这样直接增大符号周期，等效于使符号速率 R_s 远小于最大附加时延的倒数，即 $R_s \ll 1/\tau_{max}$，就意味着符号速率显著下降。对于单载波传输，这在很多情况下是得不偿失的。而本书第10章介绍的正交频分复用技术，通过串并转换，将高速串行数据流转换为多路并行的低速数据流，在增大符号周期的同时并没有降低符号速率，从而将一个宽带信道转变为若干窄带信道。

从频域来看，多径传播可能造成频率选择性衰落，即信号中不同频率成分的衰落不一致，从而导致接收信号波形失真。

但同时也应该认识到，多径传播并不完全是有害的。例如，在频率选择性衰落中，部分频率成分发生了深衰落，而其他频率成分可能未发生深衰落，这使得整体信号发生深衰落的概率降低，减少了衰落的影响。另外，在多径丰富的场景中，多天线技术也能够实现更大的增益(相关内容将在第11章中介绍)。

4.1.3 宽带无线信道数学描述

第3章介绍了窄带无线信道，根据传播环境的不同，可采用瑞利模型和莱斯模型对信道的幅度和相位进行描述。而对于宽带信道，仅描述信道的幅度和相位是不够的，还必须考虑信道的时延扩展。

将无线信道视为一个线性系统，因此可采用冲激响应对信道进行描述。假定在如图4-2所示的静态环境中，发射机、接收机和反散射体都处于静止状态，可以采用时不变的冲激响

应 $h(\tau)$ 来描述。

然而，在实际环境中，无线信道通常是随时间发生变化的，因此需要采用时变信道冲激响应 $h(t,\tau)$ 加以描述。图 4-4 给出了一个时变信道冲激响应 $h(t,\tau)$ 示例。

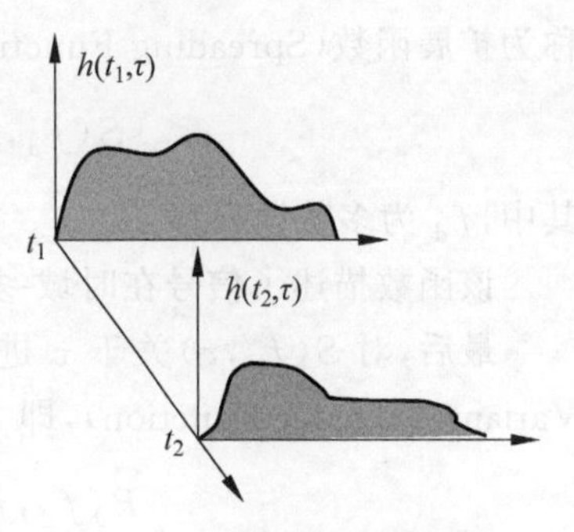

图 4-4 时变信道冲激响应

根据信号与系统知识，可以将接收信号 $y(t)$（即信道输出）表示为发射信号 $x(t)$（即信道输入）与信道冲激响应 $h(t,\tau)$ 的卷积，为

$$y(t)=\int_{-\infty}^{+\infty} x(t-\tau)h(t,\tau)\mathrm{d}\tau \tag{4-1}$$

显然，$h(t,\tau)$ 表征了信道的时域-时延域的特性。

为了更好地反映信道的频域特性，可以关于变量 τ 对 $h(t,\tau)$ 进行傅里叶变换，得到时变频域传输函数 $H(t,f)$ 为

$$H(t,f)=\int_{-\infty}^{+\infty} h(t,\tau)\exp(-\mathrm{j}2\pi f\tau)\mathrm{d}\tau \tag{4-2}$$

$H(t,f)$ 表征了信道的时域-频域的特性。则信道输出可以表示为

$$y(t)=\int_{-\infty}^{+\infty} X(f)H(t,f)\exp(\mathrm{j}2\pi ft)\mathrm{d}f \tag{4-3}$$

其中，$X(f)$ 为发射信号 $x(t)$ 的频域表示。

当信道冲激响应 $h(t,\tau)$ 相对于信号随时间变化较慢时，则可以认为在一段时间内，信道基本保持不变，称为准静态信道。对于准静态信道，式(4-3)可以简化为

$$Y(f)=X(f)H(f)$$

当信道相对于信号随时间变化很快，不能认为是准静态信道时，信道输出信号可以表示为 f 和 t 上的二重积分，即

$$Y(\tilde{f})=\int_{-\infty}^{+\infty}\int_{-\infty}^{+\infty} X(f)H(t,f)\exp(\mathrm{j}2\pi ft)\exp(-\mathrm{j}2\pi\tilde{f}t)\mathrm{d}f\mathrm{d}t \tag{4-4}$$

图 4-5 给了一个典型的时变频域传输函数。

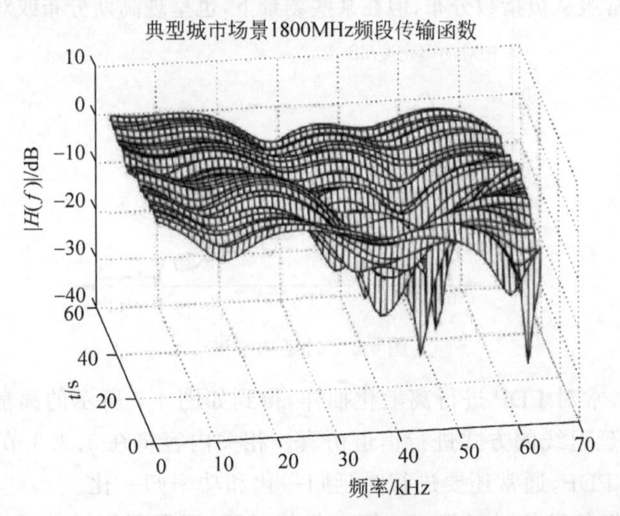

图 4-5 时变频域传输函数

对 $h(t,\tau)$ 关于变量 τ 进行傅里叶变换，得到时变频域传输函数；而如果对 $h(t,\tau)$ 关于

t 进行傅里叶变换，则可得到多普勒变化冲激响应(Doppler-Variant Impulse Response)，也称为扩展函数(Spreading Function)，即

$$S(f_d,\tau)=\int_{-\infty}^{+\infty} h(t,\tau)\exp(-j2\pi f_d t)\mathrm{d}t \tag{4-5}$$

其中，f_d 为多普勒频移。

该函数描述了信号在时域-多普勒域的情况。

最后，对 $S(f_d,\tau)$ 关于 τ 进行傅里叶变换，则可得到多普勒变化传输函数(Doppler-Variant Transfer Function)，即

$$B(f_d,f)=\int_{-\infty}^{+\infty} S(f_d,\tau)\exp(-j2\pi f\tau)\mathrm{d}\tau \tag{4-6}$$

该函数描述了信号在多普勒域-频域的情况。

以上共介绍了 4 个描述信道特性的函数，分别为 $h(t,\tau)$、$H(t,f)$、$S(f_d,\tau)$ 和 $B(f_d,f)$。这 4 个函数之间存在确定性的关系，分别从时域-时延域、时域-频域、时延域-多普勒域、多普勒域-频域对信道进行了描述。

4.1.4 功率时延谱

4.1.3 节介绍的时变信道冲激响应和时变频域传输函数反映了在某一时刻信道的时域和频域响应。然而，在实际研究和应用中，很多时候更关心信道总体变化情况。

功率时延谱(Power-Delay Profile，PDP)是由各时延处接收功率的期望所构成的谱，即

$$P_h(\tau)=\lim_{T\to\infty}\frac{1}{T}\int_0^T |h(t,\tau)|^2\mathrm{d}t \tag{4-7}$$

实际上，不可能对无限长的时间 T 进行积分，一般是在一定的准静态有效时间内进行积分。

如图 4-6 所示，PDP 反映的是各时延上的功率总体情况，并不反映信道的瞬时状态。通过这种简化，使函数只包含一个变量 τ，非常易于使用，PDP 在当前的研究中得到了广泛的采用。

功率时延谱通常服从负指数分布，但在某些场景下，也呈现高斯分布或双尖峰分布等特性。

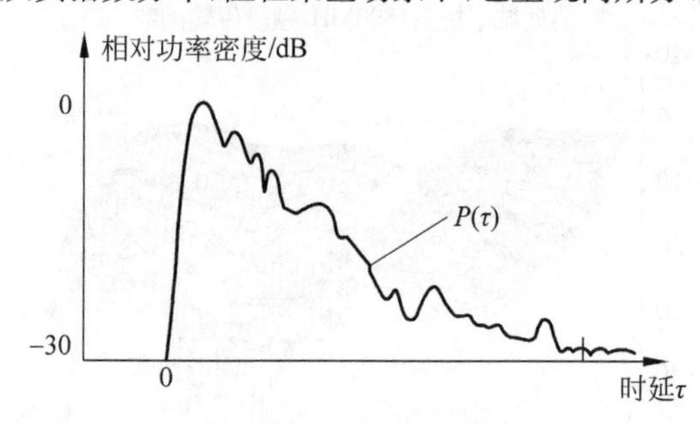

图 4-6 时延功率谱

在实际应用中，常对 PDP 进行离散化抽样，得到如图 4-7 所示的离散多径分量(谱线)，从而便于采用抽头延迟线的方式进行信道仿真。相关内容将在 4.3.3 节介绍。

对于离散后的 PDP，通常还要进行时延归一化和功率归一化。

时延归一化：将各径的时延都减去第一径的时延，即得到相对时延。

功率归一化：将各径的功率都除以最强径(不一定是第一径)的功率，或者在分贝域将

各径功率(dB)值减去最强径的功率(dB)值，即得到相对功率。

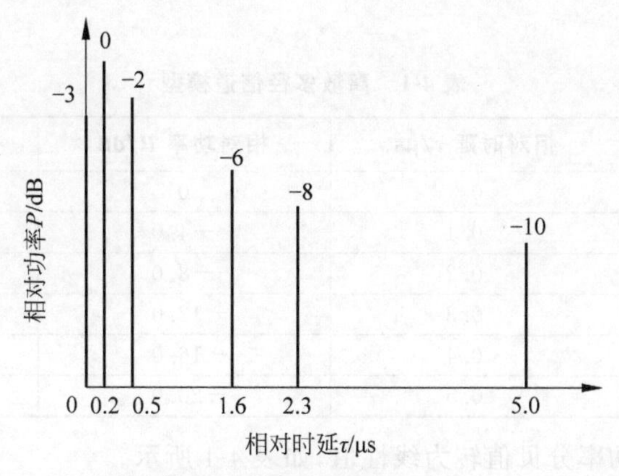

图 4-7　归一化离散多径时延功率谱(COST 207 TU 6 径模型)

4.1.5　时延均值与均方根时延扩展

时延功率谱(PDP)虽然对信道进行了简化，但有时需要用更简单的量表征信道的时延特性。最常采用的量是时延均值和均方根时延扩展。

时延均值是 PDP 的归一化一阶原点矩，即

$$\bar{\tau}=\frac{\int_0^{+\infty}\tau P_{\mathrm{h}}(\tau)\mathrm{d}\tau}{\int_0^{+\infty}P_{\mathrm{h}}(\tau)\mathrm{d}\tau} \tag{4-8}$$

均方根时延扩展是 PDP 的归一化二阶中心矩，即

$$S_\tau=\sqrt{\frac{\int_0^{+\infty}\tau^2 P_{\mathrm{h}}(\tau)\mathrm{d}\tau}{\int_0^{+\infty}P_{\mathrm{h}}(\tau)\mathrm{d}\tau}-\bar{\tau}^2} \tag{4-9}$$

均方根时延扩展很好地刻画了多径时延扩展情况。在一些情况下，多径时延扩展对传输造成的影响，如误码率，与均方根时延扩展成正比。通常基于均方根时延扩展计算信道的相干带宽等参量。

对于离散多径信道，则将式(4-8)和式(4-9)中的积分变为求和，时延均值 $\bar{\tau}$ 和均方根时延扩展 S_τ 的计算方法为

$$\bar{\tau}=\frac{\sum_{i=1}^{N}\tau_i P_i}{\sum_{i=1}^{N}P_i} \tag{4-10}$$

$$S_\tau=\sqrt{\frac{\sum_{i=1}^{N}\tau_i^2 P_i}{\sum_{i=1}^{N}P_i}-\bar{\tau}^2} \tag{4-11}$$

其中，N 为路径数；τ_i 为第 i 条路径的(相对)时延；P_i 为第 i 条路径的(相对)功率。

【例 4-1】 对于如表 4-1 所示的离散多径信道模型，计算其时延均值和均方根时延扩展。

表 4-1 离散多径信道模型

多 径 编 号	相对时延 τ/μs	相对功率 P/dB	相对功率 P(线性值)
1	0	0	1
2	0.1	−4.0	0.3981
3	0.2	−8.0	0.1585
4	0.3	−12.0	0.0631
5	0.4	−16.0	0.0251
6	0.5	−20.0	0.0100

解 首先将相对功率分贝值转为线性值，如表 4-1 所示。

然后根据式(4-10)和式(4-11)计算得到时延均值和均方根时延扩展，即

$$\bar{\tau}=\frac{\sum_{i=1}^{N}\tau_i P_i}{\sum_{i=1}^{N}P_i}=0.0637\mu\text{s}$$

$$S_\tau=\sqrt{\frac{\sum_{i=1}^{N}\tau_i^2 P_i}{\sum_{i=1}^{N}P_i}-\bar{\tau}^2}=0.0977\mu\text{s}$$

表 4-2 给出了一些典型场景下的时延均值和均方根时延扩展。可以看到，一般而言，市区环境的 $\bar{\tau}$ 和 S_τ 值更大。

表 4-2 典型场景的时延均值和均方根时延扩展

场景	时延均值 $\bar{\tau}$/μs	均方根时延扩展 S_τ /μs
市区	1.5～2.5	1.0～3.0
郊区	0.1～0.2	0.2～0.4

4.1.6 相干带宽与频率选择性衰落

在多径环境中，信号中不同的频率成分，经历的衰落可能存在差异。以最简单的两径为例，假定两条路径的时延差为 Δ，则对于不同的频率分量，时延差导致的相位差不同。因此，接收机有的频率上两条路径可能发生相长；有的频率上则可能发生相消。

研究发现，频率相关函数与时延功率谱密切相关，实际上是功率时延谱的傅里叶变换，即

$$\rho_f(\Delta f)=\int_{-\infty}^{+\infty}P(\tau)\exp(-\text{j}2\pi\Delta f\tau)\text{d}\tau \tag{4-12}$$

由上面的分析可以很直观地认识到，不同路径的时延差越大，也就是多径时延扩展越大，相同频率差的频率成分经历的信道衰落一致性也就越小，即衰落的频率相关性越小。

1. 相干带宽

一般采用相干带宽(Coherence Bandwidth)表征信道衰落的频率相关性。相干带宽定义为信道频率相关系数小于一定阈值(即可认为不相关)时的频率差。

相干带宽与均方根时延扩展成反比,是信道频率选择性衰落特性的度量。相干带宽有多种计算方法。

例如,采用式(4-13)的不确定关系式估计相干带宽。

$$B_{\mathrm{coh}} \gtrsim \frac{1}{2\pi S_{\tau}} \tag{4-13}$$

也可以采用式(4-14)和式(4-15)的确定性关系。

当信道相关系数阈值为0.5(见图4-8)时,有

$$B_{\mathrm{coh}} \approx \frac{1}{5S_{\tau}} \tag{4-14}$$

当信道相关系数阈值为0.9时,有

$$B_{\mathrm{coh}} \approx \frac{1}{50S_{\tau}} \tag{4-15}$$

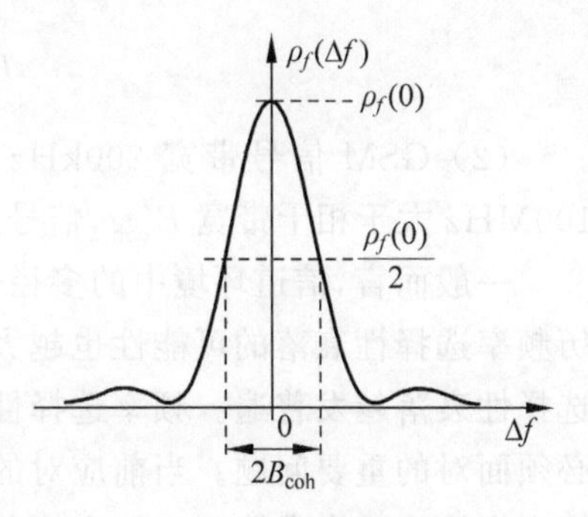

图4-8 相干带宽(相关系数阈值为0.5)

典型场景中的相干带宽如表4-3所示。

表4-3 典型场景中的相干带宽

场景	均方根时延扩展 S_{τ}/μs	相干带宽 B_{coh}/MHz
市区	1.0~3.0	0.07~0.20
郊区	0.2~0.4	0.5~1.0

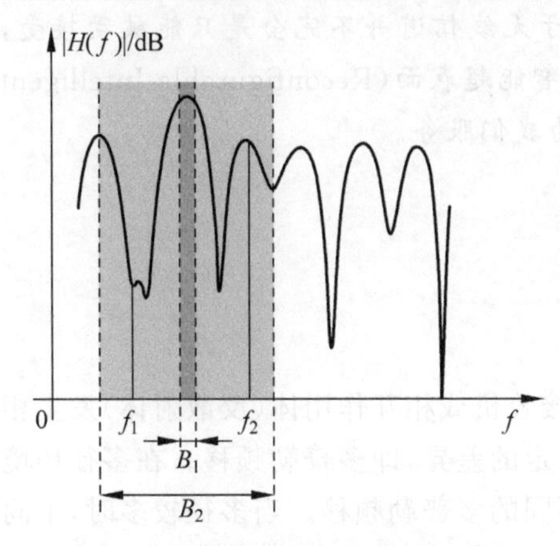

图4-9 平坦衰落与频率选择性衰落

2. 平坦衰落与频率选择性衰落

可以根据信号不同频率成分的衰落特点,即衰落的频率相关性,将多径衰落分为两类。

(1) 平坦衰落:信号中各频率成分衰落基本一致,衰落状况与频率基本无关,接收信号波形不发生失真。例如,图4-9中,带宽为B_1的信号中各频率成分经历的信道衰落基本一致。

(2) 频率选择性衰落:信号中不同频率成分衰落不一致,衰落状况与频率相关,接收信号波形发生失真。例如,图4-9中,带宽为B_2的信号中频率成分f_1和f_2,经历的信道衰落差异明显。显然,信号带宽越宽,越容易发生频率选择性衰落。

信号在信道上传输时经历平坦衰落还是经历频率选择衰落,取决于信号带宽W与相干带宽B_{coh}的关系。

当码元速率较低(符号持续时间长),$W<B_{\mathrm{coh}}$时,经历平坦衰落。从频域上看,信号不同频率成分衰落具有一致性,接收信号波形不失真;从时域上看,时延扩展远小于符号持续时间,可认为无符号间干扰。

反之,当码元速率较高,$W>B_{\mathrm{coh}}$时,经历频率选择性衰落。从频域上看,信号不同的

频率分量的衰落不一致,将引起接收波形失真;从时域上看,时延扩展与符号持续时间相当,造成符号间干扰。

【例 4-2】 请计算例 4-1 所示信道的相干带宽,并判断 GSM 信号(带宽 200kHz)和 5G 信号(带宽 100MHz)在这一信道上传输时,分别经历平坦衰落还是频率选择性衰落。

解 (1) 例 4-1 所示信道的均方根时延扩展 $S_\tau=0.0977\mu s$,因此相干带宽为

$$B_{\mathrm{coh}} \approx \frac{1}{5S_\tau}=2.05\mathrm{MHz}$$

(2) GSM 信号带宽 200kHz 小于相干带宽 B_{coh},信号经历平坦衰落;5G 信号带宽 100MHz 大于相干带宽 B_{coh},信号经历频率选择性衰落。

一般而言,信道环境中的多径传播越显著,均方根时延扩展越大,或信号的带宽越大,经历频率选择性衰落的可能性也越大。随着当前城镇化发展和无线通信宽带不断增加,频率选择性衰落越发普遍。频率选择性衰落对无线传输可靠性造成严重影响,是无线通信系统必须面对的重要问题。当前应对的主要技术方案包括均衡、分集、扩频、正交频分复用和多输入多输出。本书第 7～11 章将分别介绍上述技术。

课程思政:无线信道的客观性与主观能动性

通过本书的学习,读者可以了解无线信道特性及其对无线信号传输造成各种影响。无线信道特性是客观存在的,是不以人的意志为转移的,这体现了唯物主义的观点。

另外,无线信道虽然随传播场景、频段、终端移动等因素而变化,且参数众多,但通过技术手段是可以认识其特性的,这体现了可知论的观点。

第 4-2 集
微课视频

虽然无线信道是客观存在的,但面对无线信道我们并不是无能为力。通过对无线信道机理和规律认识的不断深入,能够合理地采用技术手段,克服无线信道的不利影响,发挥其有利方面,这体现了人的主观能动性。而且,人类对于无线信道并不完全是只能被动接受,还可以通过技术手段,如当前 6G 中的关键技术——智能超表面(Reconfigurable Intelligent Surface,RIS)技术,改变无线信道特性,使其更好地为我们服务。

4.2 多普勒扩展

4.2.1 均方根多普勒扩展

通过第 3 章的学习,读者可以了解到当发射机、接收机或相互作用体(反散射体)发生相对移动时,接收信号频率与发射信号频率可能存在一定的差异,即多普勒频移。在多径环境中,不同路径的电波,其入射角不尽相同,因此会有不同的多普勒频移。当多径较多时,不同多普勒频移就成为占有一定宽度的多普勒扩展,形成多普勒谱。常见的多普勒谱包括 Jakes 谱、莱斯谱、高斯谱、平坦谱等。

例如,某时延为 τ_i 的可分辨多径中包含若干条不可分辨多径,各不可分辨多径均从水平方向入射,来波方向在$[0,2\pi)$内服从均匀分布,如图 4-10(a)所示。因此该可分辨多径的多普勒谱为经典谱,如图 4-10(b)所示。这里,假定信号带宽远小于信号中心频率,因此可以认为信号不同频率成分具有与中心频率相同的多普勒频移。由于多普勒频移的存在,接收信号的功率谱将发生展宽,即多普勒扩展。为了研究和应用的方便,可以用更为紧凑的均方根多普勒扩展描述信道的多普勒扩展。

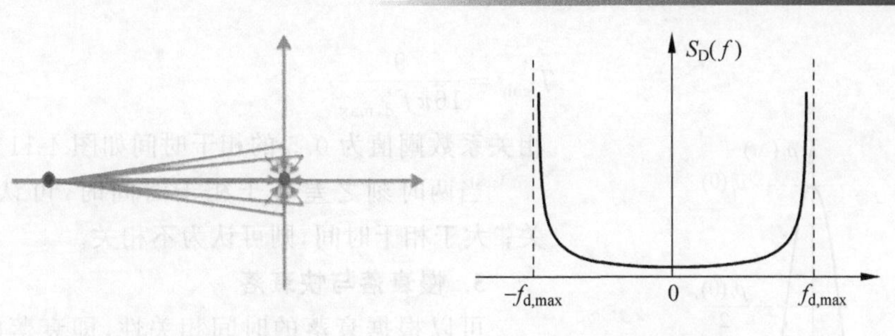

(a) 来波方向在[0,2π)内服从均匀分布　　(b) 经典谱

图 4-10 可分辨多径的经典谱

多普勒频移均值为

$$\bar{f}_d=\frac{\int_{+\infty}^{+\infty} f S_D(f)\mathrm{d}f}{\int_{+\infty}^{+\infty} S_D(f)\mathrm{d}f} \tag{4-16}$$

均方根多普勒扩展为

$$S_{f_d}=\sqrt{\frac{\int_{+\infty}^{+\infty} f^2 S_D(f)\mathrm{d}f}{\int_{+\infty}^{+\infty} S_D(f)\mathrm{d}f}-\bar{f}_d^2} \tag{4-17}$$

对于经典谱，有$\bar{f}_d=0$和$S_{f_d}=0.7f_{d,max}$，其中$f_{d,max}$为最大多普勒频移。

4.2.2 衰落的时间相关性与相干时间

1. 衰落的时间相关性

与衰落的频率相关性相类似，在多径环境中，信号在不同时刻经历的衰落也存在差异。同样地，以最简单的两径为例，由于两条路径的多普勒频移不尽相同，因此两条路径的相位差也会随时间发生变化。因此，在接收机叠加时，有的时刻，两个路径分量相长；有的时刻，则可能相消。显然，移动速度越高，两条路径的多普勒频移差值越大，信道衰落的时间相关性越小，即信道随时间变化越快。

2. 相干时间

4.1.6 节介绍了采用相干带宽B_{coh}刻画衰落的频率相关性。与之对应，可以采用相干时间T_{coh}刻画衰落的时间相关性，即信道变化的快慢。通常将信道自相关系数减小到0.5(3dB)时的时间差定义为相干时间(Coherence Time)。

与相干带宽与均方根时延扩展的关系类似，相干时间T_{coh}与均方根多普勒扩展S_{f_d}成反比，相干时间计算方法为

$$T_{coh}\simeq\frac{1}{2\pi S_{f_d}} \tag{4-18}$$

更简便的方法是直接根据最大多普勒频移计算，即

$$T_{coh}=\frac{1}{f_{d,max}} \tag{4-19}$$

或

$$T_{\text{coh}}=\frac{9}{16\pi f_{\text{d,max}}} \tag{4-20}$$

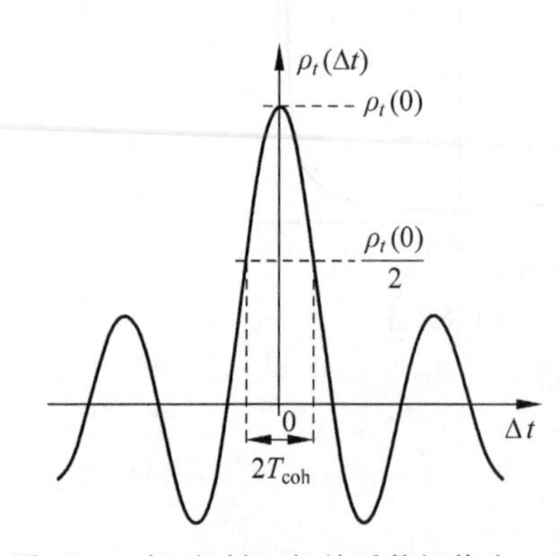

图 4-11　相干时间(相关系数阈值为 0.5)

相关系数阈值为 0.5 的相干时间如图 4-11 所示。

当两时刻之差小于相干时间时,可认为衰落相关；大于相干时间,则可认为不相关。

3. 慢衰落与快衰落

可以根据衰落的时间相关性,即衰落的快慢,将多径衰落分为两类。

(1) 慢衰落也称为时不变衰落,是指符号在传输过程中信道衰落基本保持一致。在时不变衰落信道中传输,信号波形不发生失真。

(2) 快衰落也称为时变衰落,是指符号在传输过程中信道衰落发生较大变化。信号波形会发生严重失真。

信号经历快衰落还是慢衰落,取决于符号持续时间 T 与信道相干时间 T_{coh} 之间的关系：当符号持续时间 $T<T_{\text{coh}}$ 时,经历慢衰落,符号传输过程中信道状态未发生明显变化；当符号持续时间 $T>T_{\text{coh}}$ 时,经历快衰落,符号传输过程中信道状态发生明显变化,这将导致信道估计准确性的下降,造成接收性能的恶化。

第 4-3 集
微课视频

综合 4.1.6 节和本节,可以从频率和时间两个维度,根据相干带宽 B_{coh}、相干时间 T_{coh}、信号带宽 W、符号持续时间 T 的相对关系,将信道分为 4 类,如图 4-12 所示。

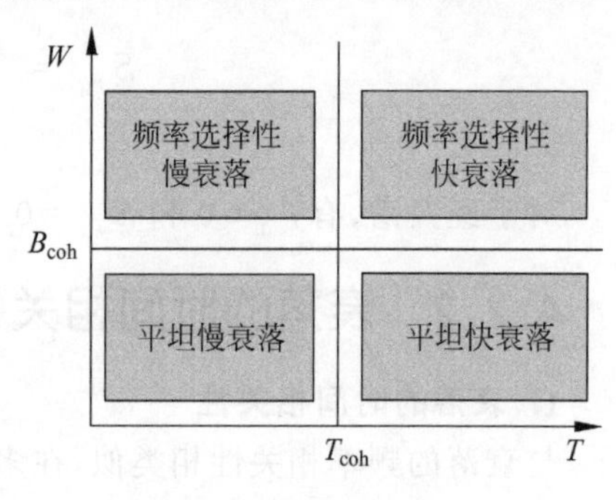

图 4-12　信道分类

在不同类型的无线信道中,无线通信系统具有不同的性能,需要采用不同的技术。相关内容将在后续章节中加以介绍。

4.3　广义平稳非相关散射

课程思政：无线信道模型是一般性与特殊性的对立统一

“世界上没有两片完全相同的树叶。”这句话同样也适用于无线信道。无线信道复杂多变,信道特性随电波传播环境、工作频率、信号带宽等发生变化。

面对纷繁复杂的无线信道,建立的信道模型要实现一般性与特殊性的对立统一。既不能只考虑一般性,这样建立的信道模型无法准确反映真实的信道特性；也不能只考虑特殊性,这样建立的信道模型应用范围狭窄,难以推广应用。一般性包含在特殊性中,特殊性是一般性的基础。因此,需要对无线信道的描述进行一定的合理简化,在一般性与特殊性之间取得折中。

最常用的简化是广义平稳(Wide-Sense Stationary,WSS)和非相关散射(Uncorrelated Scattering,US)这两个假设,因此称基于这两个假设的模型为广义平稳非相关散射模型。

4.3.1 广义平稳

广义平稳的数学定义为信道的一阶统计(均值)和二阶统计(自相关函数)不随时间起点发生变化。因此,对于信道冲激响应 $h(t,\tau)$,其时间的均值 $E_t[h(t,\tau)]$ 为常数,其自相关函数为

$$R_{\mathrm{h}}(t,t',\tau,\tau')=E[h^*(t,\tau)h(t+\Delta t,\tau')]=R_{\mathrm{h}}(\Delta t,\tau,\tau') \tag{4-21}$$

即自相关函数 $R_{\mathrm{h}}(t,t',\tau,\tau')$ 与绝对时间 t 和 t' 无关,只取决于时间差 $\Delta t=t'-t$。

实际上,4.1.4 节介绍功率时延谱时,已经默认了信道为广义平稳。

需要注意的是,广义平稳是信道统计特性不随时间变化,这里不要与静态信道相混淆。以表 4-1 所示的 COST 207 RA 信道模型为例,广义平稳表明多径数以及各径的衰落分布、平均功率、时延、多普勒谱等不随时间发生变化,而瞬时幅度可以是时变的。

当然,广义平稳只是一个数学假设,在实际信道环境中,信道统计特性完全不随时间变化几乎是不可能的。例如,在 3.7.1 节中介绍了高速铁路场景中,列车通过轨旁的基站时,在很短时间内,多普勒频移会发生由正向负的跳变;在车车(Vehicle-to-Vehicle,V2V)通信中,由于周边车辆的快速变化,存在多径生灭(Birth-Death)现象,即在很短的时间内,多径突然出现或突然消失。

因此,实际应用中,通常假定一段时间或一定范围内(如 10λ),即准平稳区间,信道统计特性基本保持不变。而在准平稳区间之间,信道特性可以按照一定的规律变化。例如,3GPP 针对 4G 系统提出的空间信道模型(Spatial Channel Model,SCM)、扩展空间信道模型(Spatial Channel Model Extended,SCME)以及 WINNER 模型,都采用了这种方法。信道平稳特性分析与建模是当前无线信道研究的热点问题。

还可以通过多普勒变化冲激响应 $S(f_{\mathrm{d}},\tau)$ 对信道广义平稳进行进一步解释。其自相关函数为

$$R_{\mathrm{S}}(f_{\mathrm{d}},f'_{\mathrm{d}},\tau,\tau')=\widetilde{\widetilde{P}}_{\mathrm{S}}(f_{\mathrm{d}},\tau,\tau')\delta(f_{\mathrm{d}}-f'_{\mathrm{d}}) \tag{4-22}$$

显然,有

$$R_{\mathrm{S}}(f_{\mathrm{d}},f'_{\mathrm{d}},\tau,\tau')=0,\quad f_{\mathrm{d}}\neq f'_{\mathrm{d}} \tag{4-23}$$

类似地,对于多普勒变化传输函数 $B(f_{\mathrm{d}},f)$,其自相关函数为

$$R_{\mathrm{B}}(f_{\mathrm{d}},f'_{\mathrm{d}},f,f')=P_{\mathrm{B}}(f_{\mathrm{d}},f,f')\delta(f_{\mathrm{d}}-f'_{\mathrm{d}}) \tag{4-24}$$

显然,有

$$R_{\mathrm{B}}(f_{\mathrm{d}},f'_{\mathrm{d}},f,f')=0,\quad f_{\mathrm{d}}\neq f'_{\mathrm{d}} \tag{4-25}$$

这表明对于具有不同的多普勒频移的信号,经历的衰落是不相关的。

4.3.2 非相关散射

非相关散射假定不同时延对信道的贡献不相关,即独立衰落。

因此,对于时变信道冲激响应 $h(t,\tau)$,其自相关函数为

$$R_{\mathrm{h}}(t,t',\tau,\tau')=P_{\mathrm{h}}(t,t',\tau)\delta(\tau-\tau') \tag{4-26}$$

即不同时延的信道冲激响应不相关。

对于多普勒变化冲激响应 $S(f_{\mathrm{d}},\tau)$,其自相关函数为

$$R_{\mathrm{S}}(f_{\mathrm{d}},f'_{\mathrm{d}},\tau,\tau')=\widetilde{P}_{\mathrm{S}}(f_{\mathrm{d}},f'_{\mathrm{d}},\tau)\delta(\tau-\tau') \tag{4-27}$$

即不同时延的多普勒变化冲激响应不相关。

而对于时变传输函数 $H(t,f)$，其自相关函数为

$$R_{\mathrm{H}}(t,t',f,f')=R_{\mathrm{H}}(t,t',\Delta f) \tag{4-28}$$

即自相关函数与频率绝对值 f 和 f' 无关，而只与频率差 $\Delta f=f'-f$ 有关。

综合广义平稳和非相关散射两个假设，可得自相关函数具有以下特点。

对于信道冲激响应 $h(t,\tau)$，有

$$R_{\mathrm{h}}(t,t',\tau,\tau')=P_{\mathrm{h}}(\Delta t,\tau)\delta(\tau-\tau') \tag{4-29}$$

而对于传输函数 $H(t,f)$，有

$$R_{\mathrm{H}}(t,t',f,f')=R_{\mathrm{H}}(\Delta t,\Delta f) \tag{4-30}$$

对于多普勒变化冲激响应 $S(f_{\mathrm{d}},\tau)$，有

$$R_{\mathrm{S}}(f_{\mathrm{d}},f'_{\mathrm{d}},\tau,\tau')=P_{\mathrm{S}}(f_{\mathrm{d}},\tau)\delta(\tau-\tau')\delta(f_{\mathrm{d}}-f'_{\mathrm{d}}) \tag{4-31}$$

对于多普勒变化传输函数 $B(f_{\mathrm{d}},f)$，有

$$R_{\mathrm{B}}(f_{\mathrm{d}},f'_{\mathrm{d}},f,f')=P_{\mathrm{B}}(f_{\mathrm{d}},\Delta f)\delta(f_{\mathrm{d}}-f'_{\mathrm{d}}) \tag{4-32}$$

上述公式中，$P_{\mathrm{h}}(\Delta t,\tau)$为时延互功率谱密度；$R_{\mathrm{H}}(\Delta t,\Delta\tau)$为时频相关函数；$P_{\mathrm{s}}(f_{\mathrm{d}},\tau)$为散射函数；$P_{\mathrm{B}}(f_{\mathrm{d}},\Delta f)$为多普勒互功率谱密度。

4.3.3 抽头延迟线模型

4.1.4 节介绍了功率时延谱，实际上默认了 WSSUS 假设。为了便于进行信道的软件和硬件仿真，通常需要对功率时延谱进行离散化，得到若干条离散的多径（如图 4-7 所示），得到抽头延迟线（Tapped Delay Line，TDL）模型。时变信道冲激响应为

$$h(t,\tau)=\sum_{i=1}^{N}\alpha_i(t)\delta(\tau-\tau_i) \tag{4-33}$$

其中，N 为离散多径数；τ_i 为第 i 条路径的时延；$\alpha_i(t)$为 i 条路径上的信道复系数。

抽头延迟线模型常用如图 4-13 所示的横向滤波器加以实现。信道输入信号 $x(t)$进入各个抽头，经过不同的延迟 τ_i 后，与各抽头上的信道复系数 $\alpha_i(t)$相乘，叠加后得到信道输出信号 $y(t)$，从而完成信道的仿真。

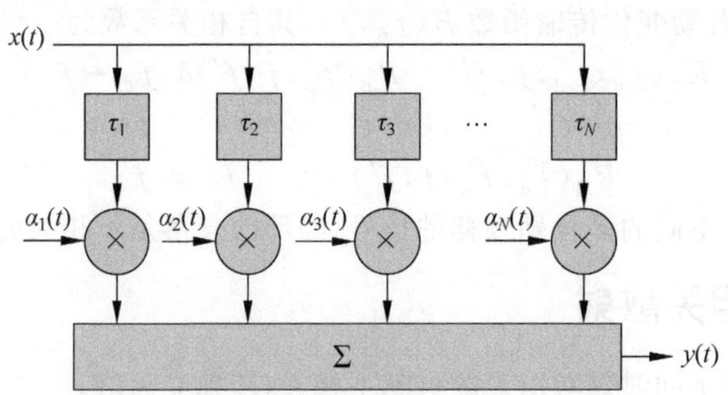

图 4-13　基于横向滤波器实现抽头延迟线模型

图 4-13 中每个抽头对应一条离散的多径（可分辨多径），而每条可分辨多径实际上是由若干条不可分辨多径合成的，因此 $\alpha_i(t)$是随时间变化的，其衰落分布由多普勒谱确定；且不同抽头的多普勒谱可以不尽相同，如 COST 207RA6 径模型中第 1 个抽头的多普勒谱是莱斯谱，而第 2～N 个抽头则为经典谱。

根据广义平稳假设，各抽头上多径的平均功率和多普勒谱是不变的，这就意味着信道复系数的分布不随时间发生变化；根据非相关散射假设，则意味着各抽头上的复系数 $\alpha_i(t)$ 之间没有相关性，可以独立生成。

当前大多数宽带信道模型采用了抽头延迟线的形式。4.4 节和 4.5 节将简要介绍 2G 到 5G 系统中采用的宽带信道模型。

4.4 宽带信道模型

针对各种无线通信系统，各国际标准组织，如 COST、ITU、3GPP 等，建立了相应的信道模型。下面介绍常用的宽带信道模型。

4.4.1 COST 207 信道模型

1984 年，欧洲科技领域研究合作组织(COST)207 工作组针对 GSM 系统建立了信道模型，称为 COST 207 模型。

GSM 系统作为应用最为广泛的 2G 移动通信系统，信号带宽增加到 200kHz，AMPS 系统的信号带宽只有 30kHz。因此 GSM 系统需要采用宽带信道模型。

COST 207 模型定义了 4 种典型场景，分别为乡村地区(Rural Area，RA)、典型城区(Typical Urban，TU)、恶劣城区(Bad Urban，BU)、丘陵地区(Hilly Terrain，HT)。针对上述 4 种典型场景，分别定义了功率时延谱和多普勒谱。功率时延谱如图 4-14 所示；多普勒谱包括经典谱、高斯Ⅰ谱、高斯Ⅱ谱和莱斯谱。

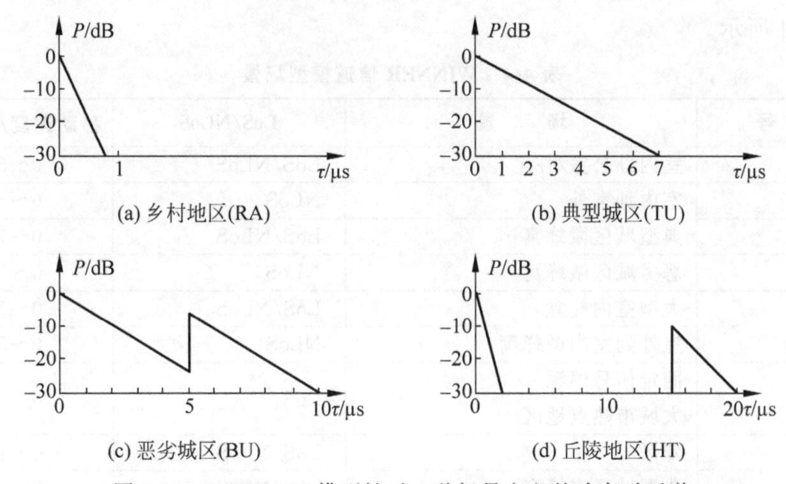

图 4-14 COST 207 模型针对 4 种场景定义的功率时延谱

为了易于实际应用，COST 207 还针对每种场景定义了多种抽头延迟线形式的信道模型。模型参数详见附录 A。

4.4.2 ITU-R M.1225 信道模型

国际电信联盟无线电通信组(ITU-R)在 M.1225 规范中针对 IMT-2000(3G 系统)建立了信道模型。

在 M.1225 模型中，共定义了 3 种典型场景，分别为室内办公室(Indoor Office)场景、室外到室内和步行(Outdoor to Indoor and Pedestrian)场景和车载场景(Vehicular)。针对每种场景定义了信道A和信道B两种信道模型。信道模型详见M.1225规范。

4.5 方向性信道模型

单输入单输出(Single Input Single Output,SISO)信道模型主要关注幅度、时延和多普勒频移,而不关注信道的方向性,即不对信道的空间特性进行刻画。

多输入多输出(Multiple Input Multiple Output,MIMO)技术通过利用无线信道空间资源,从而在不增大带宽和提高发射功率的前提下,大幅度提升系统的容量。当前MIMO技术已经成为4G、5G、无线局域网等无线通信系统的核心技术。

MIMO信道模型不仅需要描述信道的时域和频域特性,还需要对信道空域特性加以描述,即需要描述各多径分量的方向,主要包括发端天线处的离开角(Angel of Departure,AOD)和接收天线处的到达角(Angle of Arrival,AOA)相关信道参量。

基于几何统计信道模型(Geometry-based Stochastic Channel Model,GSCM)是当前研究和应用最多的方向性信道模型。当前广泛采用的WINNER信道模型,以及3GPP在36.873和38.901规范中分别为LTE和5G系统定义的信道模型,都属于基于几何统计信道模型。

4.5.1 WINNER信道模型

第4-4集 微课视频

针对宽带无线通信系统,欧盟WINNER工作组通过大量的信道测量建立WINNER信道模型。WINNER信道模型涵盖了13种场景(有的场景还进一步分为子场景,如D2场景),如表4-4所示。

表4-4 WINNER信道模型场景

场景编号		场景	LoS/NLoS	移动速度/(km·h^{-1})
A1		室内办公室/住宅	LoS/NLoS	0~5
A2		室内到室外	NLoS	0~5
B1		典型城区微蜂窝	LoS/NLoS	0~70
B2		恶劣城区微蜂窝	NLoS	0~70
B3		大型室内礼堂	LoS/NLoS	0~5
B4		室外到室内微蜂窝	NLoS	0~5
B5		固定信号馈源 大城市热点地区	LoS	0
C1		郊区	LoS/NLoS	0~120
C2		典型城区宏蜂窝	LoS/NLoS	0~120
C3		恶劣城区宏蜂窝	NLoS	0~70
C4		室外到室内宏蜂窝	NLoS	0~5
D1		乡村宏蜂窝	LoS/NLoS	0~200
D2	D2a	乡村移动网络(基站-移动中继站)	LoS	0~350
	D2b	乡村移动网络(移动中继站-移动台)	LoS/OLoS/NLoS	0~5

相比于3GPP SCM模型和SCME模型,WINNER信道模型最高可支持6GHz频率和

100MHz 带宽，适应了移动通信系统向高频、宽带、多天线方向发展的趋势。WINNER 信道模型不仅包括路径损耗和阴影衰落模型，而且包括方向性信道模型。方向性模型又可分为 GSCM 模型和簇延迟线(Clustered Delay Line，CDL)模型，详情请见 WINNER 信道模型规范。下面首先介绍 GSCM 模型。WINNER GSCM 信道模型具有以下特点。

1. 簇(Cluster)

WINNER 信道模型将空间位置相对较为集中的 20 个散射体所反射的信号(射线)合为一个簇，以此作为信道模型中的基本单元，如图 4-15 所示。对于不同场景，簇的数量也不同。一般而言，散射体越丰富的场景，簇的数量越多。

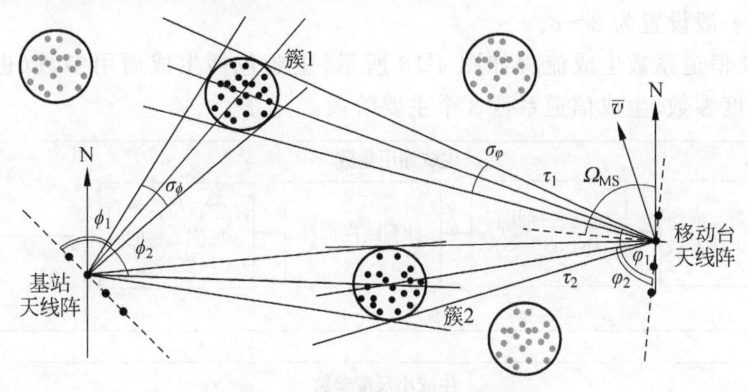

图 4-15 WINNER 信道模型

2. 准平稳(Quasi-Stationary)

4.3 节介绍了广义平稳非相关散射假设。在 TDL 信道模型中，认为信道参量(如多径数量和各径时延、平均功率、莱斯 K 因子等)的值不随发射机/接收机位置(时间)发生变化。广义平稳只是一个假设，在实际环境中，往往是不成立的。在 WINNER 等 GSCM 信道模型中考虑了信道的非平稳性，当接收机移动到不同位置时，信道参量(称为大尺度参量)是服从一定统计分布的随机变量，而在某一位置及其附近一定区域，则认为信道参量基本不变，即信道为准平稳。

例如，B1 场景 LoS 条件下，信道的 RMS 时延扩展(DS)的对数值服从正态分布

$$\lg(\mathrm{DS}) \sim N(-7.44, 0.25)$$

即服从均值为－7.44，标准差为 0.25 的正态分布。

3. 信道参数相关

不同信道参数之间，或者不同位置的同一信道参数之间均具有一定的相关性。WINNER 信道模型采用如式(4-35)所示负指数函数表征相距 d 的两个位置的同一信道参数之间的相关值

$$\rho(d) = \exp(-d/d_{\mathrm{corr}}) \tag{4-34}$$

其中，d_{corr} 为相关距离。显然，两个位置相距越远，信道参量之间的相关性越弱。

对于不同场景和传播条件(LoS 或 NLoS)，信道参量的相关距离不同，具体数值可参见规范。例如，B1 场景 LoS 条件下，信道的 RMS 时延扩展的相关距离为 9m。

4. 信道样本与样本更新速率

信道是时变的，即信道冲激响应 $h(t,\tau)$ 不仅是 τ 的函数，也是 t 的函数。而在生成时变信道冲激响应时，不可能实现 $h(t,\tau)$ 随 t 的连续变化，只能离散地生成若干时刻上的信

道冲激响应，称为一个信道样本(Channel Sample)或信道实现(Channel Realization)。

为了保证离散的信道样本能够较为精确地反映实际信道时变特点，信道样本需要以一定的速率进行更新，称为更新速率(Update Rate)。更新速率的计算方法为

$$f_{\mathrm{upd}}=\frac{2\mathrm{SD}\cdot v\cdot f_{\mathrm{c}}}{c} \tag{4-35}$$

其中，SD为采样密度(Sample Density)；v为移动速度；f_{c}为中心频率；c为光速。SD表示在移动台移动半个波长的时间内，需要产生的信道样本数量。SD的值越大，离散信道样本越能够精确地反映实际信道时变特性；但过大的SD会造成信道样本数的增加，增加复杂度。因此，SD一般设置为2～8。

WINNER信道系数生成流程如图4-16所示，主要包括生成通用参数(也称大尺度参数)、生成小尺度参数、生成信道系数3个主要阶段。

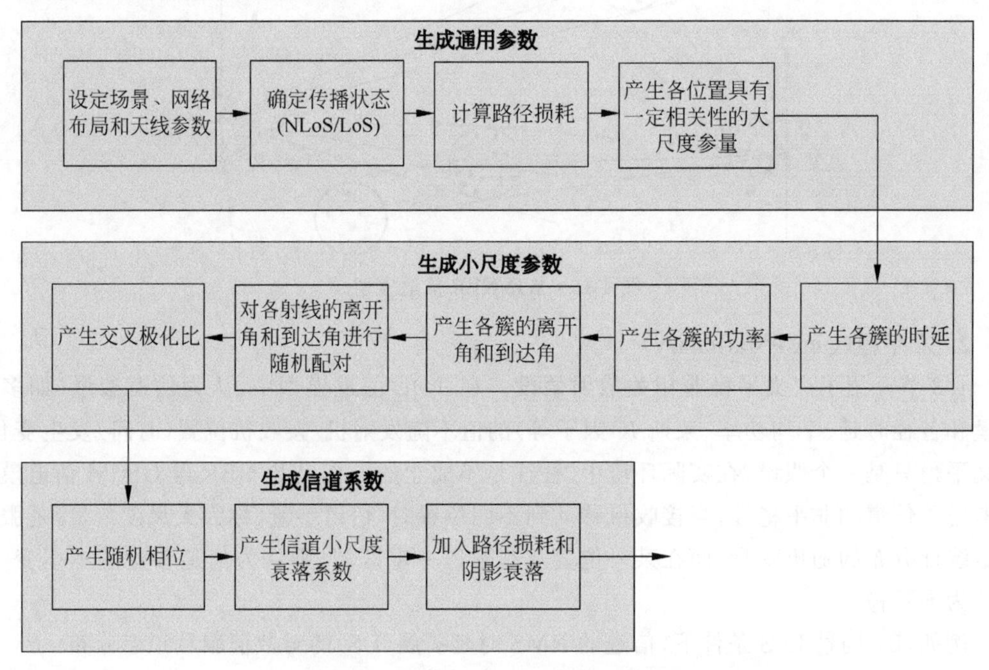

图4-16 WINNER信道系数生成流程

上面介绍了WINNER GSCM信道模型。GSCM能够较为准确地反映各场景的信道特性，但仿真难度较大，而且在每次仿真中的信道参量的值也不尽相同。为了降低使用难度，并提高仿真的一致性，便于开展链路性能评估，WINNER信道模型还针对各场景，提出了簇延迟线(CDL)模型，详情请参见规范文件。

4.5.2 3GPP 4G信道模型

3GPP在TS 36.873规范中定义了4G系统信道模型，支持Sub-6GHz频段和100MHz带宽。相关电波传播场景已在第2章进行了介绍。其中GSCM模型信道系数生成的方法与WINNER信道模型基本相同，在此不再赘述。

除了定义的GSCM以外，为了便于链路层性能评估，3GPP在TS 36.104规范中还定义了3种抽头延迟线形式的信道模型，分别为扩展步行者模型A(Extended Pedestrian A

Model,EPA)、扩展车辆模型 A(Extended Vehicular A Model,EVA)和扩展典型城市信道模型(Extended Typical Urban Model,ETU)。模型参数详见附录 B。

其中,EPA 信道模型有 7 条多径,ETU 和 EVA 信道模型则有 9 条多径,而 ETU 的时延扩展最为显著。

EPA 信道模型针对步行,用户终端移动速度较慢,最大多普勒频移设置为 5Hz;而 EVA 信道模型的最大多普勒频移设置为 5Hz 和 70Hz,ETU 信道模型的最大多普勒频移设置为 70Hz、300Hz 和 600Hz。所有多径的多普勒谱均为经典谱。

4.5.3 3GPP 5G 信道模型

3GPP 在 TS 38.901 规范中定义了 5G 系统信道模型。模型支持的频段范围扩大到 0.5~100GHz,带宽扩大到 2GHz。相关电波传播场景已在第 2 章进行了介绍。

3GPP TS 38.901 规范不仅定义了 GSCM 模型,而且为了便于开展链路性能评估,还针对 MIMO 系统定义了 CDL 模型,针对非 MIMO 系统定义了抽头延迟线(TDL)模型。GSCM 模型相关内容可参考 3GPP TS 38.901 规范,信道系数生成方式与 WINNER 信道模型基本相同。下面主要介绍 CDL 和 TDL 模型。

1. CDL 模型

对于 MIMO 系统,3GPP TS 38.901 规范共定义了 5 种 CDL 模型,其中 CDL-A、CDL-B 和 CDL-C 用于 NLoS,CDL-D 和 CDL-E 用于 LoS。模型参数详见附录 C。

与 4G 系统中定义的 CDL 模型不同,5G 定义的 CDL 模型给出的是归一化 RMS 时延扩展,即 RMS 时延扩展已经归一化为 1。在实际使用时需要根据场景对 RMS 时延扩展和角度扩展进行缩放。

2. TDL 模型

对于非 MIMO 系统,3GPP TS 38.901 规范共定义了 5 种 TDL 模型,其中 TDL-A、TDL-B 和 TDL-C 用于 NLoS,TDL-D 和 TDL-E 用于 LoS。模型具体参数如附录 C 所示。与 CDL 模型类似,其中时延和扩展功率同样都进行了归一化。

3. 时延缩放

在上面介绍的 CDL 和 TDL 模型中,RMS 时延扩展归一化为 1。在实际使用时,通过比例缩放的方式,得到期望的 RMS 时延扩展,即

$$\tau_{n,\text{scaled}} = \tau_{n,\text{model}} \text{DS}_{\text{desired}} \tag{4-36}$$

其中,$\tau_{n,\text{scaled}}$ 为缩放后第 n 个簇或抽头时延值;$\tau_{n,\text{model}}$ 为 CDL/TDL 模型中归一化后的第 n 个簇或抽头的时延值;$\text{DS}_{\text{desired}}$ 为期望的 RMS 时延扩展值,也称为比例因子。不同的场景和频段具有不同的比例因子,建议值如表 4-5 所示。

表 4-5 各场景建议比例因子

场景		比例因子/ns						
		2GHz	6GHz	15GHz	28GHz	39GHz	60GHz	70GHz
室内办公室	短时延	20	16	16	16	16	16	16
	正常时延	39	30	24	20	18	16	16
	长时延	59	53	47	43	41	38	37

续表

场景		比例因子/ns						
		2GHz	6GHz	15GHz	28GHz	39GHz	60GHz	70GHz
街道峡谷	短时延	65	45	37	32	30	27	26
	正常时延	129	93	76	66	61	55	53
	长时延	634	316	307	301	297	293	291
城区宏站	短时延	93	93	85	80	78	75	74
	正常时延	363	363	302	266	249	228	221
	长时延	1148	1148	955	841	786	720	698
乡村宏站 & 乡村宏站室外到室内	短时延	32	32	N/A	N/A	N/A	N/A	N/A
	正常时延	37	37	N/A	N/A	N/A	N/A	N/A
	长时延	153	153	N/A	N/A	N/A	N/A	N/A
城市微站/城区宏站室外到室内	正常时延				240			
	长时延				616			

第5章 数字调制解调

CHAPTER 5

调制解调是无线通信系统必不可少的。本章将重点介绍无线通信常用的数字调制方案的基本原理和主要特性以及数字解调的原理，并分析在不同无线信道中数字解调方案的性能。

5.1 基本原理

5.1.1 调制的意义

无线通信的根本目的是通过电磁波进行信息交互。信息可以加载在电磁波的幅度、频率和相位等参量或上述参量的组合上。因此，数字调制实际上就是将数字符号映射为信号波形的过程，而接收机则通过解调技术尽可能准确地恢复数字符号。因此，可将调制分为基带调制和带通调制两部分。其中，基带调制主要是将数字符号映射为基带信号波形，而带通调制则用基带信号波形调制载波，得到射频的调制信号，即将频谱搬移到射频。

第5-1集
微课视频

调制具有以下意义。

(1) 减小天线尺寸，易于发射和接收。

要将信号有效地辐射出去，天线的尺寸不应小于波长的1/4。如果直接发送基带信号波形，假定信号频率为1kHz，则波长$\lambda=3\times10^5\mathrm{m}=300\mathrm{km}$，天线尺寸至少需要75km。这显然是难以实现的。而如果将信号的频谱搬移到射频，如当前5G系统广泛使用的3.5GHz频率，则天线尺寸可缩小为2.14cm。因此，对于无线通信系统，通过带通调制，将信号调制到较高的频率上，有利于信号的发射和接收，实现无线通信设备的小型化。

(2) 避免干扰，有效利用频谱资源。

无线电波在开放的空间中传播，使用相同频段的不同无线通信系统和用户之间容易发生相互干扰。通过带通调制，将不同系统、不同用户的信号调制到不同的频率上，可以避免干扰，有效利用频谱资源。

(3) 提高传输的可靠性。

调制可以将数字符号变换为具有较强抗衰落和干扰能力的信号，从而提高传输的可靠性。例如，后文要介绍的GMSK调制就具有较强的抗衰落和抗干扰能力。

(4) 减少带宽占用，提高传输的有效性。

采用具有较低旁瓣的成形脉冲，如升余弦滚降脉冲取代方波脉冲，可以降低带外辐射，减小带宽占用,提高传输有效性。

5.1.2 调制的种类与要求

当前无线通信系统采用的调制技术种类非常多,可以按照不同的方式进行分类。

按照调制过程是否线性,可以分为线性调制和非线性调制。

- 线性调制：BPSK、QPSK、QAM。
- 非线性调制：FSK、CPFSK、MSK、GMSK。

按照相位是否连续,可以分为连续相位调制和非连续相位调制。

- 连续相位调制：CPFSK、MSK、GMSK。
- 非连续相位调制：ASK、QAM、BPSK、QPSK。

按照包络是否恒定,可以分为恒包络调制和非恒包络调制。

- 恒包络调制：BPSK、QPSK、FSK、MSK、GMSK。
- 非恒包络调制：ASK、QAM。

按照调制信号波形是否与前面码元有约束关系(是否具有记忆性),可以分为无记忆调制和有记忆调制。

- 无记忆调制：ASK、BPSK、QPSK、QAM。
- 有记忆调制：FSK、MSK、GMSK。

面对种类繁多的调制方式,无线通信系统在选择时要考虑满足以下要求。

(1) 频谱效率高(传输速率高)。

(2) 功率效率高。

(3) 带外辐射功率小(减小对邻频系统/用户的干扰)。

(4) 对噪声不敏感(传输可靠性高)。

(5) 对时延和多普勒扩展的鲁棒性好(传输可靠性高)。

(6) 调制波形易于产生、易于解调(系统成本低)。

然而,上述要求无法同时满足,因此需要在多个要求之间权衡,合理选择调制方式。

5.1.3 带通信号的等效低通表示

在无线通信中,信息可以加载在电磁波的幅度、频率和相位等参量或上述参量的组合上。由5.1.1节可知,在无线信道上传输的调制信号都是带通信号,可以表示为

$$s(t)=\alpha(t)\cos\{2\pi[f_c+f(t)]t+\theta(t)+\phi_0\}=\alpha(t)\cos[2\pi f_c t+\phi(t)+\phi_0] \tag{5-1}$$

其中,$\alpha(t)$为幅度；f_c为载波频率；$f(t)$为调制频率；$\theta(t)$为调制相位；$\phi(t)$为相位；ϕ_0为初始相位。

$s(t)$作为带通信号,含有载频f_c,不便于分析和处理。由于所有线性处理过程对低通(基带)信号作用的效果与带通信号是等价的。因此,简便起见,可将带通调制信号等效为低通(基带)信号,$s(t)$可改写为

$$\begin{aligned} s(t)&=\alpha(t)\cos[\phi(t)]\cos(2\pi f_c t)-\alpha(t)\sin[\phi(t)]\sin(2\pi f_c t)\\ &=s_I(t)\cos(2\pi f_c t)-s_Q(t)\sin(2\pi f_c t) \end{aligned} \tag{5-2}$$

其中,$s_I(t)$和$s_Q(t)$分别为信号的同相分量和正交分量。

定义与调制信号$s(t)$等效的(复)低通信号为

$$u(t)=s_I(t)+js_Q(t) \tag{5-3}$$

通过等效变换，无须考虑调制信号的载频。

根据等效低通信号也可以得到带通信号

$$s(t)=\mathrm{Re}[u(t)\mathrm{e}^{\mathrm{j}2\pi f_c t}] \tag{5-4}$$

其中，Re[·]表示取实部。

调制原理如图 5-1 所示。

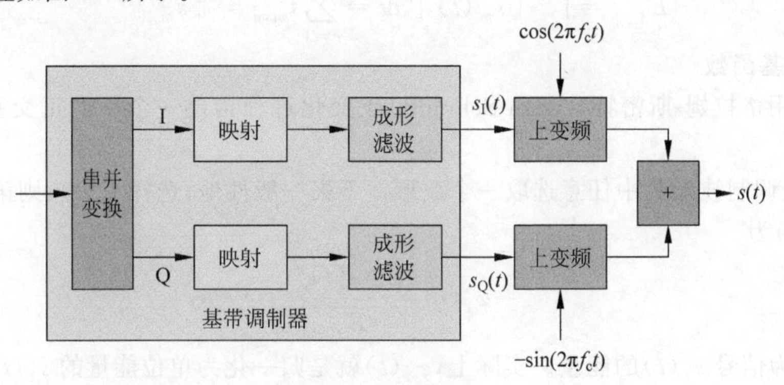

图 5-1　调制原理

也可将等效低通信号表示为另一种形式，即

$$u(t)=\alpha(t)\mathrm{e}^{\mathrm{j}\phi(t)} \tag{5-5}$$

其中，$\alpha(t)=\sqrt{s_{\mathrm{I}}^2(t)+s_{\mathrm{Q}}^2(t)}$；$\phi(t)=\arctan\left[\dfrac{s_{\mathrm{I}}(t)}{s_{\mathrm{Q}}(t)}\right]$。

5.1.4　信号正交表示与星座图

1. 信号的正交表示

通过将带通调制信号表示为其等效低通信号，剥离了载频的影响，从而便于描述和研究。然而，等效低通信号作为一个复信号，研究起来仍然不方便。本节进一步将调制信号进行正交展开，表示为正交空间上的矢量形式。这种方式能够更直观地表示数字调制信号，而且有利于进行数字调制设计，也可以很方便地计算调制信号的误码性能，因此得到了广泛的采用。

与模拟调制不同，数字调制信号波形集只包含有限个信号波形。假定某个码元的调制信号波形集 $S(t)=\{s_1(t),s_2(t),\cdots,s_M(t)\}$包含 M 个信号波形，可由一个定义在区间$[0,T_s]$包含 N 个实正交基函数的标准正交波形集$\{\varphi_1(t),\varphi_2(t),\cdots,\varphi_N(t)\}$的线性组合来表示，即

$$s_m(t)=\sum_{n=1}^{N}s_{m,n}\varphi_n(t),\quad m=1,2,\cdots,M \tag{5-6}$$

其中，$s_{m,n}=\int_0^{T_s}s_m(t)\varphi_n^*(t)\mathrm{d}t$ 表示 $s_m(t)$ 在基函数 $\varphi_n(t)$ 上的投影值。

实正交基函数满足正交性，即

$$\int_0^{T_s}\varphi_n(t)\varphi_m(t)\mathrm{d}t=\begin{cases}0, & m\neq n\\ 1, & m=n\end{cases}\quad m,n=1,2,\cdots,N \tag{5-7}$$

这 N 个实正交基函数构成了一个 N 维正交空间（称为信号空间）。调制波形集中任意一个信号波形 $s_m(t)$都可以表示为其在各个正交基函数上投影值构成的矢量 $\boldsymbol{s}_m=[s_{m,1},$

$s_{m,2},\cdots,s_{m,N}$]，或者等效表示为 N 维空间中的一个点(称为信号星座点)或一个矢量(称为信号矢量)，其坐标(矢量)为$\{s_{m,1},s_{m,2},\cdots,s_{m,N}\}$。$M$ 个星座点构成星座图，信号波形 $s_m(t)$与其信号星座点是一一对应的。

而信号能量则等价于信号星座点到原点的欧氏距离的平方或矢量模的平方，即

$$E_{s_{m,n}}=\int_0^{T_s}|s_m(t)|^2\mathrm{d}t=\sum_{n=1}^{N}s_{m,n}^2=\|\boldsymbol{s}_m\|^2 \tag{5-8}$$

2. 正交基函数

通常采用格拉姆-斯密特(Gram-Schmidt)正交化过程构建一个标准正交基函数集，具体步骤如下。

首先，从调制波形集中任意选取一个波形。不失一般性地，选择 $s_1(t)$，则第1个标准正交波形 $\varphi_1(t)$为

$$\varphi_1(t)=\frac{s_1(t)}{\sqrt{E_{s_1(t)}}} \tag{5-9}$$

其中，$E_{s_1(t)}$为信号 $s_1(t)$的能量。实际上，$\varphi_1(t)$就是归一化为单位能量的 $s_1(t)$。

第2个标准正交波形 $\varphi_2(t)$必须与 $\varphi_1(t)$相互正交，可由 $s_2(t)$构建。

首先，计算 $s_2(t)$在 $\varphi_1(t)$上的投影值，即

$$c_{12}=\int_{-\infty}^{+\infty}s_2(t)\varphi_1(t)\mathrm{d}t \tag{5-10}$$

然后，从 $s_2(t)$减去 $c_{12}\varphi_1(t)$，可得

$$\varphi'_2(t)=s_2(t)-c_{12}\varphi_1(t) \tag{5-11}$$

则 $\varphi'_2(t)$必与 $\varphi_1(t)$相互正交。

对 $\varphi'_2(t)$进行能量归一化，即

$$\varphi_2(t)=\frac{\varphi'_2(t)}{\sqrt{E_{\varphi'_2(t)}}} \tag{5-12}$$

其中，$E_{\varphi'_2(t)}$为信号 $\varphi'_2(t)$的能量。

同理，第 k 个标准正交波形 $\varphi_k(t)$为

$$\varphi_k(t)=\frac{\varphi'_k(t)}{\sqrt{E_{\varphi'_k(t)}}} \tag{5-13}$$

其中，$\varphi'_k(t)=s_k(t)-\sum_{i=1}^{k-1}c_{ik}\varphi_i(t)$，而 $c_{ik}=\int_{-\infty}^{+\infty}s_k(t)\varphi_i(t)\mathrm{d}t,i=1,2,\cdots,k-1$。

下面分别以二进制相移键控(Binary Phase Shift Keying，BPSK)和正交相移键控(Quadrature Phase Shift Keying，QPSK)为例，介绍数字调制信号的矢量表示。

3. BPSK 调制信号矢量表示

BPSK 作为二元调制，其信号集为

$$s_1(t)=\sqrt{\frac{2E_\mathrm{b}}{T_\mathrm{b}}}\cos(2\pi f_\mathrm{c}t),\quad 0\leqslant t\leqslant T_\mathrm{b}$$

$$s_2(t)=-\sqrt{\frac{2E_\mathrm{b}}{T_\mathrm{b}}}\cos(2\pi f_\mathrm{c}t),\quad 0\leqslant t\leqslant T_\mathrm{b} \tag{5-14}$$

分别表示比特1和0。其中，E_b 为每比特能量；T_b 为比特持续时间。

选定基函数为

$$\phi_1(t)=\frac{s_1(t)}{\sqrt{E_{s_1(t)}}}=\sqrt{\frac{2}{T_b}}\cos(2\pi f_c t),\quad 0\leqslant t\leqslant T_b \tag{5-15}$$

显然,BPSK 的信号集可表示为

$$S_{\mathrm{BPSK}}=\{\sqrt{E_b}\,\phi_1(t),-\sqrt{E_b}\,\phi_1(t)\}$$

BPSK 信号集只需要一个基函数表示,信号空间维度为 1。

通常,可以省略信号集中元素中包含的基函数,直接表示为

$$S_{\mathrm{BPSK}}=\{\sqrt{E_b},-\sqrt{E_b}\}$$

从而简化表示为实轴上的两个点(见图 5-2),即

$$s_1=\sqrt{E_b},\quad s_2=-\sqrt{E_b}$$

星座图中信号点间的最小距离越大,解调性能越好,误码率越小。

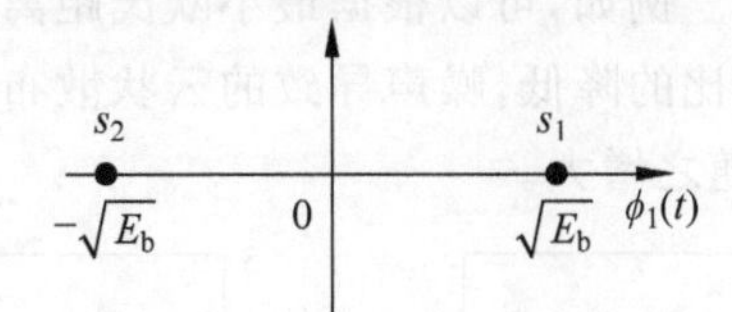

图 5-2 BPSK 星座图

4. QPSK 调制信号矢量表示

QPSK 作为四元调制,其信号集为

$$s_i(t)=\sqrt{\frac{E_s}{T_s}}\cos\left[2\pi f_c t+(i-1)\frac{\pi}{2}+\frac{\pi}{4}\right],\quad i=1,2,3,4,0\leqslant t\leqslant T_s \tag{5-16}$$

分别表示符号 00、01、11、10。其中,E_s 为每符号能量,由于一个 QPSK 符号包括 2 比特,因此 $E_s=2E_b$;T_s 为 QPSK 符号持续时间。

选定第 1 个基函数为

$$\varphi_1(t)=\sqrt{\frac{2}{T_s}}\cos(2\pi f_c t),\quad 0\leqslant t\leqslant T_s \tag{5-17}$$

由于 $\varphi_2(t)$ 必须与 $\varphi_1(t)$ 正交,所以选定第 2 个基函数为

$$\varphi_2(t)=\sqrt{\frac{2}{T_s}}\cos\left(2\pi f_c t+\frac{\pi}{2}\right),\quad 0\leqslant t\leqslant T_s \tag{5-18}$$

QPSK 信号需要两个基函数表示,信号空间维度为 2,构成一个复平面。

QPSK 信号集用基函数可分别表示为

$$\begin{cases} s_1=\sqrt{\dfrac{E_s}{2}}\varphi_1(t)+\sqrt{\dfrac{E_s}{2}}\varphi_2(t) \\ s_2=-\sqrt{\dfrac{E_s}{2}}\varphi_1(t)+\sqrt{\dfrac{E_s}{2}}\varphi_2(t) \\ s_3=-\sqrt{\dfrac{E_s}{2}}\varphi_1(t)-\sqrt{\dfrac{E_s}{2}}\varphi_2(t) \\ s_4=\sqrt{\dfrac{E_s}{2}}\varphi_1(t)-\sqrt{\dfrac{E_s}{2}}\varphi_2(t) \end{cases} \tag{5-19}$$

分别对应复平面上的 4 个点，如图 5-3 所示。

对于接收机，一般情况是知道调制信号波形集，即掌握各调制信号在信号空间中的位置。但由于传输过程中的非理想特性，如噪声、干扰、衰落、器件非线性、同步偏差、多普勒频移等，接收信号往往会偏离发射位置。

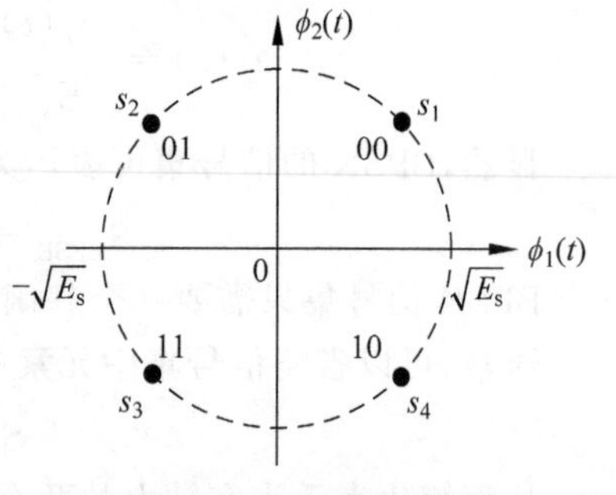

图 5-3 QPSK 星座图

以 BPSK 为例，假定只受到加性高斯白噪声的影响，则接收信号矢量 $\boldsymbol{r}_i=\boldsymbol{s}_i+\boldsymbol{n}$，$\boldsymbol{n}$ 为噪声矢量。如图 5-4 所示，接收信号实际上是以 $\boldsymbol{s}_i$ 为中心的云状散布。越靠近 $\boldsymbol{s}_i$ 的位置，点越密集，即概率密度越大；越远离 $\boldsymbol{s}_i$ 的位置，点越稀疏，即概率密度越小。

接收机中的解调器或检测器，就是要基于一定的准则，根据接收信号矢量 $\boldsymbol{r}_i$，推断发射信号是调制波形集中的哪一个。例如，可以根据最小欧氏距离准则，选取与接收信号欧氏距离最小(即最近)的。随着信噪比的降低，噪声导致的云状散布弥散越开，判断发射信号难度越大，解调判决的错误概率也随之增大。

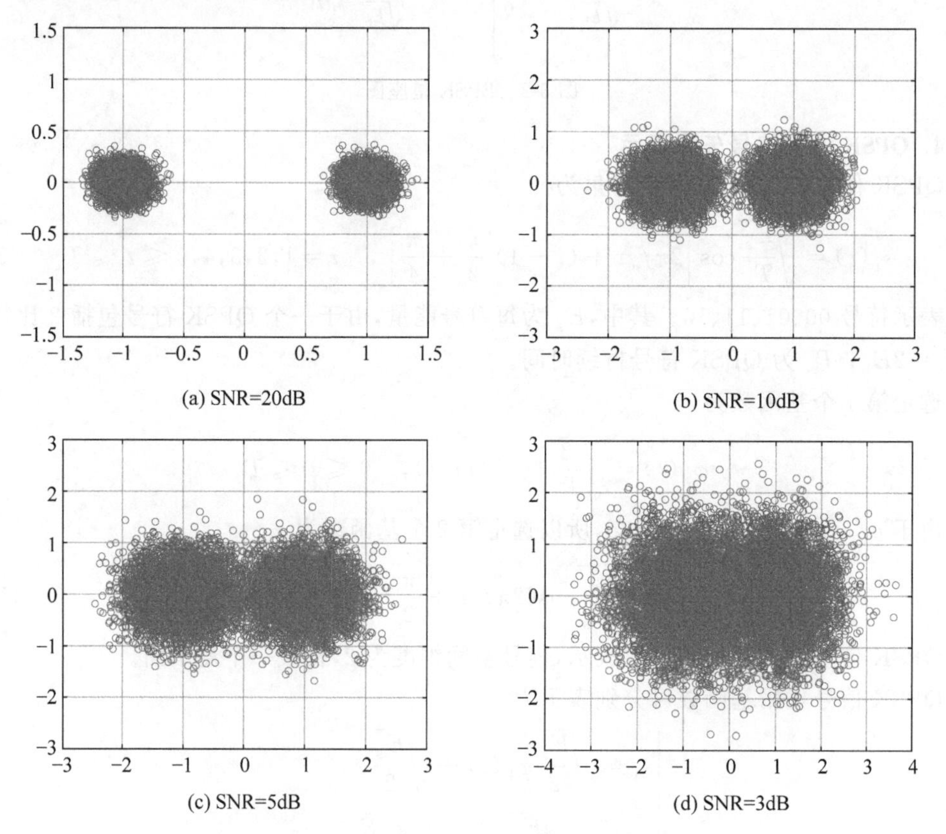

图 5-4 信号空间中 BPSK 接收信号

5.1.5 脉冲成形技术

采用如图 5-5(a)所示的矩形脉冲作为基带脉冲，是非常自然的想法。但矩形脉冲时域波形上升和下降都极为陡峭，因此信号频谱会分布在很大的带宽上，如图 5-5(b)所示。如果不进行带限，会造成信号严重的邻频干扰。

假设对矩形脉冲信号进行理想带限，将带外信号完全抑制，如图 5-6(b)所示(虽然这在实际上是不可能实现的)，那么带限后的矩形脉冲不会再造成邻频干扰，但在时域会出现展宽，如图 5-6(a)所示，即单个符号的脉冲将延伸到相邻符号时间间隔内，这可能造成符号间干扰(ISI)。

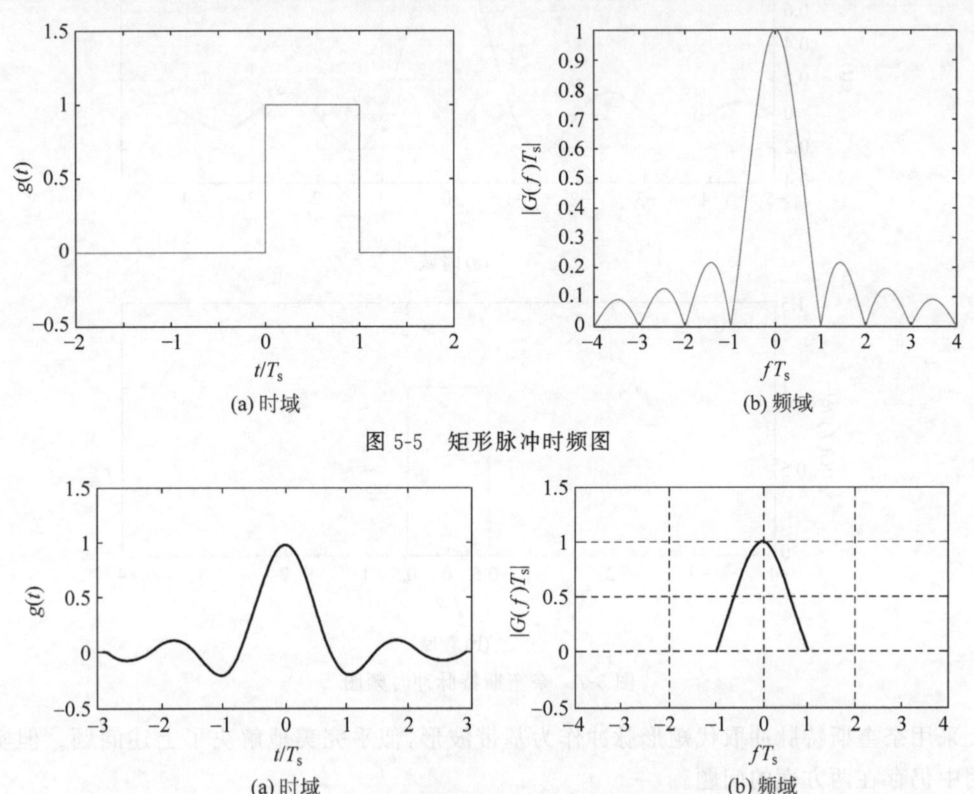

图 5-5　矩形脉冲时频图

图 5-6　经过理想带限后的矩形脉冲时频图

面对这个两难的局面，产生了奈奎斯特准则。

奈奎斯特准则：将通信系统的响应设计为在接收机采样时刻只对当前符号有响应，而对其他符号的响应都为零，即

$$h_{\mathrm{eff}}(nT_{\mathrm{s}})=\begin{cases}K, & n=0\\0, & n\neq 0\end{cases} \tag{5-20}$$

其中，n 为整数；K 为非零常数。

1. 奈奎斯特脉冲

瑞典裔美国物理学家哈利·奈奎斯特(Harry Nyquist)提出了一种符合奈奎斯特准则的脉冲，即奈奎斯特脉冲，时域和频域表达式分别为

$$g(t)=\frac{\sin(\pi t/T_{\mathrm{s}})}{\pi t/T_{\mathrm{s}}} \tag{5-21}$$

$$G(f)=\begin{cases}1/R_{\mathrm{s}}, & |f|\leqslant R_{\mathrm{s}}/2\\0, & |f|>R_{\mathrm{s}}/2\end{cases} \tag{5-22}$$

其中，$R_{\mathrm{s}}=1/T_{\mathrm{s}}$ 为符号速率。

如图 5-7 所示，奈奎斯特脉冲在频域集中在 $\pm R_{\mathrm{s}}/2$ 内，相比于矩形脉冲减少了频谱占

用，提高了频谱利用率；而在时域，虽然有较大的拖尾，但在其他符号的采样时刻响应均为零，即奈奎斯特脉冲在采样时刻无符号间干扰。

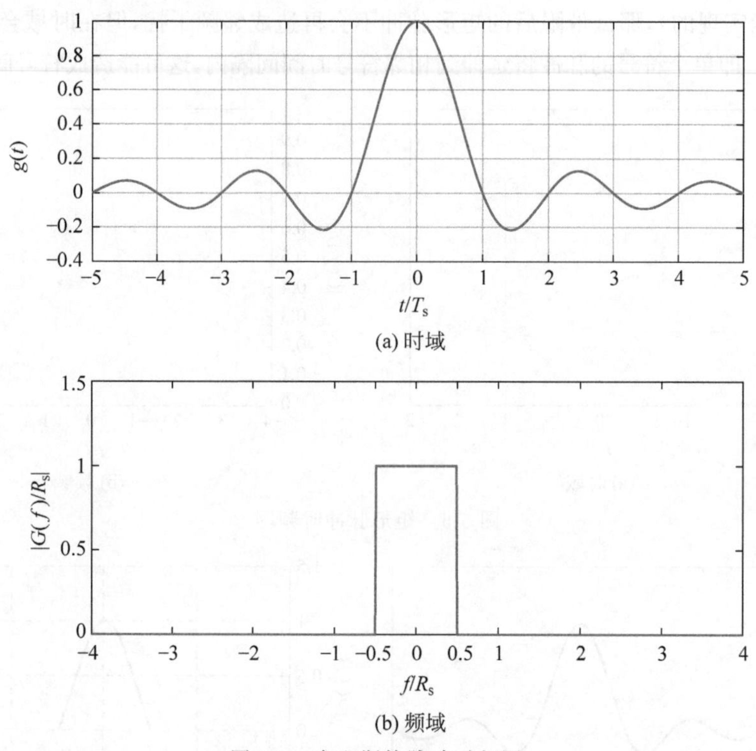

(a) 时域

(b) 频域

图 5-7 奈奎斯特脉冲时频图

采用奈奎斯特脉冲取代矩形脉冲作为基带波形，似乎完美地解决了上述问题。但实际应用中仍存在两方面的问题。

(1) 频域：奈奎斯特脉冲在频域为矩形，即在 $\pm R_s/2$ 处存在阶跃，没有过渡带，在物理上是不可实现的。

(2) 时域：奈奎斯特脉冲旁瓣衰减慢，当采样偏离理想采样时刻时，仍然存在较大的 ISI。

2. 升余弦滚降

针对奈奎斯特脉冲存在的物理上不可能实现和旁瓣衰减慢这两个问题，提出了升余弦滚降脉冲。升余弦滚降脉冲的时域和频域表达式分别为

$$g(t)=\left[\frac{\sin(\pi t/T_s)}{\pi t/T_s}\right]\left[\frac{\cos(\pi\alpha t/T_s)}{1-4(\alpha t/T_s)^2}\right] \tag{5-23}$$

$$G(f)=\begin{cases}T_s, & 0\leqslant|f|\leqslant\dfrac{1-\alpha}{2T_s}\\ \dfrac{T_s}{2}\left\{1+\cos\left[\dfrac{\pi|f|-(1-\alpha)\pi/(2T_s)}{\alpha/T_s}\right]\right\}, & \dfrac{1-\alpha}{2T_s}<|f|\leqslant\dfrac{1+\alpha}{2T_s}\\ 0, & |f|>\dfrac{1+\alpha}{2T_s}\end{cases} \tag{5-24}$$

其中，α 为滚降因子。

升余弦滚降脉冲具有以下特点。

(1) 无论是在时域还是在频域，都是平滑过渡的，物理上可实现。

(2) 升余弦滚降脉冲基带带宽 $B=\dfrac{1+\alpha}{2T_s}=\dfrac{(1+\alpha)R_s}{2}$，与奈奎斯特脉冲相比，带宽展宽了 α 倍。

(3) 升余弦滚降脉冲在其他符号的采样时刻响应均为零，符合奈奎斯特准则，在理想采样条件下，不会造成 ISI。

(4) 升余弦滚降脉冲旁瓣衰减更快，因此即使采样略微偏离理想采样时刻，造成的 ISI 也较小。

因此，升余弦滚降脉冲以一定的带宽展宽为代价，换取了物理上的可实现，而且加快了旁瓣衰减，从而抑制了由于采样偏离理想时刻造成的 ISI。

图 5-8 给出了 α 取不同值时的升余弦滚降脉冲时频图。由图 5-8 可知，滚降因子 α 的值越大，带宽展宽严重，但旁瓣衰减也越快。因此，需要合理选择 α 的值，一般 α 取 0.3～0.5。

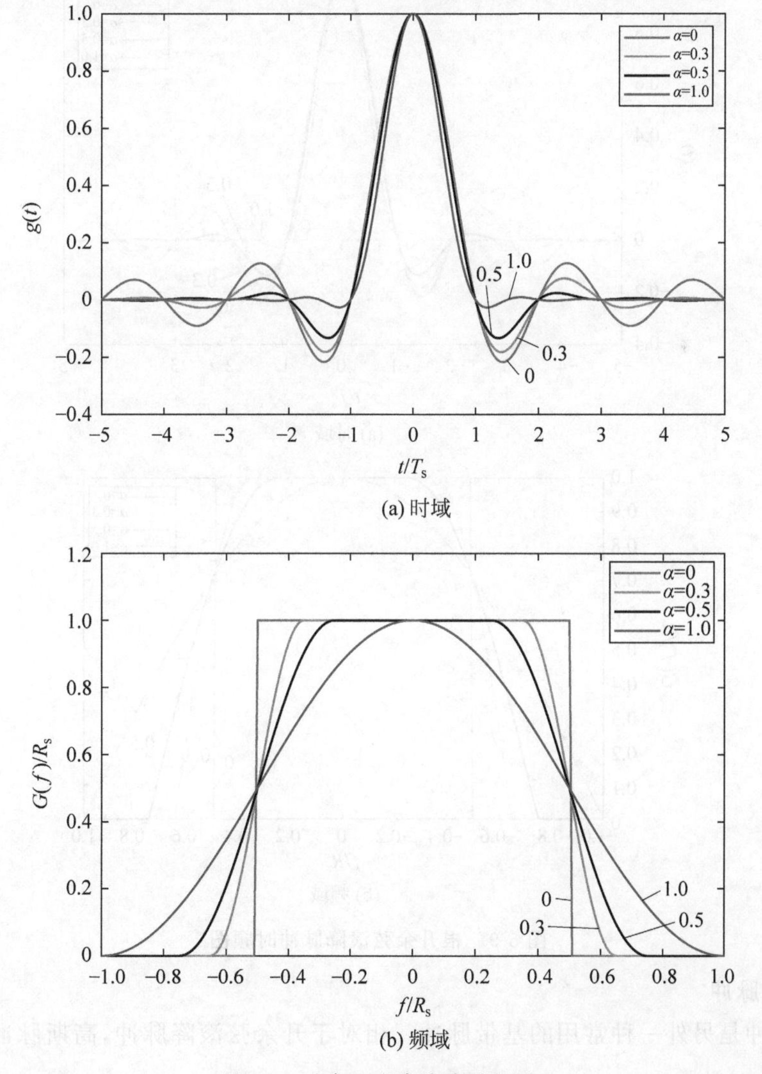

图 5-8 升余弦滚降脉冲时频图

3. 根升余弦滚降脉冲

在无线通信系统中，接收机通常采用匹配滤波器，即信号在解调前，一般要先经过匹配滤波器，以获得最大的输出信噪比。由于接收机中的匹配滤波器设计为与发射机中的滚降滤波的频域响应相同，因此实际上两者级联产生升余弦滚降即可，所以基带脉冲理论上应该是根升余弦滚降脉冲，即频域响应为升余弦滚降脉冲的平方根，表达式为

$$G(f)=\begin{cases}\sqrt{T_s}, & 0\leqslant|f|\leqslant\dfrac{1-\alpha}{2T_s}\\ \sqrt{\dfrac{T_s}{2}\left\{1+\cos\left[\dfrac{\pi|f|-(1-\alpha)\pi/2T_s}{\alpha/T_s}\right]\right\}}, & \dfrac{1-\alpha}{2T_s}<|f|\leqslant\dfrac{1+\alpha}{2T_s}\\ 0, & |f|>\dfrac{1+\alpha}{2T_s}\end{cases}\tag{5-25}$$

图 5-9 给出了 α 取不同值时的根升余弦滚降脉冲时域与频域图。

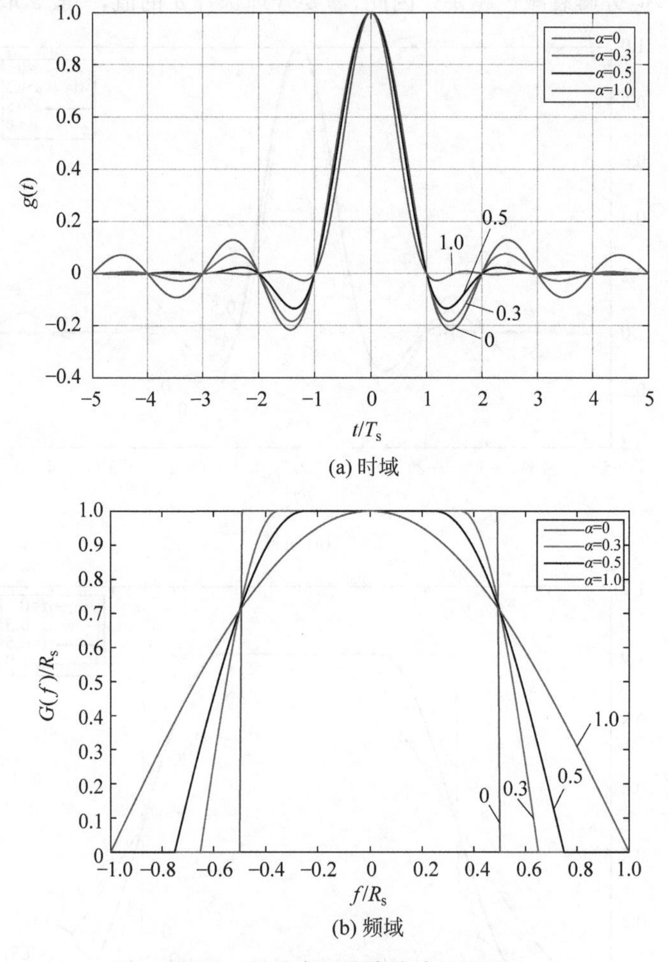

图 5-9 根升余弦滚降脉冲时频图

4. 高斯脉冲

高斯脉冲是另外一种常用的基带脉冲。相对于升余弦滚降脉冲，高斯脉冲能够压缩频

谱，提高频谱效率。但高斯脉冲并不符合奈奎斯特准则，会造成 ISI，因此需要在接收机采用均衡等技术消除 ISI。高斯脉冲时域表达式为

$$g(t)=\frac{1}{\sqrt{2\pi}\sigma T}\exp(-t^2/2\sigma^2T^2) \tag{5-26}$$

其中，$\sigma=\sqrt{\ln 2}/(2\pi BT)$，$B$ 为 3dB 带宽，T 为符号持续时间。

高斯脉冲频域表达式为

$$G(f)=\exp\left[-\frac{(2\pi f)^2\sigma^2T^2}{2}\right] \tag{5-27}$$

由图 5-10 可知，BT 越小，频域衰减越快，意味着带外泄漏越小，但同时时域衰减得越慢，造成的 ISI 越大。

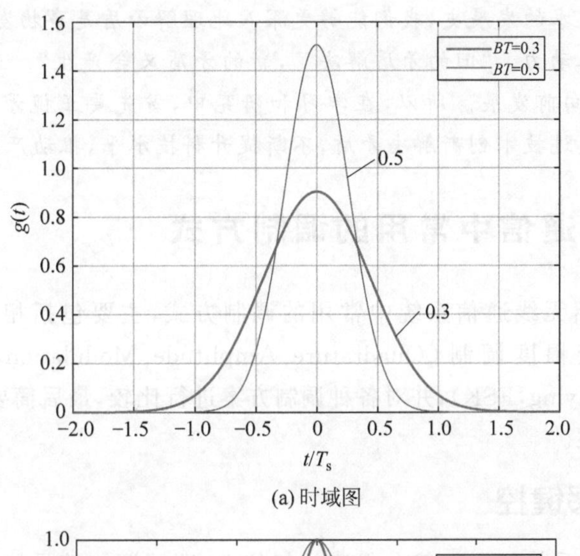

(a) 时域图

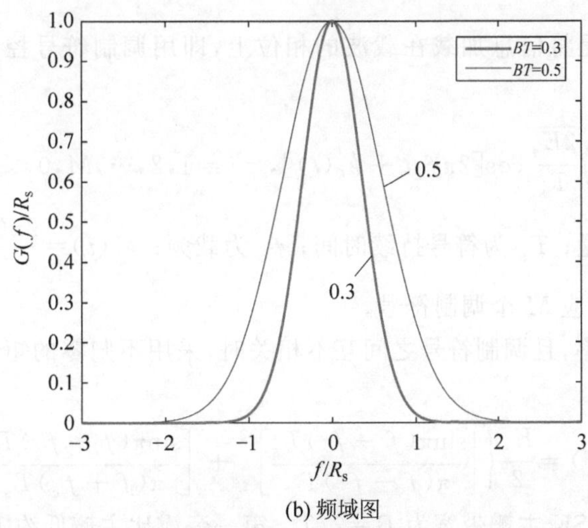

(b) 频域图

图 5-10　高斯脉冲时频图

课程思政：矛盾是事物运动发展的根本动力

“事物发展的根本原因，不是在事物的外部而是在事物的内部，在于事物内部的矛盾性。任何事物内部都有这种矛盾性，因此引起了事物的运动和发展。事物内部的这种矛盾性是

事物发展的根本原因,一事物和他事物的互相联系和互相影响则是事物发展的第二位的原因。”——毛泽东《矛盾论》

在脉冲成形技术发展中,如果直接采用矩形脉冲,时域虽然陡峭,但信号占用频谱较宽,会造成严重的邻频干扰,而采用滤波器进行带限,即使解决了邻频干扰问题,又会造成符号间干扰。针对邻频干扰与符号间干扰之间的矛盾,奈奎斯特提出了无符号间干扰的波形(奈奎斯特脉冲)取代矩形脉冲,使得信号在频域集中在$\pm R_s/2$内,而时域虽然有较大的拖尾,但在理想采样时刻无符号间干扰。

奈奎斯特脉冲看似很完美地解决了这一矛盾,但奈奎斯特脉冲仍然存在物理不可实现和采样时刻偏离理想时存在较大符号间干扰的问题。为了解决这一问题,又提出了升余弦滚降,在频域展宽和时域符号间干扰间取得折中。

通过脉冲成形技术的发展史,我们能够更深入地理解矛盾是事物发展的根本动力,也是推动科技进步的根本动力。“旧的矛盾解决了,新的矛盾又会产生”。正是在解决矛盾的过程中,不断推动技术向前发展。所以,在学习和研究中,首先要正视矛盾,认识矛盾运动规律,善于分析矛盾,通过技术创新解决矛盾,不断提升科技水平,推动产业发展。

5.2 无线通信中常用的调制方式

本节将重点介绍无线通信系统中常用的调制方式,主要包括相移键控(Phase Shift Keying,PSK)、正交幅度调制(Quadrature Amplitude Modulation,QAM)、频移键控(Frequency Shift Keying,FSK),并对各种调制方案进行比较,最后简要介绍常见无线通信系统采用的调制方案。

第 5-2 集
微课视频

5.2.1 相移键控

相移键控(PSK)是将信息加载在载波的相位上,即用调制符号控制载波的相位,表达式为

$$s_i(t)=\sqrt{\frac{2E_s}{T_s}}\cos[2\pi f_c t+\phi_i(t)],\quad i=1,2,\cdots,M,0\leqslant t\leqslant T_s \tag{5-28}$$

其中,E_s为每符号能量;T_s为符号持续时间;f_c为载频;$\phi_i(t)=\frac{2\pi(i-1)}{M}$为相位;有$M$个离散的取值,分别对应$M$个调制符号。

当调制符号等概率,且调制符号之间互不相关时,采用不归零的矩形脉冲,PSK 的功率谱密度为

$$P_{\mathrm{PSK}}(f)=\frac{E_s}{2}\left\{\left[\frac{\sin\pi(f-f_c)T_s}{\pi(f-f_c)T_s}\right]^2+\left[\frac{\sin\pi(f+f_c)T_s}{\pi(f+f_c)T_s}\right]^2\right\} \tag{5-29}$$

如图 5-11 所示,PSK 主瓣带宽为$B=2/T_s$,第一旁瓣比主瓣低约 15dB。

常用的 PSK 调制除了二相相移键控(BPSK)和正交相移键控(QPSK)以外,还包括偏移正交相移键控(Offset-QPSK 或 O-QPSK)和八相相移键控(8PSK)等。

1. BPSK

BSPK 作为二元调制,即$M=2$,每个调制符号只携带 1 比特的信息。如图 5-12 所示,

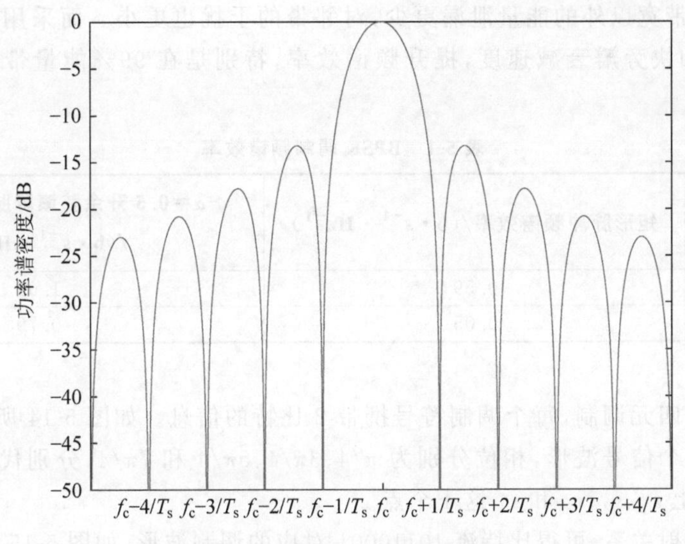

图 5-11 PSK 归一化功率谱密度

BPSK 调制波形集中只有两个信号波形,相位分别为 0 和 π,分别代表比特 0 和比特 1,可表示为星座图上 s_1 和 s_2 这两个点。当然,相位为 0 和 π,也可以分别代表比特 1 和比特 0,即调换一下顺序,只要接收机与发射机保持一致即可。

根据映射关系,可得比特流 1011 对应的调制波形,如图 5-13 所示。在两个符号交界处可能会发生 π 相位的跳变,即会发生幅度瞬时过零点的情况。这会造成较大的频谱展宽和包络不完全恒定。当信号通过工作在饱和状态的非线性放大器时,信号会发生失真。

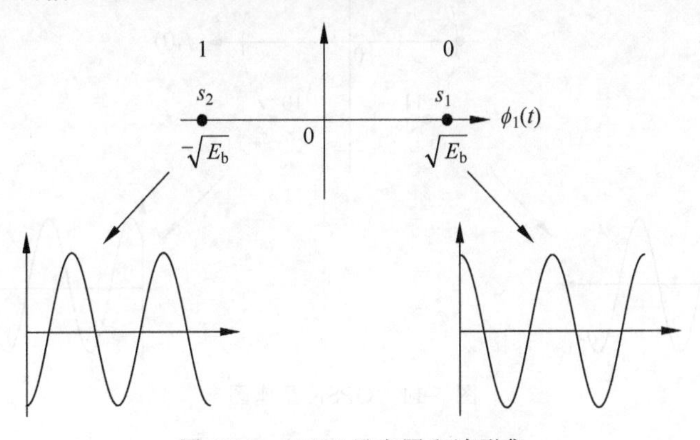

图 5-12 BPSK 星座图和波形集

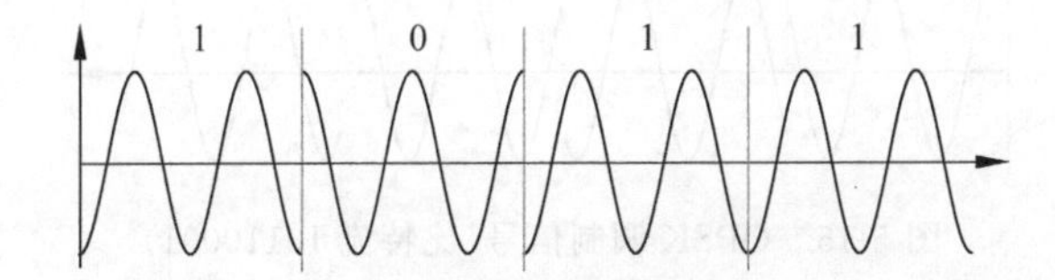

图 5-13 BPSK 调制信号(比特流 1011)

5.1.5 节介绍了当采用矩形脉冲时,调制信号的频谱会分布在很大的带宽上,造成频谱效率的下降。表 5-1 比较了 90%和 99%能量带宽下 BPSK 调制的频谱效率。90%和 99%能量带宽分别表示带宽内的信号能量占总能量的 90%和 99%,显然 99%能量带宽更大,频谱效率更低，但带宽以外的能量泄漏更少，对邻带的干扰也更小。而采用 $\alpha=0.5$ 升余弦滚降脉冲能够加快旁瓣衰减速度，提升频谱效率，特别是在99%能量带宽时，提升更为明显。

表 5-1 BPSK 调制频谱效率

带 宽	矩形脉冲频谱效率/($\mathrm{b\cdot s^{-1}\cdot Hz^{-1}}$)	$\alpha=0.5$ 升余弦滚降脉冲频谱效率/($\mathrm{b\cdot s^{-1}\cdot Hz^{-1}}$)
90%能量带宽	0.59	1.02
99%能量带宽	0.05	0.79

2. QPSK

QSPK 作为四元调制，每个调制符号携带 2 比特的信息。如图 5-14 所示，QPSK 调制波形集中共有 4 个信号波形，相位分别为 $\pi/4$、$3\pi/4$、$5\pi/4$ 和 $7\pi/4$，分别代表 00、01、11 和 10，对应星座图上 s_1、s_2、s_3 和 s_4 这 4 个点。

根据波形映射关系，可得比特流 10110001 对应的调制波形，如图 5-15 所示。与 BPSK 相同，在两个符号交界处会发生最大 π 相位的跳变。

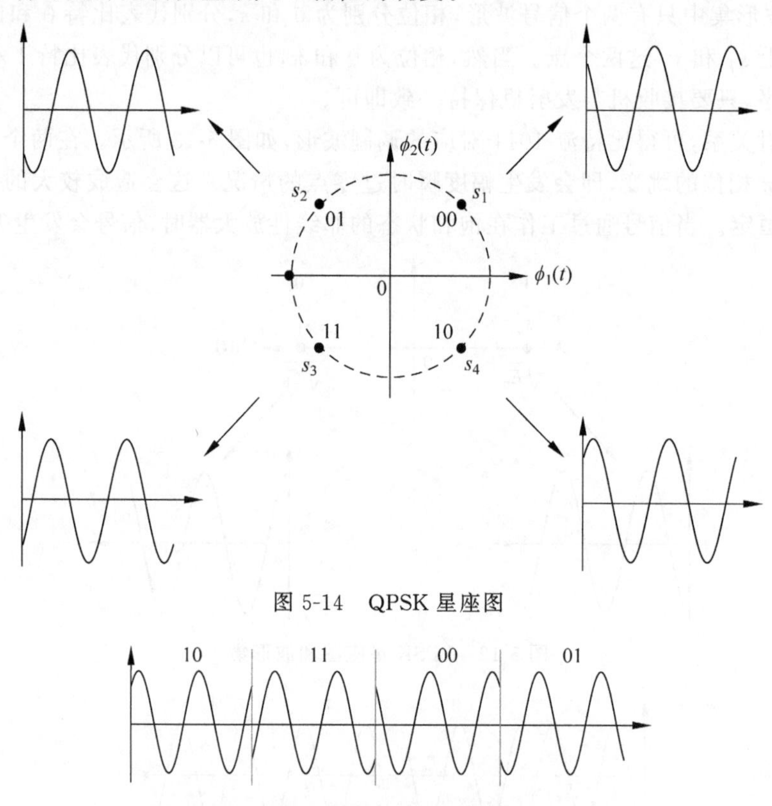

图 5-14 QPSK 星座图

图 5-15 QPSK 调制信号(比特流 10110001)

表 5-2 比较了采用矩形脉冲时，QPSK 和 BPSK 的频谱效率。QPSK 可以认为是两个正交的 BPSK 的组合，因此相比于 BPSK，QPSK 的频谱效率提升了一倍。由式(5-29)可知，PSK 的主瓣的带宽只与 R_s 有关，而在 R_b 相同的条件下，QPSK 的 R_s 只有 BPSK 的一半，因此占用的带宽只有 BPSK 的一半，频谱效率提升了一倍。

表 5-2　BPSK 与 QPSK 调制频谱效率

带　宽	BPSK 矩形脉冲频谱效率 /($b\cdot s^{-1}\cdot Hz^{-1}$)	QPSK 矩形脉冲频谱效率 /($b\cdot s^{-1}\cdot Hz^{-1}$)
90%能量带宽	0.59	1.1
99%能量带宽	0.05	0.1

3. 偏移四相相移键控

为了解决 QPSK 调制中最大 π 相位的跳变导致较大的频谱展宽和包络不完全恒定的问题，提出了偏移正交相移键控(Offset-QPSK，O-QPSK)。

在 O-QPSK 调制中，I 支路和 Q 支路在时间上错开一个比特周期 T_b(半个符号周期 $T_s/2$)进行转换，如图 5-16 所示。这样就避免了两个支路码元同时发生转换，因此最大相位跳变仅为 $\pi/2$。因此，O-QPSK 的频谱展宽小于 QPSK，而且当放大器工作在非线性区时，引起的非线性失真比 QPSK 小。O-QPSK 和 QPSK 一样，都是两个正交载波上的 BPSK，因此与 QPSK 具有相同的功率谱密度和误码性能，但是只能采用相干检测。

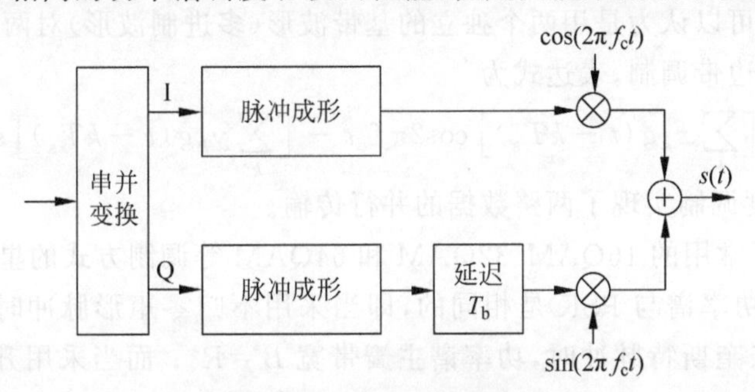

图 5-16　O-QPSK 调制框图

4. π/4-DQPSK

QPSK 信号在相干解调的过程中，进行载波恢复时存在相位模糊的问题，而差分正交相移键控(Differential QPSK，DQPSK)可以解决这一问题。

$\pi/4$-DQPSK 作为一种差分编码 QPSK，其调制信号 $s(k)$通过差分编码获得，即 $s(k)$是在前一个符号 $s(k-1)$的基础上通过相位变化 $\Delta\phi(k)$得到，即

$$s(k)=s(k-1)\exp(\mathrm{j}\Delta\phi(k)) \tag{5-30}$$

其中，$\Delta\phi(k)$的值由当前调制符号$[B(2k-1)\quad B(2k)]$决定，如表 5-3 所示。

表 5-3　相位变化$\Delta\phi(k)$

$B(2k-1)$	$B(2k)$	$\Delta\phi(k)$
1	1	$-3\pi/4$
0	1	$+3\pi/4$
0	0	$+\pi/4$
1	0	$-\pi/4$

$\pi/4$-DQPSK 具有以下特点。

(1) $\pi/4$-DQPSK 星座图如图 5-17 所示，最大相位跳变为 $3\pi/4$，可认为是 O-QPSK 和 QPSK 的折中，频谱展宽也介于两者之间。

（2）与 QPSK 相比，π/4-DQPSK 带限滤波后有较小的包络起伏，在非线性信道中有更优的频谱效率，当采用高效的非线性放大器时，幅度失真的影响比 O-QPSK 大，比 QPSK 小。

（3）π/4-DQPSK 可采用非相干解调，接收机设计简单。

（4）π/4-DQPSK 在衰落信道中的性能优于 O-QPSK。

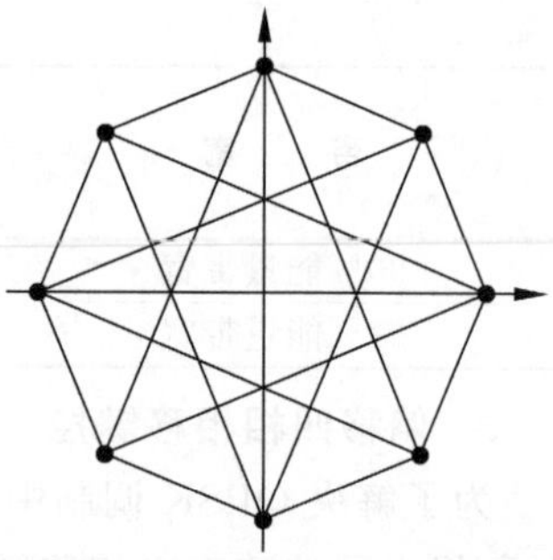

图 5-17　π/4-DQPSK 星座图

5.2.2　正交幅度调制

正交幅度调制（QAM）可以认为是 ASK 和 PSK 的联合调制，表达式为

$$s_i(t)=\sqrt{\frac{2E_i}{T_s}}\cos[2\pi f_c t+\phi_i(t)],\quad i=1,2,\cdots,M,0\leqslant t\leqslant T_s \tag{5-31}$$

即信号的幅度和相位都发生变化。

正交幅度调制可以认为是用两个独立的基带波形（多进制波形）对两个相互正交的载波进行抑制载波的双边带调制，表达式为

$$s_i(t)=\left[\sum_k x_k g(t-kT_s)\right]\cos 2\pi f_c t-\left[\sum_k y_k g(t-kT_s)\right]\sin 2\pi f_c t \tag{5-32}$$

因此，正交幅度调制实现了两路数据的并行传输。

图 5-18 给出了常用的 16QAM、32QAM 和 64QAM 等调制方式的星座图。

QAM 的平均功率谱与 PSK 是相同的，即当采用不归零矩形脉冲时，功率谱主瓣带宽 $B=2R_s$；当采用奈奎斯特脉冲时，功率谱主瓣带宽 $B=R_s$；而当采用升余弦滚降脉冲时，功率谱主瓣带宽 $B=(1+\alpha)R_s$，因此频谱效率为

$$\frac{R_b}{B}=\frac{R_s \mathrm{lb} M}{(1+\alpha)R_s}=\frac{\mathrm{lb} M}{1+\alpha} \tag{5-33}$$

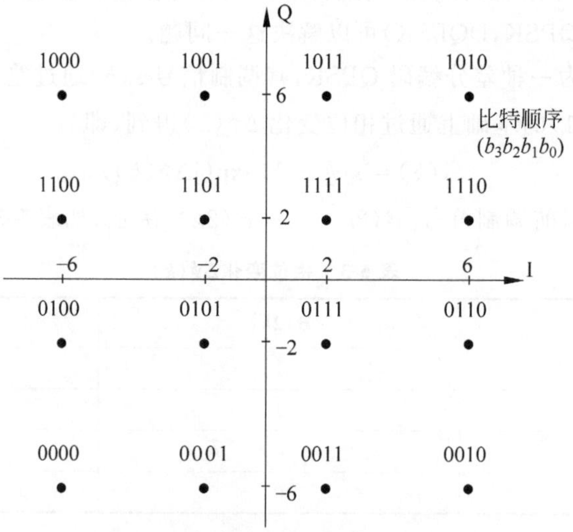

(a) 16QAM

图 5-18　16QAM、32QAM 和 64QAM 的星座图

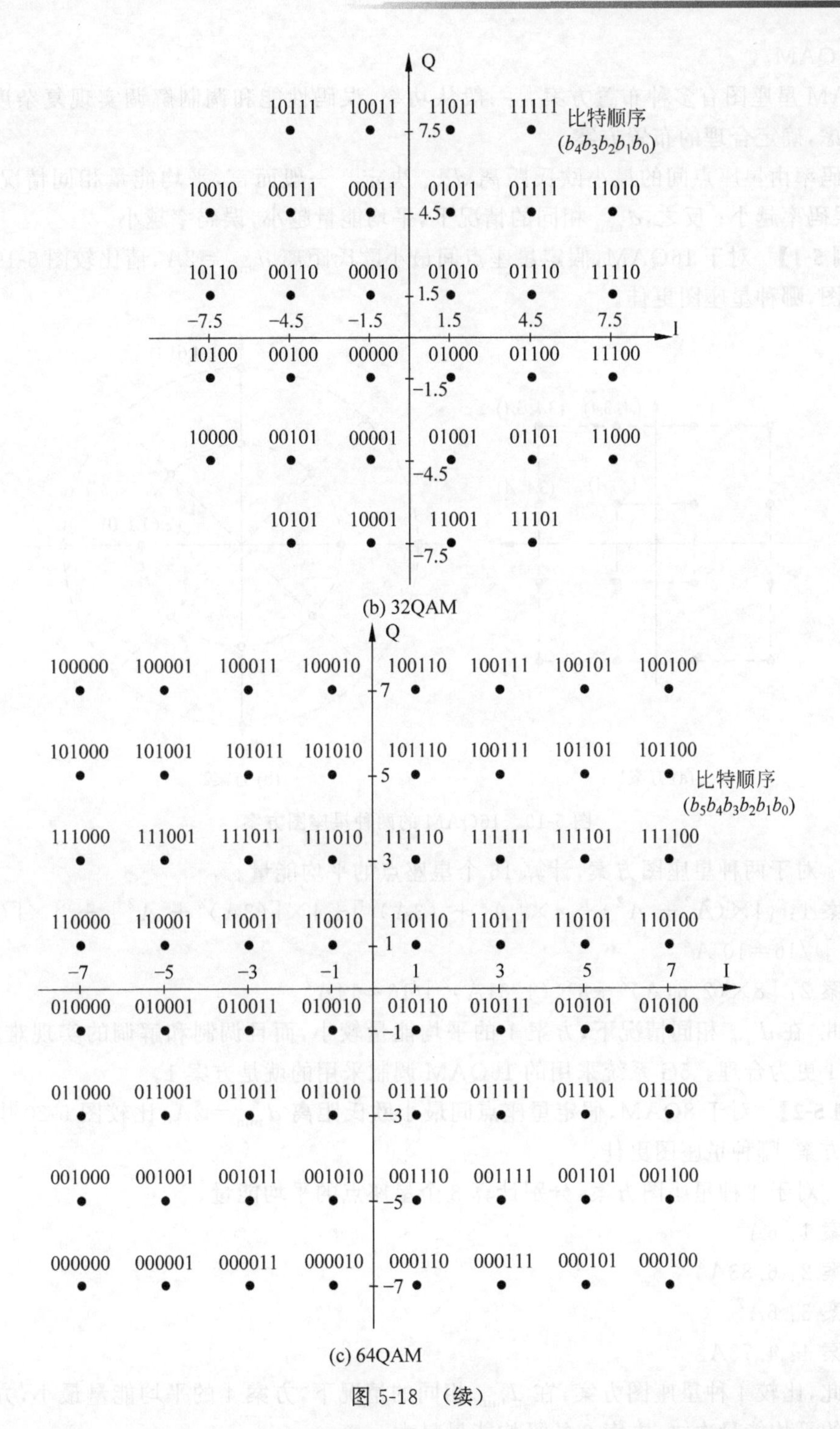

(b) 32QAM

(c) 64QAM

图 5-18 （续）

例如，对于 16QAM，如果 $\alpha=0.5$，则频谱效率为 $4/(1+0.5)\approx 2.67\text{b}/(\text{s}\cdot\text{Hz})$。

QAM 能够实现高阶调制，具有较高的频谱效率，因此在需要高速数据传输的无线通信系统中得到了广泛采用。例如，LTE 系统采用了 16QAM 和 64QAM；而 5G 系统则采用了 16QAM、64QAM 和 256QAM；无线局域网标准 IEEE 802.11ax（Wi-Fi 6）则最高采用了 1024QAM。

QAM 星座图有多种布置方案。一般从功率、误码性能和调制解调实现复杂度等方面综合考虑，确定合理的布置方案。

误码率由星座点间的最小欧氏距离 $d_{\min}$ 决定。一般而言，平均能量相同情况下，$d_{\min}$ 越大，误码率越小；反之，$d_{\min}$ 相同的情况下，平均能量越小，误码率越小。

【例 5-1】 对于 16QAM，假定星座点间最小欧氏距离 $d_{\min}=2A$，请比较图 5-19 中的两种星座图，哪种星座图更佳。

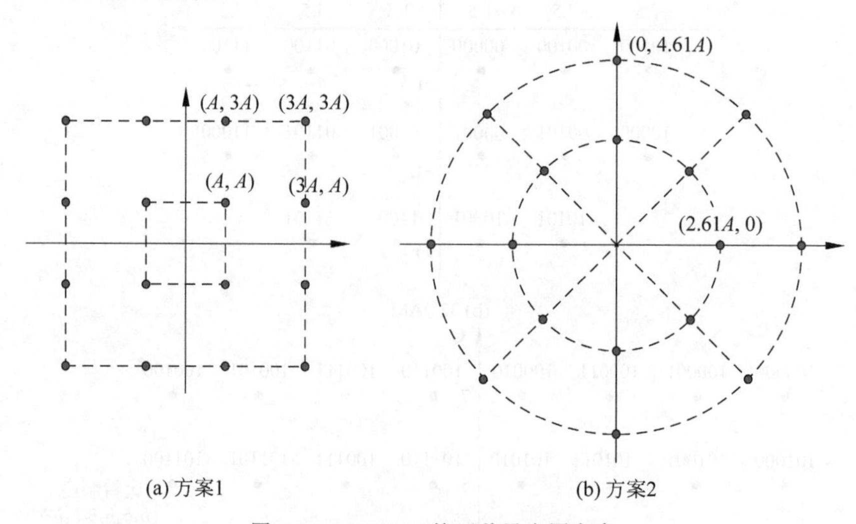

图 5-19 16QAM 的两种星座图方案

解 对于两种星座图方案，计算 16 个星座点的平均能量。

方案 1：$\{4\times(A^2+A^2)+4\times[A^2+(3A)^2]+4\times[(3A)^2+A^2]+4\times[(3A)^2+(3A)^2]\}/16=10A^2$

方案 2：$[8\times(2.61A)^2+8\times(4.61A)^2]/16\approx 14A^2$

因此，在 $d_{\min}$ 相同情况下，方案 1 的平均能量较小，而且调制和解调的实现难度低，因此方案 1 更为合理。5G 系统采用的 16QAM 调制采用的就是方案 1。

【例 5-2】 对于 8QAM，假定星座点间最小欧氏距离 $d_{\min}=2A$，比较图 5-20 中的 4 种星座图方案，哪种星座图更佳。

解 对于 4 种星座图方案，分别计算 8 个星座点的平均能量。

方案 1：$6A^2$

方案 2：$6.83A^2$

方案 3：$6A^2$

方案 4：$4.73A^2$

因此，比较 4 种星座图方案，在 $d_{\min}$ 相同的情况下，方案 4 的平均能量最小，方案 1 和方案 3 的平均能量次之，方案 2 的平均能量最大。

但方案 1 能够利用星座点之间的对称特性，有利于降低调制和解调的难度，因此在实际通信系统中(如 4G 和 5G 系统、数字视频广播)得到更为广泛的应用。

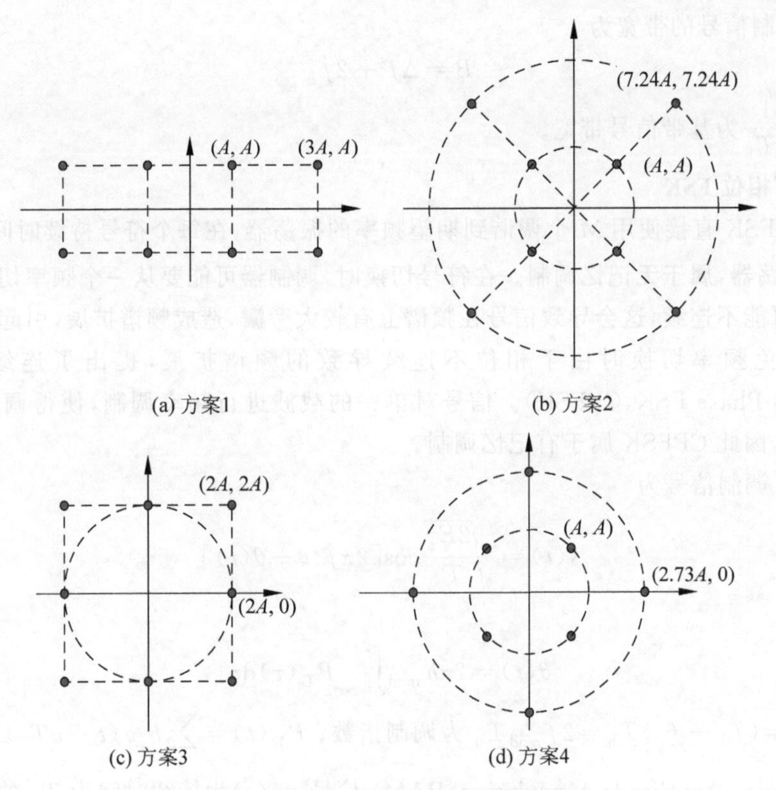

图 5-20　8QAM 的 4 种星座图方案

5.2.3　频移键控

频移键控(FSK)是用 M 个不同频率的载波表示 M 个符号,其波形表达式可以写为

$$s_i(t)=\sqrt{\frac{2E_s}{T_s}}\cos[2\pi(f_c+b_i f_{mod})t+\varphi_i],\quad i=1,2,\cdots,M,0\leqslant t\leqslant T_s \tag{5-34}$$

其中,E_s 为符号能量;T_s 为符号持续时间;f_{mod} 为调制频偏;b_i 为幅度信号;φ_i 为初始相位。

在如图 5-21 所示的二进制频移键控中,比特 0 和比特 1 分别对应频率 f_0 和 f_1,频率差 $\Delta f=f_1-f_0=2f_{mod}$。

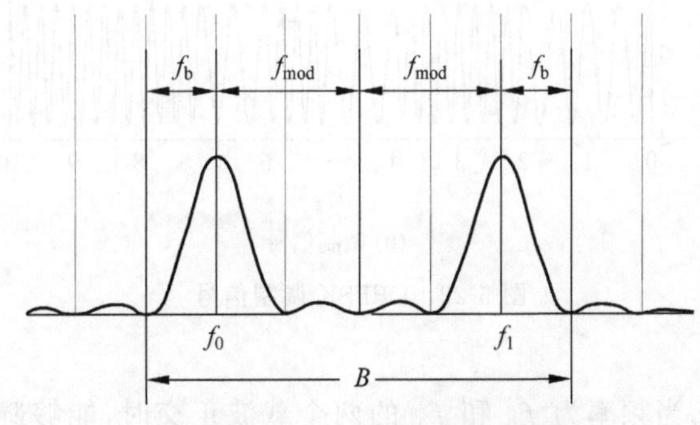

图 5-21　FSK 调制带宽示意图

FSK 调制信号的带宽为

$$B=\Delta f+2f_{\mathrm{b}} \tag{5-35}$$

其中，$f_{\mathrm{b}}=\dfrac{1}{2T_{\mathrm{b}}}$为基带信号带宽。

1. 连续相位 FSK

常规的 FSK 直接使用M个调谐到期望频率的振荡器，在每个符号持续时间T_{s}内选择其中一个振荡器，属于无记忆调制。在符号切换时，调制器可能要从一个频率切换到另一个频率，相位可能不连续，这会导致信号在频谱上有较大旁瓣，造成频谱扩展，引起邻频干扰。

为了避免频率切换时由于相位不连续导致的频谱扩展，提出了连续相位 FSK (Continuous Phase FSK，CPFSK)。信号对单一的载波进行频率调制，使得调制信号的相位连续变化，因此 CPFSK 属于有记忆调制。

CPFSK 调制信号为

$$s(t)=\sqrt{\frac{2E_{\mathrm{s}}}{T_{\mathrm{s}}}}\cos[2\pi f_{\mathrm{c}}t+\theta(t)] \tag{5-36}$$

相位为

$$\theta(t)=2\pi h_{\mathrm{mod}}\int_{-\infty}^{t}P_{\mathrm{D}}(\tau)\mathrm{d}\tau \tag{5-37}$$

其中，$h_{\mathrm{mod}}=(f_1-f_0)T_{\mathrm{b}}=2f_{\mathrm{mod}}T_{\mathrm{b}}$为调制指数；$P_{\mathrm{D}}(t)=\sum\limits_{n}b_i g(t-nT_{\mathrm{s}})$为基带脉冲幅度调制(Pulse Amplitude Modulation，PAM)信号；$g(t)$为持续时间为T_{s}的基带脉冲。

图 5-22 给出了当$g(t)$为矩形脉冲时的基带 PAM 信号$P_{\mathrm{D}}(t)$和 CPFSK 调制信号$s_{\mathrm{BP}}(t)$。可以看出，$P_{\mathrm{D}}(t)$本身虽然不连续，但其积分是连续的。因此，CPFSK 调制信号具有连续相位。

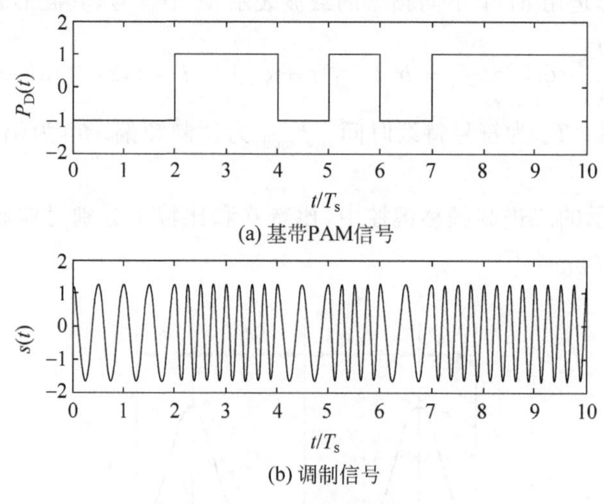

图 5-22 CPFSK 调制信号

2. 最小频移键控

对于二元 CPFSK，当频率为f_0和f_1的两个载波正交时，能够避免相互之间的干扰，显著降低了处理难度，并提升性能。正交需要满足的条件为

$$\Delta f = f_1 - f_0 = \frac{n}{2T_b}, \quad n = 1, 2, \cdots \tag{5-38}$$

显然，当 $n=1$ 时，FSK 信号具有满足正交条件下的最小带宽（$B=1.5/T_b$），称为最小频移键控（Minimum Shift Keying，MSK）。显然 MSK 是 CPFSK 的一个特例。

图 5-23 给出了比特序列为 1011010001…，采用矩形脉冲时 MSK 的相位路径。可以看到，当调制比特为 1 时，相位线性增加 $\pi/2$；当调制比特为 0 时，相位线性减少 $\pi/2$。由于采用矩形脉冲，因此 MSK 相位路径是分段线性。

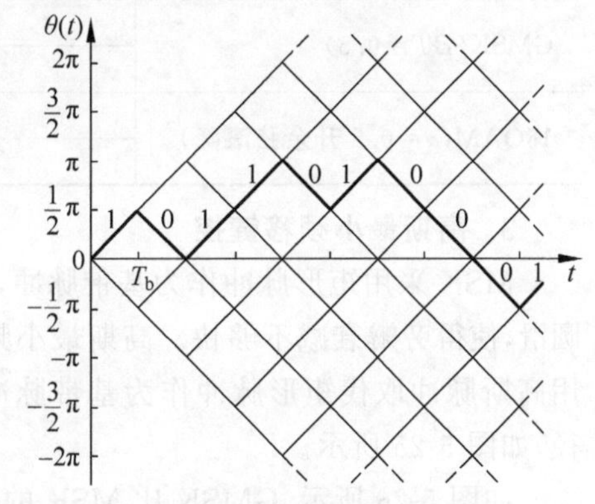

图 5-23 MSK 相位路径

MSK 的功率谱密度为

$$S(f) = \frac{16T_b}{\pi^2}\left\{\frac{\cos[2\pi(f-f_c)T_b]}{1-16(f-f_c)^2T_b^2}\right\}^2 \tag{5-39}$$

如图 5-24 所示，MSK 主瓣带宽为 $B=1.5/T_b$，但由于相位连续，因此旁瓣衰减很快，第一旁瓣比主瓣低约 23dB，而 PSK 第一旁瓣比主瓣低约 15dB。MSK 频谱效率如表 5-4 所示，其频谱效率要明显高于其他二元调制，如 BPSK。

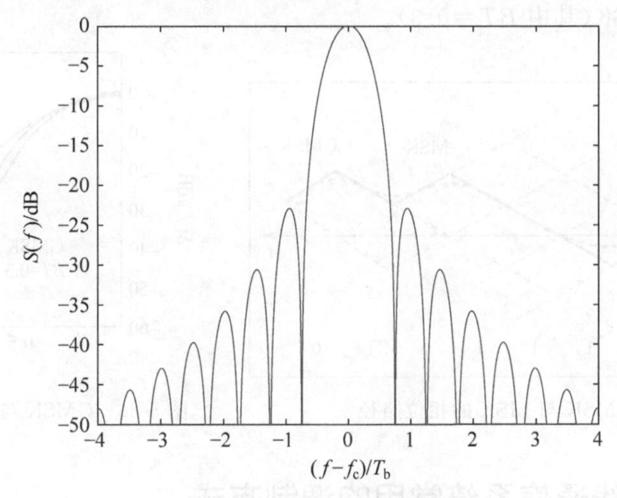

图 5-24 MSK 功率谱密度

表 5-4 常用调制方式频谱效率

调制方式	能量带宽	频谱效率/(b·s⁻¹·Hz⁻¹)
BPSK（矩形脉冲）	90%能量带宽	0.59
	99%能量带宽	0.05
BPSK（$\alpha=0.5$ 升余弦滚降）	90%能量带宽	1.02
	99%能量带宽	0.79
QPSK（矩形脉冲）	90%能量带宽	1.18
	99%能量带宽	0.10
QPSK（$\alpha=0.5$ 升余弦滚降）	90%能量带宽	2.04
	99%能量带宽	1.58

续表

调制方式	能量带宽	频谱效率/(b·s^{-1}·Hz^{-1})
MSK	90%能量带宽	1.29
	99%能量带宽	0.85
GMSK($BT=0.5$)	90%能量带宽	1.45
	99%能量带宽	0.97
16QAM($\alpha=0.5$升余弦滚降)	90%能量带宽	2.04
	99%能量带宽	1.58

3. 高斯最小频移键控

MSK采用矩形脉冲作为基带脉冲，相位虽然是连续的，但相位路径中存在折角，还不够圆滑，使得旁瓣衰减不够快。高斯最小频移键控(Gaussian Minimum-Shift-Keying, GMSK)采用高斯脉冲取代矩形脉冲作为基带脉冲，消除了相位路径上的折角，实现了圆滑的相位路径，如图5-25所示。

如图5-26所示，GMSK比MSK的旁瓣衰减更快，能量泄漏更小，进一步提高了频谱效率，作为二元调制，甚至具有比四元调制的QPSK更高的频谱效率。而且，GMSK包络恒定，具有较高的功率利用率，因此得到了较为广泛的应用。例如，第2代移动通信中的GSM标准就采用了GMSK(其中$BT=0.3$)。

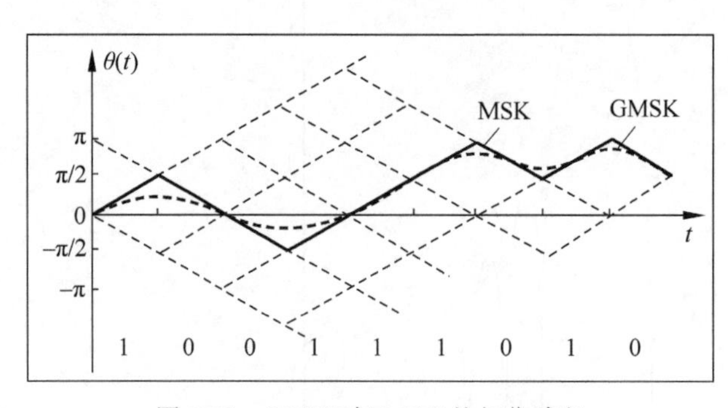

图5-25 GMSK与MSK的相位路径

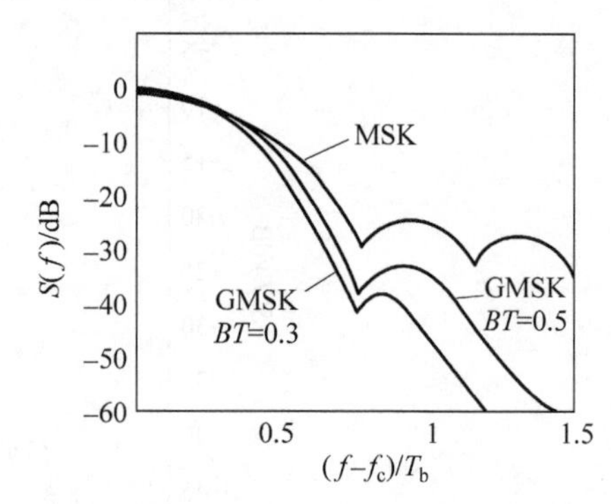

图5-26 GMSK与MSK的功率谱密度

5.2.4 无线通信系统常用的调制方式

表5-5给出了2G、3G、4G、5G移动通信系统和无线局域网等无线通信系统采用的调制方式。其中，4G/5G控制信道(用于传输控制信令)要求具有较高的传输可靠性，因此采用BPSK和QPSK这样的低阶调制方式；而业务信道(用于传输业务数据)要求较高频谱效率，实现较高的数据速率，因此采用自适应的方式选择调制方式，当信道条件较好时，采用高阶调制(最高可达256QAM)，以实现较高的数据速率；在信道条件较差时，则采用低阶调制，如QPSK。

表5-5 部分无线通信系统采用的调制方式

系统	调制方式
4G/5G	控制信道：BPSK、QPSK 业务信道：QPSK、16QAM、64QAM、256QAM
WCDMA	BPSK(上行)、QPSK(下行)

续表

系　统	调制方式
TD-SCDMA	QPSK、8PSK
GSM	GMSK
IEEE 802.11a	BPSK、QPSK、16QAM、64QAM
IEEE 802.11b	DPSK、DQPSK、补码键控(Complementary Code Keying,CCK)

5.3 数字解调

本节将重点介绍数字解调技术,包括最佳接收准则、相干解调和差分解调,并分析不同调制方式在不同信道中的错误概率。

5.3.1 等效数字基带模型

5.2节介绍了多种类型的调制方案。在发射机,调制器将数字序列映射为不同的信号波形,然后将基带信号波形上变频到指定的频率上,最后经过功率放大后发射出去。

与之对应,在接收机首先通过下变频,即混频处理,将射频信号(带通信号)转换为基带信号(低通信号),然后在基带进行解调(Demodulation)和检测(Detection),系统框图如图5-27所示。

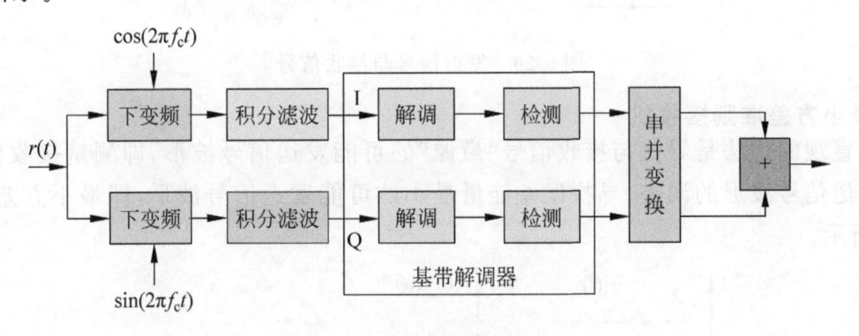

图5-27　解调器原理框图

这里的解调主要指恢复接收信号,而检测则是对恢复后的信号进行判决。如果系统未采用信道编码,或者采用硬判决译码,则检测器输出就是码元判决值；如果采用软判决译码,则检测器输出是码元的可靠性量度值(硬判决和软判决相关内容详见本书第6章)。

可以证明,对基带信号进行线性处理,等效于对带通信号进行处理,而且基带处理复杂度更低。因此,在研究中通常将数字通信系统等效为基带系统进行分析和处理,如图5-28所示。

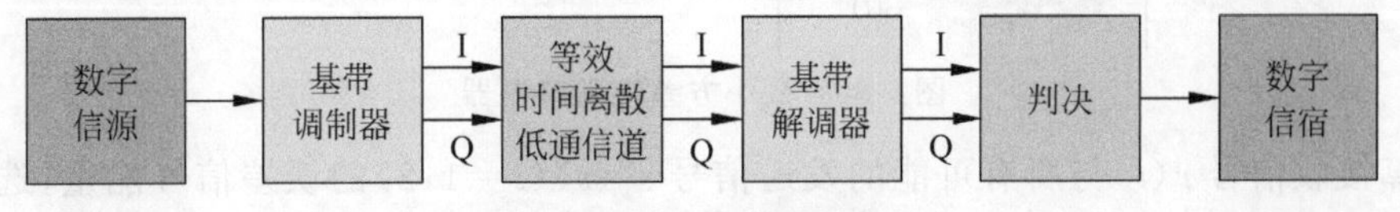

图5-28　等效基带系统框图

5.3.2 最佳接收机准则

假定发射机采用M元调制,即信号集中包括M个信号波形$s_i(t)$,$i=1,2,\cdots,M$,每个波形在符号持续时间 T_s 内传输。

假定为高斯白噪声信道,则接收信号可表示为

$$r(t)=s_i(t)+n(t),\quad i=1,2,\cdots,M,0\leqslant t\leqslant T_s \tag{5-40}$$

其中,$n(t)$为高斯白噪声。

需要注意的是,简便起见,这里假定接收机能够精确估计信道衰减和相移,并进行了补偿。而对于平坦衰落信道,通过进行衰减和相移的补偿,也可以认为是信噪比时变的高斯白噪声信道。

由于噪声的存在,使得接收信号与发送信号不完全相同,如图 5-29 所示。由于数字调制信号集只有 M 个的信号波形,因此接收机需要依据一定的准则,根据接收信号 $r(t)$判定发射机发送的具体是 M 个信号波形中的哪一个。

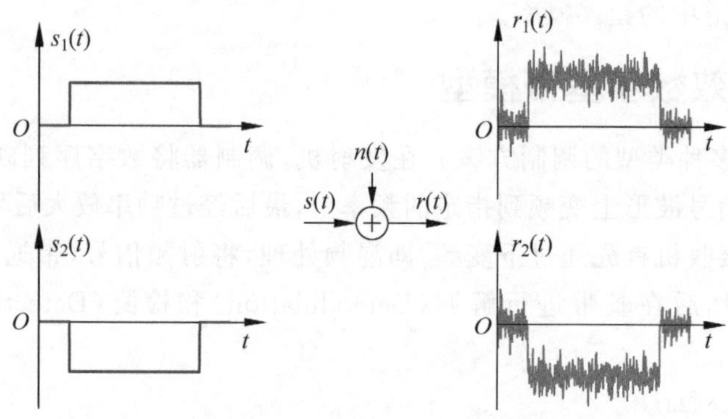

图 5-29 发射信号与接收信号

1. 最小方差准则接收机

最为直观的想法是寻找与接收信号“最像”的可能发送信号波形,即测量接收信号与所有可能发送信号波形的误差,寻找误差能量最小的可能发送信号波形,即最小方差准则,如图 5-30 所示。

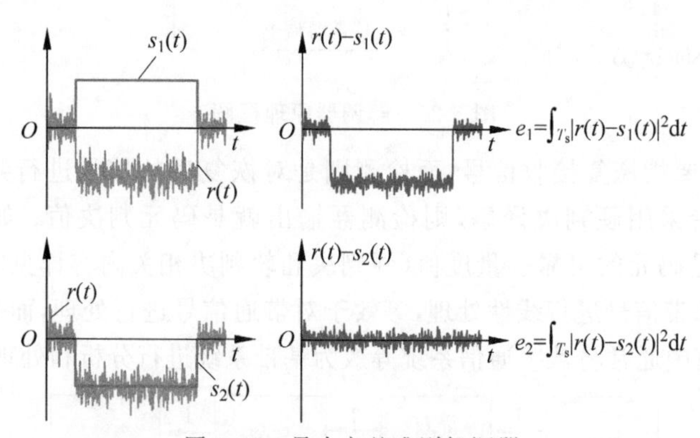

图 5-30 最小方差准则解调器

计算接收信号 $r(t)$与所有可能的发送信号 $s_i(t)(i=1,2)$的误差信号能量,选择使误差能量 e_i 最小的 $s_i(t)$作为解调判决结果,误差能量为

$$\begin{aligned} e_i &=\int_{T_s}|r(t)-s_i(t)|^2\mathrm{d}t=\int_{T_s}[r(t)-s_i(t)][r(t)-s_i(t)]^*\mathrm{d}t \\ &=\int_{T_s}|r(t)|^2\mathrm{d}t-2\mathrm{Re}\left[\int_{T_s}r(t)s_i^*(t)\mathrm{d}t\right]+\int_{T_s}|s_i(t)|^2\mathrm{d}t \end{aligned} \tag{5-41}$$

其中，$*$ 为共轭运算。

式(5-41)中，第 1 项 $\int_{T_s}|r(t)|^2\mathrm{d}t$ 为公共项，与 $s_i(t)$ 无关；第 3 项 $\int_{T_s}|s_i(t)|^2\mathrm{d}t$ 为各可能发送信号 $s_i(t)$ 的能量。对于一些调制方式(如 FSK 和 PSK)，各发送信号具有相同的能量。因此，要使误差能量 e_i 最小，等价于使 $\mathrm{Re}\left[\int_{T_s} r(t)s_i^*(t)\mathrm{d}t\right]$ 最大，即 $r(t)$ 与 $s_i(t)$ 的相关值最大。

因此，在发送信号具有相同能量的前提下，最小方差准则等价于最大相关准则，这与寻找与接收波形"最像"的可能发送波形的思路也是一脉相承。

2. 最大相关准则接收机

如前所述，当 M 个发送信号具有相同的能量时，可以通过计算 M 个发送信号与接收信号的相关值进行判断，相关值为

$$z_i=\int_{T_s} r(t)s_i(t)\mathrm{d}t,\quad i=1,2,\cdots,M \tag{5-42}$$

选择具有最大相关值的 $s_i(t)$ 作为解调结果。

采用该准则的接收机也称为最大相关准则接收机，系统结构如图 5-31 所示。该方案需要 M 个相关器，当 M 值较大时，系统复杂度较高。

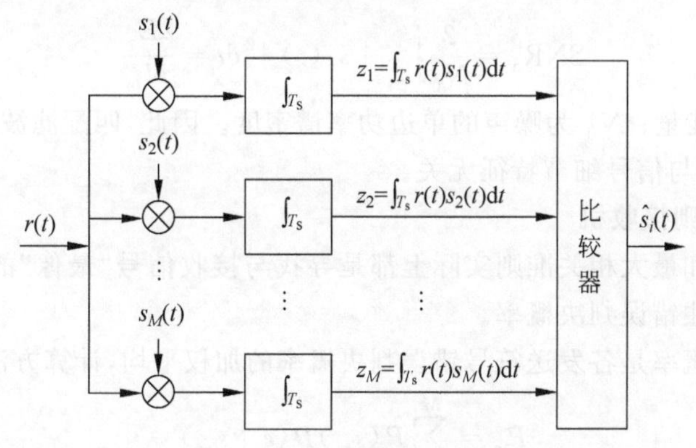

图 5-31 最大相关准则接收机

3. 匹配滤波接收机

也可以采用 M 个匹配滤波器，替代图 5-31 中的相关器进行解调，如图 5-32 所示。

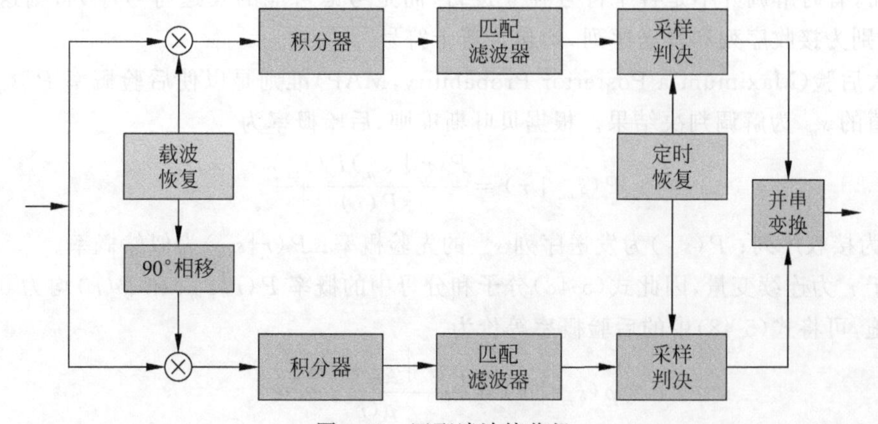

图 5-32 匹配滤波接收机

匹配滤波不同于一般的滤波，其目的不是更好地恢复信号波形，而是在采样判决时刻($t=T_s$)获得最大输出信噪比，从而有效地检测信号。在采样判决时刻，匹配滤波器的输出与相关器的输出相同(其他时刻不尽相同)。在一些应用中，也采用声表面波(Surface Acoustic Wave, SAW)滤波器实现匹配滤波。

具体而言，M 个匹配滤波器的冲激响应为

$$h_i(t)=s_i^*(T_s-t),\quad 0\leqslant t\leqslant T_s \tag{5-43}$$

其中，$*$ 表示共轭。

显然，匹配滤波器的冲激响应 $h_i(t)$ 与 $s_i(t)$ 对称。

匹配滤波器的输出为

$$y_i(t)=r(t)*h_i(t)=\int_{T_s} r(\tau)s_i(T_s-t+\tau)\mathrm{d}\tau \tag{5-44}$$

当 $t=T_s$ 时，对匹配滤波器输出采样，可得

$$y_i(T_s)=\int_{T_s} r(\tau)s_i(\tau)\mathrm{d}\tau \tag{5-45}$$

由此可知，匹配滤波器在 $t=T_s$ 时的输出采样值与线性相关器的输出完全相同(这里需要注意，仅在 $t=T_s$ 时相同，而其他时刻不尽相同)。

此时，匹配滤波器能够获得最大的输出信噪比为

$$\mathrm{SNR_o}=\frac{2}{N_0}\int_{T_s} |s_i(t)|^2\mathrm{d}t=\frac{2E_s}{N_0} \tag{5-46}$$

其中，E_s 为每符号能量；N_0 为噪声的单边功率谱密度。因此，匹配滤波器的输出信噪比仅取决于符号能量，而与信号细节特征无关。

4. 最大后验准则接收机

最小方差准则和最大相关准则实际上都是寻找与接收信号“最像”的发送信号，而最大后验准则是直接关注错误判决概率。

平均错误判决概率是各发送符号错误判决概率的加权平均，计算方法为

$$P_e=\sum_{m=1}^{M}P(s_m)P(e\mid s_m) \tag{5-47}$$

其中，$P(e|s_m)=P(\hat{s}\neq s_m|s_m)$ 为发送符号为 s_m 且判决错误的概率；$P(s_m)$ 为发送符号为 s_m 的概率，即先验概率，如果所有发送符号等概率，则 $P(s_m)=1/M$，M 为符号集大小。

然而，有时解调并不是各个符号独立进行，而是考虑可能的发送符号序列，则这里的 r 和 s_m 分别为接收序列和发送序列，均包含若干符号。

最大后验(Maximum a Posterior Probability, MAP)准则是以使后验概率 $P(s_m|r)$ 取得最大值的 s_m 为解调判决结果。根据贝叶斯准则，后验概率为

$$P(s_m\mid r)=\frac{P(r\mid s_m)P(s_m)}{P(r)} \tag{5-48}$$

其中，r 为接收序列；$P(s_m)$ 为发送序列 s_m 的先验概率；$P(r|s_m)$ 为似然概率。

由于 r 为连续变量，因此式(5-48)分子和分母中的概率 $P(r|s_m)$ 和 $P(r)$ 均为 0。为了便于实施，可将式(5-48)中的后验概率等价为

$$p(s_m\mid r)=\frac{p(r\mid s_m)P(s_m)}{p(r)} \tag{5-49}$$

其中，$p(r|s_m)$为似然概率密度；$p(r)$为r的概率密度。显然$p(r)$与s_m无关。

当所有符号s_m均等概率发送时，即先验概率均相等时，有

$$\max_{s_m}[P(s_m \mid r)] \Leftrightarrow \max_{s_m}[p(r \mid s_m)] \tag{5-50}$$

最大后验概率准则等价于最大似然(Maximum Likelihood，ML)准则。

当信道为加性高斯白噪声，有

$$p(r_k \mid s_{mk}) = \frac{1}{\sqrt{\pi N_0}} \exp\left[-\frac{(r_k - s_{mk})^2}{N_0}\right], \quad k = 1,2,\cdots,N \tag{5-51}$$

其中，N为接收序列r的长度；r_k和s_{mk}分别表示r和s_m中的第k个符号。

假定调制无记忆，则序列的后验概率等于各符号后验概率的乘积，为

$$\begin{aligned} p(r \mid s_m) &= \prod_{k=1}^{N} p(r_k \mid s_{mk}) \\ &= \frac{1}{(\pi N_0)^{N/2}} \exp\left[-\sum_{k=1}^{N} \frac{(r_k - s_{mk})^2}{N_0}\right], \quad m = 1,2,\cdots,M \end{aligned} \tag{5-52}$$

取自然对数为

$$\ln[p(r \mid s_m)] = -\frac{1}{2} N \ln(\pi N_0) - \frac{1}{N_0} \sum_{k=1}^{N} (r_k - s_{mk})^2 \tag{5-53}$$

其中，$\sum_{k=1}^{N}(r_k - s_{mk})^2$即为$r$和$s_m$之间的欧氏距离$D(r,s_m)$。

因此，最大后验准则等价于最小欧氏距离准则。

欧氏距离为

$$D(r,s_m) = \sum_{k=1}^{N}(r_k - s_{mk})^2 = |r - s_m|^2 = |r|^2 + |s_m|^2 - 2\mathrm{Re}(r s_m^*) \tag{5-54}$$

其中，$\mathrm{Re}(r s_m^*)$为r和s_m的相关值。

显然，$|r|^2$的值与s_m无关。因此，当符号集中各个符号的能量$|s_m|^2$均相等时，最小欧氏距离准则也等价于最大相关准则，即$\mathrm{Re}(r s_m^*)$最大。

5.3.3 加性高斯白噪声信道的最佳接收机

在5.1.4节介绍了，M进制调制信号波形集$\{s_i(t)\}, i=1,2,\cdots,M$中的信号波形可由包含$N$个($N \leqslant M$)实正交基函数的标准正交波形集$\{\varphi_1(t),\varphi_2(t),\cdots,\varphi_N(t)\}$的线性组合表示，即

$$s_i(t) = \sum_{n=1}^{N} s_{in}\varphi_n(t), \quad i = 1,2,\cdots,M \tag{5-55}$$

本节将介绍加性高斯白噪声信道下接收信号的正交展开。

接收信号可表示为

$$r(t) = s_i(t) + n(t), \quad i = 1,2,\cdots,M, 0 \leqslant t \leqslant T_s \tag{5-56}$$

在N维信号空间中进行正交展开，即在N个实正交基函数上投影值为

$$r_j = \int_{T_s} r(t)\varphi_j(t)\mathrm{d}t = \int_{T_s} [s_i(t) + n(t)]\varphi_j(t)\mathrm{d}t = s_{ij} + n_j, \quad i = 1,2,\cdots,M, j = 1,2,\cdots,N \tag{5-57}$$

其中，$n_j=\int_{T_s} n(t)\varphi_j(t)\mathrm{d}t$ 为噪声信号 $n(t)$ 在 N 个正交基函数上的投影。

可以将接收信号 $r(t)$ 表示为 N 个正交基函数的线性组合，即

$$r(t)=\sum_{j=1}^{N} r_j\varphi_j(t)+n'(t),\quad i=1,2,\cdots,M,0\leqslant t\leqslant T_s \tag{5-58}$$

其中，$n'(t)=n(t)-\sum_{j=1}^{N} n_j\varphi_j(t)$ 为 $n(t)$ 落在 N 维信号空间以外的噪声项。显然，$n'(t)$ 在 N 维信号空间上的投影值为零，即与 N 维空间正交，因此对接收信号 $r(t)$ 的检测不会造成任何影响。

采用如图 5-33 所示的方式，可以将图 5-31 中的 M 个相关器减少为 N 个相关器($N\leqslant M$)。检测器进行时，可采用逻辑电路，选择与 N 个正交基函数上的投影值 r_j($j=1,2,\cdots,N$)最为匹配(如具有最小欧氏距离)的 $s_i(t)$。

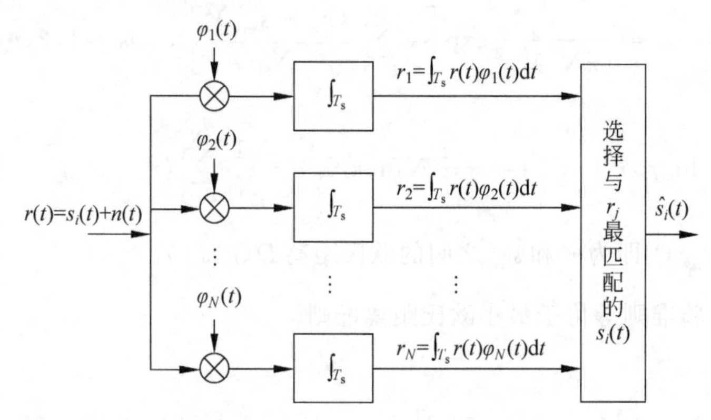

图 5-33 接收信号在 N 个正交基函数上的投影与检测

5.3.4 相干解调与非相干解调

根据解调时是否需要恢复相干载波，可以将解调方式分为相干解调和非相干解调两大类。

(1) 相干(Coherent)解调：接收机需要恢复出与发射机调制载波严格同步的相干载波(既同频又同相的载波)，用于恢复基带调制信号，然后进行解调判决。相干解调的误比特性能更好，带宽利用率更高，但实现更为复杂。

(2) 非相干(Non-Coherent)解调：接收机无须恢复相干载波，就可以完成解调。例如，对于 FSK，采用差分解调，即通过比较前后符号的相位，可以完成判决；对于 ASK，在带通滤波和包络检波后，进行抽样判决，即可完成解调，也属于非相干解调。差分解调也是当前常用的非相干解调方式。

非相干解调由于无须恢复相干载波，实现难度低，但误比特性能比相干解调差，带宽利用率低，且只适用于部分调制方式(如 ASK、FSK、MSK、DQPSK 等)。

这里需要特别注意区分相干(Coherent)解调和相关(Correlation)解调这两个容易混淆的概念。相关解调是接收机将接收信号与各种可能的发射信号进行相关运算，根据相关结果，进行判决。相关解调实际上是一种解调的实现方式，与匹配滤波等对应。

5.3.5 AWGN信道中相干解调错误概率

本节将介绍常用的调制方式在加性高斯白噪声(Additive White Gaussian Noise,AWGN)信道中采用相干解调时错误概率。

1. 成对错误概率

考虑如图5-34所示的一对信号 s_j 和 s_k,显然信号空间为一维。假定信道为高斯白噪声信道,且相位旋转已经补偿,噪声 n 为零均值,方差为 σ^2 的高斯随机变量。假定接收机能够理想地恢复载波相位,则接收信号 $r=s+n$。检测的目标是根据接收信号 r 判断发送信号是 s_j 还是 s_k。

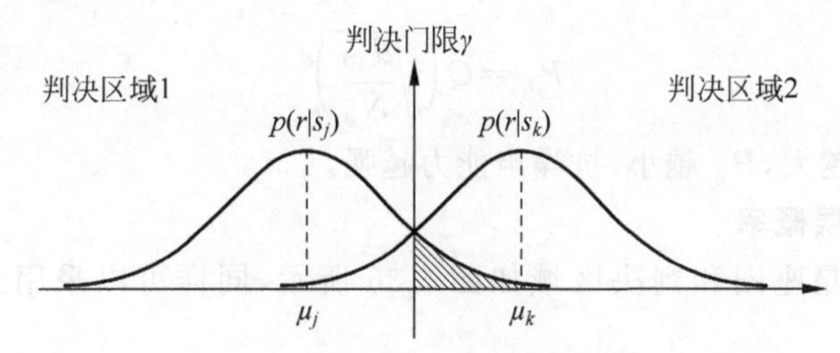

图5-34 判决门限与判决区域

发射信号分别为 s_j 和 s_k 时,接收信号 r 的条件概率密度函数为

$$p(r \mid s_j)=\frac{1}{\sigma\sqrt{2\pi}}\exp\left[-\frac{(r-\mu_j)^2}{2\sigma^2}\right] \tag{5-59}$$

$$p(r \mid s_k)=\frac{1}{\sigma\sqrt{2\pi}}\exp\left[-\frac{(r-\mu_k)^2}{2\sigma^2}\right] \tag{5-60}$$

在解调判决时,根据判决门限 γ,将信号空间划分为判决区域1和判决区域2。接收信号 r 落在判决区域1,则判决为 s_j;落在判决区域2,则判决为 s_k。显然,判决区域1和判决区域2互不重叠。

解调判决错误包括两种情况,即发 s_j 判决为 s_k,以及发 s_k 判决为 s_j。

发 s_j 判决为 s_k 的概率为

$$P_{s_j\to s_k}=\int_{\gamma}^{+\infty}p(r \mid s_j)\mathrm{d}r=\int_{\gamma}^{+\infty}\frac{1}{\sigma\sqrt{2\pi}}\exp\left[-\frac{(r-\mu_j)^2}{2\sigma^2}\right]\mathrm{d}r \tag{5-61}$$

即图5-34中阴影部分的面积。

同理,发 s_k 判决为 s_j 的概率为

$$P_{s_k\to s_j}=\int_{-\infty}^{\gamma}p(r \mid s_k)\mathrm{d}r=\int_{-\infty}^{\gamma}\frac{1}{\sigma\sqrt{2\pi}}\exp\left[-\frac{(r-\mu_k)^2}{2\sigma^2}\right]\mathrm{d}r \tag{5-62}$$

则判决错误概率为

$$P_{\mathrm{b}}=P_{s_j\to s_k}P(s_j)+P_{s_k\to s_j}P(s_k) \tag{5-63}$$

其中,$P(s_j)$和$P(s_k)$分别为 s_j 和 s_k 的先验概率。当 s_j 和 s_k 等概率时(本书后续如果没有特殊说明,都假定等概率),可得最佳判决门限 $\gamma=\frac{\mu_j+\mu_k}{2}$,此时判决错误概率最小。

2. BPSK 错误概率

下面依据前面得到的成对错误概率的方法，计算 BPSK 解调错误概率。如图 5-35 所示，当 0 和 1 等概率时，r 落在右半平面的，判决为 s_1；落在左半平面的，判决为 s_0。可得误比特率为

$$P_b = Q\left(\sqrt{\frac{2E_b}{N_0}}\right) \tag{5-64}$$

其中，$Q(x) = \int_x^{+\infty} \frac{1}{\sqrt{2\pi}} \exp\left(-\frac{t^2}{2}\right) dt$ 称为误差补函数。

误比特率也可以表示为星座点 s_0 和 s_1 之间的欧氏距离 d_{10} 的函数，则

$$P_b = Q\left(\sqrt{\frac{d_{10}}{N_0}}\right) \tag{5-65}$$

显然，欧氏距离 d_{10} 越大，P_b 越小，抗噪声能力越强。

3. 正交 FSK 错误概率

对于正交 FSK，星座图和判决区域如图 5-36 所示，同样可以采用式(5-65)计算误比特率。

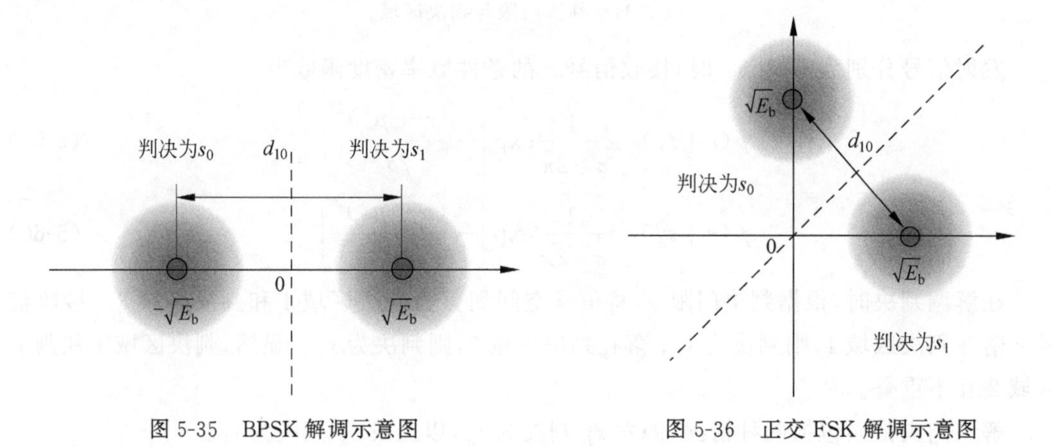

图 5-35 BPSK 解调示意图　　图 5-36 正交 FSK 解调示意图

由 $d_{10} = \sqrt{2E_b}$，可得

$$P_b = Q\left(\sqrt{\frac{E_b}{N_0}}\right) \tag{5-66}$$

与 BPSK 相比，正交 FSK 的要达到相同的误比特率，E_b/N_0 需要增大一倍(增加 3dB)。

4. 多元调制错误概率

对于多元调制，要得到错误概率的精确解析表达式非常困难，甚至是无法得到的，因此多采用联合界的方式。

以图 5-37 的八元调制为例，假定发送 s_0，分别计算与 $s_1 \sim s_7$ 的成对错误概率，然后将所有成对错误概率求和。显然，这样得到的错误概率被高估(因为错误区域有重叠)，因此是松散上界。

下面分析 QPSK 的误比特率与误符号率。如图 5-38 所示，假设发送的是 s_1，接收信号

如果落到坐标系的第2、3和4象限(图中灰色区域),解调判决时就会发生错误。

先考虑 s_1 与 s_2 的成对错误。如图5-39(a)所示,发送 s_1,接收信号如果落到左半平面,解调判决时就会误判为 s_2。成对错误概率为

$$P_{s_1 \to s_2} = Q\left(\sqrt{\frac{2E_b}{N_0}}\right) \tag{5-67}$$

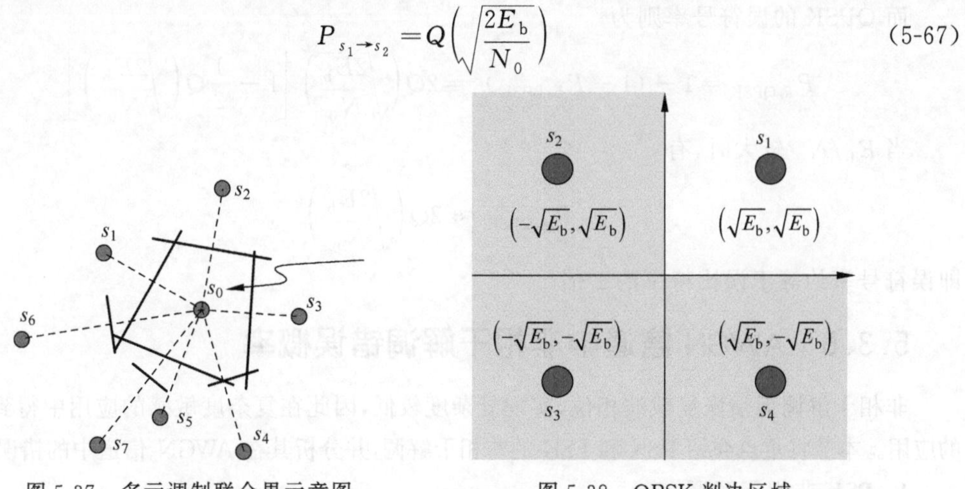

图5-37 多元调制联合界示意图　　　　图5-38 QPSK判决区域

再考虑 s_1 与 s_4 的成对错误。如图5-39(b)所示,发送 s_1,接收信号如果落到下半平面,解调判决时就会误判为 s_4。成对错误概率同样为

$$P_{s_1 \to s_4} = Q\left(\sqrt{\frac{2E_b}{N_0}}\right) \tag{5-68}$$

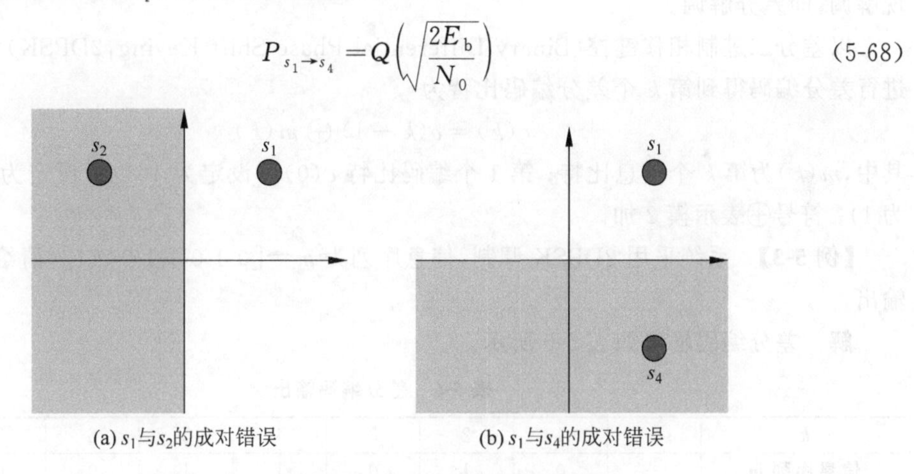

(a) s_1与s_2的成对错误　　(b) s_1与s_4的成对错误

图5-39 QPSK调制成对错误概率示意图

对比图5-38和图5-39,可以发现,仅 s_1 与 s_2 和 s_1 与 s_4 这两个成对错误区域之和已经大于符号错误区域了。实际上,符号错误区域等于这两个成对错误区域之和减去第3象限。

因此,QPSK的误符号率为

$$P_{s,\text{QPSK}} = 2Q\left(\sqrt{\frac{2E_b}{N_0}}\right) - Q\left(\sqrt{\frac{2E_b}{N_0}}\right)^2 \tag{5-69}$$

其中,$Q\left(\sqrt{\frac{2E_b}{N_0}}\right)^2$ 为接收信号落在第3象限的概率。

另外,根据QPSK原理可知,QPSK可以认为是两个正交的BPSK。因此,在AWGN信

道中，QPSK 的误比特率与 BPSK 一致，为

$$P_{b,QPSK}=P_{b,BPSK}=Q\left(\sqrt{\frac{2E_b}{N_0}}\right) \tag{5-70}$$

而 QPSK 的误符号率则为

$$P_{s,QPSK}=1-(1-P_{b,BPSK})^2=2Q\left(\sqrt{\frac{2E_b}{N_0}}\right)\left[1-\frac{1}{2}Q\left(\sqrt{\frac{2E_b}{N_0}}\right)\right] \tag{5-71}$$

当 E_b/N_0 较大时，有

$$P_{s,QPSK}\approx 2Q\left(\sqrt{\frac{2E_b}{N_0}}\right) \tag{5-72}$$

即误符号率约等于误比特率的 2 倍。

5.3.6 AWGN 信道中非相干解调错误概率

非相干解调无须恢复载波相位，实现复杂度较低，因此在复杂度敏感的应用中得到了广泛的应用。本节将重点介绍 PSK 和 FSK 的非相干解调，并分析其在 AWGN 信道中的错误概率。

1. PSK 非相干解调

考虑到信道引起的相位旋转一般为缓慢变化，因此发射机可以将信息加载在前后符号的相位变化上（即加载在相对相位，而不是绝对相位），接收机则通过比较前后符号的相位实现解调，即差分解调。

以差分二进制相移键控（Binary Differential Phase Shift Keying，2DPSK）为例，发射机进行差分编码得到第 k 个差分编码比特为

$$c(k)=c(k-1)\oplus m(k) \tag{5-73}$$

其中，$m(k)$为第 k 个信息比特；第 1 个编码比特 $c(0)$可设定为 1，也可设定为 0（本书设定为 1）；符号$\oplus$表示模 2 加。

【例 5-3】 系统采用 2DPSK 调制，信息序列为 $\boldsymbol{m}=[0\ 1\ 0\ 1\ 1\ 0\ 0\ 1]$，请给出差分编码输出。

解 差分编码输出如表 5-6 所示。

表 5-6 差分编码输出

k	0	1	2	3	4	5	6	7	8
信息序列 m	—	0	1	0	1	1	0	0	1
差分编码 c	1	1	0	0	1	0	0	0	1

由式(5-73)可知，当 $m(k)=0$ 时，$c(k)=c(k-1)$（前后符号相差 0 相位）；当 $m(k)=1$ 时，$c(k)=\overline{c(k-1)}$（前后符号相差 π 相位）。

因此，在接收机根据接收信号前后符号之间的相位差就可以完成解调判决。2DPSK 差分解调方框图如图 5-40 所示。

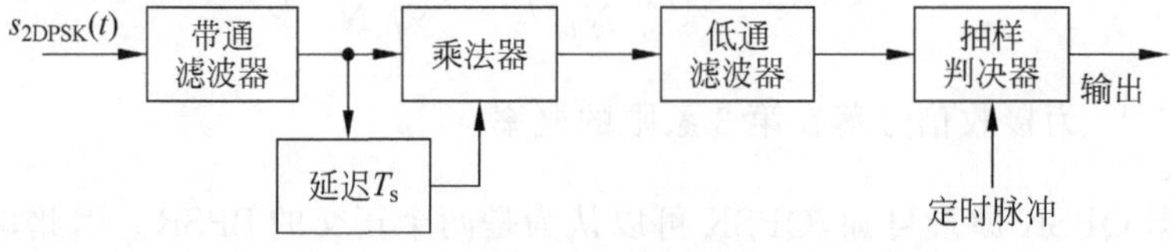

图 5-40 2DPSK 差分解调方框图

2. 频移键控

频移键控既可以采用相干解调,也可以采用非相干解调,包括包络解调和平方律检测。图 5-41 给出了频移键控平方律检测原理。

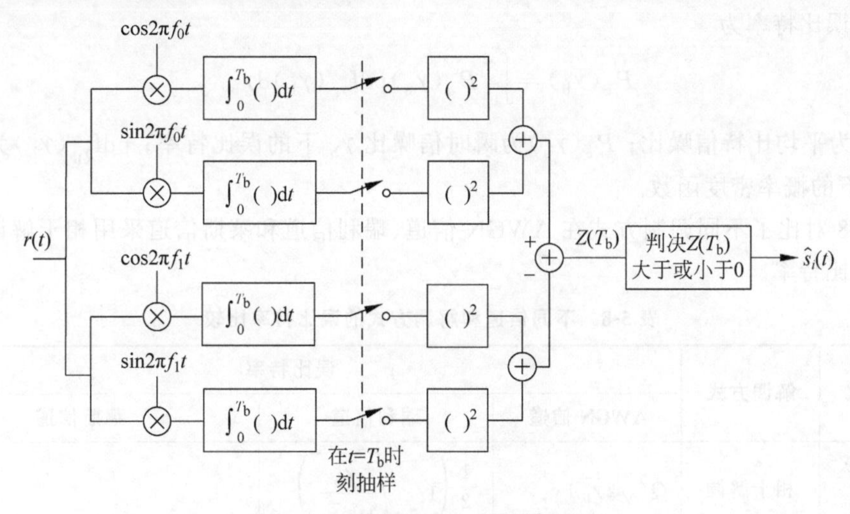

图 5-41 频移键控平方律检测原理

表 5-7 对比了相干解调与差分检测的性能。可以看到,差分解调虽然降低了解调复杂度,但存在误码传播,误比特性能要明显差于相干解调。而且,当频移键控进行包络或平方律检测时,最小频率间隔要求为 $\Delta f=f_1-f_0=1/T_b$;而如果采用相干解调,则 $\Delta f=1/(2T_b)$。这表明采用非相干解调会增加带宽占用。

表 5-7 相干解调与差分检测性能比较

调制方案	解调方式	误比特率 P_b
BPSK	相干解调	$Q\left(\sqrt{\frac{2E_b}{N_0}}\right)$
2DPSK	差分检测	$\frac{1}{2}\exp\left(-\frac{E_b}{N_0}\right)$
FSK	相干解调	$Q\left(\sqrt{\frac{E_b}{N_0}}\right)$
	差分检测	$\frac{1}{2}\exp\left(-\frac{E_b}{2N_0}\right)$

5.3.7 衰落信道中的错误概率

5.3.5 节和 5.3.6 节介绍了常用的调制方式在 AWGN 信道中采用相干解调和非相干解调的错误概率,本节将介绍在平坦衰落信道、时延及频率色散信道中的错误概率。

1. 平坦慢衰落信道

平坦衰落信道(如第 3 章介绍的瑞利信道、莱斯信道、Nakagami-m 信道等)会使发射信号 $s(t)$ 产生乘性(信道增益)变化。当信道为慢衰落时,即信道增益的变化远比调制符号的变化慢,可以假设信道系数(包括衰减/增益和相移)在至少一个符号持续时间上保持不变。因此,接收信号 $r(t)$ 可以表示为

$$r(t)=\alpha(t)\exp[-\mathrm{j}\theta(t)]s(t)+n(t) \tag{5-74}$$

其中,$\alpha(t)$为时变的信道增益;$\theta(t)$为时变的相移;$n(t)$为加性高斯噪声。

可将平坦衰落信道等价为瞬时信噪比 γ_b 随时间变化的 AWGN 信道。可得平坦慢衰落信道的误比特率为

$$P_e(\bar{\gamma}_b)=\int_0^{\infty} P_e(\gamma_b)\mathrm{pdf}_{\gamma_b}(\gamma_b)\mathrm{d}\gamma_b \tag{5-75}$$

其中,$\bar{\gamma}_b$ 为平均比特信噪比;$P_e(\gamma_b)$为瞬时信噪比 γ_b 下的误比特率;$\mathrm{pdf}_{\gamma_b}(\gamma_b)$为瞬时信噪比 γ_b 下的概率密度函数。

表 5-8 对比了不同调制方式在 AWGN 信道、瑞利信道和莱斯信道采用相干解调和差分检测的误比特率。

表 5-8 不同信道和解调方式的误比特率比较

调制方式	解调方式	误比特率		
		AWGN 信道	瑞利信道	莱斯信道
PSK	相干解调	$Q(\sqrt{2\gamma_b})$	$\frac{1}{2}\left(1-\sqrt{\frac{\bar{\gamma}_b}{1+\bar{\gamma}_b}}\right)$	
	差分检测	$\frac{1}{2}\exp(-\gamma_b)$	$\frac{1}{2(1+\bar{\gamma}_b)}$	$\frac{1+K}{2(1+K+\bar{\gamma}_b)}\exp\left(\frac{-K\bar{\gamma}_b}{1+K+\bar{\gamma}_b}\right)$
正交 FSK	相干解调	$Q(\sqrt{\gamma_b})$	$\frac{1}{2}\left(1-\sqrt{\frac{\bar{\gamma}_b}{2+\bar{\gamma}_b}}\right)$	
	差分检测	$\frac{1}{2}\exp(-\gamma_b/2)$	$\frac{1}{2+\bar{\gamma}_b}$	$\frac{1+K}{2+2K+\bar{\gamma}_b}\exp\left(\frac{-K\bar{\gamma}_b}{2+2K+\bar{\gamma}_b}\right)$

图 5-42 对比了在 AWGN 信道、平坦慢衰落瑞利信道和莱斯信道($K=10$)的 BPSK 相干解调和 DPSK 差分检测的误比特率。

可以看到,在 AWGN 信道,误比特完全是由于噪声造成的,误比特率随信噪比增加以 Q 函数下降(相干解调)或指数下降(非相干解调),呈现快速下降的特点,类似"瀑布"的形式。例如,BPSK 相干解调,当信噪比为 9.6dB 时,误比特率约为 10^{-5}。

在瑞利信道这样的平坦慢衰落信道中,误比特率近似随着信噪比倒数下降,相较于 AWGN 信道,下降速度要慢得多,性能明显恶化。例如,对于 DPSK 差分检测,当平均信噪比为 9.6dB 时,误比特率在 10^{-2} 数量级。这主要是由于当信号处于深衰落区时,此时的瞬时信噪比很低,造成大量的误比特,从而造成了总体性能的恶化。即使处于深衰落区的概率不大,但仍会造成性能的严重恶化,这也就是常说的"木桶效应"。因此,减小深衰落发生概率,是提升性能的重要途径。

而在莱斯信道中,由于主导分量的存在,导致衰落明显弱于瑞利信道,因此性能要优于瑞利信道,但仍差于 AWGN 信道。

2. 时延及频率色散信道中的错误概率

第 4 章介绍了信道中的多径传播和多普勒频移。

多径传播导致时延色散,当信号带宽大于信道相干带宽(高速数据传输)时,信号经历频

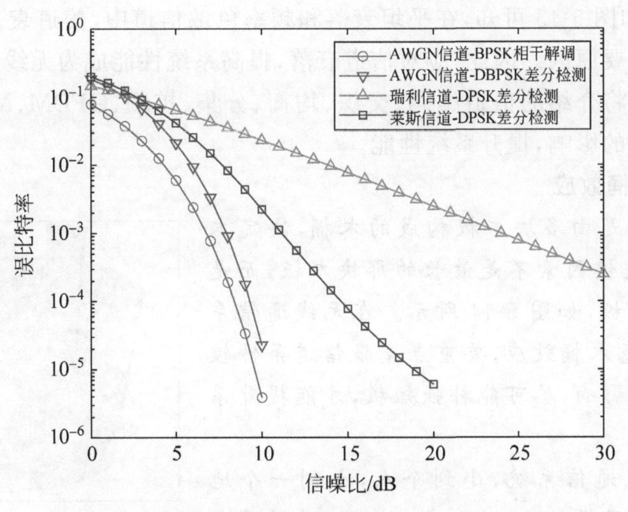

图 5-42 AWGN 信道和平坦慢衰落信道误比特率

率选择性衰落。与 AWGN 信道和平坦衰落信道不同,在频率选择性衰落信道中,影响传输可靠性的主要因素不仅是噪声,还包括符号间干扰造成的信号失真,特别是在信噪比较高时,还会出现差错平底。即误比特率随信噪比增加逐渐下降到一定程度,继续增加信噪比误比特率也不再下降。这主要是由于在频率选择性衰落中,符号间干扰是造成误比特的主要原因,而提高信噪比并不能降低符号间干扰。

另外,由于接收机和/或发射机移动导致的多普勒频移,会造成频率色散。当符号持续时间大于信道相干时间(低速数据传输)时,经历时间选择性衰落(也称为时变衰落或快衰落),同样会出现差错平底。

图 5-43 给出了频率色散瑞利信道($K=0$)和莱斯信道($K=10$ 和 20)中的误比特率。可以看出,在瑞利信道中,差错平底随着多普勒频移 f_d 与比特持续时间 T_b 的乘积增长而抬高。莱斯信道中的性能明显优于瑞利信道,差错平底相对更低,而且 K 值越大,差错平底越低,性能越好。

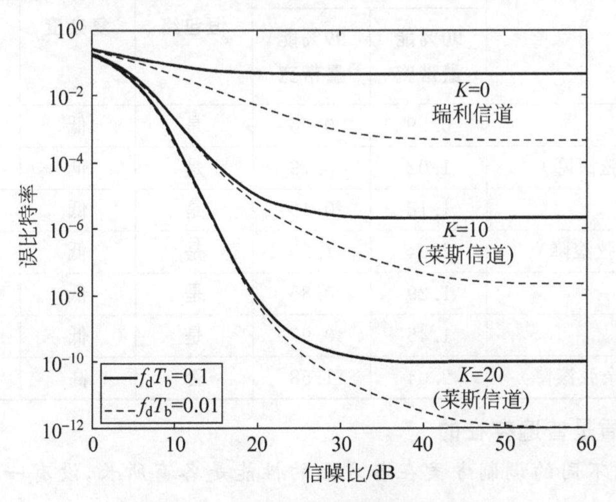

图 5-43 频率色散信道误比特率

综合图 5-42 和图 5-43 可知，在平坦衰落和频率色散信道中，信道衰落是导致无线通信系统性能恶化的主要原因。因此，应对信道衰落，提高系统性能成为无线通信技术研究的重点。本书后续章节将介绍的信道编码、交织、均衡、分集、扩频、OFDM、MIMO 等都从不同方面应对信道衰落的影响，提升系统性能。

课程思政：木桶效应

木桶效应指的是由多块木板构成的木桶，决定木桶盛水量多少的关键因素不是最长的那块木板，而是其中最短的那块木板，如图 5-44 所示。在无线通信系统设计时，也要注意木桶效应，要重点克服信道条件较差时对系统性能的影响，尽可能补强短板，才能提升系统的总体性能。

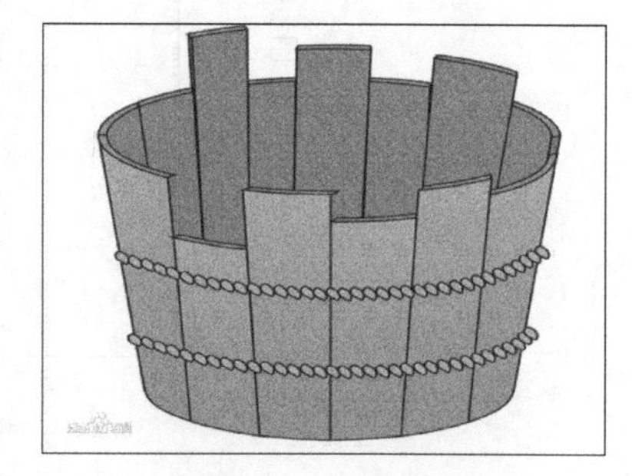

图 5-44 木桶效应

不仅对于无线通信系统，小到个人，大到一个地区，甚至一个国家，同样如此。“小康不小康，关键看老乡”。实现共同富裕，在脱贫奔小康的路上不落下一人，是党对人民的承诺，体现了党的宗旨和社会主义的优越性。在党的领导下，拉开了新时代脱贫攻坚的序幕。2020 年，我国脱贫攻坚战取得了全面胜利，区域性整体贫困得到解决，推进均衡发展。

5.4 调制方案综述

本章介绍了多种调制方式，本节对常用的调制方案的性能进行了综合比较，如表 5-9 所示。

表 5-9 常用调制方案比较

调制方案	频谱效率 /($b\cdot s^{-1}\cdot Hz^{-1}$)		是否为恒包络	调制解调复杂度	是否支持非相干解调	抗噪声、干扰和信道衰落能力
	90%能量带宽	99%能量带宽				
BPSK(方波脉冲)	0.59	0.05	是	低	否	强
BPSK(α=0.5 升余弦滚降)	1.02	0.79	是	低	否	强
QPSK(方波脉冲)	1.18	0.10	是	低	否	强
QPSK(α=0.5 升余弦滚降)	2.04	1.58	是	低	否	强
MSK	1.29	0.85	是	低	是	强
GMSK(BT=0.5)	1.45	0.97	是	低	是	强
16QAM(α=0.5 升余弦滚降)	2.04	1.58	否	高	否	弱

课程思政：矛盾是普遍存在的

如表 5-9 所示，不同的调制方案在各方面的性能是各有所长，没有一种调制方式能够满足对调制的所有要求。例如，QAM(包括 16QAM、32QAM、64QAM 等)的频谱效率高，但对噪声比较敏感，调制波形产生的难度也较大；而 BPSK 对噪声不太敏感，调制波形容易产

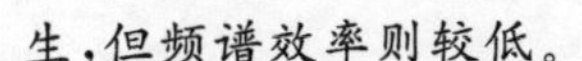

生，但频谱效率则较低。

因此，在选择调制方式时，需要根据实际应用环境和系统性能要求，在多个要求之间权衡。在权衡时，要擅于抓住主要矛盾和矛盾的主要方面。

例如，5G 系统增强型宽带对数据速率有很高的要求（数据速率高达 1Gb/s），因此采用了具有较高频谱效率的 QAM；而 RFID 对数据速率要求不高，但对设备成本敏感，因此多采用调制波形易于产生且易于解调的 ASK 和 FSK。

第6章 信道编码技术

CHAPTER 6

信道编码是提高传输可靠性的有效技术之一。本章将阐述信道编码的原理，介绍无线通信系统常用的信道编码技术，包括线性分组码、卷积码、Turbo码、低密度奇偶校验(Low-Density Parity-Check，LDPC)码和极化码(Polar码)，并介绍应对衰落信道的交织技术，以及级联码。

6.1 信道编码原理

第6-1集
微课视频

通过第2～4章的学习，了解到无线信号在传输过程中，会受到噪声、干扰、多径衰落、多普勒频移以及收发器件非线性等多方面的影响，在传输过程中不可避免地会发生错误。而当前无线通信业务对传输可靠性的要求却越来越高。例如，5G超可靠低时延(URLLC)对传输可靠性要求达到了99.9999%。

在不太可靠的无线信道中实现可靠传输，成为无线通信研究的重点问题之一，由此孕育了一系列的技术，信道编码是其中的有效手段之一。

信道编码的原理是通过在传输的数据中加入一定的冗余(即监督比特)，在接收机利用这些监督比特进行检错和纠错，从而达到提高传输可靠性的目的。

6.1.1 重复编码

重复编码是一种非常简单的信道编码方法，也是最早研究和采用的信道编码。其实质就是将要发送的符号重复发送多次，或者说，将原来的每个信源符号编码成多个相同的码元符号。例如，(3,1)重复码就是将比特0编码成000，而将比特1编码成111。

对于二元对称信道，一般可以认为误比特率是小于或等于0.5的。因此，在接收机采用大数判决的译码方式，也就是说，译码时根据码字中0和1的数量，选择数量较多的进行译码。例如，(3,1)重复码的译码，就是将接收到的000、001、010和100译为0，而将011、101、110和111译为1。这样，由3比特构成的码字，在传输过程中即使发生了1比特的错误，通过译码都可以进行纠正。可以证明，一个(N,1)重复码可以纠正所有少于$N/2$比特的差错。

显然，N值越大，纠错能力越强，传输可靠性越高。然而，N值越大，则信息传输速率越低。如图6-1所示，似乎在信息传输速率与传输可靠性间存在不可调和的矛盾，要实现绝对的可靠(即任意小的误比特率),传输速率就要趋近于0。

图6-1 传输速率与传输可靠性间的矛盾

6.1.2 有噪信道编码定理

1948年,克劳德·艾尔伍德·香农(Claude Elwood Shannon)发表了具有划时代意义的《通信的数学理论》论文,提出了有噪信道编码定理,也称为香农第二定理。

定理指出:无论是离散无记忆信道,还是带限加性高斯白噪声信道,都存在一定的信道容量C。例如,带限加性高斯白噪声信道,当噪声功率为σ^2,带宽为W,信号功率为P_s时,信道容量$C=W\text{lb}\left(1+\frac{P_s}{\sigma^2}\right)$。当信息传输速率$R\leqslant C$时,总可以找到一种信道编码方式,能够实现任意小的错误概率;而当$R>C$时,没有任何一种信道编码可以实现任意小的错误概率。

有噪信道编码定理指明了在有噪信道中存在逼近信道容量极限(也称为香农限)且使得错误概率趋于0的信道编码。但有噪信道编码只是从数学上给出了信道编码的性能极限,是最优编码的存在定理,并没有提出构造逼近香农限的信道编码的具体方法,仅给出了其应具备的3个基本条件,即

(1) 随机编码;

(2) 编码长度趋于无穷;

(3) 采用最大似然译码。

6.1.3 信道编码基本思路

信道编码的基本思路是按照一定的规律,在信息码元中人为地加入一定的冗余码元(称为监督码元),以引入一定冗余为代价提高传输可靠性。

因此,信道编码实际上是将信息序列从低维的离散空间映射到高维的离散空间中,如图6-2(a)所示。例如,对于(7,3)线性分组码,信息序列长度$k=3$,即共有$2^k=8$个长度为3的信息序列,分别对应三维离散空间中的一个点;通过编码得到长度$n=7$的码字,码字空间为7维离散空间,因此共有$2^n=128$个点,即128个长度为7的码字,但其中只有8个码字为合法码字(也称许用码字),分别对应8个信息序列(即图中的实心点)。通过编码,增大了合法码字间的差异程度,即距离。

译码实际上就是根据接收码字,按照一定的准则(如最小距离准则),寻找"最佳的"信息序列。如图6-2(b)所示,按照一定的准则,将码字空间划分为2^k个互不重叠的区域,使每个区域有且只有一个合法码字。这样即使由于噪声、干扰等因素,使接收码字偏离了原有合法码字一定的距离,但只要没有超出区域范围,译码器都可以将其正确译码。

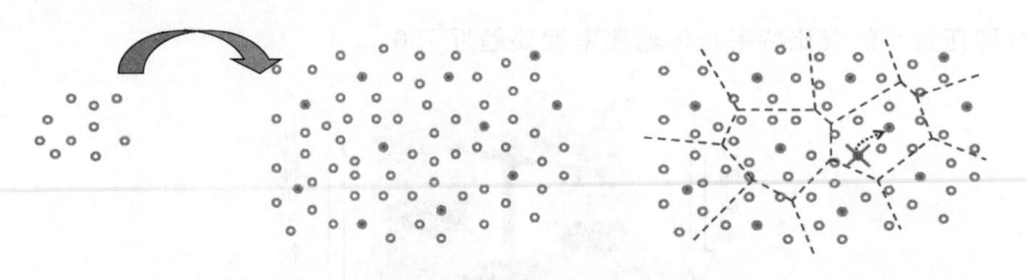

图 6-2　信道编码原理

信道编码通过引入了冗余，提升了传输可靠性。因此，实际上是以牺牲有效性为代价，换取可靠性的提升。

6.1.4　信道编码的发展历程

在香农有噪信道编码定理的指引下，涌现出一大批信道编码方案，如汉明码、格雷(Gray)码、BCH 码、卷积码、里德-所罗门(Reed-Solomon，RS)码、Turbo 码、LDPC 码和极化(Polar)码等。图 6-3 给出了高斯白噪声信道下的香农限，以及当采用 BPSK，要实现 10^{-5} 误比特率时，主要的信道编码方案(码率为 1/2)与香农限的差距。可以看到，随着信道编码的发展，性能逐步逼近香农限。下面列出了主要的信道编码方案与香农限的差距。

- 未编码：9.6dB；
- 扩展格雷码：7.5dB；
- BCH 码：5.7dB；
- 卷积码：4.4dB；
- RS+卷积码：2.5dB；
- Turbo 码：0.7dB；
- LDPC 码：0.2dB；
- Polar 码：0.1dB。

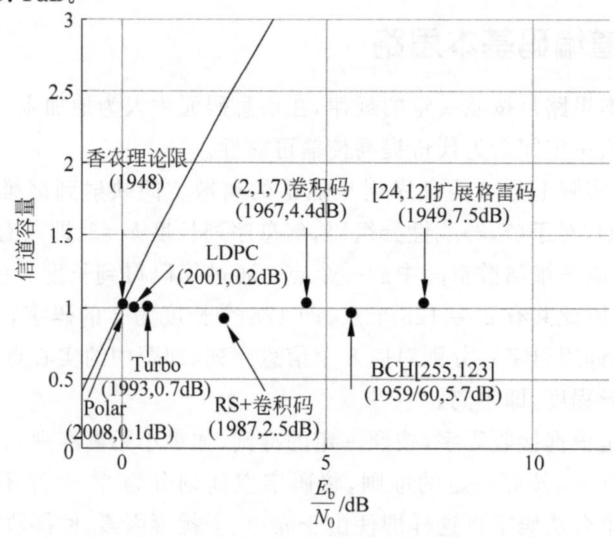

图 6-3　信道编码的发展与性能提升

6.1.5 信道编码的分类

按照功能可以将信道编码分为检错码、纠错码和纠删码等三大类，如图 6-4 所示。

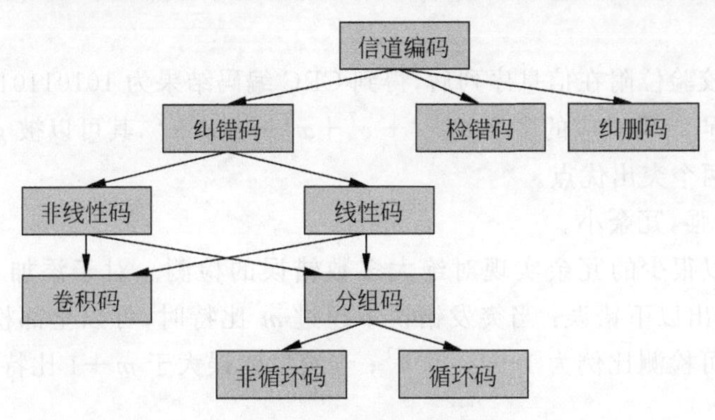

图 6-4 信道编码的分类

1. 检错码

检错码仅具备识别错误的能力。以图 6-5 所示为例，发送码字为 1000110，在传输过程中第 3 个比特发生了错误，实际接收码字为 1010110。假定该码字采用了检错码，则接收机通过信道译码，能够检测出接收码字中存在错误。

检错码无法判断具体是哪个比特发生了错误，因此无法进行纠错，但可以通过反向链路通知发射机重新发送该码字，再次进行接收，直到正确接收为止。这种方案就是自动反馈重发(Automatic Repeat Queuing，ARQ)。检错码配合 ARQ 能够显著提高传输可靠性。

图 6-5 检错码原理示意图

循环冗余校验(Cyclic Redundancy Check，CRC)码是当前应用最为广泛的检错码。

CRC 码的编码方法是将信息序列多项式除以生成多项式，根据得到的余数，得到 CRC 码。假定信息序列 u 长度为 k 位，CRC 校验位长度为 m 位，其编码步骤如下。

(1) 根据信息序列 u，得到对应的信息多项式为 $u(x)$。

(2) 将信息多项式左移 m 位，得到 $x^m u(x)$。

(3) 用 $x^m u(x)$ 除以生成多项式 $g(x)$，得到余数多项式 $p(x)$，其对应的就是 CRC 校验位。

(4) 一般将 CRC 校验位附在信息序列后，就完成了 CRC 编码。

实际上，就是通过编码将信息序列对应的 $k-1$ 阶信息多项式 $u(x)$ 转换为可以被 $g(x)$整除的 $k+m-1$ 阶多项式 $x^m u(x)-p(x)$。

译码时，用接收码字序列对应的多项式去除 $g(x)$，如果余数多项式不为零，则接收码字一定存在错误；如果余数多项式为零，则表明“未检出错误”(实际上，接收码字仍有可能存在错误，只是这种情况发生的概率极低)。

【例 6-1】 某 CRC 码的生成多项式 $g(x)=x^3+x+1$，信息序列 $u=101011$。请进行 CRC 编码。

解 （1）将信息序列 $u=101011$ 转换为信息多项式 $u(x)=x^5+x^3+x+1$。

（2）将信息多项式左移 $m=4$ 位，得到 $x^m u(x)=x^9+x^7+x^5+x^4$。

（3）用 $x^m u(x)$ 除以生成多项式 $g(x)$，得到余数多项式 $p(x)=x^2$，对应的 CRC 校验位为 0100。

（4）将 CRC 校验位附在信息序列后，得到 CRC 编码结果为 1010110100。

检查 CRC 编码结果对应的多项式 $x^9+x^7+x^5+x^4+x^2$，其可以被 $g(x)$ 整除。

CRC 码具有两个突出优点。

（1）检错能力强，冗余小。

CRC 码能够以很少的冗余实现对绝大多数错误的检测。对于添加 m 个校验比特的 CRC 码，可以检测出以下错误：当突发错误不超过 m 比特时，可以全部检测；当突发错误为 $m+1$ 比特时，可检测比例为 $1-2^{-(m-1)}$；当突发错误大于 $m+1$ 比特时，可检测比例也为 $1-2^{-(m-1)}$。

（2）CRC 码编译码复杂度低，实现电路简单，处理时延小。

CRC 码不仅广泛应用于无线通信系统（如 LTE、5G），还应用于有线通信系统（如 IEEE 802 LAN 系统）、通信接口（USB 和 IEEE 1394 接口），以及数据存储和文件压缩（如 ZIP 和 RAR）等领域。常用的 CRC 码有 6 位、8 位、11 位、12 位、16 位、24 位、32 位和 64 位，生成多项式和典型应用如表 6-1 所示。校验位越长，检测错误的能力越强，同时计算复杂度也越高。

表 6-1 常用的 CRC 码生成多项式

CRC 码	生成多项式 $g(x)$	典型应用
CRC-6	x^6+x^5+1	5G
CRC-8	$x^8+x^7+x^4+x^3+x+1$ x^8+x^2+x+1	LTE
CRC-11	$x^{11}+x^{10}+x^9+x^5+1$	5G
CRC-12	$x^{12}+x^{11}+x^3+x^2+x+1$	
CRC-16	$x^{16}+x^{12}+x^5+1$	LTE，5G，USB
CRC-24A	$x^{24}+x^{23}+x^{18}+x^{17}+x^{14}+x^{11}+x^{10}+x^7+x^6+x^5+x^4+x^3+x+1$	LTE，5G
CRC-24B	$x^{24}+x^{23}+x^6+x^5+x+1$	LTE，5G
CRC-24C	$x^{24}+x^{23}+x^{21}+x^{20}+x^{17}+x^{15}+x^{13}+x^{12}+x^8+x^4+x^2+x+1$	5G
CRC-32	$x^{32}+x^{26}+x^{23}+x^{22}+x^{16}+x^{12}+x^{11}+x^{10}+x^8+x^7+x^5+x^4+x^2+x+1$	ZIP，RAR，IEEE 802 LAN/FDDI，IEEE 1394
CRC-32C	$x^{32}+x^{28}+x^{27}+x^{26}+x^{25}+x^{23}+x^{22}+x^{20}+x^{19}+x^{18}+x^{14}+x^{13}+x^{11}+x^{10}+x^9+x^8+x^6+1$	iSCSI，SCTP

2. 纠错码

纠错码不仅能够检测错误，而且具备纠正错误的能力。以图 6-6 为例，假定该码字采用了纠错码，则接收机通过信道译码，能够检测出第 3 个比特发生了错误，从而对错误比特进行纠正，恢复为正确码字。因此，纠错码也称为前向纠错（Forward Error Correction，

FEC)码。

纠错码无须进行反馈重发就可以提高传输可靠性,具有较低的时延,特别适应于时延敏感的应用,如语音业务。但是,任何纠错码都有一定的纠错能力,当错误数超过了纠错能力后,就无法纠正所有错误。

另外,纠错码的译码结果不一定是正确的。因此,为了进一步提高传输可靠性,保证纠错码译码结果极高的正确概率,在实际应用中,通常将纠错码和检错码联合使用。即首先进行纠错码译码,对错误进行纠正,然后采用检错码对译码结果进行校验。当发现纠错译码结果仍然存在错误时,再反馈给发射机要求进行重发。该方案将 FEC 与 ARQ 相结合,因此也称为混合自动重传请求(Hybrid Automatic Repeat Request,HARQ)。

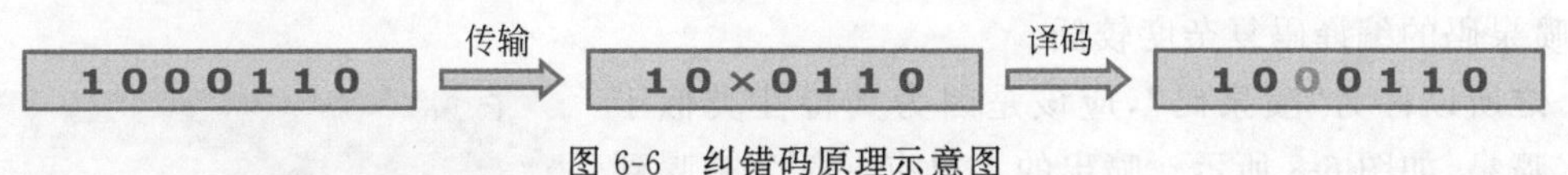

图 6-6 纠错码原理示意图

根据监督比特与信息比特之间的关系,可以将纠错码分为线性码和非线性码;根据加入监督比特的方式,则可以将纠错码分为分组码和卷积码。

纠错码当前广泛应用于无线通信系统中,表 6-2 给出了部分无线通信系统采用的纠错码。本章后续也将主要介绍纠错码。

表 6-2 部分无线通信系统采用的纠错码

无线通信系统	纠 错 码
GSM	奇偶校验码、循环码、卷积码
WCDMA/CDMA2000/TD-SCDMA	卷积码、Turbo 码
LTE	卷积码、分组码、重复码、Turbo 码
WiMAX	卷积码、Turbo 码、LDPC 码
5G	LDPC 码(用于业务信道) Polar 码(用于控制信道)

3. 纠删码

在删除信道(Erasure Channel)中传输时,比特或分组可能会发生丢失(删除),但不会发生错误。以图 6-7 为例,在传输中第 3 个比特发生丢失(表示为?)。通过纠删译码可以恢复该比特的值。

图 6-7 纠删码原理示意图

前文介绍的纠错码,当然也可以作为纠删码使用。由于在实际应用中,往往丢失的比特会集中出现(突发错误),因此通常采用具有较好突发错误纠正能力的纠错码,如里德-所罗门(RS)码,作为纠删码。

然而,使用纠错码作为纠删码存在以下不足。

(1) 纠错码,特别是突发错误纠正能力较强的纠错码,译码复杂度通常较高。

(2) 需要加入较多的冗余比特才能实现较好的纠删能力,开销较大。

(3) 对信道的适应性不好,难以根据信道状态进行灵活调整,特别是在广播与多播应用中,不同链路信道状态有显著差异,这一问题更加突出。

为了解决上述问题，提出了一些专用的纠删码，其中以喷泉码(Fountain Code)最具代表性。M. Luby 等于 1989 年首次提出喷泉码的概念。

喷泉码根据 k 个信息符号可产生无限长的编码符号序列。接收机只要能够正确接收其中任意 $k(1+\varepsilon)$ 个编码符号，ε 为开销，就能够以很高的概率(与 ε 有关)恢复 k 个信息符号，而且开销 ε 仅略大于 0。因此，喷泉码的开销很小。

喷泉码属于"无码率"(Rateless)码，即没有固定的码率。接收机正确恢复所有编码符号后，给发射机发送一个确认信息(ACK)。当所有接收机都发送 ACK 后，发射机就停止编码和发送。当信道条件较差，丢失的编码符号较多时，发射机就需要发送较多的编码符号，以保证正确接收到的编码符号不少于 $k(1+\varepsilon)$。因此，喷泉码对信道有很好的适应性。此外，喷泉码的编译码复杂度较低。

之所以称为"喷泉码"，应该是因为其特性类似于饮水喷泉，如图 6-8 所示。喷出的水只有一部分被喝到(类似于删除信道)，喝水的人喝到足够的水后，就会关闭饮水喷泉。

图 6-8 饮水喷泉

2002 年，M. Luby 提出了第 1 种可行的喷泉码——卢比变换(Luby Transform，LT)码。后来 Amin Shokrollahi 对 LT 码进行了改进，提出了一种具有更低编译码复杂度的喷泉码——Raptor 码。目前 Raptor 码已经被 DVB-H 标准和 3GPP 的多媒体广播多播业务(Multimedia Broadcast Multicast Service，MBMS)标准采用。Raptor 码不仅应用于无线通信系统，还广泛应用于数据存储等。

喷泉码的译码实际上就是根据接收到的编码分组，恢复(推断)未知信息分组过程。图 6-9 给出了一个 LT 码的译码过程。假设接收到的编码分组为 0001，编码分组是若干信息分组模 2 加得到的(在图中表示为有边相连)。例如，信息分组 1 和信息分组 3 模 2 加为编码分组 1 的值；信息分组 2 与编码分组 2 的值相等；信息分组 1、信息分组 2 和信息分组 3 模 2 加为编码分组 3 的值；信息分组 2 和信息分组 3 模 2 加为编码分组 4 的值。

译码过程如下。

(1) 由于编码分组 2 与信息分组 2 取值相等，因此可得出信息分组 2 的值为 0。

(2) 由于信息分组 2 和信息分组 3 模 2 加等于编码分组 4，由此可得信息分组 3 的值为 1。

(3) 由于信息分组 1 和信息分组 3 的值模 2 加等于编码分组 1，由此可得信息分组 1 的值为 1。

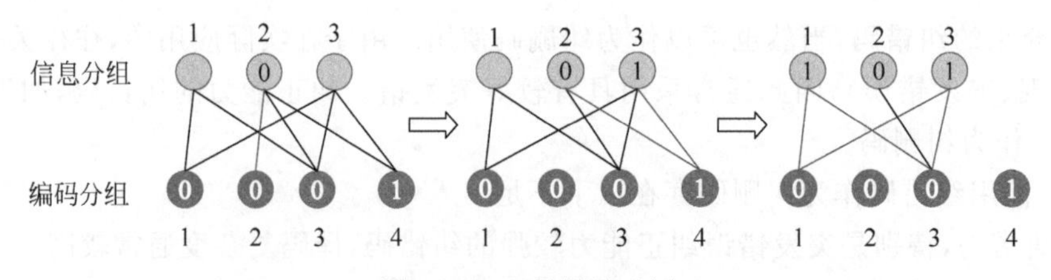

图 6-9 LT 码译码示例

LT 码的编码和译码复杂度均为 $k\ln k$。而 Raptor 码编译码复杂度更低，在信息分组很多的条件下，编码复杂度与 k 无关，译码复杂度与 k 呈线性关系。

6.2 线性分组码

6.2.1 定义

线性分组码同时满足线性码和分组码两方面的要求。

1. 线性码

线性码的信息码元与监督码元之间呈线性关系，它们的关系可用一组线性代数方程联系起来。线性码有一个重要的性质，就是具有封闭性，即线性码中的任意两个码组之和仍为该码的一个码组。由于具有封闭性，所以两个码组 C_1 和 C_2 之间的汉明距离(对应位不同的数目)必定是另一个码组的重量(1 的个数)，因此码的最小汉明距离就等于码的最小重量(除全零码外)。所以，线性码一定包括全零码字，而恒重码显然不是线性码。

2. 分组码

分组码将信息序列以每 k 个码元为一组，按一定规律产生 r 个监督码元，输出长度为 $n=k+r$ 的码字，且每个码字中的 r 个监督码元只与本组的 k 个信息码元有关。通常将分组码表示为 (n,k)，如(7,4)码。

线性分组码具有以下参数。

(1) 码长(Code Length)：码字长度 n。

(2) 码率(Code Rate)：信息码元与码字长度的比值，即 $R=k/n$。

(3) 码重(Code Weight)：码字中非零元素的个数。

(4) 汉明距离(Hamming Distance)：码字之间对应位不同的个数。

(5) 最小汉明距离：码字间汉明距离的最小值。

(6) 错误图案(Error Pattern)：若发送码字为 $\boldsymbol{c}=[c_1,c_2,\cdots,c_n]$，接收码字为 $\boldsymbol{r}=[r_1,r_2,\cdots,r_n]$，两者的差别 $\boldsymbol{e}=\boldsymbol{c}+\boldsymbol{r}=[e_1,e_2,\cdots,e_n]$ 就是错误图案。

第 6-2 集
微课视频

注意，这里的所有运算均在伽罗华域(Galois Field,GF)上进行，如 GF(2)。

例如，当 $\boldsymbol{c}=[1\ 0\ 0\ 0\ 1\ 1\ 0]$，$\boldsymbol{r}=[1\ 1\ 0\ 0\ 1\ 1\ 0]$时，则 $\boldsymbol{e}=[0\ 1\ 0\ 0\ 0\ 0\ 0]$。

6.2.2 线性分组码编码

输入 k 位信息序列 $\boldsymbol{u}=[u_1,u_2,\cdots,u_k]$，输出 n 位编码码字 $\boldsymbol{c}=[c_1,c_2,\cdots,c_n]$。

线性分组码的生成矩阵为

$$\boldsymbol{G}=\begin{bmatrix}\boldsymbol{g}_1\\ \boldsymbol{g}_2\\ \vdots\\ \boldsymbol{g}_k\end{bmatrix}=\begin{bmatrix}g_{11} & g_{12} & \cdots & g_{1n}\\ g_{21} & g_{22} & \cdots & g_{2n}\\ \vdots & \vdots & & \vdots\\ g_{k1} & g_{k2} & \cdots & g_{kn}\end{bmatrix} \tag{6-1}$$

编码码字 $\boldsymbol{c}$ 是信息序列 $\boldsymbol{u}$ 与生成矩阵 $\boldsymbol{G}$ 的乘积，即

$$\boldsymbol{c}=\boldsymbol{u}\boldsymbol{G} \tag{6-2}$$

或表示为

$$\boldsymbol{c}=u_1\boldsymbol{g}_1+u_2\boldsymbol{g}_2+\cdots+u_k\boldsymbol{g}_k \tag{6-3}$$

【例 6-2】 若信息序列 $\boldsymbol{u}=[1\quad 0\quad 1\quad 1]$，生成矩阵 $\boldsymbol{G}=\begin{bmatrix}1&0&0&0&1&1&0\\0&1&0&0&1&0&1\\0&0&1&0&0&1&1\\0&0&0&1&1&1&1\end{bmatrix}_{4\times 7}$，求编码码字。

解 编码码字为

$$\boldsymbol{c}=\boldsymbol{u}\boldsymbol{G}=[1\quad 0\quad 1\quad 1]\begin{bmatrix}1&0&0&0&1&1&0\\0&1&0&0&1&0&1\\0&0&1&0&0&1&1\\0&0&0&1&1&1&1\end{bmatrix}=[1\quad 0\quad 1\quad 1\quad 0\quad 1\quad 0]$$

其中，编码码字 $\boldsymbol{c}$ 的前 4 位与输入的信息序列相同，后 3 位为添加的监督码元。

编码码字中包含信息序列的信道编码称为系统码；反之，则称为非系统码。虽然，系统码的生成矩阵中包括单位阵。例 6-2 中的线性分组码就属于系统码。

线性分组码中的系统码，信息序列一般位于编码码字的前部（或者后部），相应地，系统码生成矩阵 $\boldsymbol{G}$ 的左侧（或者右侧）为单位阵。

线性分组码的编码复杂度为 $O(n^2)$，即与码长的平方成正比。

6.2.3 线性分组码译码

本节将介绍线性分组码常采用的伴随式译码算法。

假定接收码字 $\boldsymbol{r}$，校验矩阵 $\boldsymbol{H}$，生成矩阵 $\boldsymbol{G}$，有 $\boldsymbol{G}\boldsymbol{H}^{\mathrm{T}}=\boldsymbol{0}$，其中 $\boldsymbol{0}$ 为全零矩阵。计算伴随式 $\boldsymbol{s}=\boldsymbol{r}\boldsymbol{H}^{\mathrm{T}}=(\boldsymbol{c}+\boldsymbol{e})\boldsymbol{H}^{\mathrm{T}}=\boldsymbol{0}+\boldsymbol{e}\boldsymbol{H}^{\mathrm{T}}$。

若 $\boldsymbol{s}=\boldsymbol{0}$，表示校验未发现错（实际并不一定无错），无须纠错；若 $\boldsymbol{s}\neq\boldsymbol{0}$，表示校验发现错误，需要进行纠错。$\boldsymbol{s}$ 与错误图案 $\boldsymbol{e}$ 和校验矩阵 $\boldsymbol{H}$ 有关。

错误图案 $\boldsymbol{e}$ 是一个矢量，对应码字中发生了错误的位置，发生错误的位表示为 1，未发生错误的位表示为 0。例如，$\boldsymbol{e}=[0\,0\,1\,0\,0\,0\,0]$ 表示码字中只有第 3 位发生了错误。

当码字中仅有 1 比特发生错误时，$\boldsymbol{s}^{\mathrm{T}}$ 对应 $\boldsymbol{H}$ 中的某一列；当有多个比特发生错误时，$\boldsymbol{s}^{\mathrm{T}}$ 对应 $\boldsymbol{H}$ 中的某些列相加。

一旦确定了错误图案，将接收码字与错误图案进行模 2 加，即 $\hat{\boldsymbol{c}}=\boldsymbol{r}+\boldsymbol{e}$，就完成了纠错译码。

【例 6-3】 某接收码字 $\boldsymbol{r}=[1\quad 0\quad 0\quad 0\quad 1\quad 0\quad 1]$，校验矩阵 $\boldsymbol{H}=\begin{bmatrix}1&1&0&1&1&0&0\\1&0&1&1&0&1&0\\0&1&1&1&0&0&1\end{bmatrix}$。求伴随式，并确定接收码字中是否存在错误。

解 伴随式为

$$\boldsymbol{s}=\boldsymbol{r}\boldsymbol{H}^{\mathrm{T}}=[0\quad 1\quad 1]$$

校验 $\boldsymbol{s}\neq\boldsymbol{0}$，表示接收码字存在错误。

假定该伴随式对应的错误图案为

$$\boldsymbol{e}=[0\quad 0\quad 1\quad 0\quad 0\quad 0\quad 0]$$

则可得到译码结果为

$$\hat{c}=r+e=[1\ \ 0\ \ 0\ \ 0\ \ 1\ \ 0\ \ 1]+[0\ \ 0\ \ 1\ \ 0\ \ 0\ \ 0\ \ 0]=[1\ \ 0\ \ 1\ \ 0\ \ 1\ \ 0\ \ 1]$$

6.2.4 线性分组码性能

1. 纠错能力

线性分组码可以正确纠正所有不超过 $t=\left\lfloor \frac{d_{\min}-1}{2} \right\rfloor$ 比特的错误，其中 $d_{\min}$ 为最小汉明距离，$\lfloor x \rfloor$ 表示不超过 x 的最大整数。

图 6-10 所示为线性分组码纠错能力示意图，只考虑具有最小汉明距离 $d_{\min}$ 的两个码字。当码字发生了不超过 t 比特错误时，与发送的码字之间的汉明距离仍然小于与另一个码字的距离，因此译码可以得到正确的码字，完成纠错；而当码字发生了超过 t 比特错误时，则译码会判断为错误的码字。

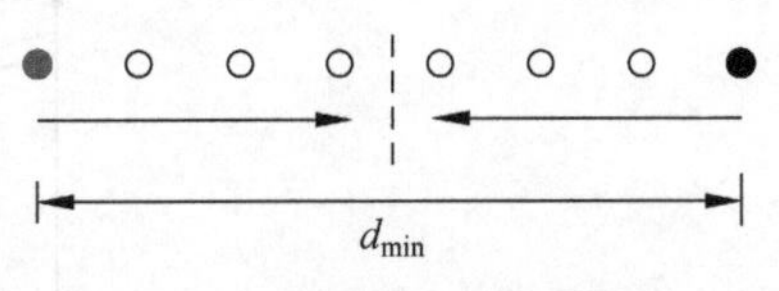

图 6-10 线性分组码纠错能力

线性分组码总是满足

$$d_{\min} \leqslant n-k+1 \tag{6-4}$$

因此，n 与 k 的差值越大，码字纠错能力也越强。

对于汉明码，有 $n=2^m$，$k=2^m-1-m$，且 $d_{\min}=3$。因此，汉明码是可以纠正所有单比特错误的具有最高码率的线性分组码，也是一种完备码。

【例 6-4】 某无线通信系统采用 BPSK，经历 AWGN 信道。假定 $S/N_0=43766$，$R_b=4800\text{b/s}$，采用(15,11)汉明码。请分别计算采用和不采用信道编码的误比特率。

解 (1) 未采用信道编码时，有

$$\frac{E_b}{N_0}=\frac{S}{R_b N_0}=9.12=9.6\text{dB}$$

误比特率为

$$p=Q(\sqrt{2E_b/N_0})=Q(\sqrt{18.24})=1.02\times10^{-5}$$

(2) 采用信道编码后，则编码比特速率上升为

$$R_c=4800\times\frac{15}{11}\approx 6545\text{b/s}$$

$$\frac{E_c}{N_0}=\frac{S}{R_c N_0}\approx 6.687=8.25\text{dB}$$

由于加入了监督比特，在总信号能量不变的前提下，相比于不采用信道编码，信噪比降低了。译码前的误比特率为

$$p_c=Q(\sqrt{2E_c/N_0})=Q(\sqrt{13.38})=1.36\times10^{-4}$$

译码后的码字错误概率为

$$p_c=\sum_{j=2}^{15}\binom{15}{j}p_c^j(1-p_c)^{15-j}\approx 1.94\times10^{-6}$$

根据码字错误概率与误比特率的近似关系式

$$p_c\approx p-p(1-p)^{14}$$

可得 $p\approx1.39\times10^{-6}$。

可见，采用(15,11)编码后，在总信号能量不变的前提下，误比特率从 1.02×10^{-5} 下降到 1.39×10^{-6}，下降约一个数量级。这表明信道编码有效地改善了传输质量。

2. 编码增益

编码增益 G_{code} 定义为要实现一定的差错概率 BER_{spec}，采用信道编码与未采用信道编码相比，所需 E_b/N_0 的减小量，如图 6-11 所示。编码增益越大，信道编码的性能越好，所需的 E_b/N_0 越小。

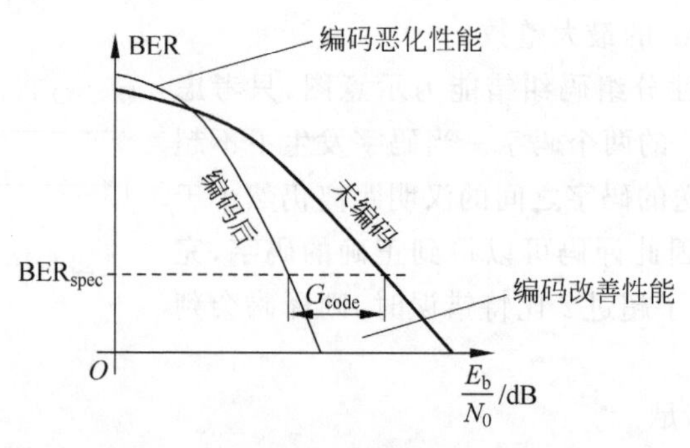

图 6-11 编码增益

但需要注意的是，信道编码并不总能改善 BER 性能。当 E_b/N_0 较低时，采用信道编码不仅不会改善性能，而且还会进一步恶化性能。

这主要是因为，为了比较的公平，假定信号能量不变。信道编码由于加入监督比特，使得每个编码比特的能量 E_c 小于未编码时每个信息比特的能量 E_b。因此，在传输过程中，误比特率更高。但通过信道译码，能够纠正全部或部分错误。因此，信道编码的性能实际上是错误纠正和能量摊薄这正反两方面共同作用的结果。

当 E_b/N_0 较高时，能量摊薄虽然导致误比特率的增加，但仍在信道编码的纠错能力之内，绝大多数错误都能被纠正，因此总体而言信道编码改善性能；而当 E_b/N_0 较低时，能量摊薄导致本就很高的误比特率进一步增加，超出了信道编码纠错能力，无法完成纠错，因此信道编码反而恶化了性能。由此可知，信道编码技术不是万能的，更多的是锦上添花，而非雪中送炭。

对码率近似为 0.5 的不同线性分组码的性能进行比较，如图 6-12 所示。可以看到，一般而言，码率相同的条件下，码长越长，误比特率越小，性能越好。但编译码复杂度一般随码长的平方，甚至指数增长，因此在实际应用中要合理选择码长，并不是码长越长越好。

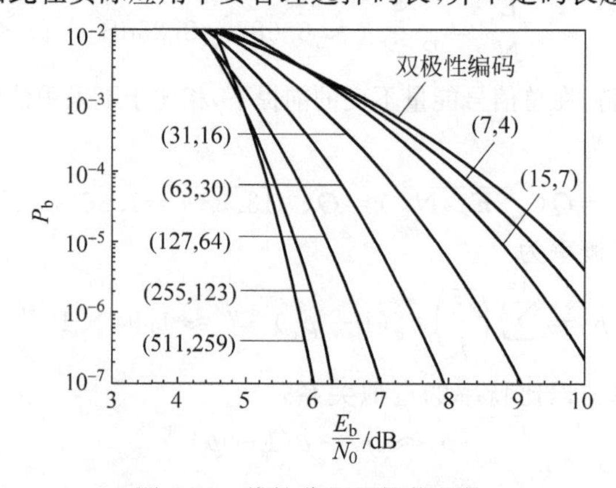

图 6-12 线性分组码性能比较

6.2.5 循环码

1. 循环码表示方法

循环码是一种特殊的线性分组码。循环码的任意一个码字(全零码除外),通过循环左移(或循环右移)所形成的码字仍然是该循环码的一个码字。例如,某(7,3)循环码的全部码字为

$$\boldsymbol{C}=\begin{bmatrix}0&0&0&0&0&0&0\\0&0&1&0&1&1&1\\0&1&0&1&1&1&0\\1&0&1&1&1&0&0\\0&1&1&1&0&0&1\\1&1&1&0&0&1&0\\1&1&0&0&1&0&1\\1&0&0&1&0&1&1\end{bmatrix}$$

除了第1行对应的全零码字,其他行对应的码字经过若干次循环移位得到的仍是该(7,3)循环码的码字。例如,第2行对应码字循环左移1位,得到的就是第3行对应的码字。

由于具有循环的结构,循环码编译码可用反馈移位寄存器来实现,硬件复杂度较低。

一般采用代数方法构造和分析循环码。码长为 n 的循环码的一个码字,表示为多项式的形式为

$$C(x)=c_{n-1}x^{n-1}+c_{n-2}x^{n-2}+\cdots+c_1x+c_0 \tag{6-5}$$

由于具有循环的特性,因此 $x^iC(x)$ 按模 x^n+1 运算得到的余式必然是该循环码的另一个码字多项式。

循环码的生成多项式为

$$G(x)=x^{n-k}+g_{n-k-1}x^{n-k-1}+\cdots+g_2x^2+g_1x+1 \tag{6-6}$$

其最高阶数为 $n-k$,是 x^n+1 的一个因式,同时也是一个码字多项式。

在循环码中,所有码字多项式都能被 $G(x)$ 整除,即 $C(x)=I(x)G(x)$。

2. 循环码编码

可以采用多项式除法的形式进行循环码编码。

将信息多项式 $U(x)$ 与 x^{n-k} 相乘,实际上就是左移 $n-k$ 位,然后再除以 $G(x)$,即

$$\frac{x^{n-k}U(x)}{G(x)}=Q(x)+\frac{P(x)}{G(x)} \tag{6-7}$$

得到余数多项式为

$$P(x)=p_{n-k-1}x^{n-k-1}+\cdots+p_2x^2+p_1x+p_0 \tag{6-8}$$

则码字多项式为

$$C(x)=x^{n-k}U(x)+P(x) \tag{6-9}$$

也可以直接采用如图6-13所示的电路进行循环码编码。编码器设计的关键在于根据生成多项式 $G(x)$ 的系数,确定抽头位置,即系数为1的对应位置有抽头。例如,生成多项式 $G(x)=x^{n-k}+\cdots+x^2+x+1$ 对应的编码电路如图6-13所示。

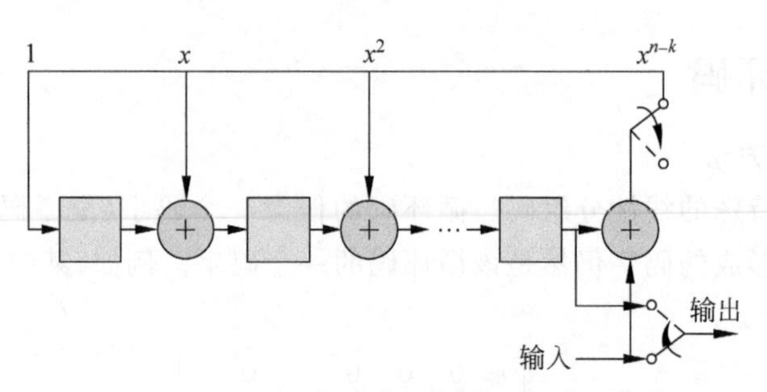

图 6-13 循环码编码电路

3. 循环码译码

循环码通常采用伴随式译码，即根据伴随式的值，确定错误图案，完成译码。

伴随式多项式为

$$S(x)=|R(x)|_{\bmod G(x)}=|C(x)+e(x)|_{\bmod G(x)}=0+e(x)_{\bmod G(x)} \tag{6-10}$$

其中，$R(x)$为接收码字多项式；$C(x)$和$e(x)$为发送的码字多项式和错误图案多项式。

译码电路如图 6-14 所示。

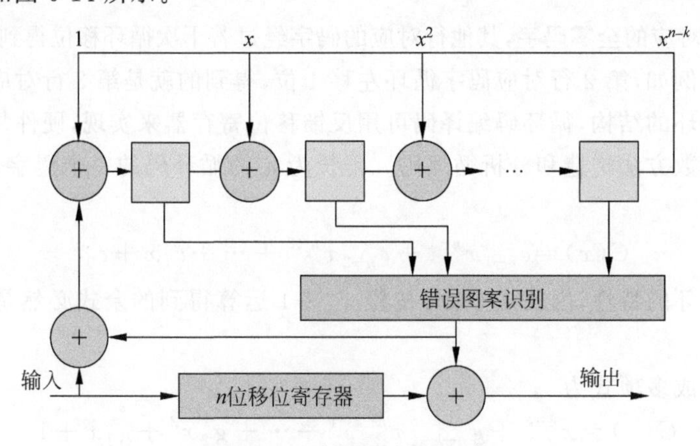

图 6-14 循环码译码电路

【例 6-5】 某(7,4)循环码，对 x^7+1 进行因式分解，得 $x^7+1=(x+1)(x^3+x^2+1)(x^3+x+1)$。选择 x^3+x+1 作为该循环码的生成多项式 $G(x)$。

(1) 假定信息序列为 1101，完成该循环码的编码。

(2) 假定编码序列最高位(最左侧位)在传输过程中发生了错误，请完成译码。

解 (1) 信息序列为 1101，对应的信息多项式为

$$U(x)=x^3+x^2+1$$

有

$$\frac{x^{n-k}U(x)}{G(x)}=\frac{x^3(x^3+x^2+1)}{x^3+x+1}=\frac{x^6+x^5+x^3}{x^3+x+1}=x^3+x^2+x+1+\frac{1}{x^3+x+1}$$

得到余数多项式 $P(x)=1$。

则码字多项式 $C(x)=x^3U(x)+P(x)=x^6+x^5+x^3+1$，对应的编码序列为 $C=$[1101001]。

(2) 编码序列最高位(最左侧位)在传输过程中发生了错误，则接收到的码字序列为 $R=$[**0**101001]。

对应的接收码字多项式为 $R(x)=x^5+x^3+1$。

计算伴随式多项式为 $S(x)=|R(x)|_{\mathrm{mod}\,G(x)}=x^2+1$。

由伴随式查询得到 $e(x)=x^6$，即错误图案 $\boldsymbol{e}=[1000000]$，即最高位发生错误。

译码结果为

$$\hat{\boldsymbol{c}}=\boldsymbol{r}+\boldsymbol{e}=[0\ 1\ 0\ 1\ 0\ 0\ 1]+[1\ 0\ 0\ 0\ 0\ 0\ 0]=[1\ 1\ 0\ 1\ 0\ 0\ 1]$$

显然，完成了纠错，译码结果正确。

6.3 卷积码

与分组码先对信息序列进行分组，然后再对各分组分别进行编码不同。卷积码采用类似流水线的方式，连续地添加冗余。卷积码由 Elias 等于 1955 年提出，由于其具有纠错性能优异、编译码器结构相对简单、编译码时延确定等突出优点，因此得到了广泛应用。例如，2G 的 GSM 系统和 IS-95 系统、3G 的 WCDMA 系统、4G 的 LTE 系统，都采用了卷积码。

6.3.1 卷积码编码

1. 编码器结构

卷积码编码器结构如图 6-15 所示，包括一个由 K 段移位寄存器(每段有 k 级，共 $k\times K$ 级寄存器)、一组 n 个模 2 加法器和一个 n 级输出移位寄存器。

每次将 k 比特信息序列输入移位寄存器第 1 段(图 6-15 中最左侧寄存器)，移位寄存器中现有的 K 段依次右移一段，而最右侧的一段则移出移位寄存器。n 个模 2 加法器对移位寄存器中不同位置抽头输出进行模 2 加，输出即为编码序列。

卷积码编码器将每段的 k 个信息比特，编码成 n 比特。因此，编码码率为 k/n。这 n 个编码比特不仅与当前输入的 k 个信息比特有关，还与之前 $K-1$ 段共 $(K-1)k$ 个信息比特有关。这样卷积码通常记为 (n,k,K)，其中 K 称为约束长度。简便起见，本书只介绍 $k=1$ 的情况。

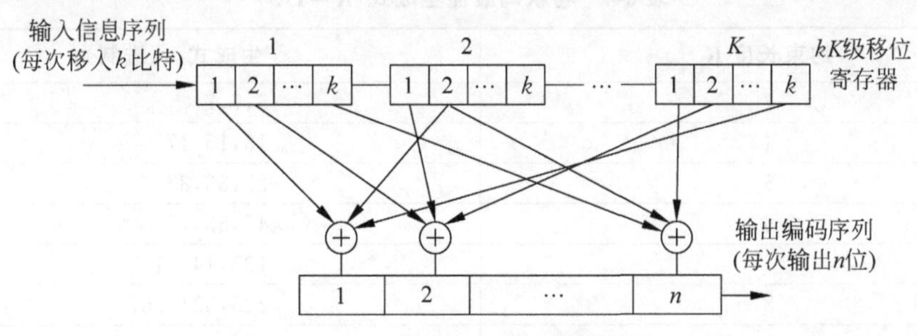

图 6-15 卷积码编码器结构

2. 连接关系

模 2 加法器与寄存器的连接关系称为卷积码生成式，一般表示为生成矢量的形式。如果第 i 级移位寄存器与模 2 加法器相连，则生成矢量第 i 位为 1，否则为 0。

如图 6-16 所示的(2,1,3)卷积码编码器，第 1 个生成矢量为 $\boldsymbol{g}_1=[1\ 1\ 1]$，表示移位寄存器(由输入端起)第 1 级、第 2 级和第 3 级与上方的模 2 加法器相连，得到编码器输出 X_1；同理，第 2 个生成矢量为 $\boldsymbol{g}_2=[1\ 0\ 1]$，表示移位寄存器(由输入端起)第 1 级和第 3 级与下方的模 2 加法器相连，得到编码器输出 X_2，即编码器输出为

$$X_1 = u[k] \oplus u[k-1] \oplus u[k-2]$$

$$X_2 = u[k] \oplus u[k-2]$$

为了便于表示，通常向将生成矢量表示为八进制的形式，即 $g_1=(7)_8$ 和 $g_2=(5)_8$。

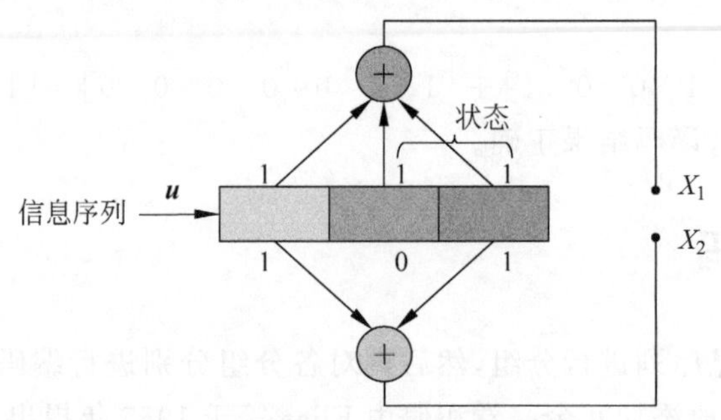

图 6-16 (2,1,3)卷积码编码器

卷积码的生成式直接关系到卷积码性能。当前通过计算机搜索的方式，确定了不同码率 R 和约束长度 K 条件下的最佳的生成式，如表 6-3 和表 6-4 所示。

表 6-3 卷积码最佳生成式($R=1/2$)

约束长度 K	生成式(八进制)
3	5,7
4	15,17
5	23,35
6	53,75
7	133,171
8	247,371
9	561,753
11	2335,3661

表 6-4 卷积码最佳生成式($R=1/3$)

约束长度 K	生成式(八进制)
3	5,7,7
4	13,15,17
5	25,33,37
6	47,53,75
7	133,145,175
8	225,331,367
9	557,663,711
11	2353,2671,3175

3. 尾比特与咬尾卷积码

编码时通常在信息序列后添加 $K-1$ 个 0 比特(称为尾比特)，使得信息比特走完整个编码过程，从而减小序列中最后比特的错误概率。因此，编码结束后，移位寄存器也回到全零状态。添加尾比特改善了卷积码的性能，但降低了传输速率，特别是在信息序列较短时，速率的损失更大。

另一种方法是所谓的咬尾卷积码，即编码器开始工作前，将信息序列尾部的 $K-1$ 信息比特依次送入寄存器中，使得编码器的初始状态与编码结束时的状态相同（均非全零状态），从而避免了添加尾比特造成的编码开销。但对于译码器，由于对编码器的初始状态和结束状态未知，因此在一定程度增大了译码复杂度。LTE 系统就采用了咬尾卷积码。

4. 卷积码编码过程

可将卷积码编码器视为一个线性系统，采用冲激响应的方式进行描述，即编码输出序列可以表示为输入序列与冲激响应的卷积，这也是卷积码得名的原因。

考虑一个(2,1,3)卷积码。将输入序列为 100（左侧先输入，右侧的两个 0 为补的尾比特）时编码器的输出定义为卷积码编码器的冲激响应。图 6-17 给出了图 6-16 中(2,1,3)卷积码的编码过程，得到编码输出序列，即冲激响应，为 111011。

对于任意的编码器输入序列，都可以根据冲激响应得到相应的编码输出。例如，当输入信息序列为 101 时（实际编码时右侧还需补两个 D 作为尾比特），可得编码输出序列如图 6-18 所示。

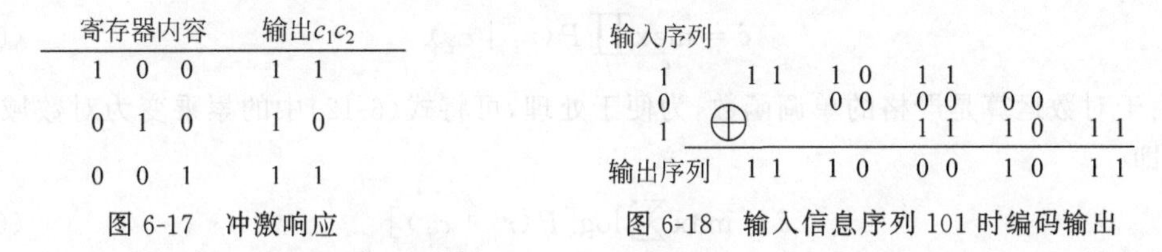

图 6-17　冲激响应　　图 6-18　输入信息序列 101 时编码输出

还可采用网格图、树图和状态转移图等方式描述卷积码。本书接下来只介绍网格图描述方式。

卷积码编码器的输出不仅与当前输入有关，还与存储在移位寄存器中的之前 $K-1$ 个时刻的输入有关，称为“状态”，共 2^{K-1} 个状态。例如，对于(2,1,3)卷积码，共有 00、10、01 和 11 共 $2^{3-1}=4$ 种状态。

显然，对于某种状态，当编码器输入比特 0 或 1 后，下一个时刻的状态会发生变化，可用实线和虚线分别代表输入比特为 0 或 1 时，分出的两条支路；将编码输出作为状态转移分支的输出。

图 6-16 中的(2,1,3)卷积码的网格图如图 6-19 所示。图中的加粗实线为输入信息序列为 00111 时对应的状态转移路径。路径上每个分支的编码输出构成了编码输出 1101011100。将编码时的状态转移路径定义为合法路径（或者许用路径），该路径是网格图上由全 0 状态开始到全 0 状态结束（由于添加了尾比特）的一条首尾相连的路径。

6.3.2　卷积码译码——维特比(Viterbi)译码算法

假定信号传输没有发生错误，接收序列与发送序列完全相同，那么接收序列本身就是一条合法路径。然而，当传输过程中发生错误时，接收序列大概率不是合法路径。

最大似然序列估计(Maximum Likelihood Sequence Estimation, MLSE)译码实际上是寻找与接收序列 $\boldsymbol{r}$ 具有最大似然的发送序列，即合法路径 $\boldsymbol{c}$，即

$$\hat{\boldsymbol{c}}=\max_{\boldsymbol{c}} P(\boldsymbol{r} \mid \boldsymbol{c}) \tag{6-11}$$

如果序列上各个符号 r_i（对应路径上的各个分支）受到信道的影响是相互独立的，则可将序列似然概率 $P(\boldsymbol{r}|\boldsymbol{c})$ 分解为各个符号似然概率之积，即

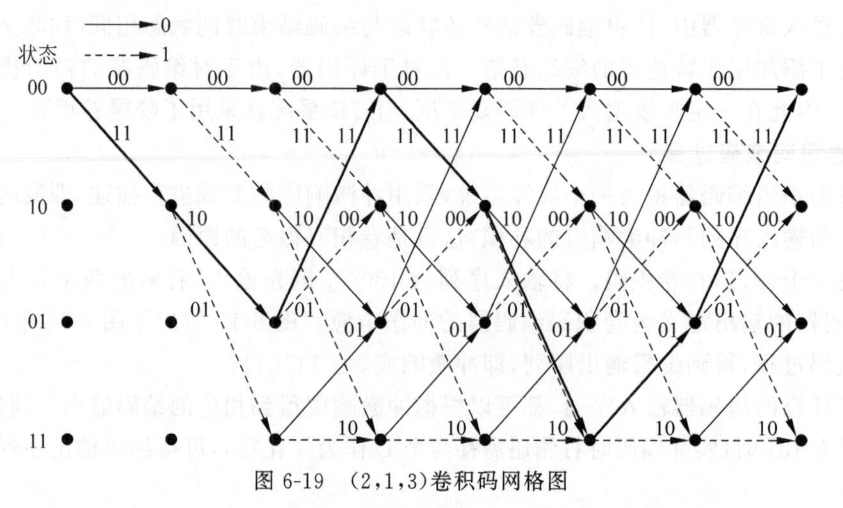

图 6-19 (2,1,3)卷积码网格图

$$\hat{\boldsymbol{c}} = \max_{c} \prod_{i} P(r_i \mid c_i) \tag{6-12}$$

由于对数运算是严格的单调函数，为便于处理，可将式(6-12)中的累乘变为对数域上的累加，即

$$\hat{\boldsymbol{c}} = \max_{c} \sum_{i} \log[P(r_i \mid c_i)] \tag{6-13}$$

其中，$\log[P(r_i|c_i)]$称为对数似然度量。

可以证明，在 AWGN 信道和平坦衰落信道上，$\log[P(r_i|c_i)]$与信号空间上的欧氏距离(Euclidean Distance)相关。因此，也可以采用欧氏距离作为度量，即

$$\hat{\boldsymbol{c}} = \min_{c} \sum_{i} |r_i - c_i|^2 \tag{6-14}$$

即最大似然度量等价于最小欧氏距离度量。而在 GF(2)上，则可以进一步简化为汉明距离。

【例 6-6】 假定接收序列 $\boldsymbol{r}=[01\ 10\ 00\ 10\ 11\ 00\ 10]$，合法路径 1 为 $\boldsymbol{c}_1=[00\ 00\ 00\ 00\ 00\ 00\ 00]$，合法路径 2 为 $\boldsymbol{c}_2=[11\ 10\ 11\ 11\ 01\ 01\ 11]$，如图 6-20 所示。分别计算接收序列 $\boldsymbol{r}$ 与 $\boldsymbol{c}_1$ 和 $\boldsymbol{c}_2$ 的汉明距离并加以比较。

解 接收序列 $\boldsymbol{r}$ 与合法路径 1 的汉明距离为 1+1+0+1+2+0+1=6。

接收序列 $\boldsymbol{r}$ 与合法路径 2 的汉明距离为 1+0+2+1+1+1+1=7。

因此，合法路径 1 与接收序列 $\boldsymbol{r}$ 的汉明距离相对更小。

假定接收序列共包括 k 个分支(不含尾比特对应分支)，则总共有 2^k 个可能的发送序列(合法路径)，可能的发送序列数随分支数 k 指数增长。因此，要计算接收序列与所有可能的发送序列的似然(或距离)，计算量非常高，而且实际上是不必要的。

仔细观察图 6-20 可以发现，在经过 3 个分支的转移后，合法路径 1 和合法路径 2 又汇聚于同一个状态 00。此时，仅就前 3 个分支而言，合法路径 1 与接收序列 $\boldsymbol{r}$ 的汉明距离为 1+1+0=2，而合法路径 2 与接收序列 $\boldsymbol{r}$ 的汉明距离为 1+0+2=3。因此，虽然网格图没有走完，但用反证法可以轻松证明，前 3 个分支输出为 11 10 11 的所有合法路径(不仅仅是路径 2)都不可能是整个网格图中与接收序列距离 $\boldsymbol{r}$ 最近的合法路径了，因此可以提前丢弃掉。这就是著名的 Viterbi 算法的基本思想。

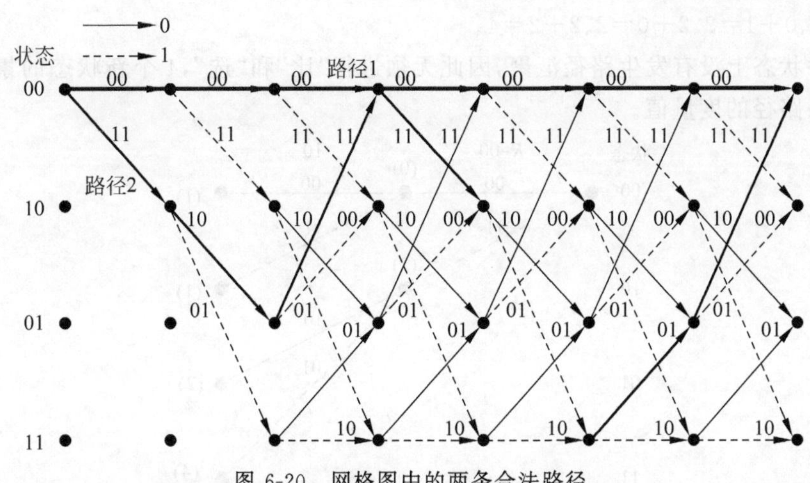

图 6-20 网格图中的两条合法路径

Viterbi 算法是美籍意大利裔科学家 Andrew J. Viterbi 提出的一种 MLSE 算法。Viterbi 算法并不是在网格图上直接计算和比较所有 2^k 条合法路径，而是接收一段分支就计算比较一段，将汇聚到每个状态节点的多条路径的度量值进行比较，留下与接收序列似然度最大(距离度量最小)的路径，称为幸存路径，去掉其余的路径。通过逐个分支地确定幸存路径，最终完成译码过程。

Viterbi 算法在每个分支上的译码过程可概括为“加-比-选”过程。

(1) 加(Add)：计算每个分支的输出与相应接收序列之间的度量值，并与原状态的累积度量值相加，得到各路径的度量值。

(2) 比(Compare)：比较汇聚到同一个状态的各路径的度量值。

(3) 选(Select)：选择似然度较大的路径作为幸存路径，如果多条路径的量度相等，则任意选择其中一条作为幸存路径；将幸存路径的度量值作为新状态的累积度量值。

【例 6-7】 某(2,1,3)卷积码的编码器和状态转移图如图 6-20 所示。假定输入编码器的信息序列为全 0 序列，编码器输出显然也是全 0 序列。经过信道传输，接收序列为 001001000000…，请进行 Viterbi 译码。

解 对接收序列逐分支进行“加-比-选”。

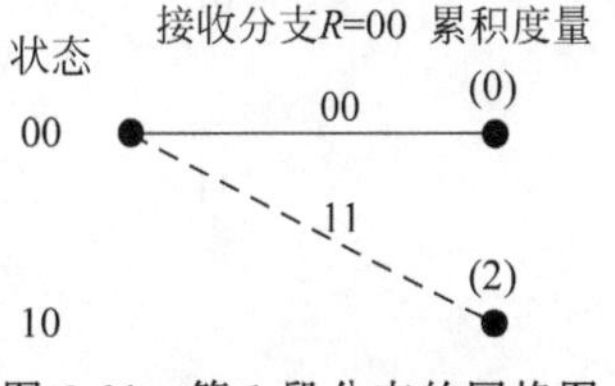

图 6-21 第 1 段分支的网格图

(1) 第 1 段分支。如图 6-21 所示，从初始状态 00 出发，分出两个分支，分别转移到新状态 00 和 10，相应的分支输出分别为 00 和 11；分别计算两个分支输出(分别为 00 和 11)与本段对应的接收序列分支($R=00$)之间的汉明距离，分别为 0 和 2；计算两条路径的累积度量值，分别为 0+0=0 和 0+2=2，其中加号的左侧为原状态 00 的累积度量，加号右侧为分支输出与接收序列分支之间的汉明距离，图中括号中的数值为得到的路径累积度量值。

由于进入状态 00 和 10 的各只有一条路径，没有发生路径汇聚，因此无须进行“比”和“选”，两个状态的累积度量值就等于两条路径的度量值。

(2) 第 2 段分支。如图 6-22 所示，从状态 00 和 10，分别分出两个分支，转移到 4 个新状态 00、10、01 和 11，相应的分支输出分别为 00、11、10 和 01；计算对应本段的接收序列分支($R-10$)与 4 个分支输出的汉明距离，分别为 1、1、0 和 2；计算 4 条路径的度量值，分别为 0＋1＝0、0＋1＝2、2＋0＝2、2＋2＝4。

由于各状态上没有发生路径汇聚，因此无须进行“比”和“选”，4 个新状态的累积度量值就等于 4 条路径的度量值。

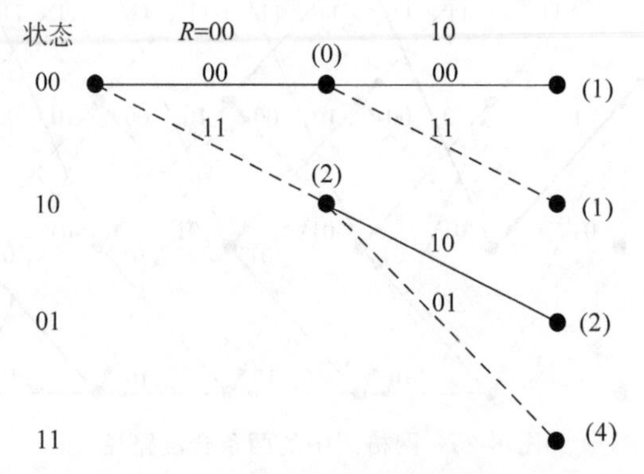

图 6-22　前 2 段分支的网格图

(3) 第 3 段分支。如图 6-23 所示，与前面类似，计算转移到的 4 个新状态的 8 条路径的度量，分别为 2 和 3(汇聚到新状态 00)、2 和 3(汇聚到新状态 10)、3 和 4(汇聚到新状态 01)和 1 和 6(汇聚到新状态 11)。由于路径发生汇聚，因此需要进行“比”和“选”。

对汇聚到同一状态的两条路径的度量进行比较。由于采用汉明距离作为度量，所以选择度量较小的路径作为幸存路径。例如，对于汇聚到状态 00 的两条路径的度量分别为 2 和 3，因此选择度量为 2 的路径作为幸存路径，将该路径的度量值作为状态 00 的累积度量值。

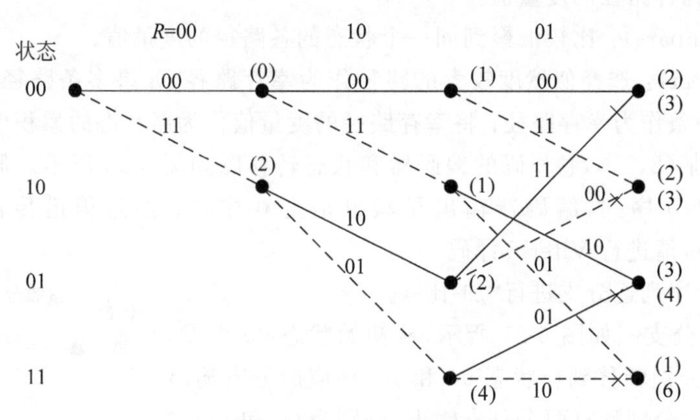

图 6-23　前 3 段分支的网格图

(4) 第 N 段分支。继续在每个分支上进行“加-比-选”，每个状态只保留一条幸存路径。随着译码的不断进行，幸存路径逐分支地不断向前延伸，但幸存路径数始终只有 4 条，如图 6-24 和图 6-25 所示。由于编码时加入了尾比特，因此在译码结束时，最终将回到全零状态，幸存路径将最终减少到一条。根据幸存路径，就可以确定译码输出。

6.3.3　Viterbi 译码算法优化

1. 回溯

观察如图 6-25 所示的前 6 段分支的网格图，可以发现，当前的所有 4 条幸存路径，向后

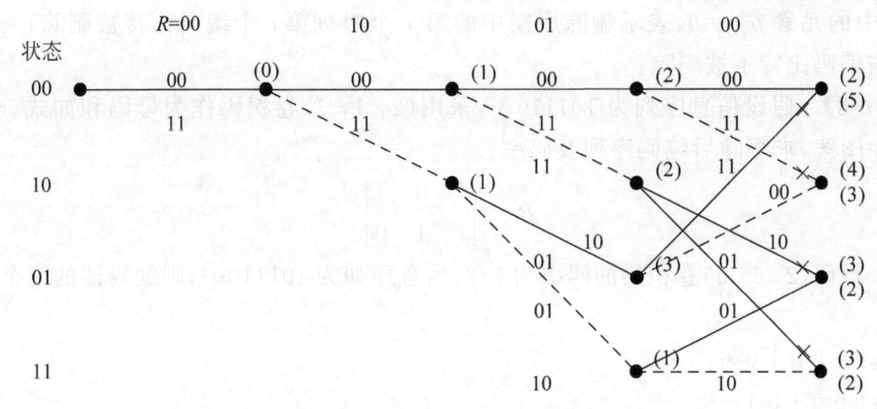

图 6-24　前 4 段分支的网格图

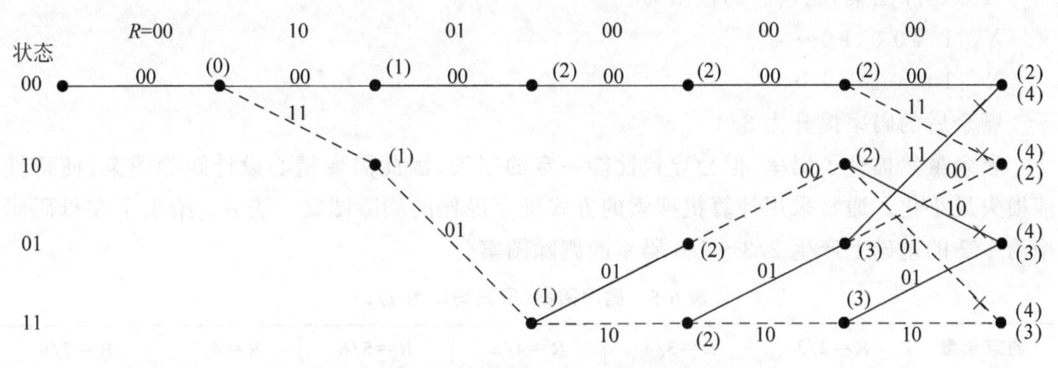

图 6-25　前 6 段分支的网格图

回溯 5 个分支后，已经收敛到一起，即无论最终选择的路径是哪条，第 1 段分支对应的译码输出都是确定的(为 0)。

研究发现，对于某个时刻的所有幸存路径，只要回溯 (5～7)K 个分支，很大概率都将收敛到一起，可以得到译码结果。采用回溯机制，无须完成整个译码过程，就可以输出译码结果，降低了译码时延和存储量。而且，固定的译码时延特别适合语音等时延敏感应用。这也是卷积码的一个突出优点。

2. 删余

上文介绍的卷积码码率较为固定(如 1/2 和 1/3 等)。而在实际应用中往往需要一些更高、更灵活的码率(如 2/3、3/4 等)。直接生成所需的码率难度非常大，一般采用删余(Puncturing)，也称为打孔的方法。首先以 1/2 或 1/3 码率的卷积码作为母码，进行卷积编码，然后按照删除图案 $\boldsymbol{P}$，从编码序列中周期性地删除部分比特。通过删余，获得较高码率(如 3/4、3/5、2/5 等)。译码时则在接收序列中与相应位置添加不影响译码的伪(Dummy)比特，然后再进行译码。删余卷积码既保持了较低的编译码复杂度，又提升了码率，实现了码率的灵活调整。

删除图案 $\boldsymbol{P}$ 具有如下形式。

$$\boldsymbol{P}=\begin{bmatrix} p_{11} & \cdots & p_{1m} \\ \vdots & \ddots & \vdots \\ p_{n1} & \cdots & p_{nm} \end{bmatrix} \tag{6-15}$$

其中，$\boldsymbol{P}$ 中的元素 $p_{ij}=0$，表示删除周期中的第 j 个时刻第 i 个编码比特被删除；$p_{ij}=1$，则表示该编码比特不被删除。

【例 6-8】 假设信息序列为 101110…，采用(2，1，3)卷积码作为母码和如式(6-16)所示的删除图案，求删除后编码序列及码率。

$$\boldsymbol{P}=\begin{bmatrix}1 & 0 & 1\\ 1 & 1 & 0\end{bmatrix} \tag{6-16}$$

解 母码(2，1，3)卷积码的码率为 1/2，信息序列为 101110…，则编码器的两个输出分别为：

X_1：1 1 0 0 1 0…

X_2：1 0 0 1 0 1…

按照删除图案，删余后的输出为：

X_1：1 ~~1~~ 0 0 ~~1~~ 0…

X_2：1 0 ~~0~~ 1 0 ~~1~~…

删余后的码率提升为 3/4。

删余虽然提升了码率，但会导致性能一定的损失，因此需要精心设计删除图案，使得性能损失最小化。通常采用计算机搜索的方式确定最佳的删除图案。表 6-5 给出了在母码码率为 1/2 的基础上产生 2/3～7/8 码率的删除图案。

表 6-5 删除图案(母码码率为 1/2)

约束长度	$R=2/3$	$R=3/4$	$R=4/5$	$R=5/6$	$R=6/7$	$R=7/8$
3	10	101	1011	10111	101111	1011111
	11	110	1100	11000	110000	1100000
4	11	110	1011	10100	100011	1000010
	10	101	1100	11011	111100	1111101
5	11	101	1010	10111	101010	1010011
	10	110	1101	11000	110101	1101100
6	10	100	1000	10000	110110	1011101
	11	111	1111	11111	101001	1100010
7	11	110	1000	11010	111010	1111010
	10	101	1111	10101	100101	1000101
8	10	110	1010	11100	101001	1010100
	11	101	1101	10011	110110	1101011
9	11	111	1101	10110	110110	1101011
	10	100	1010	11001	101001	1010100

3. 软判决 Viterbi 译码算法

Viterbi 译码分为硬判决译码和软判决译码两种，在译码器结构和译码过程上没有区别。不同之处在于硬判决译码直接利用接收信号解调判决值进行译码。假定采用 BPSK 调制，当接收矢量 $\boldsymbol{r}$ 落在右半平面时，判决为 1；当 $\boldsymbol{r}$ 落在左半平面时，判决为 0。然后将解调判决结果送入译码器进行译码。如图 6-26 (a)所示，对于接收矢量 $\boldsymbol{r}_1$ 和 $\boldsymbol{r}_2$，都落在右半平面，因此解调结果均为 1。但实际上 $\boldsymbol{r}_1$ 和 $\boldsymbol{r}_2$ 解调结果的可靠性是不同的，显然 $\boldsymbol{r}_2$ 解调结果的可靠性更高。而软判决译码则对接收信号进行多比特量化然后送入译码器。例如，

图 6-26(b)实际上是对接收信号进行了 2 比特量化。与硬判决译码通常采用汉明距离作为度量不同,软判决译码通常采用欧氏距离度量或相关度量。

硬判决译码利用解调判决结果进行译码,而没有利用解调判决结果的可靠性信息(软信息)。

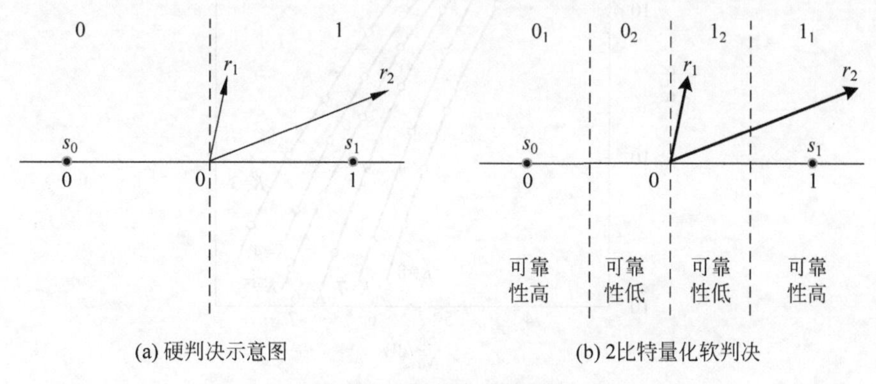

图 6-26 硬判决和软判决

图 6-27 给出了 AWGN 信道下(2,1,5)卷积码采用 3 比特量化($Q=8$)和 2 比特量化($Q=4$)的软判决算法,以及硬判决算法($Q=2$)的性能。可以看到,在 BER$=10^{-4}$ 处,相比于硬判决译码,采用 3 比特量化和 2 比特量化的软判决译码,性能分别提升约 1.9dB 和 1.3dB。而软判决算法的复杂度相比硬判决算法仅略有增加。

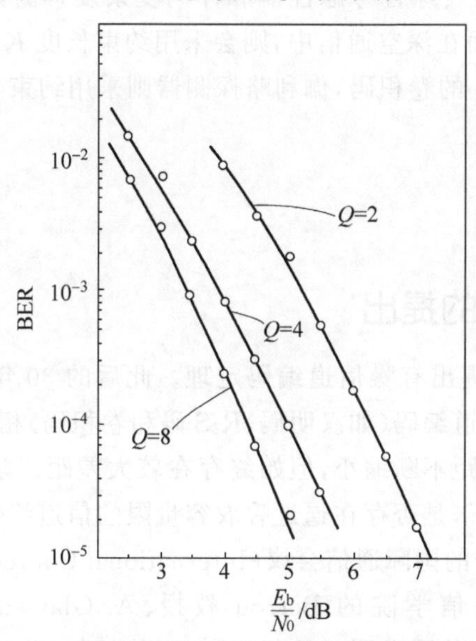

图 6-27 (2,1,5)卷积码软判决 Viterbi 译码算法性能对比(AWGN 信道)

6.3.4 约束长度与卷积码性能

约束长度是卷积码的重要参数之一。约束长度越大,表明编码输出与更多的编码输入有关。图 6-28 给出了码率为 1/2,约束长度为 3~8 的不同卷积码,在 AWGN 信道中采用硬判决译码时的性能。可以看到,约束长度 K 越大,纠错性能越好。例如,在 BER 为 10^{-4} 处,约束长度每增加 1,编码增益提升 0.3~0.4dB。

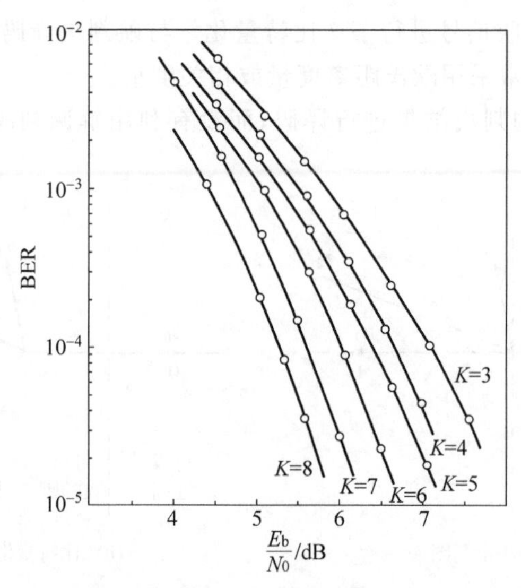

图 6-28　不同约束长度的卷积码性能

另外，Viterbi 译码算法中，译码复杂度随状态节点数 2^{K-1} 线性增长，即随约束长度 K 指数增长。例如，(2,1,3)卷积码有 4 个状态节点，而(2,1,7)卷积码则有 64 个状态节点，(2,1,7)卷积码的译码复杂度约为(2,1,3)卷积码的 16 倍。

第 6-4 集 微课视频

因此，选择 K 的值时需要综合考虑性能和译码复杂度。例如，LTE 系统采用的(3,1,7)卷积码，约束长度为 7；而在深空通信中，则会采用约束长度 K 更大的卷积码(如"火星探路者号"采用约束长度为 15 的卷积码，伽利略探测器则采用约束长度为 14 的卷积码)，以进一步提高纠错性能。

6.4　Turbo 码

6.4.1　Turbo 码的提出

20 世纪 40 年代，香农提出有噪信道编码定理。此后的 30 年中，信道编码技术得到了飞速发展，一大批优秀的信道编码(如汉明码、R-S 码和卷积码)相继问世。信道编码的虽不断提升，与香农容量限的差距不断缩小，但始终存在较大差距。学术界甚至开始怀疑，在可接受的编译码复杂度条件下，是否存在逼近香农容量限的信道编码。

1993 年，在日内瓦召开的国际通信会议(International Conference on Communications, ICC)上，法国布列塔尼通信学院的 Berrou 教授、A. Glavieux 教授和他们的博士生 P. Thitimajshiwa 公布了他们共同发明的并行级联卷积码(Parallel Concatenated Convolutional Code, PCCC)，即 Turbo 码。

Berrou 教授等人的研究表明，码率为 1/2，交织器大小为 65536 比特的 Turbo 码，在进行 18 次译码迭代后，能够获得距香农容量限仅 0.7dB 的优异性能，如图 6-29 所示。Turbo 码是一种具有逼近香农容量限的信道编码，其发明是信道编码发展史上的一个里程碑。

Turbo 码很快在 3G 系统得到了应用，WCDMA、CDMA 2000、TD-SCDMA 三大 3G 标准都采用了 Turbo 码；4G 系统也选择 Turbo 码作为主要的信道编码方案。

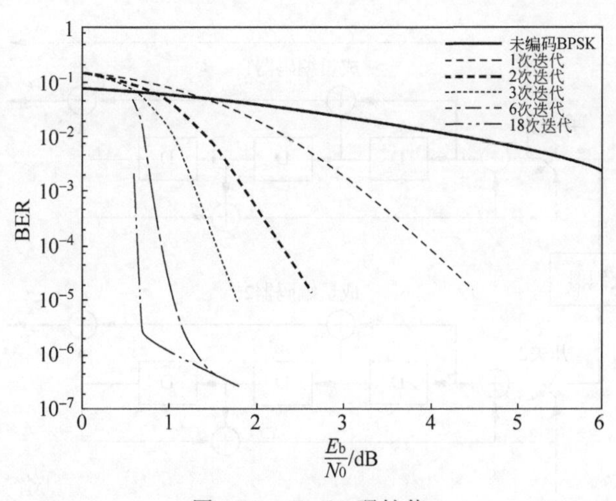

图 6-29 Turbo 码性能

6.4.2 Turbo 码编码

Turbo 码具有优异的性能,其编码器结构实际上却并不复杂。如图 6-30 所示,Turbo 码编码器包含两个并联的成员编码器、交织器、删余器和复用等模块。其中复用常与删余器合并。

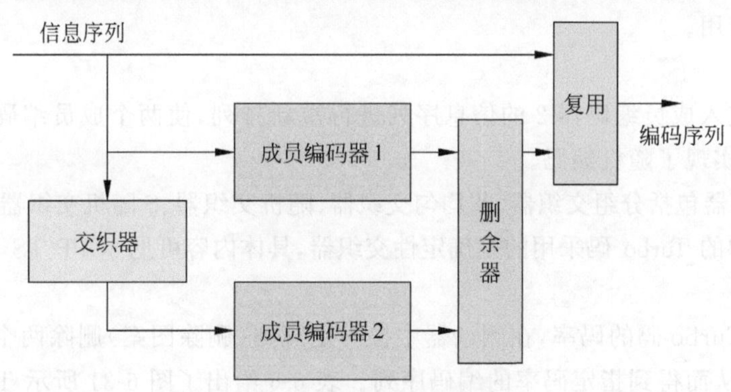

图 6-30 Turbo 编码器结构

1. 成员编码器

Turbo 码采用递归系统卷积码(Recursive Systematic Convolutional,RSC)作为成员码(Component Code),也称为分量码。递归系统卷积码是一种特殊的卷积码。这里所谓的"系统"是指编码序列中包括输入的信息序列,而"递归"是指编码器的输出会反馈回输入端。

Turbo 码中两个递归系统卷积码可以相同,也可以不同,但一般是相同的。图 6-31 给出了 LTE 3GPP 标准中 Turbo 码编码器,采用了相同的两个(2,1,4)递归系统卷积码。

假设 Turbo 编码器输入长度为 K 比特的信息序列 $c_0, c_1, \cdots$,经过交织后的信息序列为 $c'_0, c'_1, \cdots$。上述两个信息序列分别送入成员编码器 1 和成员编码器 2。两个成员编码器输出的冗余比特分别为 $z_0, z_1, z_2, z_3, \cdots$ 和 $z'_0, z'_1, z'_2, z'_3, \cdots$。

2. 迫零处理

6.3.1 节介绍的卷积码编码,通常在信息序列后添加 $K-1$ 个 0 比特(称为尾比特)。Turbo 编码器则从信息序列完成编码后的移位寄存器反馈中确定尾比特,将其添加到信息

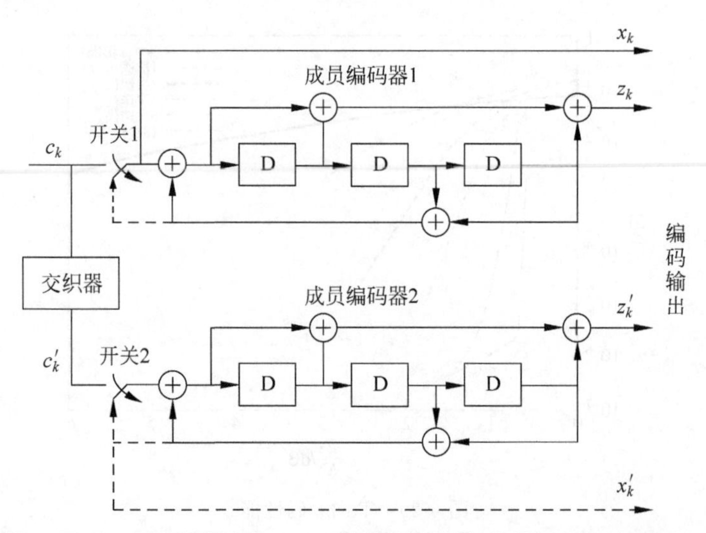

图 6-31 LTE 标准采用的 Turbo 码成员编码器(虚线仅用于迫零处理)

比特后完成编码。

如图 6-31 所示,前 3 个尾编码用于终止成员编码器 1(此时将开关 1 转至低位),此时成员编码器 2 被禁用;后 3 个尾比特用于终止成员编码器 2(此时将开关 2 转至低位),此时成员编码器 1 被禁用。

3. 交织器

交织器将进入成员编码器 2 的信息序列进行重新排列,使两个成员编码器的输入序列尽可能不相关,实现了随机编码。

常用的交织器包括分组交织器、非均匀交织器、随机交织器、S 随机交织器、确定性交织器等。LTE 标准中的 Turbo 码采用的是确定性交织器,具体内容可见 3GPP TS 36.212 规范。

4. 删余器

为了调节 Turbo 码的码率,在删余器中按一定规则(删除图案)删除两个成员编码器输出的部分比特,从而得到指定码率的编码序列。表 6-6 给出了图 6-31 所示 Turbo 编码器的删除图案,其中 1 表示保留,0 表示删除。其中 x'_k 显然为冗余,所以均被删除。

表 6-6 删除图案

序列	删除图案	
	$R=1/2$	$R=1/3$
x_k	11	11
z_k	10	11
z'_k	01	11
x'_k	00	00

【例 6-9】 某 Turbo 码编码器如图 6-31 所示。输入的信息序列为[1 0 1 0 0 1 0 0…],交织后的信息序列为[1 1 0 0 0 0 1 0…],请分别给出码率为 1/3 和 1/2 时的编码输出。删除图案如表 6-6 所示。

解 根据如图 6-31 所示编码器,可得成员编码器 1 的输出为[1 1,0 1,1 0,0 0,0 1,1 0,0 0,0 1…];成员编码器 2 的输出为[1 1,1 0,0 0,0 0,0 1,0 0,1 0,0 0…]。

(1) 码率为 $R=1/3$ 时,根据删除图案可知,只删除 x_k',因此 Turbo 编码器输出为

$$[1\,1\,1,0\,1\,0,1\,0\,0,0\,0\,0,0\,1\,1,1\,0\,0,0\,0\,0,0\,1\,0\cdots]$$

(2) 码率为 $R=1/2$ 时,根据删除图案可知,不仅删除 x_k',而且轮流删除 z_k 和 z_k',因此 Turbo 编码器输出为

$$[1\,1,0\,0,1\,0,0\,0,0\,1,1\,0,0\,0,0\,0\cdots]$$

6.4.3 Turbo 码译码

1. 对数似然比

由 6.3.3 节可知,软判决 Viterbi 算法通过对解调信号进行多比特量化,相比于硬判决译码,改善了译码性能。量化比特数越多,信息损失越少,译码性能越好。Turbo 码译码中,则进一步采用对数似然比(Log-Likelihood Ratio,LLR)作为量度。

经过信道传输后的接收信号 r 的后验概率对数似然比定义为

$$\begin{aligned} L(d \mid r) &= \log\frac{P(d=1 \mid r)}{P(d=0 \mid r)} = \log\frac{p(r \mid d=1)P(d=1)}{p(r \mid d=0)P(d=0)} \\ &= \log\frac{p(r \mid d=1)}{p(r \mid d=0)} + \log\frac{P(d=1)}{P(d=0)} = L(r \mid d) + L(d) \end{aligned} \tag{6-17}$$

其中,d 为发送比特; $L(d)$为数据 d 的先验 LLR。通常假定 d 为 0 和 1 等概率,即 $P(d=1)=P(d=0)=0.5$,则 $L(d)=0$。$L_c(r)=L(r|d)$为关于 r 的信道度量,也称为信道信息,将在下文介绍。注意,这里 P 为概率,而 p 为概率密度。

2. 信道信息

信道信息 $L_c(r)$定义为已知 d 条件下,信道输出 r 的 LLR,即

$$L_c(r) = L(r \mid d) = \log\frac{p(r \mid d=1)}{p(r \mid d=0)} \tag{6-18}$$

假设采用 BPSK 调制(星座图见图 5-2),如图 6-32 所示,在进行硬判决时,如果 $L(r|d)>0$,即 $p(r|d=1)>p(r|d=0)$,则应判决 $d=1$; 反之,则应判决 $d=0$,因此 $L(r|d)$的符号决定着硬判决结果。

显然,$|L(r|d)|$越大,判决可靠性越高; 当$|L(r|d)|=0$ 时,表明 $p(r|d=1)=p(r|d=0)$,此时无论是判决 $d=1$ 还是 $d=0$,可靠性都很低。

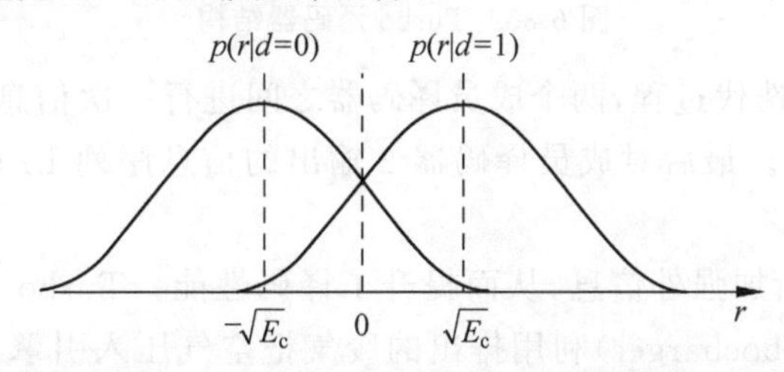

图 6-32 AWGN 信道中似然概率密度

可证明,在 AWGN 信道中,信道信息 $L(r|d)=2\dfrac{\sqrt{E_c}}{\sigma^2}r=4\dfrac{\sqrt{E_c}}{N_0}r$,其中 E_c 为每编码比特能量。简便起见,通常假定 $E_c=1$。

3. 外信息

通过信道编码，使得编码比特之间存在一定的约束关系。例如，假定 d_1、d_3、d_8 和 d_9 这 4 个编码比特满足 $d_1 \oplus d_3 \oplus d_8 \oplus d_9 = 0$ 这一关系式。显然，可以根据 d_3、d_8 和 d_9 的值推断 d_1 的值。如果 d_3、d_8 和 d_9 的判决值都是正确的(或者其中有两个发生错误时)，推断得到的 d_1 的值也将是正确的。d_3、d_8 和 d_9 提供的关于 d_1 的信息，被称为外信息。

因此，对于信息比特，译码器输出 LLR 实际上由信道信息 $L_c(r)$、先验信息 $L(d)$ 和外信息 $L_e(\hat{d})$ 这 3 部分构成的，即

$$L(\hat{d}) = L_c(r) + L(d) + L_e(\hat{d}) \tag{6-19}$$

从信息论的角度来看，译码器的核心就是获取外信息的过程。获取的外信息越多，译码正确的可能性越大，性能越好。

4. Turbo 译码器

如图 6-33 所示，Turbo 译码器结构由两个成员译码器、交织器和解交织器组成。两个成员译码器分别对应编码器中的两个成员编码器。而交织器与编码器中的采用的交织器完全相同。其中，$\boldsymbol{x}^*$ 表示信息序列 $\boldsymbol{x}$ 经过交织后的序列，$L_c(\boldsymbol{x})$、$L_c(\boldsymbol{p}^1)$、$L_c(\boldsymbol{p}^2)$ 分别为信息序列、成员编码器 1 和成员编码器 2 添加的校验序列的信道信息。

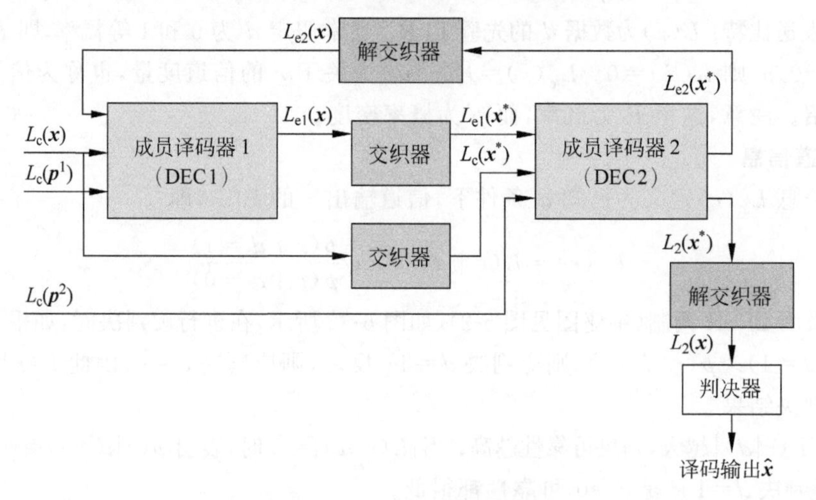

图 6-33 Turbo 译码器结构

Turbo 译码在每次迭代过程，两个成员译码器之间进行一次信息序列 $\boldsymbol{x}$ 的外信息的交换，即 $L_{e1}(\boldsymbol{x})$ 和 $L_{e2}(\boldsymbol{x})$。最后对成员译码器 2 输出的信息序列 LLR 进行判决，得到译码输出。

通过多次迭代，不断加强外信息，从而提升了译码性能。Turbo 码的这种译码方式，与机械中的涡轮增压(Turbocharger)利用排出的废气把空气压入引擎，提高内燃机性能的原理类似，如图 6-34 所示，这也是称其为 Turbo 码的原因。

5. Turbo 译码算法

当前主流的 Turbo 译码算法主要包括两类。

一类源自 Viterbi 算法，追求码字(或路径)的错误概率最小，如软输出 Viterbi 算法(Soft-Output Viterbi Algorithm，SOVA)；另一类源自 Bahl-Cocke-Jelinek-Raviv(BCJR)算

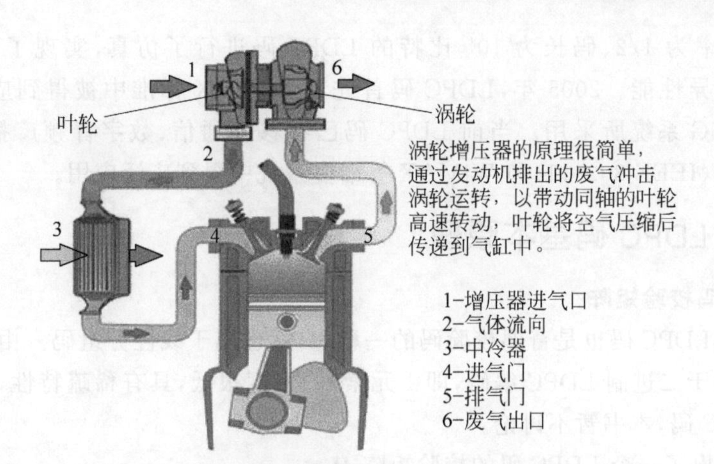

图 6-34　涡轮增压(Turbocharger)原理

法，追求误比特率最小，如最大后验概率(MAP)算法。

MAP 算法性能要好于 SOVA 算法，但运算复杂度较大，需要较大的存储空间，而且需要对信噪比进行估计。

SOVA 算法由 Viterbi 算法发展而来。不同之处在于进行“加-比-选”时，不是简单地舍弃似然度较小的路径，而是计算留存路径与竞争路径的度量之差，以此作为该分支选择可靠性的量度。

6.4.4 Turbo 码优缺点

第 6-5 集
微课视频

Turbo 码的优点主要如下。

(1) 具有逼近香农容量限的优异性能。

(2) 编码复杂度较低。

但 Turbo 码也存在一些缺点，主要如下。

(1) 译码复杂度大。Turbo 采用迭代译码算法，而且在每次迭代中都需要进行交织和解交织。

(2) 存在差错平底。信噪比较大后，误码率随信噪比下降速度开始放缓。

(3) 理论分析困难。难以对 Turbo 码编译码进行完整严格的理论分析。

(4) 灵活性较差。码长受限于交织器大小，而码率受限于成员编码器的码率与删除图案。

(5) 译码时延大。在网格图上逐个分支搜索最佳路径，译码时延大，而且实现并行困难。

6.5 LDPC 码

1962 年，Robert G. Gallager 率先提出 LDPC 码，故也称为 Gallager 码。但由于相关理论的欠缺和数字信号处理能力的制约，LDPC 码当时并没有得到广泛的关注，很快沉寂下去。

随着数字信号处理能力的提高和相关理论(图论、信度传播等)的发展完善，并受 Turbo 码成功的激励和启发，1995 年 Mackay 和 Neal 重新提出 LDPC 码，并证明在采用迭代译码时，LDPC 码同样具有逼近香农容量限的性能，是一种极为优秀的信道编码。Sae-Young

Chung 等对码率为 1/2、码长为 10^7 比特的 LDPC 码进行了仿真，实现了距香农容量限 0.0045dB 的优异性能。2005 年，LDPC 码首先在 WiMAX 标准中被得到应用；2016 年，LDPC 码又被 5G 系统所采用。当前 LDPC 码已在移动通信、数字音频广播/数字视频广播、无线局域网(IEEE 802.11)和 WiMAX 等诸多系统中得到广泛应用。

6.5.1 LDPC 码基本原理

1. LDPC 码校验矩阵

顾名思义，LDPC 码也是奇偶校验码的一种，自然也属于线性分组码。由于其校验矩阵中非零元素(对于二进制 LDPC 编码，即 1 元素)的密度很低，具有稀疏特性，因故得名。对于多进制 LDPC 码，本书暂不讨论。

图 6-35 给出了一个 LDPC 码的校验矩阵 $\boldsymbol{H}$。

$$\begin{array}{rc} & \begin{array}{cccccccccccccccccccc} c_1 & c_2 & c_3 & c_4 & c_5 & c_6 & c_7 & c_8 & c_9 & c_{10} & c_{11} & c_{12} & c_{13} & c_{14} & c_{15} & c_{16} & c_{17} & c_{18} & c_{19} & c_{20} \end{array} \\ \boldsymbol{H}= & \begin{bmatrix} 1 & 0 & 1 & 0 & 0 & 0 & 0 & 1 & 1 & 0 & 0 & 0 & 0 & 0 & 0 & 0 & 0 & 0 & 0 & 0 \\ 0 & 0 & 0 & 0 & 1 & 1 & 1 & 0 & 0 & 1 & 0 & 0 & 0 & 0 & 0 & 0 & 0 & 0 & 0 & 0 \\ 1 & 0 & 0 & 1 & 1 & 0 & 0 & 0 & 0 & 0 & 1 & 0 & 0 & 0 & 0 & 0 & 0 & 0 & 0 & 0 \\ 0 & 1 & 0 & 0 & 0 & 0 & 0 & 1 & 0 & 0 & 1 & 1 & 0 & 0 & 0 & 0 & 0 & 0 & 0 & 0 \\ 0 & 1 & 1 & 0 & 0 & 0 & 1 & 0 & 0 & 0 & 0 & 0 & 1 & 0 & 0 & 0 & 0 & 0 & 0 & 0 \\ 1 & 0 & 0 & 0 & 0 & 0 & 0 & 0 & 0 & 0 & 0 & 1 & 1 & 1 & 0 & 0 & 0 & 0 & 0 & 0 \\ 0 & 0 & 0 & 0 & 0 & 0 & 0 & 0 & 1 & 1 & 0 & 1 & 0 & 0 & 1 & 0 & 0 & 0 & 0 & 0 \\ 0 & 0 & 1 & 1 & 0 & 0 & 0 & 0 & 0 & 1 & 0 & 0 & 0 & 0 & 0 & 1 & 0 & 0 & 0 & 0 \\ 0 & 0 & 0 & 0 & 0 & 0 & 1 & 0 & 0 & 0 & 0 & 0 & 0 & 1 & 0 & 1 & 1 & 0 & 0 & 0 \\ 0 & 0 & 0 & 0 & 0 & 0 & 0 & 0 & 0 & 0 & 1 & 0 & 0 & 1 & 1 & 0 & 0 & 1 & 0 & 0 \\ 0 & 1 & 0 & 0 & 0 & 1 & 0 & 0 & 0 & 0 & 0 & 0 & 0 & 0 & 0 & 0 & 0 & 1 & 1 & 0 \\ 0 & 0 & 0 & 0 & 0 & 1 & 0 & 0 & 0 & 0 & 0 & 0 & 0 & 0 & 1 & 0 & 1 & 0 & 0 & 1 \\ 0 & 0 & 0 & 1 & 0 & 0 & 0 & 1 & 0 & 0 & 0 & 0 & 0 & 0 & 0 & 0 & 0 & 0 & 1 & 1 \\ 0 & 0 & 0 & 0 & 0 & 0 & 0 & 0 & 0 & 0 & 0 & 0 & 1 & 0 & 0 & 1 & 0 & 1 & 0 & 1 \\ 0 & 0 & 0 & 0 & 1 & 0 & 0 & 0 & 1 & 0 & 0 & 0 & 0 & 0 & 0 & 0 & 1 & 0 & 1 & 0 \end{bmatrix} \end{array}$$

图 6-35　LDPC 码校验矩阵

校验矩阵中的每列对应码字 $\boldsymbol{c}=(\boldsymbol{c}_1,\boldsymbol{c}_2,\cdots,\boldsymbol{c}_{20})$ 中的 1 比特，每行对应一个校验式。可知该 LDPC 码的码长为 20 比特，包括 15 个校验式。因此，码率 $R=1-M/N=1/4$，其中 M 和 N 分别为 $\boldsymbol{H}$ 矩阵的行数和列数。

每列有 3 个 1 元素，每行有 4 个 1 元素。这表明每个码字比特参与 3 个校验式，而每个校验式包含 4 比特。其中，前 3 行分别对应的校验式为

$$\begin{cases} \boldsymbol{c}_1 \oplus \boldsymbol{c}_3 \oplus \boldsymbol{c}_8 \oplus \boldsymbol{c}_9 = 0 \\ \boldsymbol{c}_5 \oplus \boldsymbol{c}_6 \oplus \boldsymbol{c}_7 \oplus \boldsymbol{c}_{10} = 0 \\ \boldsymbol{c}_1 \oplus \boldsymbol{c}_4 \oplus \boldsymbol{c}_5 \oplus \boldsymbol{c}_{11} = 0 \end{cases} \tag{6-20}$$

2. 正规码与非正规码

如果校验矩阵 $\boldsymbol{H}$ 中每行中 1 元素数量(行重)均相同，且每列中 1 元素数量(列重)也相同，则称该 LDPC 码为正规(Regular)码，否则为非正规码(Irregular)码。

对于 LDPC 正规码，通常可记为(N,p,q)，其中 N 为校验矩阵 $\boldsymbol{H}$ 的列数，即码长，p 为列重，q 为行重。例如，图 6-35 所示的 LDPC 码就属于正规码，可记为(20,3,4)。

最佳的非正规码在译码时存在波浪效应，纠错性能要优于最佳的正规码，但编译码复杂度以及数学描述的难度也相应更大。

6.5.2 LDPC码图形描述

LDPC码除采用校验矩阵进行描述外，还可以表示为图的形式。因为最早由Tanner提出，因此也称为Tanner图。

Tanner图包括两类节点：

(1) 变量节点(Variable Node)，也称为比特节点，对应校验矩阵中的列；

(2) 校验节点(Check Node)，也称为约束节点，对应校验矩阵中的行。

变量节点与校验节点之间有边相连，对应校验矩阵中的非零元素；而变量节点之间，校验节点之间没有边相连。因此，Tanner图属于二分图(Bi-graph)。

变量节点度 d_v 为与变量节点相连的校验节点的数量，对应校验矩阵列重。

校验节点度 d_c 为与校验节点相连的变量节点的数量，对应校验矩阵行重。

图6-36为图6-35所示校验矩阵 $\boldsymbol{H}$ 的Tanner图表示，共20个变量节点，15个校验节点。每个变量节点与3个校验节点相连，即变量节点度 $d_v=3$；每个校验节点与4个变量节点相连，即校验节点度 $d_c=4$。

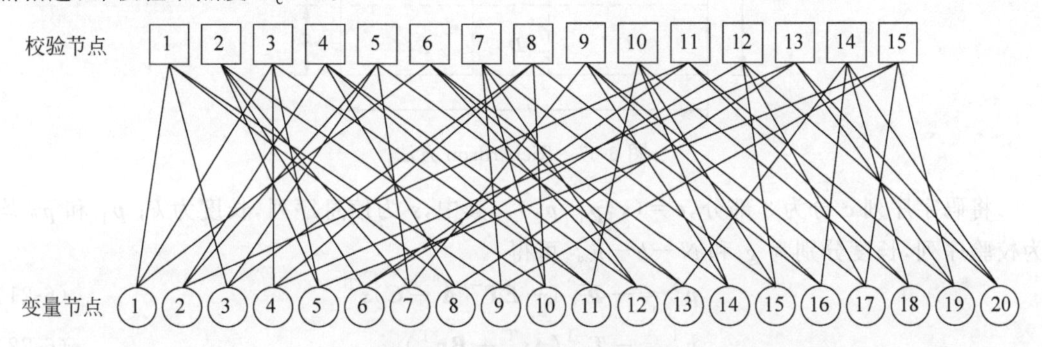

图6-36 LDPC码Tanner图

从校验节点的角度看，d_c 的值越小越好，因为它对与之相连的变量节点提供的信息越可靠；从变量节点的角度看，d_v 的值越大越好，因为它从校验节点得到的信息越多。

构造LDPC码，实际上就是设计Tanner图。因此，常采用图论的方法进行LDPC码的构造研究。

6.5.3 LDPC码编码

1. 生成矩阵法

LDPC码是线性分组码的一种，最容易想到的编码方式就是利用生成矩阵 $\boldsymbol{G}$ 进行编码，即码序列字为

$$\boldsymbol{c}=\boldsymbol{s}\boldsymbol{G}$$

其中，$\boldsymbol{s}$ 为信息序列。

而要得到生成矩阵 $\boldsymbol{G}$，一般通过对校验矩阵 $\boldsymbol{H}$ 进行行变换，使得 $\boldsymbol{H}$ 矩阵的右侧(或左侧)成为一个单位阵，即

$$\boldsymbol{H}=[\boldsymbol{P} \mid \boldsymbol{I}_{N-k}]$$

则生成矩阵为

$$\boldsymbol{G}=[\boldsymbol{I}_k \mid \boldsymbol{P}^{\mathrm{T}}]$$

LDPC 码校验矩阵 $\boldsymbol{H}$ 具有稀疏的特性，但在通过行变换得到生成矩阵 $\boldsymbol{G}$ 的过程中，会破坏矩阵的稀疏性，因此利用生成矩阵编码复杂度为 $O(N^2)$，即与码长 N 的平方成正比。由于 LDPC 码通常为长码，因此采用生成矩阵进行的编码复杂度较高。

而对于 QC-LDPC 码，由于其校验矩阵具有准循环的特殊结构，其生成矩阵也具有与之类似的特点，在编码时可以采用多个并行的移位寄存器模块进行编码。因此，虽然生成矩阵不稀疏，导致编码复杂度较高，但由于可以实现并行编码，因此采用硬件实现时，也能够实现高速的编码。

2. Richardson 方法

为了降低编码复杂度，Richardson 提出通过对 $\boldsymbol{H}$ 矩阵进行行列交换（而不是行变换）使得 $\boldsymbol{H}$ 矩阵右上角（即子矩阵 $\boldsymbol{T}$）成为一个尽量大的下三角子矩阵，如图 6-37 所示。

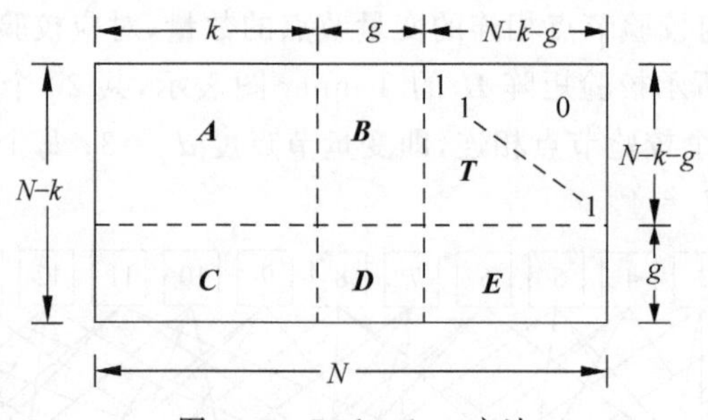

图 6-37　Richardson 方法

将码字序列 $\boldsymbol{c}$ 分为 3 部分，$\boldsymbol{c}=(\boldsymbol{s},\boldsymbol{p}_1,\boldsymbol{p}_2)$。其中，$\boldsymbol{s}$ 为信息序列，长度为 k；$\boldsymbol{p}_1$ 和 $\boldsymbol{p}_2$ 均为校验序列，长度分别为 g 和 $N-k-g$。可得

$$\boldsymbol{p}_1^{\mathrm{T}}=-\boldsymbol{\Phi}^{-1}(-\boldsymbol{E}\boldsymbol{T}^{-1}\boldsymbol{A}+\boldsymbol{C})\boldsymbol{s}^{\mathrm{T}} \tag{6-21}$$

$$\boldsymbol{p}_2^{\mathrm{T}}=-\boldsymbol{T}^{-1}(\boldsymbol{A}\boldsymbol{s}^{\mathrm{T}}+\boldsymbol{B}\boldsymbol{p}_1^{\mathrm{T}}) \tag{6-22}$$

其中，$\boldsymbol{\Phi}=-\boldsymbol{E}\boldsymbol{T}^{-1}\boldsymbol{B}+\boldsymbol{D}$；$\boldsymbol{A}$、$\boldsymbol{B}$、$\boldsymbol{C}$、$\boldsymbol{D}$、$\boldsymbol{T}$ 和 $\boldsymbol{E}$ 分别为 $\boldsymbol{H}$ 矩阵中的子矩阵，如图 6-37 所示。显然，要满足 $|\boldsymbol{\Phi}|\neq 0$。

Richardson 方法尽可能地保持校验矩阵的稀疏性，因此有效地降低了编码复杂度，其复杂度为 $O(N+g^2)$。而减小 g 是进一步降低复杂度的关键，也就是说，右上角的下三角矩阵 $\boldsymbol{T}$ 越大，编码复杂度越小。

Richardson 方法适用于所有 LDPC 码，但进行编码前需进行行列交换，而且其复杂度并不是严格随码长 N 线性增加（$O(N+g^2)$）。

3. 可差分编码的 LDPC 码

重复累积（Repeat Accumulated，RA）LDPC 码是一种具有特殊结构的 LDPC 码。其校验矩阵如图 6-38 所示，其右侧为双对角线矩阵，即除了两个对角线以外的元素均为 0。

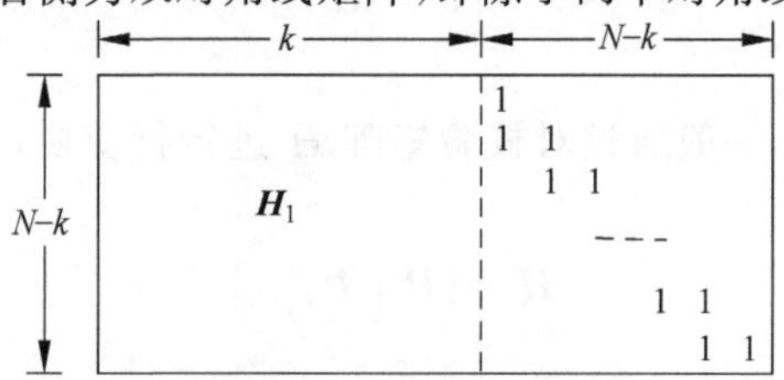

图 6-38　RA-LDPC 码校验矩阵

由 $\boldsymbol{Hc}^{\mathrm{T}}$，可得

$$\begin{cases} p_1 = \boldsymbol{s} \cdot \boldsymbol{H}_1(1,:) \\ p_i = \boldsymbol{s} \cdot \boldsymbol{H}_1(i,:) + p_{i-1}, \quad 2 \leqslant i \leqslant N-k \end{cases} \tag{6-23}$$

其中，$\boldsymbol{H}_1(i,:)$为矩阵 $\boldsymbol{H}_1$ 的第 i 行。RA-LDPC 码可采用差分编码方式，其编码复杂度较低，且严格随码长线性增加。

6.5.4 准循环 LDPC 码

研究发现 LDPC 长码性能更为突出，因此实际系统中使用的 LDPC 码大多数是长码。由前文可知，存储校验矩阵需要占用较大的存储容量，而且编码复杂度也更大。

准循环 LDPC(Quasi-Cyclic Low-Density Parity-Check，QC-LDPC)码是一类具有规则结构的 LDPC 码。其校验矩阵 $\boldsymbol{H}$ 由 $m \times n$ 个子矩阵(称为标准置换矩阵)构成，即

$$\boldsymbol{H} = \begin{bmatrix} \boldsymbol{H}_{1,1} & \boldsymbol{H}_{1,2} & \cdots & \boldsymbol{H}_{1,n} \\ \boldsymbol{H}_{2,1} & \boldsymbol{H}_{2,2} & \cdots & \boldsymbol{H}_{2,n} \\ \vdots & \vdots & \ddots & \vdots \\ \boldsymbol{H}_{m,1} & \boldsymbol{H}_{m,2} & \cdots & \boldsymbol{H}_{m,n} \end{bmatrix} \tag{6-24}$$

标准置换矩阵 $\boldsymbol{H}_{i,j}(i=1,2,\cdots,m,j=1,2,\cdots,n)$为 $Z_{\mathrm{c}} \times Z_{\mathrm{c}}$ 的方阵(Z_{c} 也称为扩展因子)，是在基矩阵 $\boldsymbol{H}_{\mathrm{BG}}$ 基础上扩展而来，即将基矩阵 $\boldsymbol{H}_{\mathrm{BG}}$ 中的 -1 扩展为全零矩阵，将 $\boldsymbol{H}_{\mathrm{BG}}$ 中的非负整数扩展为单位矩阵循环右移一定位的矩阵。例如，矩阵 $\boldsymbol{H}_{\mathrm{BG}}$ 中的元素 1，就扩展为单位矩阵循环右移 1 位得到的标准置换矩阵 $\boldsymbol{I}_1$

$$\boldsymbol{I}_1 = \begin{bmatrix} 0 & 1 & 0 & \cdots & 0 \\ 0 & 0 & 1 & \cdots & 0 \\ \vdots & \vdots & \vdots & \ddots & 0 \\ 0 & 0 & 0 & \cdots & 1 \\ 1 & 0 & 0 & \cdots & 0 \end{bmatrix}_{Z_{\mathrm{c}} \times Z_{\mathrm{c}}} \tag{6-25}$$

基矩阵 $\boldsymbol{H}_{\mathrm{BG}}$ 对应的 Tanner 图称为基图(Base Graph，BG)。这里需要注意，$\boldsymbol{H}_{\mathrm{BG}}$ 中的 0 扩展为全零矩阵；而移位值 $P_{i,j}=0$ 则意味着扩展为单位矩阵。

循环移位矩阵的移位值 $P_{i,j}$ 计算方法为

$$P_{i,j} = \operatorname{mod}(V_{i,j}, Z_{\mathrm{c}}) \tag{6-26}$$

其中，$\operatorname{mod}(x,y)$表示 x 对 y 取余数；$V_{i,j}$ 和 Z_{c} 的值由具体编码方案确定。

QC-LDPC 码校验矩阵 $\boldsymbol{H}$ 完全由基矩阵 $\boldsymbol{H}_{\mathrm{BG}}$ 和 $P_{i,j}$ 的值确定，降低了编译码器校验矩阵的存储占用；而且利用循环移位的特性，不仅可以降低编译码器硬件实现难度，而且能够进行并行编译码，提升了编译码器的吞吐量，降低了时延。因此，准循环 LDPC 在 5G 等系统中得到了广泛的应用。

6.5.5 LDPC 码译码

LDPC 的译码算法可以分为硬判决译码算法和软判决译码算法两类。比特翻转(Bit-Flipping，BF)算法属于硬判决译码算法，其计算复杂度很低，但译码性能较差。在软判决译码算法中，信度传播(Belief Propagation，BP)算法具有良好的性能，得到了广泛的研究和应用，但译码复杂度较大。本书重点介绍 BP 算法及其简化算法。

1. BP 算法

BP 算法的核心是变量节点和校验节点之间相互传递外信息。

长度为 N 的 LDPC 码字序列 $\boldsymbol{c}=(c_1,c_2,\cdots,c_N)$；经过 AWGN 信道传输，接收序列为 $\boldsymbol{y}=(y_1,y_2,\cdots,y_N)$，噪声方差 $\sigma^2=N_0/2$。假定每编码比特能量 $E_c=1$。

$A(i)$表示与校验节点 i 相连的变量节点的集合；$A(i)\backslash j$ 表示不包含元素 j 的 $A(i)$集合。同理，$B(j)$表示与变量节点 j 相连的校验节点集合；$B(j)\backslash i$ 表示不包含元素 i 的 $B(j)$集合。

BP 算法具体步骤如下。

步骤 1 初始化

对于每个变量节点 j，有

$$\lambda_{i,j}^{(0)}=L_c(r_j)=\frac{2}{\sigma^2}r_j,\quad j=1,2,\cdots,N \tag{6-27}$$

其中，$\lambda_{i,j}^{(0)}$ 为第 0 轮迭代中变量节点 j 传递给校验节点 i 的信息，即初始信息。

步骤 2 迭代译码

步骤 2.1 校验节点更新

在第 l 轮迭代中，更新校验节点 i 传递给变量节点 j 的外信息为

$$\mu_{i,j}^{(l)}=\prod_{k\in A(i)\backslash j}\operatorname{sign}(-\lambda_{i,k}^{(l-1)})\cdot\Phi\left[\sum_{k\in A(i)\backslash j}\Phi(|\lambda_{i,k}^{(l-1)}|)\right] \tag{6-28}$$

其中，$\Phi(x)=\ln\left|\tanh\left(\frac{x}{2}\right)\right|=\ln\left|\frac{e^x-1}{e^x+1}\right|$；$\backslash j$ 表示不包含 j，这是因为这里计算的是外信息，j 本身的信息不能混入外信息中，否则会使 j 原有的错误被固化。

步骤 2.2 变量节点更新

在第 l 轮迭代中，更新变量节点 j 传递给校验节点 i 的信息为

$$\lambda_{i,j}^{(l)}=\frac{2r_j}{\sigma^2}+\sum_{m\in B(j)\backslash i}\mu_{m,j}^{(l)} \tag{6-29}$$

其中，$\backslash i$ 表示不包含 i，原因同上，也是为了保证外信息的纯净。

步骤 3 尝试译码

对于每个变量节点 j，更新其后验 LLR 为

$$L(\hat{c}_j)=\frac{2r_j}{\sigma^2}+\sum_{m\in B(j)}\mu_{m,j}^{(l)} \tag{6-30}$$

根据各变量节点的后验 LLR 进行判决，生成码字序列 $\hat{\boldsymbol{c}}=[\hat{c}_j]$，即

$$\hat{c}_j=\begin{cases}1, & L(\hat{c}_j)\geqslant 0\\ 0, & L(\hat{c}_j)<0\end{cases} \tag{6-31}$$

步骤 4 校验

如果 $\boldsymbol{H}\hat{\boldsymbol{c}}^{\mathrm{T}}=\boldsymbol{0}^{\mathrm{T}}$，则表示译码成功，结束迭代译码；否则，进一步判断是否达到允许的最大迭代次数，若尚未到达，则回到步骤 2，开始下一轮迭代，否则宣布译码失败，结束译码。

图 6-39 所示为 BP 算法信度传播示意图。可以看到，变量节点 1 与 3 个校验节点(校验节点 1、3 和 6)相连，即参与了 3 个校验式。通过这 3 个校验式，从变量节点 3、8、9(通过校验节点 1)、变量节点 4、5、11(通过校验节点 3)和变量节点 12、13、14(通过校验节点 6)获得

外信息。但实际上通过迭代,可以借助这些节点间接地从其他节点处获得信息。例如,再进行一次迭代,则又能通过变量节点4和校验节点8,间接地从变量节点3、10和16处获得外信息,以此类推。

每进行一次迭代,外信息就在校验节点与变量节点之间进行一次双向传递。对于全连通的Tanner图(这是构造LDPC的要求之一),只要迭代次数足够多,理论上每个节点都可以从所有其他节点处获得外信息,从而大大提高了译码的性能。从另一个角度讲,随着迭代的进行,各节点的信息将在整个Tanner图中进行传播,这也是BP算法得名的原因。

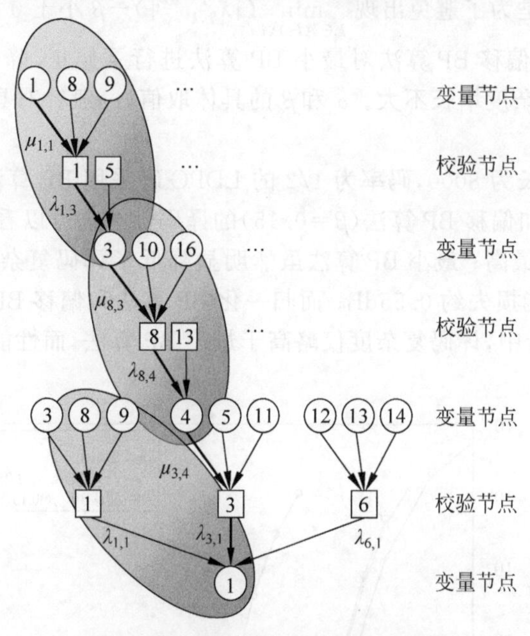

图6-39　BP算法信度传播示意图

但如式(6-28)所示,校验节点更新中的Φ函数包含大量的指数和对数运算,计算较为复杂,且不利于硬件实现。BP算法的改进算法包括最小BP(Min BP-based)算法、归一化BP(Normalized BP-based)算法与偏移BP(Offset BP-based)算法对校验节点更新运算进行了简化,在性能与复杂度之间取得了一个良好的折中。

2. 最小BP算法

研究发现,在BP译码算法中,式(6-28)所示的校验节点更新包含指数和对数运算,计算复杂度最大。为了降低BP算法的复杂度,对校验节点更新运算,即式(6-28)简化为

$$\mu_{i,j}^{(l)}=-\prod_{k\in A(i)\backslash j}\operatorname{sign}(-\lambda_{i,k}^{(l-1)})\cdot\min_{k\in A(i)\backslash j}(|\lambda_{i,k}^{(l-1)}|) \tag{6-32}$$

该方法称为最小BP算法,避免了复杂指数和对数运算。

然而,由于最小BP算法中近似计算导致得到的$\mu_{i,j}^{(l)}$存在一定的误差,最小BP算法性能要差于BP算法。

3. 归一化BP算法和偏移BP算法

研究发现,最小BP算法的近似计算结果$\min\limits_{k\in A(i)\backslash j}(|\lambda_{i,k}^{(l-1)}|)>-\Phi\left(\sum\limits_{k\in A(i)\backslash j}\Phi(|\lambda_{i,k}^{(l-1)}|)\right)$。

因此,为了减小最小BP算法由于近似计算误差造成的性能损失,对最小BP算法的近

似计算结果进行了修正,提出了归一化 BP 算法与偏移 BP 算法。

归一化 BP 算法将 $\min\limits_{k\in A(i)\backslash j}(|\lambda_{i,k}^{(l-1)}|)$的值除以 α(α 一般取 1.2~1.3),即

$$\mu_{i,j}^{(l)}=-\prod_{k\in A(i)\backslash j}\operatorname{sign}(-\lambda_{i,k}^{(l-1)})\cdot\min_{k\in A(i)\backslash j}(|\lambda_{i,k}^{(l-1)}|)/\alpha \tag{6-33}$$

偏移 BP 算法将 $\min\limits_{k\in A(i)\backslash j}(|\lambda_{i,k}^{(l-1)}|)$的值减去 β(一般取 0.1~0.2),即

$$\mu_{i,j}^{(l)}=-\prod_{k\in A(i)\backslash j}\operatorname{sign}(-\lambda_{i,k}^{(l-1)})\cdot\max\left(\min_{k\in A(i)\backslash j}(|\lambda_{i,k}^{(l-1)}|)-\beta,0\right) \tag{6-34}$$

其中,$\max(x,0)$运算是为了避免出现 $\min\limits_{k\in A(i)\backslash j}(|\lambda_{i,k}^{(l-1)}|)-\beta$ 小于 0 的情况。

归一化 BP 算法和偏移 BP 算法对最小 BP 算法进行了修正,降低了近似计算误差,提升了算法的性能,而复杂度增长不大。α 和 β 的具体取值,一般针对具体 LDPC 码通过仿真优化确定。

图 6-40 比较了码长为 8000,码率为 1/2 的 LDPC 码采用 BP 算法、最小 BP 算法、归一化 BP 算法($\alpha=1.25$)和偏移 BP 算法($\beta=0.15$)的译码性能。可以看出,BP 算法的 BER 性能最好,但译码复杂度最高;最小 BP 算法虽然明显降低了译码复杂度,但 BER 性能最差,在 BER$=10^{-5}$ 处,性能损失约 0.55dB;而归一化 BP 算法和偏移 BP 算法则在复杂度和性能之间取得了良好的折中,译码复杂度仅略高于最小 BP 算法,而性能则接近 BP 算法,性能损失仅 0.05dB 左右。

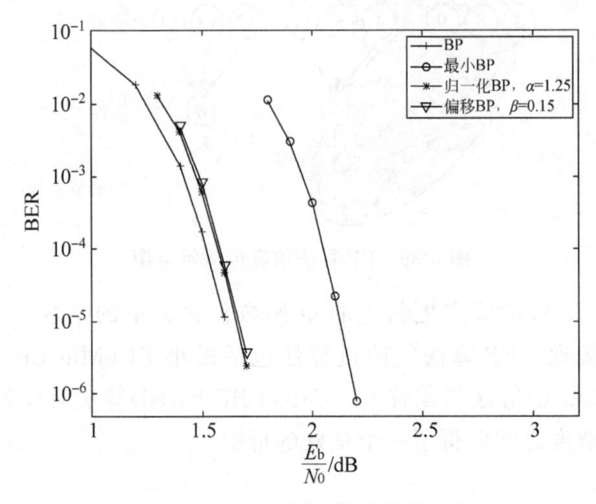

图 6-40 LDPC 译码算法性能比较

6.5.6 环与 LDPC 码性能

环的定义:从某个变量节点(或校验节点)出发,经过若干条不重复的边回到该节点,其轨迹称为环,经过的边数称为环长。图 6-41 用粗实线标出了一个环,该环包含 6 条边,即环长为 6。Tanner 图为二分图,即只有校验节点与变量节点之间有边,所以环长必为偶数。整个 Tanner 图中最小环长被称为围长(Girth)。

在 BP 译码算法中,式(6-30)要成立,必须满足以下假设:各节点从其相邻节点所获得的外信息与该节点自身的信息无关,即独立性假设。

然而,只有当 Tanner 图中不存在环时,独立性假设才成立,此时 BP 译码算法等价于最大似然译码,具有最优的性能。对于实际使用的 LDPC 码,Tanner 图中一定存在环。由于

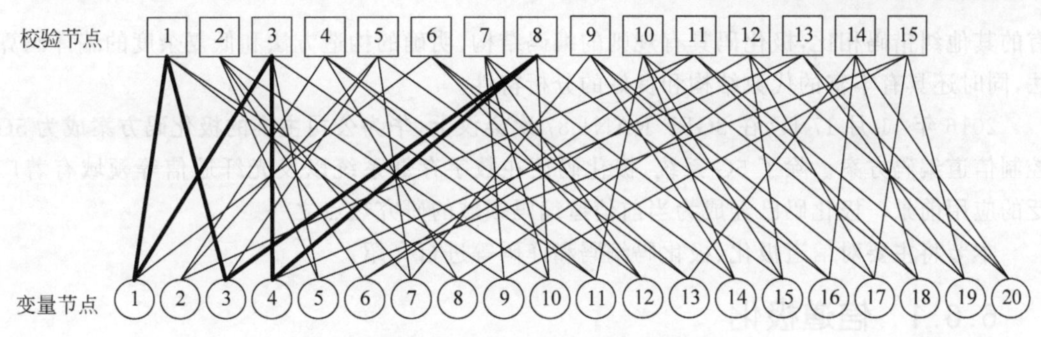

图 6-41 LDPC 码 Tanner 图

环的存在，随着译码迭代的进行，将会发生信息的自反馈。假设 Tanner 图中存在长度为 $2l$ 的环，那么从第 l 轮迭代开始，独立性假设将不再满足。如图 6-39 BP 算法信度传播示意图中粗实线所示，比特节点 1 的自信息，在 3 次迭代后，又传递回比特节点 1，即发生了自反馈。此时校验节点 3 传递给比特节点 1 的信息与其自信息之间不再独立。当传递的是错误置信时，自反馈会进一步加强错误置信，导致性能的恶化。

显然，围长越长，意味着 Tanner 图中的环越长，码距越大，自反馈对性能的影响越小，译码收敛越快。因此，围长在很大程度上决定着 LDPC 码的性能。在 LDPC 设计中可以通过计算机搜索的方式寻找具有较大围长的 LDPC 码，一般要求围长为 6～10。更大的围长对性能的改善不明显，而且增大了设计的难度，甚至根本不可实现。

当然，围长并不是决定码字性能的唯一因素，围长较大的码字性能也并非一定就好。研究表明，对于码长和码率确定的 LDPC 码，除围长外，平均列重、最短环的数量等参数对码字的性能也有较大的影响。构造具有良好性能的 LDPC 码仍是当前广泛研究的前沿技术。

6.5.7 LDPC 码优缺点分析

与 Turbo 码相比，LDPC 码具有以下优点。

(1) 相同码率和码长的长 LDPC 码纠错性能略优于 Turbo 码。Sae-Young Chung 等采用码率为 1/2，码长 10^7 为比特的 LDPC 码实现了距香农容量限 0.0045dB 的优异性能。

(2) LDPC 码具有极强的检错能力。

(3) LDPC 码的码长、码率等参数设计更为灵活。

(4) 译码比 Turbo 码简单，译码复杂度随码长增长较慢，这使得长码的使用成为可能。

(5) 译码算法(主要指 BP 算法)为并行算法，且不需要进行交织和解交织，可实现更大的吞吐量和更小的译码延时。

(6) 数学描述简单，能够进行严格的理论分析。

同时，LDPC 码也有以下缺点。

(1) 编码复杂度一般大于 Turbo 码。

(2) 存储校验矩阵 $\boldsymbol{H}$ 需占用一定空间，特别是当码长较长时，占用存储空间较大。

6.6 极化码

土耳其的 Erdal Arikan 教授于 2008 年首次提出了极化码(Polar 码)。极化码是目前唯一被严格证明可以达到香农信道容量限的信道编码，而且拥有较低的编译码复杂度。与现有的其他纠错码相比,极化码具有规则的编码结构、明确的构造方法和低复杂度的编译码算法,同时还具有丰富的代数结构和良好的分析特性。

2016年11月17日,在3GPP RAN1 87次会议上,华为公司主推的极化码方案成为5G控制信道编码方案。除了5G系统,极化码还在数字存储系统以及光纤通信等领域有着广泛的应用前景。极化码已经成为当前信道编码领域的研究热点之一。

本节将主要对信道极化、极化码编码和译码等进行介绍。

6.6.1 信道极化

极化码是基于信道极化(Channel Polarization)理论构造的一种信道编码方案。

Erdal Arikan 教授通过对 RM 码的研究,发现了二进制离散无记忆信道(Binary-Discrete Memoryless Channel,B-DMC)中存在信道极化现象,即将一个给定的 B-DMC 通过多次相互独立地复用递归,转换成能够连续依次使用的比特信道的过程。

信道极化可分为两个过程:信道合并和信道拆分。下面分别对这两个过程进行阐述。

图6-42给出了一个 B-DMC $W:X\to Y$,X 和 Y 分别代表输入和输出。该信道的转移概率表示为 $W(y|x)$,其中 $x\in X,y\in Y$。由于是二元输入,则输入 x 的取值仅为0和1,而输出 y 取任意值,并且当 x 取值确定后,Y 和信道转移概率 $W(y|x)$ 也随之确定。

将 N 个独立的 B-DMC 按照一定的规则进行递归合并,最后可以得到一个新的组合信道,表示为 $W_N:X^N\to Y^N$。其中 $N=2^n$,n 为自然数。合并后的信道转移概率为 $W_N(y_1^N \mid x_1^N)=\prod_{i=1}^{N} W(y \mid x)$。当 $n=1$,即 $N=2$ 时,此时的信道合并过程如图6-43所示。

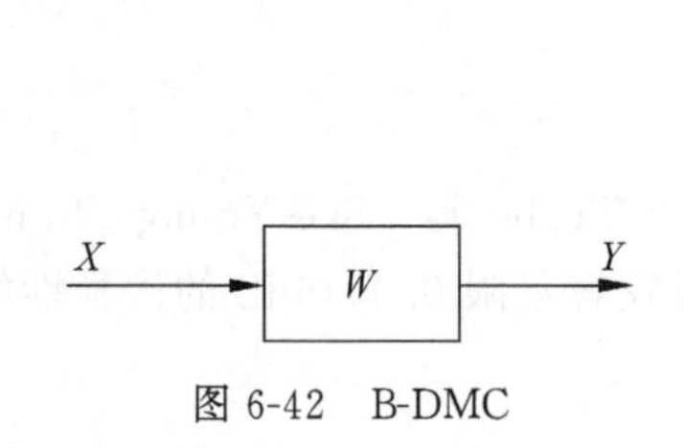

图6-42 B-DMC

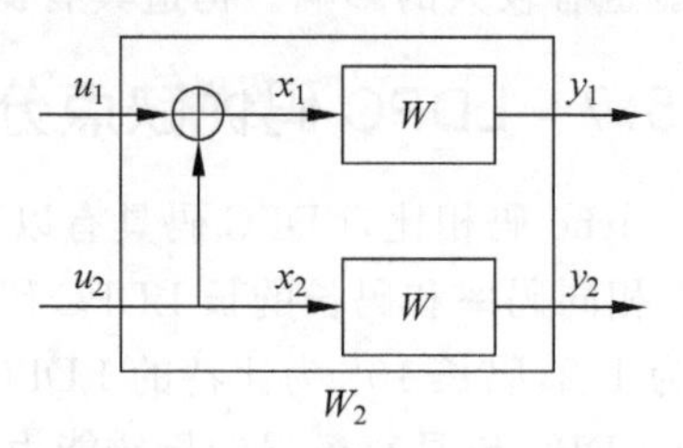

图6-43 $n=1$ 信道合并示意图

可以看到,合成的信道 $W_2:X^2\to Y^2$,其输入为 u_1 和 u_2,输出为 y_1 和 y_2,有

$$\begin{cases} x_1=u_1\oplus u_2 \\ x_2=u_2 \end{cases} \tag{6-35}$$

新的转移概率可由两个子信道的转移概率相乘得到,其信道转移概率为

$$W_2(y_1,y_2 \mid u_1,u_2)=W(y_1 \mid u_1\oplus u_2)W(y_2 \mid u_2) \tag{6-36}$$

由于合成的信道实际上是两个二元删除信道(Binary Erasure Channel,BEC)独立的复用,因此合成信道容量为 $2I(W)$。根据互信息的链式法则,可以将该合成信道拆分为两个比特信道 W^- 和 W^+。其中,信道 W^- 的输入比特为 u_1,输出比特为 (y_1,y_2);而信道 W^+ 的输入比特为 u_2,输出比特为 (u_1,y_1,y_2),这个过程则称为信道拆分过程。拆分后两个信道的容量之和 $I(W^-)+I(W^+)=2I(W)$。

Arıkan 对单步变换所产生的两个极化信道的容量进行了推导,并指出

$$\begin{cases} I(W^-) = I(W)^2 \\ I(W^+) = 2I(W) - I(W)^2 \end{cases} \tag{6-37}$$

由于 $0 \leqslant I(W) \leqslant 1$，因此 $I(W^-) \leqslant I(W) \leqslant I(W^+)$。

由此可知，通过信道极化，两个具有相同可靠性的 BEC 变换成为两个具有不同可靠性的极化信道，且变换前后总信道容量不变。

同理，当 $n=2$，即 $N=4$ 时，对给定的 BEC 进行 4 次相互独立的复用，也可以认为是用两个相同的 W_2 合并成一个 W_4，合并过程如图 6-44 所示。实际上就是对上述拆分的信道 W^- 和 W^+ 分别进行一次相互独立的复用后，再分别进行一次信道拆分。

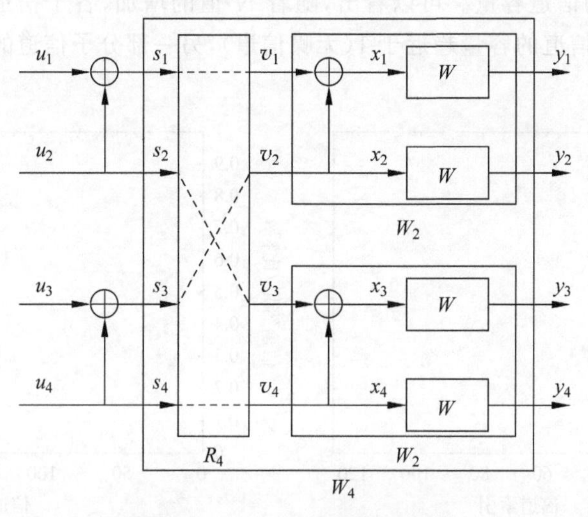

图 6-44 $n=2$ 信道合并示意图

需要注意的是，图 6-44 中的 R_4 是一种比特翻转操作。所谓比特翻转，就是把信道的索引数减 1 后换算成二进制数，再将得到的二进制数进行翻转后再加 1，从而得到比特翻转后的信道索引数。例如，图 6-43 中第 2 个信道，索引值减 1 后为 1，换算成二进制后为 01，翻转后为 10，加 1 后为 11，即为 3，即第 2 个信道经过比特翻转后对应第 3 个信道。

根据递归的原则，可以得到 $n=2$ 时，信道合并中的信道转移概率为

$$W_4(y_1^4 \mid u_1^4) = W_2(y_1^2 \mid u_1 \oplus u_2, u_3 \oplus u_4) W_2(y_3^4 \mid u_2, u_4) \tag{6-38}$$

将 W_2 代入，可得

$$\begin{cases} x_1 = u_1 \oplus u_2 \oplus u_3 \oplus u_4 \\ x_2 = u_3 \oplus u_4 \\ x_3 = u_2 \oplus u_4 \\ x_4 = u_4 \end{cases} \tag{6-39}$$

即

$$(x_1, x_2, x_3, x_4) = (u_1, u_2, u_3, u_4) \begin{bmatrix} 1 & 0 & 0 & 0 \\ 1 & 0 & 1 & 0 \\ 1 & 1 & 0 & 0 \\ 1 & 1 & 1 & 1 \end{bmatrix} \tag{6-40}$$

因此，转移概率可表示为

$$W_4(y_1^4 \mid u_1^4) = W^4(y_1^4 \mid u_1^4 \boldsymbol{G}_4) \tag{6-41}$$

其中，$\boldsymbol{G}_4 = \begin{bmatrix} 1 & 0 & 0 & 0 \\ 1 & 0 & 1 & 0 \\ 1 & 1 & 0 & 0 \\ 1 & 1 & 1 & 1 \end{bmatrix}$。

类似地，在对一个 BEC 进行 $N=2^n, n=1,2,\cdots$ 次独立复用的基础上不断地进行极化变换，就可以得到 N 个极化信道。

图 6-45 给出了对于一个删除概率 $p=1/2$ 的 BEC，当进行 N 为 128、256、512 和 1024 次极化后各子信道的信道容量。可以看出，随着 N 值的增加，各子信道的容量呈现两极分化的状态，即部分子信道的容量趋近于 1(无噪信道)，另一部分子信道的容量则趋近于 0(纯噪声信道)。

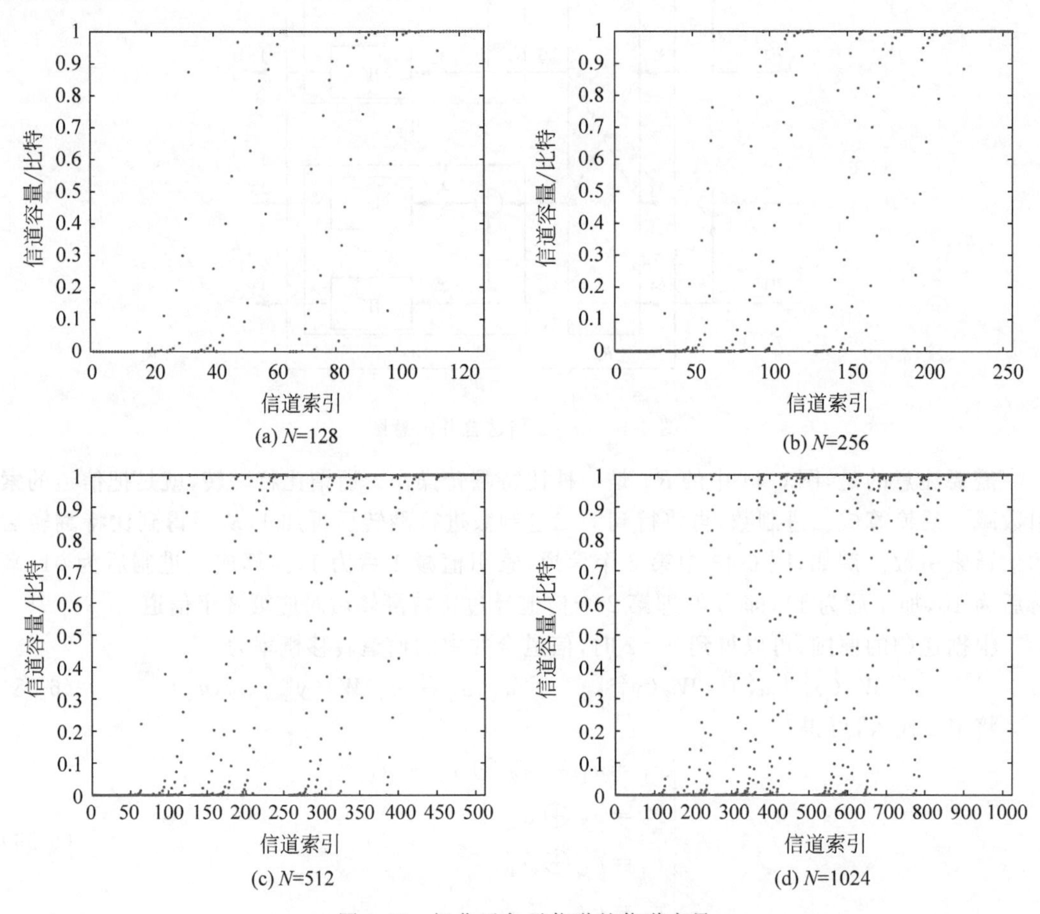

图 6-45 极化后各子信道的信道容量

由前文介绍的极化信道转移概率公式可以看出，各个极化子信道并不是相互独立的，它们之间有着确定的联系，即信道索引值大的极化子信道依赖于所有信道索引值比其小的极化子信道。正因为如此，信道索引值越大的极化子信道，包含的信息越丰富，信道容量越大，信道可靠性越高，相当于牺牲了信道索引值小的极化子信道的信道可靠性，尽量使信道索引值大的极化子信道变成信道容量为 1 的完美信道，而索引值小的极化子信道则退化为信道容量为 0 的信道,接近纯噪声信道。这就是信道极化现象的由来,也是 Polar 码产生的基础。

研究表明,当码长趋近于无穷大时,信道容量趋近于 1 的极化子信道数量约为 $N\times I(W)$ 个,而信道容量趋近于 0 的极化子信道数目约为 $N\times[1-I(W)]$个。极化码在完全无噪信道上传输数据不会发生任何错误,而在纯噪声信道上则不传输任何有用数据,因此可达到信道容量。

6.6.2 极化码编码

极化码编码包括系统编码和非系统编码两大类。Arikan 最初提出的极化码采用的是非系统编码。

对于一个码长 $N=2^n$ 的极化码,其信息序列 $\boldsymbol{u}_1^N=(u_0,u_1,\cdots,u_N)$包含了 K 个消息比特以及 $N-K$ 个冻结比特。作为线性分组码中的一种,极化码显然也可以采用信息序列乘以生成矩阵的方式进行编码,因此码字序列 $\boldsymbol{x}_1^N$ 可以表示为

$$\boldsymbol{x}_1^N=\boldsymbol{u}_1^N\boldsymbol{G}_N \tag{6-42}$$

其中,$\boldsymbol{G}_N$ 为 N 阶生成矩阵。

因此,要完成极化码编码,关键在于得到生成矩阵。

生成矩阵 $\boldsymbol{G}_N$ 为

$$\boldsymbol{G}_N=\boldsymbol{B}_N\boldsymbol{F}^{\otimes n} \tag{6-43}$$

其中,$\boldsymbol{F}^{\otimes n}$ 表示对初始矩阵(也称为核矩阵或极化核)$\boldsymbol{F}=\begin{bmatrix}1 & 0\\ 1 & 1\end{bmatrix}$进行 $n=\mathrm{lb}N$ 次克罗内克积(Kronecker Product)运算。

克罗内克积也称为张量积,矩阵 $\boldsymbol{A}$ 与 $\boldsymbol{B}$ 的克罗内克积表示为$\boldsymbol{A}\otimes\boldsymbol{B}$。假设 $\boldsymbol{A}$ 为 $m\times n$ 的矩阵,$\boldsymbol{B}$ 为 $r\times s$ 的矩阵,则

$$\boldsymbol{A}\otimes\boldsymbol{B}=\begin{bmatrix}A_{11}\boldsymbol{B} & \cdots & A_{1n}\boldsymbol{B}\\ \vdots & & \vdots\\ A_{m1}\boldsymbol{B} & \cdots & A_{mn}\boldsymbol{B}\end{bmatrix} \tag{6-44}$$

其中,$\boldsymbol{A}=\begin{bmatrix}A_{11} & \cdots & A_{1n}\\ \vdots & & \vdots\\ A_{m1} & \cdots & A_{mn}\end{bmatrix}$。

而

$$\boldsymbol{F}^{\otimes n}=\boldsymbol{F}\otimes\boldsymbol{F}^{\otimes(n-1)} \tag{6-45}$$

$\boldsymbol{B}_N$ 的计算式为

$$\boldsymbol{B}_N=R_N(\boldsymbol{I}_2\otimes\boldsymbol{B}_{\frac{N}{2}}) \tag{6-46}$$

其中,R_N 为一种置换操作;$\boldsymbol{I}_2$ 为 2×2 的单位阵。简单而言,$\boldsymbol{B}_N$ 为比特翻转操作,将 $\boldsymbol{F}^{\otimes n}$ 计算得到的矩阵进行比特翻转操作,即按照比特翻转的信道索引进行行变换(或列变换),无论是行变换还是列变换,最终得到的生成矩阵都是一样的。

极化码利用各子信道容量两极分化的特点,在近似无噪的子信道上传输消息比特;而在近似纯噪声的子信道上,则传输冻结比特(一般为 0)。因此,确定各子信道的可靠性,选

取信息位是极化码编码的关键。

极化码信息位的选取也称为极化码构造或极化子信道可靠性估计，主要有以下几种方法：巴氏参数递归构造法、密度演进(Density Evolution，DE)估计法、高斯近似(Gaussian Approximation，GA)估计法、蒙特卡罗估计法等。下面重点介绍巴氏参数递归构造法。

在介绍巴氏参数递归构造法之前，首先介绍巴氏参数的含义。

巴氏参数 $Z(W)$ 也称为 Z 参数，用于表征系统的可靠度，其定义为

$$Z(W) \triangleq \sum_{y\in Y} \sqrt{W(y \mid 0)W(y \mid 1)} \tag{6-47}$$

巴氏参数可视为在信道 W 上等概率发送 0 和 1，采用最大似然判决时的错误概率上限。

巴氏参数 $Z(W)$ 和信道容量 $I(W)$ 有着密切的关系，当 $Z(W)\approx 0$ 时，$I(W)\approx 1$，此时信道可靠性最高，信道质量最好；当 $Z(W)\approx 1$ 时，$I(W)\approx 0$，此时信道的可靠性最低，信道质量最差。因此，可以根据各子信道的巴氏参数选取信息位。

Arikan 指出，在 BEC 下，巴氏参数 $Z(W)$ 满足如下关系。

$$Z(W_N^{(2i)}) = Z(W_{N/2}^{(i)})^2 \tag{6-48}$$

$$Z(W_N^{(2i-1)}) = 2Z(W_{N/2}^{(i)}) - Z(W_{N/2}^{(i)})^2 \tag{6-49}$$

通过式(6-47)～式(6-49)，即可计算出全部子信道的巴氏参数。$W_N^{(i)}$ 代表虚拟逻辑子信道。对于 BEC，巴氏参数初始值 $W_1^{(1)}$ 即为 BEC 信道删除概率 ε。

对于一个码长为 N，包括 K 个信息位的极化码，计算得到 N 个子信道的巴氏参数，选取巴氏参数最小的 K 个子信道传输信息比特，其余 $N-K$ 个作为不可靠信道用来传输冻结比特。

巴氏参数递归构造法不仅适用于 BEC，也支持非 BEC。例如，对于二元对称信道(Binary Symmetric Channel，BSC)，巴氏参数初始值为

$$Z_0 = 2\sqrt{p_\varepsilon(1-p_\varepsilon)} \tag{6-50}$$

其中，p_ε 为 BSC 的转移概率。

对于 AWGN 信道，巴氏参数初始值为

$$Z_0 = \mathrm{e}^{-\frac{1}{2\sigma^2}} \tag{6-51}$$

其中，σ^2 为高斯白噪声方差。

巴氏参数递归构造法的算法复杂度为 $O(N\log N)$，复杂度较低。但只有针对 BEC 才可以得到准确的巴氏参数。而对于其他信道，如 BSC 和 AWGN 信道，只能得到巴氏参数的上界，会牺牲一定的准确性。

以一个码长 $N=8$，信息比特 $K=4$ 的极化码编码为例，假设为 BEC，删除概率 $\varepsilon=0.5$，具体编码步骤如下。

(1) 计算巴氏参数，选取信息位。

根据巴氏参数递归公式，计算得到子信道 1～8 的巴氏参数分别为 0.9961、0.8789、0.8086、0.3164、0.6836、0.1914、0.1211、0.0039。

由于信息位共 4 位，因此选取巴氏参数较小的 4 个子信道，即第 4、6、7、8 号子信道，用来传输信息比特；其余巴氏参数较大的 4 个子信道，即第 1、2、3、5 号子信道，用来传输冻结

比特。

(2) 计算生成矩阵。

计算 $\boldsymbol{F}^{\otimes n}$，这里 $n=\text{lb}8=3$。

根据张量积定义，可得 $\boldsymbol{F}^{\otimes 3}$ 为

$$\boldsymbol{F}^{\otimes 3}=\begin{bmatrix}1&0&0&0&0&0&0&0\\1&1&0&0&0&0&0&0\\1&0&1&0&0&0&0&0\\1&1&1&1&0&0&0&0\\1&0&0&0&1&0&0&0\\1&1&0&0&1&1&0&0\\1&0&1&0&1&0&1&0\\1&1&1&1&1&1&1&1\end{bmatrix}$$

(3) 计算 $\boldsymbol{B}_N$，即进行比特翻转操作。8 个子信道的索引值为(1,2,3,4,5,6,7,8)。将索引值减 1 后转换为 3 位二进制数 (000,001,010,011,100,101,110,111)。将二进制索引值进行比特翻转，得到(000,100,010,110,001,101,011,111)。将翻转后的二进制索引值转换为十进制后加 1，得到最终的索引值 (1,5,3,7,2,6,4,8)。

比特翻转前后的各子信道索引值如表 6-7 所示。

表 6-7 比特翻转前后索引

状态	索引值							
比特翻转前	1	2	3	4	5	6	7	8
比特翻转后	1	5	3	7	2	6	4	8

根据比特翻转前后的索引值，对 $\boldsymbol{F}^{\otimes 3}$ 矩阵进行行交换(或列交换)，具体而言，就是将 $\boldsymbol{F}^{\otimes 3}$ 矩阵第 2 行和第 5 行互换，第 4 行和第 7 行互换，其余 4 行不变，最终得到 8 位极化码的生成矩阵为

$$\boldsymbol{G}_N=\begin{bmatrix}1&0&0&0&0&0&0&0\\1&0&0&0&1&0&0&0\\1&0&1&0&0&0&0&0\\1&0&1&0&1&0&1&0\\1&1&0&0&0&0&0&0\\1&1&0&0&1&1&0&0\\1&1&1&1&0&0&0&0\\1&1&1&1&1&1&1&1\end{bmatrix}$$

(4) 计算编码序列，完成编码

假设信息序列为(1,1,1,1)，将其放到信息位上，加上其他 4 个全 0 的冻结比特，得到 8 位信息序列为(0,0,0,1,0,1,1,1)。

编码是用信息序列(1,1,1,1)乘以生成矩阵 $\boldsymbol{G}_N$ 中用来传输信息位的行，即第 4、6、7、8 行。而冻结比特(0,0,0,0)乘以生成矩阵中 $\boldsymbol{G}_N$ 中其余的行，即第 1、2、3、5 行。由于本例中冻结比特为全 0，因此这步可以省略。

由此可得编码结果为

$$C=(1,1,1,1)\times\begin{bmatrix}1&0&1&0&1&0&1&0\\1&1&0&0&1&1&0&0\\1&1&1&1&0&0&0&0\\1&1&1&1&1&1&1&1\end{bmatrix}=(0,1,1,0,1,0,0,1)$$

6.6.3 极化码译码

极化码支持多种译码算法，包括 Arikan 最早提出的串行消除（Successive Cancellation，SC）算法、由 SC 算法衍生出的 SC 列表（Successive Cancellation List，SCL）译码算法和基于并行结构的信度传播算法等。

其中，SC 算法复杂度低，当码长趋于无穷时，可以达到香农容量限，且不存在差错平底的问题，所以是研究和应用非常多的译码算法。而且，作为极化码的基础译码算法，其他的译码算法多由其发展而来。

由极化码编码可知，不同子信道之间存在一定的相关性。经过递归计算，最终码字中的某个特定的码字比特与该比特之前的所有码字比特都有关联。这种相关性反映到译码器，就是某个消息比特不仅与其接收符号有关，还与该消息比特之前的消息比特有关。因此，SC 算法的核心思想就是连续地消除前面的消息比特对后面消息比特的干扰，从而大幅提升后续消息比特译码的可靠性。显然，如果前面的消息比特译码发生了错误，则会对后面消息比特的译码产生不利影响，导致错误比特的传播。

第 6-6 集
微课视频

6.7 级联码

对于进行了多次编码的系统，可以将各级编码看成一个整体，这就是级联码（Concatenated Code），最早于 1966 年由 Forneg 提出。

级联码包括串行级联码和并行级联码两大类。6.4 节介绍的 Turbo 码实际上就是一种并行级联码，本节主要介绍串行级联码。

如图 6-46 所示，当两个编码串联起来构成一个级联码时，靠近信道的编码称为内码，远离信道的编码称为外码。由于内码译码结果不可避免地会产生突发错误，因此内、外码之间一般都要加入交织和解交织器。

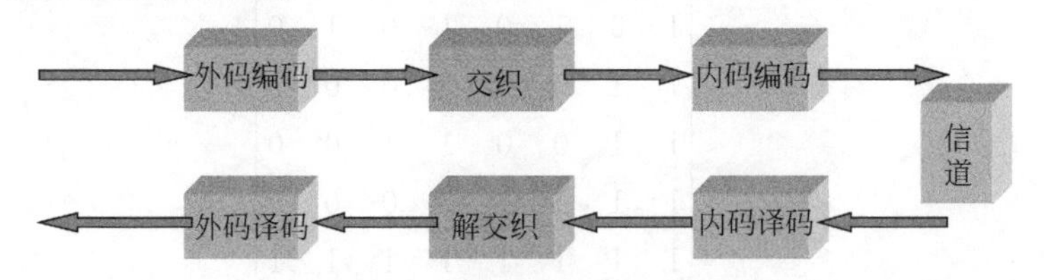

图 6-46 串行级联码示意图

采用卷积码为内码，RS 码为外码构建的级联码是一种非常优秀的级联码。例如，(2,1,7)卷积码＋(204,188,8) RS 码，能够实现距香农容量限 2.5dB 的优异性能。该级联码充分发挥了卷积码优秀的纠随机错能力，而针对卷积译码后可能存在突发错误，采用了具有较好纠突发错误能力的 RS 码作为外码。

6.8 交织

信号在无线信道中传输时,可能经历衰落。如图 6-47 (a)所示,当无线信道处于深衰落或遇到突发干扰时,由于此时的信道质量很差,会集中出现大量的误比特(突发错误)。然而,大多数信道编码对零散的随机错误有很好的纠正能力,但不能很好地纠正突发错误。例如,(7,4)汉明码,一个码字的 7 比特中有 1 比特发生错误,码字可以纠正,如果超过 1 比特错误,码字就无法纠正了。

交织(Interleaving)技术是一种将数据序列的顺序进行变换的技术,并会不改变数据内容。如图 6-48 所示,在发射机,交织器将经信道编码的码字序列中比特的顺序进行变换,然后再进行调制在信道上传输;在接收机,对解调后的数据进行解交织,恢复原有的顺序,进行译码。如图 6-47(b)所示,通过交织和解交织器,将信道深衰落(图 6-47(a)中圈内对应信噪比较低的区域)导致的突发错误离散化为随机错误,从而充分发挥信道编码的纠错性能,提高传输可靠性。

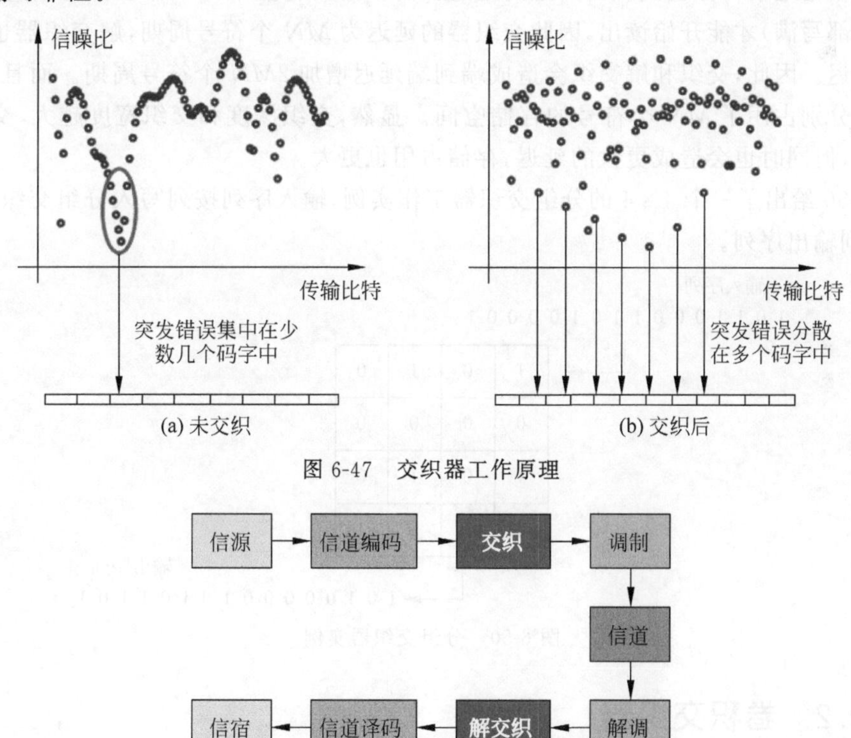

图 6-47 交织器工作原理

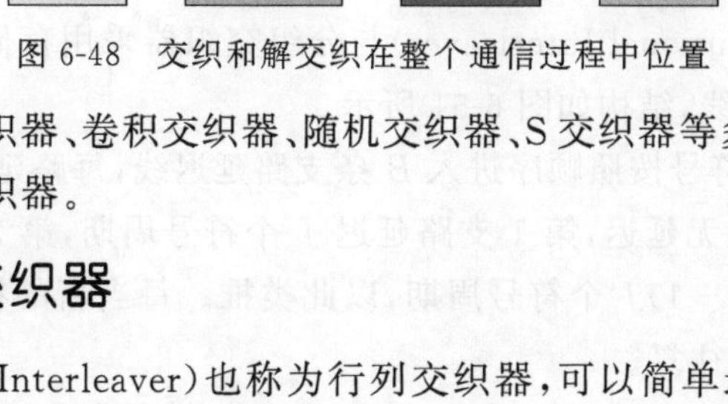

图 6-48 交织和解交织在整个通信过程中位置

交织器包括分组交织器、卷积交织器、随机交织器、S 交织器等多种类型,本书将重点介绍分组交织器和卷积交织器。

6.8.1 分组交织器

分组交织器(Block Interleaver)也称为行列交织器,可以简单地表示为如图 6-49 所示

的 M 行 N 列存储阵列。交织时，数据按列写入，待存储阵列写满后，再按行读出；解交织时，则按行写入，待存储阵列写满后，再按列读出(反之亦可，即解交织与交织采用相反的顺序)。

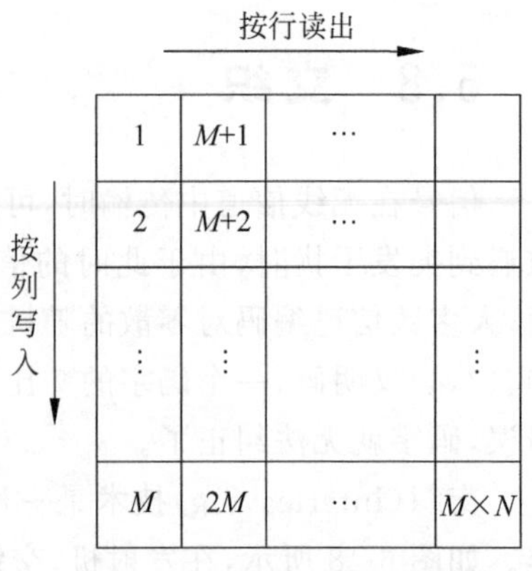

图 6-49 分组交织器(编号为写入时的索引)

交织深度和交织宽度是行列交织器中的两个重要参量。

交织深度：交织前相邻符号在交织后的最小距离(对应图 6-49 中的列数 N)。

交织宽度：交织后相邻符号在交织前的最小距离(对应图 6-49 中的行数 M)。

设计交织器时，一般交织深度不应小于突发错误长度，否则解交织后仍可能存在一定的突发错误；而交织宽度不应小于编码的约束长度(对于卷积码)或码长(对于分组码)。

下面粗略地估计分组交织器产生的延迟。由于需要将整个交织器全部写满(实际上可以不待全部写满)才能开始读出，因此交织器的延迟为 MN 个符号周期，解交织器也会产生同样的延迟。因此，交织和解交织会造成端到端延迟增加 $2MN$ 个符号周期。而且，交织器和解交织分别占用了 MN 个符号的存储空间。显然，交织深度和交织宽度越大，交织器的性能越好，但同时也会造成更大的延迟，存储占用也更大。

图 6-50 给出了一个 4×4 的分组交织器工作实例，输入序列按列写入分组交织器，按行读出，得到输出序列。

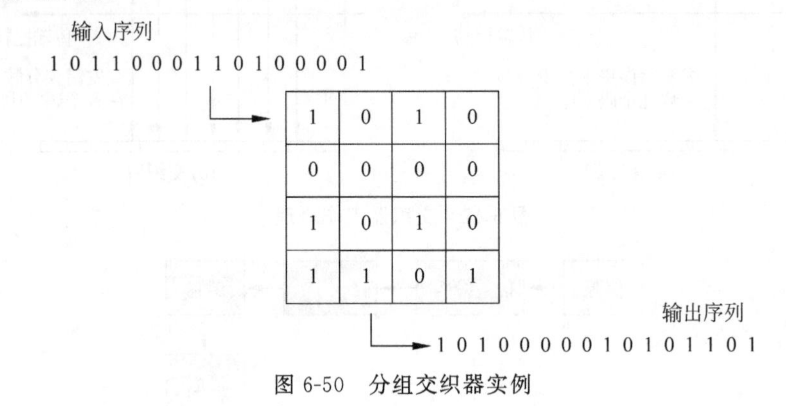

图 6-50 分组交织器实例

6.8.2 卷积交织器

卷积交织器(Convolutional Interleaver)与分组交织器采用存储阵列不同，卷积交织器采用了 B 条支路的延迟线，结构如图 6-51 所示。

卷积交织器的输入符号按照顺序进入 B 条支路延迟线，每路延迟线都会延迟不同的符号周期。例如，第 0 支路无延迟，第 1 支路延迟 J 个符号周期，第 2 支路延迟 $2J$ 个符号周期，第 $B-1$ 支路延迟 $(B-1)J$ 个符号周期，以此类推。每当新的符号输入时，转换器都要切换至新的延迟线，周而往复。

与交织器类似，解交织器也包含 B 条支路延迟线，但每个支路延迟的符号周期数与交

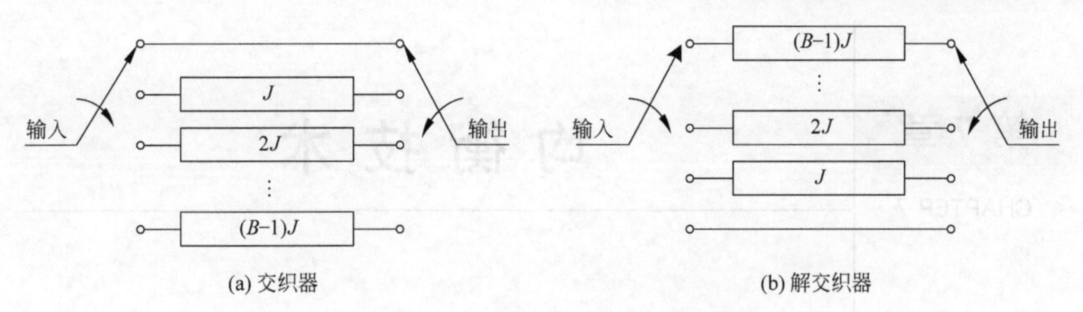

图 6-51　卷积交织器/解交织器结构

织器正好相反，即第 0 支路延迟$(B-1)J$个符号周期，第 1 支路延迟$(B-2)J$个符号周期，以此类推，第$B-1$支路无延迟。交织器和解交织器输入和输出转换器必须同步。需要注意的是，在交织和解交织的初期，会有$B(B-1)J/2$个符号的无效输出。

卷积交织器具有以下特点。

(1) 两个相邻的输入符号经过交织后，其最小距离为BJ个符号周期，即交织深度为BJ个符号(行列交织器交织深度为M)。

(2) 交织后相邻的两个符号，在交织前的最小距离为B个符号，即交织宽度为B个符号(行列交织器交织宽度为N)。

(3) 交织器与解交织器引起的端到端延迟为$B(B-1)J$个符号周期。

(4) 交织器或解交织器所需的存储容量为$B(B-1)J/2$个符号。

卷积交织器要实现与分组交织器相同的交织深度和交织宽度($BJ=M$,$B=N$)，引起的端到端延迟和所需的存储容量均为分组交织器的一半。

以$B=4$,$J=2$的卷积交织器为例。交织器输入符号的索引为 1,2,…，则交织器输出符号的索引为 1,X,X,X,5,X,X,X,9,2,X,X,13,6,X,X,17,10,3,X,21,14,7,X,25,18,11,4,…，其中 X 表示无效输出。

第7章 均衡技术

CHAPTER 7

对于宽带无线通信系统,多径传播导致的时延扩展可能引起严重的符号间干扰,导致性能的严重恶化。均衡作为一种信号处理技术,能够有效地消除符号间干扰。本章将介绍均衡技术的基本原理、线性和非线性均衡器,重点介绍迫零和最小均方误差准则,最后介绍盲均衡技术。

7.1 概述

7.1.1 时域和频域均衡

第7-1集
微课视频

由第4章可知,无线信号在多径信道中传播时,经历不同路径的信号可能具有不同的时延,导致接收信号发生符号间干扰,造成传输信号产生畸变,从而在接收时出现误码。

对于宽带无线通信系统,由于数据传输速率高,码元周期小,当时延扩展和码元周期可比时(即经历频率选择性衰落),符号间干扰的影响非常严重,这会导致差错平底的产生,造成性能的严重恶化。符号间干扰已经成为宽带无线通信系统误码的主要原因,而且通过增大发射功率(提高信噪比)也无法明显改善性能。

【例7-1】 某无线通信系统经历两径信道,信道冲激响应 $\boldsymbol{h}=\{1,0.7\}$,采用BPSK调制,计算误比特率,并与AWGN信道下的性能进行比较。假定发射端0和1等概率。

解 由信道冲激响应 $\boldsymbol{h}=\{1,0.7\}$ 可得,k 时刻的接收信号 $r_k=x_k+0.7x_{k-1}+n_k$,其中 x_k 为 k 时刻的发射信号,n_k 为 k 时刻的噪声信号。由于发射端0和1等概率,则误比特率为

$$\begin{aligned}
P_{\mathrm{b}}&=\sum P(\text{差错}\mid x_{k-1}x_k)\cdot P(x_{k-1}x_k)\\
&=\frac{1}{4}[P(\text{差错}\mid x_{k-1}=0,x_k=0)+P(\text{差错}\mid x_{k-1}=1,x_k=0)+\\
&\quad P(\text{差错}\mid x_{k-1}=0,x_k=1)+P(\text{差错}\mid x_{k-1}=1,x_k=1)]\\
&=\frac{1}{4}[P(-1.7\sqrt{E_{\mathrm{b}}}+n_k\geqslant 0)+P(-0.3\sqrt{E_{\mathrm{b}}}+n_k\geqslant 0)+\\
&\quad P(-0.3\sqrt{E_{\mathrm{b}}}+n_k<0)+P(1.7\sqrt{E_{\mathrm{b}}}+n_k<0)]\\
&=\frac{1}{2}\left[Q\left(1.7\sqrt{\frac{2E_{\mathrm{b}}}{N_0}}\right)+Q\left(0.3\sqrt{\frac{2E_{\mathrm{b}}}{N_0}}\right)\right]
\end{aligned}$$

其中，E_b 为比特能量；Q 为误差函数。

而对于 AWGN 信道，BPSK 调制误比特率 $P_b=Q\left(\sqrt{\frac{2E_b}{N_0}}\right)$。

多径信道与 AWGN 信道误比特率曲线如图 7-1 所示。多径导致的符号间干扰，使得相比于 AWGN 信道，其性能明显恶化。例如，在误比特率 BER$=10^{-4}$ 处，多径信道相对于 AWGN 信道性能有约 10dB 的恶化。

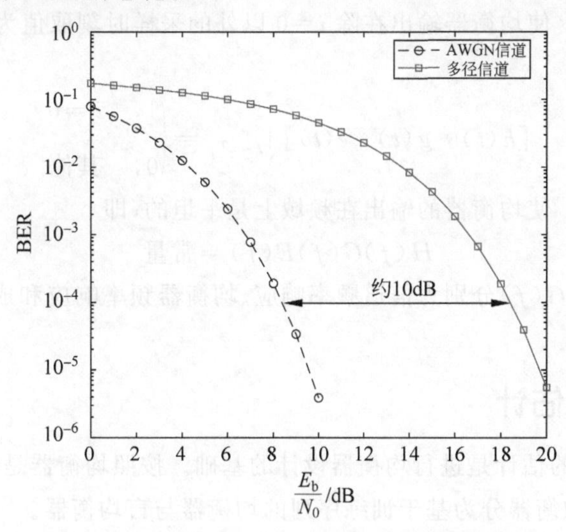

图 7-1 多径信道与 AWGN 信道误比特率曲线

均衡技术作为一种在接收机端采用的信号处理技术，是对抗符号间干扰的有效手段之一。可以从时域和频域两个不同的角度理解均衡技术的原理。

1. 时域

针对无线信道上多径时延扩展造成的符号间干扰，均衡器实际上是一个滤波器，通过调整滤波器系数，达到削弱采样时刻符号间干扰的目的。

2. 频域

多径时延扩展造成信道发生频率选择性衰落，即信道的传输函数(频率响应)在系统带宽内不是常数，导致信号经过信道传输后发生了失真。因此，均衡器通过增强衰落大的频率分量，而削弱衰落小的频率分量，以使信号频谱上的各部分衰落趋于平坦，相位趋于线性，即使得信道频域响应和均衡器的传输函数的乘积为常数。

下面通过均衡系统模型，以数学的方式对均衡器的原理加以阐述。

如图 7-2 所示，假设信号 $s(t)$经过了一个冲激响应为 $h(t)$的无线信道，在接收机处又叠加了高斯白噪声 $n(t)$，然后令其通过一个冲激响应为 $e(t)$的均衡器。

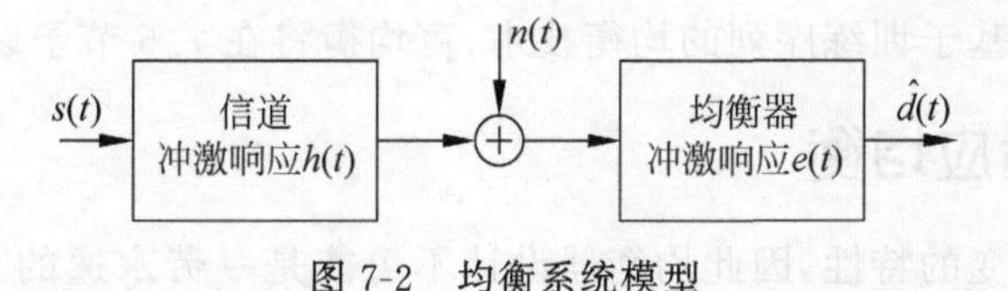

图 7-2 均衡系统模型

假设 $s(t)$采用脉冲幅度调制，则有

$$s(t)=\sum_i c_i g(t-iT) \tag{7-1}$$

其中,c_i 为第 i 个复值发送符号; $g(t-iT)$为成形函数。

则均衡器的输出为

$$\hat{d}(t)=s(t)*h(t)*e(t)+n(t)*e(t) \tag{7-2}$$

在不考虑噪声时,均衡器设计要达到以下目标。

时域均衡的目标:使均衡器输出在除 $i=0$ 以外的采样时刻取值为零,即采样时刻无符号间干扰。

$$[h(t)*g(t)*e(t)]|_{t=iT_s}=\begin{cases}1, & i=0\\0, & 其他\end{cases}$$

频域均衡的目标:使均衡器的输出在频域上是平坦的,即

$$H(f)G(f)E(f)=常量 \tag{7-3}$$

其中,$H(f)$、$E(f)$和 $G(f)$分别为信道频率响应、均衡器频率响应和成形函数 $g(t)$的傅里叶变换。

7.1.2 信道估计

对信道进行准确的估计是进行均衡器设计的基础。按照均衡器是否需要训练序列确定均衡器系数,可以将均衡器分为基于训练序列的均衡器与盲均衡器。

1. 基于训练序列的均衡

发射机发送接收机已知训练序列(Training Sequence),接收机收到训练序列后,通过一定的算法,估计信道冲激响应 $h(t)$,用于确定滤波器系数 $e(t)$,使之接近最佳值。

但是,采用训练序列进行信道估计也存在以下问题。

(1) 降低了频谱效率。由于训练序列不承载有用信息,因此降低频谱效率。而且训练序列越长,发送越频繁,频谱效率下降越大。

(2) 产生了估计误差。为了保证较高的频谱效率,训练序列一般较短。而较短的训练序列的自相关性较差,且较容易受到噪声的影响,导致信道估计存在较大误差。

(3) 估计过时。无线信道通常是时变的,如果在利用训练序列进行信道估计后信道又发生了较大变化,而接收机无法检测出这种变化,依然使用过时的信道估计,将导致性能恶化。

2. 盲均衡

发射机不发送训练序列,接收机通过对信号进行分析,估计信道特性 $h(t)$。由于无须发送训练序列,提高了信道利用率,但算法复杂度大,性能不如基于训练序列的均衡。

本节将主要介绍基于训练序列的均衡技术,盲均衡将在 7.5 节予以简要介绍。

7.1.3 自适应均衡

无线信道具有时变的特性,因此均衡器设计不可能是一劳永逸的。通信系统必须每隔一段时间(一般应小于或等于信道相干时间)就要进行信道估计,并更新均衡器的系数。这种均衡被称为自适应均衡(Adaptive Equalization)。自适应均衡包括以下两个阶段。

1. 训练阶段

在进行数据传输之前,发射机预先发送一段训练序列。均衡器通过对接收到的训练序列进行处理及信道估计,确定均衡器系数矢量,使得均衡器能够补偿信道特性,得到与发送信号尽可能一致的信号,保证可靠传输。

2. 工作阶段

训练阶段完成之后,发射机开始发送有用的符号序列。均衡器依据训练阶段确定的均衡器系数,对接收信号进行均衡处理。与训练序列不同,这些符号序列对于接收机是未知的。

7.2 线性均衡器

按照均衡器输入信号和输出信号之间的关系,均衡器可分为线性均衡器和非线性均衡器两大类。

线性均衡器的输出信号与输入信号之间为线性关系,通常采用如图 7-3 所示的横向滤波器实现,由 $2K$ 个延迟单元(每个延迟单元延迟符号周期为 T_s)、$2K+1$ 个抽头系数(均衡器系数)和加法器构成。

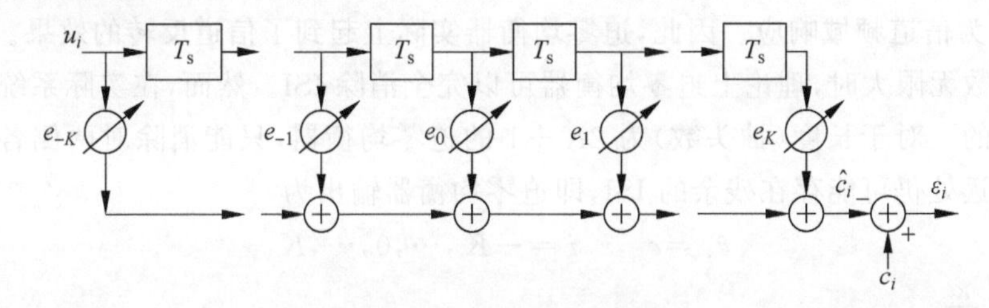

图 7-3 线性横向滤波器

第 7-2 集
微课视频

均衡器输出信号采样序列$\{\hat{c}_i\}$等于输入信号采样序列$\{u_i\}$与均衡器系数序列$\{e_n\}$的卷积,即

$$\hat{c}_i = \sum_{n=-K}^{K} e_n u_{i-n} \tag{7-4}$$

其中,e_n 为第 n 个均衡器系数。

均衡算法的核心是得到“最佳”的均衡器系数,消除或抑制采样时刻的符号间干扰,使$\{\hat{c}_i\}$等于或接近发送信号序列$\{c_i\}$。

定义两者之间的误差为

$$\varepsilon_i = c_i - \hat{c}_i \tag{7-5}$$

这里的“最佳”是就一定的准则而言的,根据不同的准则可以得到不同的“最佳”均衡器系数。

当“最佳”的准则为不考虑噪声时,完全消除采样时刻的 ISI(符号间干扰),即

$$\varepsilon_i = 0, N_0 = 0 \tag{7-6}$$

根据式(7-6)得到的均衡器称为迫零(Zero-Forcing,ZF)均衡器。

当“最佳”的准则为 N_0 取有限值时,抑制 ISI,使误差 ε_i 的均方值最小,即

$$E\{|\varepsilon_i|^2\} \rightarrow \min,\quad N_0\ \text{取有限值} \tag{7-7}$$

根据式(7-7)得到的均衡器称为最小均方误差(Minimum Mean Square Error,MMSE)均衡器。

下面将分别介绍迫零均衡器和最小均方误差均衡器。

7.2.1 迫零均衡器

1. 迫零均衡原理

迫零均衡最早由 Lucky 于 1965 年针对有线通信系统提出。迫零均衡的原理是通过合理设计滤波器的抽头系数，使得从时域上看，在无噪声的情况下完全消除 ISI；从频域上看，信道与均衡器传输函数的乘积为一个常数(平坦)。迫零均衡器模型如图 7-4 所示。

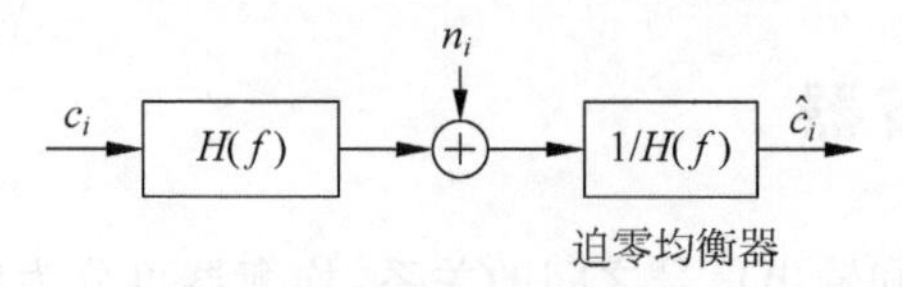

图 7-4 迫零(ZF)均衡器模型

从频域上看，要实现信道与均衡器传输函数的乘积为常数这一目标，则迫零均衡器频域响应为

$$H_{\mathrm{ZF}}(f)=1/H(f) \tag{7-8}$$

其中，$H(f)$为信道频域响应。因此，迫零均衡器实际上起到了信道反转的效果。

当抽头数无限大时，理论上迫零均衡器可以完全消除 ISI。然而，在实际系统中，抽头个数总是有限的。对于长度(抽头数)为 $2K+1$ 的迫零均衡器，只能消除对两侧各 K 个符号的 ISI，而更远处仍可能存在残余的 ISI，即迫零均衡器输出为

$$\hat{c}_i=c_i,\quad i=-K,\cdots,0,\cdots,K \tag{7-9}$$

其中，$\hat{c}_i=\sum_{n=-K}^{K} e_n u_{i-n}$。

改写为矩阵形式：

$$\hat{\boldsymbol{C}}=\boldsymbol{UE} \tag{7-10}$$

其中

$$\hat{\boldsymbol{C}}=\begin{bmatrix}\hat{c}(-2K)\\ \vdots \\ \hat{c}(0) \\ \vdots \\ \hat{c}(2K)\end{bmatrix},\quad \boldsymbol{E}=\begin{bmatrix}e_{-K}\\ \vdots \\ e_0 \\ \vdots \\ e_K\end{bmatrix}$$

$$\boldsymbol{U}=\begin{bmatrix}u(-K) & 0 & 0 & \cdots & 0 & 0\\ u(-K+1) & u(-K) & 0 & \cdots & \cdots & 0\\ \vdots & \vdots & \vdots & \vdots & \vdots & \vdots\\ u(K) & u(K-1) & u(K-2) & \cdots & u(-K+1) & u(-K)\\ \vdots & \vdots & \vdots & \vdots & \vdots & \vdots\\ 0 & 0 & 0 & \cdots & u(K) & u(K-1)\\ 0 & 0 & 0 & \cdots & 0 & u(K)\end{bmatrix}$$

似乎可以很容易地通过对矩阵 $\boldsymbol{U}$ 求逆的方法求解方程组，得到均衡器系数矢量为

$$\boldsymbol{E}=\boldsymbol{U}^{-1}\hat{\boldsymbol{C}} \tag{7-11}$$

但仔细观察可以发现，均衡器输出信号采样序列 $\hat{\boldsymbol{C}}$ 是一个长度为 $4K+1$ 的矢量，均衡器系数矢量 $\boldsymbol{E}$ 长度为 $2K+1$，而 $\boldsymbol{U}$ 是一个 $(4K+1)\times(2K+1)$ 矩阵，并不是一个方阵，因此无法求逆。这样的方程组也称为超定方程组，即方程的数量超过未知量的数量。

一般情况下，超定方程组是不存在解的矛盾方程组，有两类处理方法：一类是确定性方法，即迫零法；另一类是统计方法，即最小均方误差法。

迫零均衡法的基本流程如下。

(1) 截取矩阵 $\boldsymbol{U}$ 的前 K 行和后 K 行，将矩阵 $\boldsymbol{U}$ 变为 $2K+1$ 的方阵，$\hat{\boldsymbol{C}}$ 为 $2K+1$ 维矢量，可以对矩阵 $\boldsymbol{U}$（当 $\boldsymbol{U}$ 满秩时）进行求逆运算。

(2) 通过选择 $\{e_n\}$，迫使均衡器的输出信号在期望脉冲的两侧各 K 个符号上的采样值为 0，这就是迫零均衡法名称的由来，即选择均衡器系数使式(7-12)成立。

$$\hat{c}_i=\begin{cases}1, & i=0\\ 0, & i=\pm 1,\pm 2,\cdots,\pm K\end{cases} \tag{7-12}$$

迫零均衡器只能消除两侧各 K 个符号采样值的 ISI，其他位置仍然有残留的 ISI。

在无线通信系统中，多径时延往往是导致 ISI 的主要来源。因此，可以根据信道中多径时延确定均衡器的长度（均衡器系数个数）为

$$K=\left\lceil\frac{\tau_{\mathrm{m}}}{T_{\mathrm{s}}}\right\rceil \tag{7-13}$$

其中，τ_{m} 为信道的最大时延扩展；T_{s} 为符号持续时间。

由式(7-13)可知，最大时延扩展与符号持续时间的比值越大，符号间干扰越严重，为了消除符号间干扰，需要抽头数多，但均衡器复杂度将升高。因此，对于确定的多径信道，当数据速率非常高时，均衡器会异常复杂，采用单载波实现是不可行的。本书第 10 章将介绍正交频分复用技术，通过将高速数据流分为若干个并行的低速数据流，很好地解决了均衡器复杂度过高的问题。

(3) 求解 $2K+1$ 方程，或直接对矩阵 $\boldsymbol{U}$ 求逆，得到 $\{e_n\}$，即由 $\hat{\boldsymbol{C}}=\boldsymbol{UE}$ 得

$$\boldsymbol{E}=\boldsymbol{U}^{-1}\hat{\boldsymbol{C}} \tag{7-14}$$

下面通过两个示例介绍迫零均衡器设计方法。

【例 7-2】 当前我国铁路广泛采用的 GSM-R 通信系统，符号速率为 270.833kb/s，带宽为 200kHz。假定信道的 RMS 时延扩展约为 1μs，最大时延扩展 $\tau_{\max}$ 为 5μs。问：

(1) 信号经历平坦衰落还是频率选择性衰落？

(2) 是否需要均衡？如果需要，采用线性迫零均衡器，那么均衡器的长度应为多少？

解 (1) 计算信道的相干带宽，并与发送信号带宽进行比较。

由 $S_\tau=1\mu$s，可得

$$B_{\mathrm{coh}}=\frac{1}{2\pi S_\tau}=\frac{1}{2\pi\times 1\times 10^{-6}}=0.1592\times 10^{6}\,\mathrm{Hz}=159.2\mathrm{kHz}$$

由于 $B>B_{\mathrm{coh}}$，因此信号经历频率选择性衰落，需要进行均衡。

(2) 由于最大时延扩展 $\tau_{\max}=5\mu$s，$T_{\mathrm{s}}=1/(270.833\times 10^{3})\approx 3.69\times 10^{-6}\,\mathrm{s}=3.69\mu$s。

因此，$K=\left\lceil\frac{\tau_{\max}}{T_{\mathrm{s}}}\right\rceil=2$。

线性迫零均衡器的长度 $2K+1=5$，即应设计一个抽头数为5的均衡器。

【例 7-3】 假定发射机发送单脉冲训练序列，接收信号采样值为 $u=\{-0.01,0.15,-0.25,1.00,0.10,-0.02,-0.01\}$。请设计一个3抽头的迫零均衡器，并给出均衡后的输出信号(假定无噪声)。

解 对比发送的单脉冲训练序列和接收信号采样值，可知由于ISI的存在，接收信号存在失真。

设计3抽头迫零均衡器，均衡后采样 $\{C_t\}$ 在 $t=0$ 和 ± 1 时刻的ISI完全消除，即 $C(-1)=0, C(0)=1, C(1)=0$。

分别得到 $\boldsymbol{U}$、$\boldsymbol{E}$ 和 $\hat{\boldsymbol{C}}$ 为

$$\boldsymbol{U}=\begin{bmatrix} u(0) & u(-1) & u(-2) \\ u(1) & u(0) & u(-1) \\ u(2) & u(1) & u(0) \end{bmatrix}=\begin{bmatrix} 1.00 & -0.25 & 0.15 \\ 0.10 & 1.00 & -0.25 \\ -0.02 & 0.10 & 1.00 \end{bmatrix}$$

$$\hat{\boldsymbol{C}}=\begin{bmatrix} 0 \\ 1 \\ 0 \end{bmatrix}, \quad \boldsymbol{E}=\begin{bmatrix} e_{-1} \\ e_0 \\ e_1 \end{bmatrix}$$

由 $\boldsymbol{E}=\boldsymbol{U}^{-1}\hat{\boldsymbol{C}}$，可得均衡器系数矢量 $\boldsymbol{E}$ 为

$$\boldsymbol{E}=\begin{bmatrix} e_{-1} \\ e_0 \\ e_1 \end{bmatrix}=\begin{bmatrix} 0.2516 \\ 0.9523 \\ -0.0902 \end{bmatrix}$$

均衡器输出信号 $\{C_t\}$ 在 $t=-4,-3,-2,-1,0,1,2,3,4$ 处的采样值分别是 -0.0025，$0.0282,0.0808,0.0000,1.0000,0.0000,-0.0306,-0.0077,0.0009$。

可见，通过设计的3抽头迫零均衡器，将 $t=0$ 和 ± 1 时的ISI完全消除，而在其他时刻，仍然存在一定的ISI。如果要消除更多时刻的ISI，可以增大均衡器的长度。

例如，如果要消除 $t=0,\pm 1,\pm 2$ 时刻的ISI，则均衡器长度为5。同理，可得均衡器系数矢量 $\boldsymbol{E}$ 为

$$\boldsymbol{E}=\begin{bmatrix} e_{-2} \\ e_{-1} \\ e_0 \\ e_1 \\ e_2 \end{bmatrix}=\begin{bmatrix} -0.0786 \\ 0.2575 \\ 0.9475 \\ -0.0829 \\ 0.0298 \end{bmatrix}$$

设计的5抽头均衡器输出信号 $\{C_t\}$ 在 $t=-4,-3,-2,-1,0,1,2,3,4$ 处采样值分别是 $-0.0144,0.0488,0.0000,0.0000,1.0000,0.0000,0.0000,-0.0048,0.0002$。可见 $t=0,\pm 1,\pm 2$ 的ISI被完全消除，但更远处ISI仍然存在。如果进一步增大 K 值(进一步增加抽头个数)，还可以消除更大范围的ISI，但均衡器的复杂度也将更高。

2. 迫零均衡法存在的问题

从频域来看，迫零均衡器要求均衡器输出信号的频谱是平坦的。因此，在信道传输函数

模值较小，即发生深衰落的频率处(也称凹点)时，迫零均衡器要对该频率及近旁的信号进行高增益的放大，因此不可避免地对这一频率及附近的噪声进行了较大的放大，增强了噪声。具体原理如图 7-5 所示。

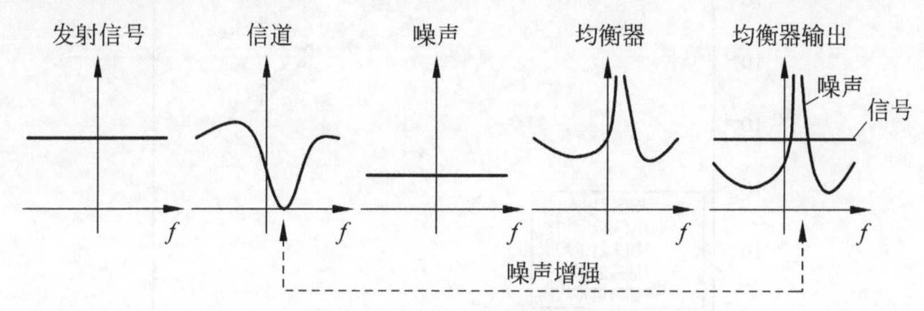

图 7-5 迫零均衡器噪声增强

迫零均衡器输出噪声功率为

$$\sigma_{\text{n-LE-ZF}}^{2}=N_{0}T_{\text{s}}\int_{-\frac{1}{2T_{\text{s}}}}^{\frac{1}{2T_{\text{s}}}}\frac{1}{\Xi(\mathrm{e}^{\mathrm{j}2\pi fT_{\text{s}}})}\mathrm{d}f \tag{7-15}$$

其中，$\Xi(\mathrm{e}^{\mathrm{j}2\pi fT_{\text{s}}})$为采样值自相关函数的傅里叶变换。由式(7-15)可以看出，只有当频谱没有零点且可积分时，噪声功率才为有限值。

迫零均衡器在高信噪比的静态信道中表现较好，但在无线通信系统中性能不佳，因此较不常用。

【例 7-4】 假定信道在信道带宽 B 内的频域响应 $H(f)=1/|f|$，白噪声的单边功率谱密度为 N_0，请比较采用迫零均衡前后的噪声功率。

解 采用迫零均衡法前，噪声功率 $P_{\text{n}}=N_0B$。

迫零均衡器的频域响应为 $H_{\text{ZF}}(f)=1/H(f)=|f|$。

均衡器输出的单边噪声功率谱密度为 $N'(f)=[H_{\text{ZF}}(f)]^2N_0=|f|^2N_0$。

由此可知，通过迫零均衡器后，噪声功率谱密度将不再为一个常量，即从白噪声变成为有色噪声。噪声功率为

$$P_{\text{n-ZF}}=\int_{-B}^{+B}N'(f)\mathrm{d}f=\frac{N_0B^3}{3}$$

图 7-6 比较了不同阶数迫零均衡器的性能。采用 BPSK 调制，信道冲激响应 $\boldsymbol{h}=[0.01, 0.15, 0.25, 1, 0.1, -0.02, -0.01]$。由仿真结果可知，均衡能够明显改善性能，而且均衡器抽头越多，性能改善越明显。但均衡器抽头数(长度)达到 7 以后，继续增加均衡器的长度，均衡器性能提升就不明显。这与根据信道最大时延扩展计算得到的均衡器长度相符。

7.2.2 最小均方误差均衡器

与迫零均衡器不同，MMSE 均衡器的目标并不是完全消除 ISI，而是使发送信号和均衡器输出信号之间的均方误差最小，即

$$\text{MSE}=E\{|\varepsilon_i|^2\}\to\min$$

有

$$\text{MSE}=E\{|\varepsilon_i|^2\}=E\{|c_i-\hat{c}_i|^2\}=E\{|c_i|^2\}-2\text{Re}\{\boldsymbol{e}^{\text{T}}\boldsymbol{p}\}+\boldsymbol{e}^{\text{T}}\boldsymbol{Re} \tag{7-16}$$

其中，$\boldsymbol{R}=E\{\boldsymbol{u}_i^*\boldsymbol{u}_i^{\text{T}}\}$为接收信号的自相关矩阵；$\boldsymbol{p}=E\{\boldsymbol{u}_i^*c_i\}$为接收信号与发送信号的互相

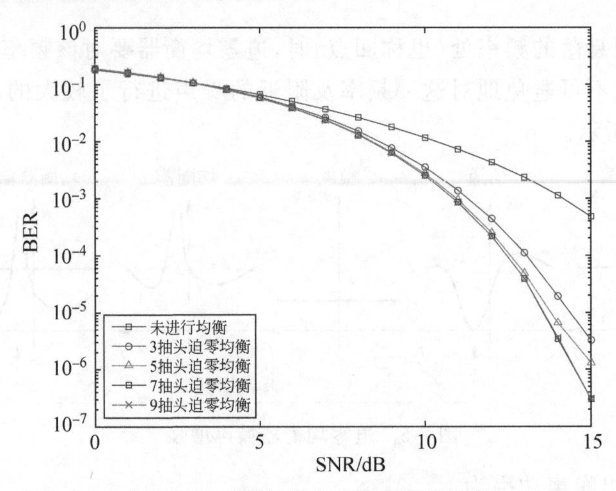

图 7-6 不同阶数迫零均衡器的性能

关矢量。

因此,确定最佳的 MMSE 均衡器系数 $\boldsymbol{e}_{\text{opt}}$,实际上是一个多元函数极值问题。对 MSE 关于 $\boldsymbol{e}$ 求偏导,令偏导为 0,即

$$\frac{\partial}{\partial \boldsymbol{e}}\text{MSE}=2\boldsymbol{e}^{\text{T}}\boldsymbol{R}-2\boldsymbol{p}=0 \tag{7-17}$$

则

$$\boldsymbol{R}\boldsymbol{e}_{\text{opt}}=\boldsymbol{p} \tag{7-18}$$

可得

$$\boldsymbol{e}_{\text{opt}}=\boldsymbol{R}^{-1}\boldsymbol{p} \tag{7-19}$$

该方程称为维纳-霍夫方程。

考虑频域、噪声白化滤波器和均衡器的级联传输函数为

$$\widetilde{E}(\text{e}^{\text{j}2\pi fT_{\text{s}}})=\frac{1}{\Xi(\text{e}^{\text{j}2\pi fT_{\text{s}}})+\dfrac{N_0}{\sigma_{\text{s}}^2}} \tag{7-20}$$

因此,MMSE 均衡器输出噪声功率为

$$\sigma_{\text{n-LE-MSE}}^2=N_0T_{\text{s}}\int_{-\frac{1}{2T_{\text{s}}}}^{\frac{1}{2T_{\text{s}}}}\frac{1}{\Xi(\text{e}^{\text{j}2\pi fT_{\text{s}}})+\dfrac{N_0}{\sigma_{\text{s}}^2}}\text{d}f \tag{7-21}$$

与式(7-15)比较,由于分母中 N_0/σ_{s}^2 的存在,不会出现噪声明显增强的情况。整体流程如图 7-7 所示,MMSE 均衡器不要求均衡器输出信号的频谱是完全平坦的,在凹点处的

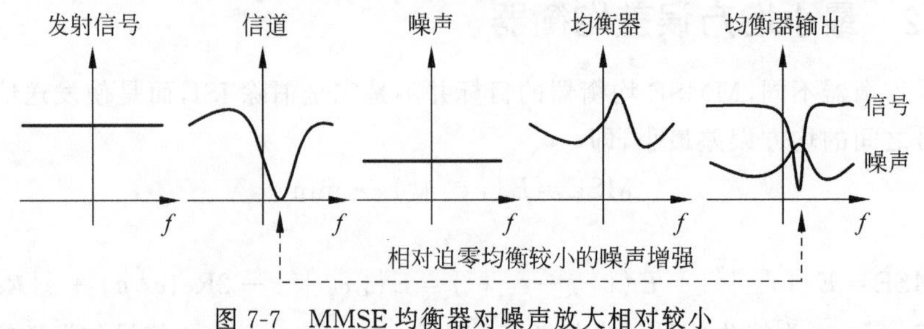

图 7-7 MMSE 均衡器对噪声放大相对较小

放大增益有限，因此相对于迫零均衡器，对噪声的增强相对较小。MMSE均衡器实际上在消除ISI和噪声增强两方面进行了折中。

7.2.3 迭代均方误差均衡器

为了确定MMSE均衡器的权重系数，如果直接求解式(7-19)中的方程，即 $\boldsymbol{e}_{\text{opt}}=\boldsymbol{R}^{-1}\boldsymbol{p}$，需要对矩阵 $\boldsymbol{R}$ 进行求逆运算，要进行 $(2K+1)^3$ 次运算，计算复杂度较大。

因此，为了降低计算复杂度，在实际应用中，多采用迭代的方法。通过多次迭代，使得均衡器系数最终收敛于 $\boldsymbol{e}_{\text{opt}}$。

常用的迭代方法包括迭代最小均方(Least Mean Square，LMS)算法和递归最小二乘(Recursive Least Square，RLS)算法。下面简要介绍迭代LMS算法的具体流程。

(1) 初始化：设定均衡器初始系数 $\boldsymbol{e}_0$。

(2) 计算矩阵 $\boldsymbol{R}$ 和 $\boldsymbol{p}$ 的估计值。

$$\hat{\boldsymbol{R}}=\boldsymbol{u}_i^*\boldsymbol{u}_i^{\mathrm{T}},\quad \hat{\boldsymbol{p}}=\boldsymbol{u}_i^*c_i \tag{7-22}$$

(3) 进行梯度估计。

$$\hat{\nabla}_n=-2\hat{\boldsymbol{p}}+2\hat{\boldsymbol{R}}\boldsymbol{e}_{n-1} \tag{7-23}$$

其中，下标 n 表示第 n 次迭代。

(4) 向负梯度方向调整均衡器系数。

$$\boldsymbol{e}_n=\boldsymbol{e}_{n-1}-\mu\hat{\nabla}_n \tag{7-24}$$

第7-3集
微课视频

其中，μ 为用户定义的参数，决定了收敛速度和残差。

当 $0<\mu<2/\lambda_{\max}$ 时，算法是收敛的，其中 $\lambda_{\max}$ 为矩阵 $\boldsymbol{R}$ 的最大特征值。

(5) 迭代判断。

如果均衡器系数 $\boldsymbol{e}_n$ 相对 $\boldsymbol{e}_{n-1}$ 的差值小于设定门限，可认为算法已基本收敛，或者当迭代次数达到设定的最大允许迭代次数，则停止迭代，输出系数 $\boldsymbol{e}_n$；否则回到步骤(3)，进行新一轮的迭代。

迭代LMS算法无须进行复杂的矩阵求逆运算，明显降低了复杂度。

一般主要从以下几个方面评估迭代算法的性能。

(1) 每次迭代的计算量。

(2) 收敛速度：收敛速度为接近最终解时需要的迭代次数。通常假设在进行迭代计算时信道状态不发生改变，但是如果一个算法迭代次数太多，即收敛速度太慢的话，那么在迭代过程中信道将发生改变，这样就得不到稳定状态的解。

(3) 失调：失调为迭代算法得到的收敛值和精确值之间的偏差。

7.3 非线性均衡器

对于衰落严重的信道，信道失真非常严重，信道传输函数往往存在凹点。此时为了补偿信道失真引起的深衰落，线性均衡器会对深衰落及近旁的频谱进行高增益放大，从而增加了这段频谱的噪声，降低了系统传输性能。此时更适宜采用非线性均衡器。

本节将介绍判决反馈均衡器和最大似然序列检测均衡器这两类非线性均衡器。

7.3.1 判决反馈均衡器

1. 判决反馈均衡器原理

判决反馈均衡器(Decision Feedback Equalizer,DFE)是一种可以显著降低复杂度的非线性均衡技术。

DFE 均衡的基本思想是：通常有限长度的滤波器是无法完全消除 ISI 的，由于 ISI 主要是由于当前符号的拖尾造成的，因此一旦正确检测出一个符号，就能够结合信道估计，计算该符号引起的 ISI，即确定该符号对后续的符号造成的影响，然后把这种影响从后续符号的接收信号中减去，从而达到降低 ISI 的目的。

判决反馈均衡器结构如图 7-8 所示，由前馈滤波器(Feed Forward Filter)、检测判决器和反馈滤波器(Feedback Filter)构成。前馈滤波器和反馈滤波器的抽头间隔均为符号间隔 T_s，可采用横向滤波器实现，也可以采用格型滤波器。

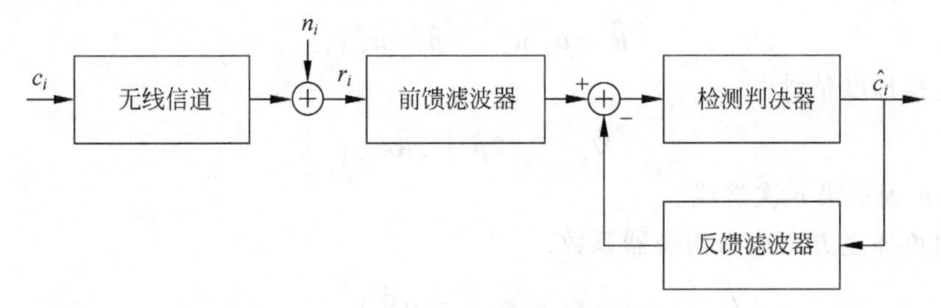

图 7-8 判决反馈均衡器结构

前馈滤波器的输入 r_i 是经过无线信道，并叠加了高斯白噪声 n_i 的接收信号；在前馈滤波器中进行线性均衡(如 ZF 均衡和 MMSE 均衡)；前馈滤波器的输出送入检测判决器，进行逐符号判决，得到判决结果$\hat{c}_i$；判决结果送入反馈滤波器，估计其对后一个符号造成的 ISI，并从前馈均衡器的输出信号中将其减去。

因此，如果前一个符号的判决结果是正确的，且信道估计是准确的，则反馈滤波器就能消除由前面符号所造成的 ISI。实际上，只要判决的误码率小于 1/2，原则上就能保证收敛性。

判决反馈均衡器使用前馈滤波器和反馈滤波器分别消除前向和后向符号间干扰。反馈滤波器的作用是近似信道的频率响应，而不是对其进行反转，因此不存在噪声放大的问题。当信道频域响应存在深衰落(凹点)时，判决反馈均衡的性能一般要明显优于线性均衡。

但是，判决反馈均衡器存在着错误传播的问题，即一旦前一个符号的判决结果是错误的，则此时减掉的 ISI 并非真实产生的 ISI，这样错误会传播到后面的符号判决中。特别在低信噪比时，错误的传播将严重影响系统性能。可以采用 Turbo 均衡，或者采用引入延时的信道编码技术解决错误传播的问题。

1) Turbo 均衡

Turbo 均衡用一个最大后验概率(MAP)均衡器和一个译码器之间的反复迭代确定发送符号。MAP 均衡器用信道输出计算出发送符号的后验概率，译码器再用这个值计算发送符号的后验概率。这些概率构成 MAP 均衡器和译码器之间交互的软信息。经过一定次数的迭代后，Turbo 均衡器将收敛到发送符号的估计值上。

2）有延时信道编码的判决反馈均衡

由于反馈滤波器处理的是译码前的编码比特，所以不能通过信道译码改善错误传播现象。如果允许在反馈路径上引入延时，那就可以借助信道译码技术解决错误传播的问题。首先对这些信息进行译码，再将这些信息重新编码，并将这个新的信号用于判决反馈均衡器的反馈路径中。

2. 迫零判决反馈均衡器

迫零判决反馈均衡器的结构如图 7-9 所示，其目标是在检测判决器输入端处消除所有 ISI。

噪声功率为

$$\sigma_{\text{n-DFE-ZF}}^{2}=N_{0}\exp\left\{T_{\mathrm{s}}\int_{-\frac{1}{2T_{\mathrm{s}}}}^{\frac{1}{2T_{\mathrm{s}}}}\ln\left[\frac{1}{\Xi(\mathrm{e}^{\mathrm{j}2\pi fT_{\mathrm{s}}})}\right]\mathrm{d}f\right\} \tag{7-25}$$

由式(7-25)可以看到，迫零判决反馈均衡器虽然对噪声也有一定程度的放大，但比迫零线性均衡器要小。

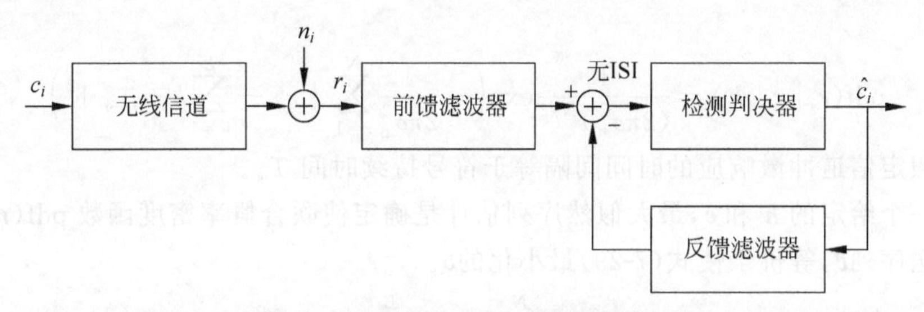

图 7-9　迫零判决反馈均衡器的结构

3. MMSE 判决反馈均衡器

MMSE 判决反馈均衡器的结构如图 7-10 所示，其目标是使检测输入端的均方误差最小化，从而在消除 ISI 和噪声增强之间取得折中。

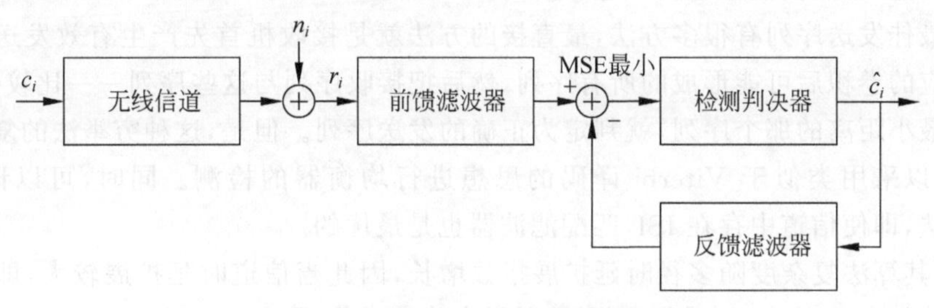

图 7-10　MMSE 判决反馈均衡器的结构

噪声功率为

$$\sigma_{\text{n-DFE-MMSE}}^{2}=N_{0}\exp\left\{\frac{T_{\mathrm{s}}}{2\pi}\int_{-\pi/T_{\mathrm{s}}}^{\pi/T_{\mathrm{s}}}\ln\left[\frac{1}{\Xi(\mathrm{e}^{\mathrm{j}\omega T_{\mathrm{s}}})+N_{0}}\right]\mathrm{d}\omega\right\} \tag{7-26}$$

由式(7-26)可以看到，MMSE 判决反馈均衡器对噪声放大相对更小，不仅小于判决反馈均衡器，也小于 MMSE 线性均衡器。

7.3.2 最大似然序列检测均衡

当信号无记忆时,从最小符号错误概率的意义上说,逐个符号检测是最佳的。但由于多径时延扩展造成的符号间干扰的存在,使得接收信号存在记忆性,即前后符号之间有相关性。最大似然序列检测均衡将接收波形序列和所有可能的波形序列进行对比,选择具有最大似然的序列作为输出,实际上实现了均衡与解调的合二为一。最大似然序列估计均衡技术将符号间干扰当作接收信号的特征来对待,是目前性能最佳的均衡技术。

经过时间离散信道的第 i 个时刻的接收信号可以表示为

$$r_i = \sum_{n=1}^{L} h_n c_{i-n} + n_i \tag{7-27}$$

其中,信道冲激响应 $\boldsymbol{h} = \{h_n\}, n=1,2,\cdots,L$,$L$ 为信道冲激响应的长度;n_i 为方差为σ_{n}^2 的高斯白噪声的采样值。

对于一个长度为 N 的接收序列 $\boldsymbol{r}$,联合概率密度函数(取决于发送序列 $\boldsymbol{c}$ 和信道冲激响应 $\boldsymbol{h}$)为

$$\mathrm{pdf}(\boldsymbol{r} \mid \boldsymbol{c}:\boldsymbol{h}) = \frac{1}{(2\pi\sigma_{\mathrm{n}}^2)^{N/2}} \exp\left(-\frac{1}{2\pi\sigma_{\mathrm{n}}^2}\sum_{i=1}^{N} \mid r_i - \sum_{n=1}^{L} h_n c_{i-n} \mid^2\right) \tag{7-28}$$

这里假定信道冲激响应的时间间隔等于符号持续时间 T_{s}。

对于一个给定的 $\boldsymbol{h}$ 和 $\boldsymbol{c}$,最大似然序列估计是确定使联合概率密度函数 $\mathrm{pdf}(\boldsymbol{r}|\boldsymbol{c}:\boldsymbol{h})$最大化的发送序列$\hat{\boldsymbol{c}}$,等价于使式(7-29)最小化的$\hat{\boldsymbol{c}}$。

$$\hat{\boldsymbol{c}} = \mathrm{argmin}\sum_{i=1}^{N}\left| r_i - \sum_{n=1}^{L} h_n c_{i-n}\right|^2 \tag{7-29}$$

其中,$\sum_{n=1}^{L} h_n c_{i-n}$ 为可能的序列,对应状态转移图上的分支的输出;$\left| r_i - \sum_{n=1}^{L} h_n c_{i-n}\right|^2$ 为定义的距离度量,显然度量值越大,似然越小。

确定最佳发送序列有很多方法,最直接的方法就是接收机首先产生有效发送序列与信道冲激响应的卷积后可能形成的所有序列,然后把接收序列与这些序列一一比较,找到与接收序列有最小距离的那个序列,就判定为正确的发送序列。但是,这种穷举法的复杂度相当高,因此可以采用类似于 Viterbi 译码的思想进行均衡器的检测。同时,可以证明,对于 MLSE 算法,即使信道中存在 ISI,匹配滤波器也是最优的。

然而,其算法复杂度随多径时延扩展指数增长,因此当信道时延扩展较大,即信道冲激响应序列的长度 L 较大时,采用穷举法,算法复杂度难以承受。

本书第 6 章在卷积码译码中介绍了 Viterbi 算法。Viterbi 算法在网格图中寻找与接收序列似然度最大的编码序列。Viterbi 算法作为最大似然序列检测算法,在网格搜索中提前舍弃了不可能成为最大似然序列的序列,能够明显降低复杂度。与卷积码译码类似,Viterbi 检测实际上就是在状态转移图上寻找与接收序列具有最大似然的路径。下面通过一个实例了解 Viterbi 检测过程。

【例 7-5】 假设发送序列 $\boldsymbol{c} = \{-1,+1,-1,-1,+1\}$,信道离散时间冲激响应 $\boldsymbol{h} = \{1,0.7\}$,接收信号序列 $\boldsymbol{r} = \{-1.4,-0.2,+0.4,-1.6,+0.4\}$。请给出 Viterbi 检测的全过程。

解 由于受到信道中多径传播导致的符号间干扰和噪声的影响，因此接收信号序列 $\boldsymbol{r}$ 与发送信号序列 $\boldsymbol{c}$ 存在较大差异，如果不进行均衡，直接解调判决，则第 2 个和第 3 个符号将发生错误。本例采用 Viterbi 检测的方式完成信道的均衡和解调。

信道可以表示为抽头系数分别为 1 和 0.7 的抽头延迟线，如图 7-11 所示。

可将抽头延迟线多径信道视为一个约束长度为 2 的卷积编码器。共有两种状态，即－1 和＋1。假定寄存器初始状态为－1；虚线代表输入为－1，实线代表输入为＋1；路径上方的数值表示信道输出(不考虑噪声)，状态转移图如图 7-12 所示。

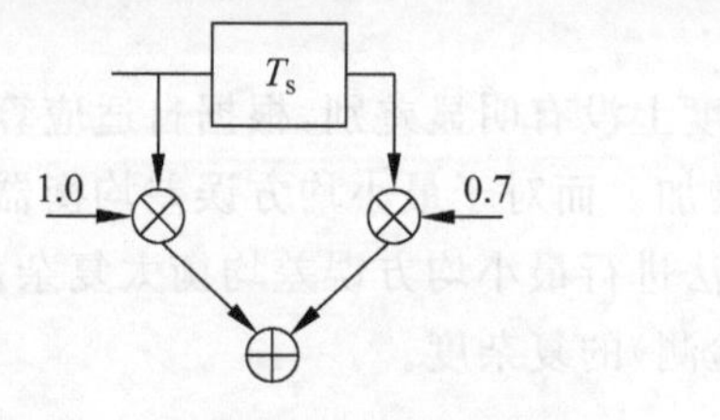

图 7-11 抽头延迟线多径信道

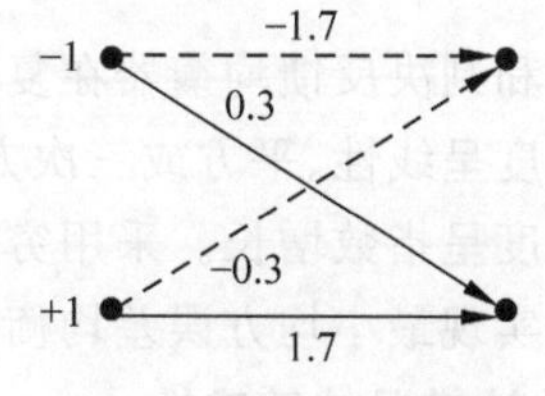

图 7-12 状态转移图

Viterbi 检测器具体流程如图 7-13 所示。假定 Viterbi 检测器寄存器的初始状态为－1。

(1) 对于第 i 个符号，用式(7-30)计算距离度量值。

$$\left| r_i - \sum_{n=1}^{L} h_n c_{i-n} \right|^2 \tag{7-30}$$

第 7-4 集
微课视频

(2) 计算每条路径的累积度量值(图 7-13 中状态旁的数值)。

(3) 比较汇聚到同一个节点的两条路径的累积度量值，将度量值较小(似然较大)的路径作为留存路径，将度量值较大(似然较小)的路径舍弃。

(4) 重复步骤(1)～步骤(3)，直到完成所有接收符号。选择所有留存路径中累积度量最小的作为最大似然路径(图中粗线路径)。

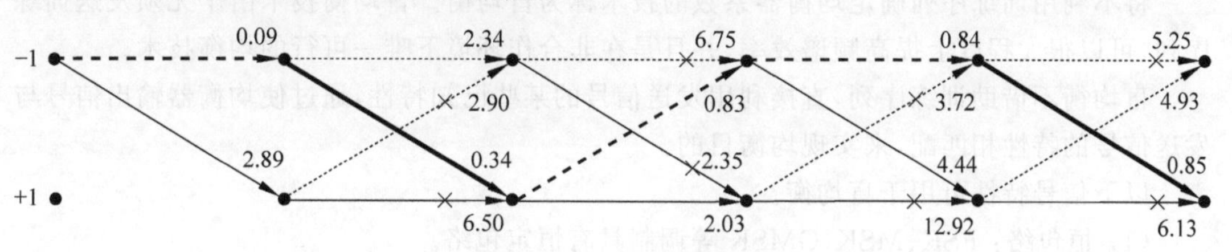

图 7-13 Viterbi 检测流程

(5) 最大似然路径对应的序列为检测输出序列，即 $\hat{\boldsymbol{c}}=\{-1,+1,-1,-1,+1\}$。

与发送序列 $\boldsymbol{c}$ 相比，Viterbi 检测输出序列完全正确。这表明，即使存在噪声时，Viterbi 检测仍能较好地完成均衡和解调。

7.4 线性均衡器与非线性均衡器性能比较

线性均衡器与非线性均衡器性能特点各不相同，在选择均衡器时需综合考虑各方面。

1. 差错性能

最大似然序列估计均衡器误比特性能优于其他所有结构的均衡器，判决反馈均衡器次之,而线性均衡器的误比特性能最差。

2. 噪声增强

线性均衡器会放大噪声,特别是迫零线性均衡器,噪声增强现象最为严重。而对于非线性均衡器,判决反馈均衡器是基于一个数据符号检测判定,就可在检测后续符号之前预测并消除由这个信息符号带来的符号间干扰,从反馈信号中消除噪声,比线性均衡器引入的噪声小。但是,判决反馈均衡器中如果判决不正确,计算出的后向符号间干扰也是错误的,引起错误传播。

3. 复杂度

线性均衡器和判决反馈均衡器在复杂度上没有明显差别,根据自适应算法的不同,复杂度随着均衡器长度呈线性、平方或三次方增加。而对于最小均方误差均衡器,复杂度随着信道冲激响应的长度呈指数增长。采用穷举法进行最小均方误差均衡太复杂,采用 Viterbi 方法可以大大降低实现最小均方误差均衡(检测)的复杂度。

4. 对信道估计错误的敏感性

判决反馈均衡器由于有错误传播特性,因而对信道估计错误的敏感性大于线性均衡器。此外,迫零均衡器比最小均方误差均衡器对于信道估计错误更敏感。

7.5 盲均衡

第 7-5 集
微课视频

传统的均衡算法,如前面介绍的迫零均衡和均方误差均衡,都是基于训练序列的。发射机需要周期性发送一个接收机已知的训练序列,以便接收机及时调整均衡器系数。这些方法虽然能够较好地消除/抑制 ISI,但发送训练序列占用了系统的有效资源,降低了频谱效率,而且增加了能耗。此外,在一些应用场合,如多点通信、非合作通信,接收机难以期望获得一个已知的训练序列。

将不利用训练序列确定均衡器系数的技术称为盲均衡。盲均衡技术由于无须发送训练序列,可以很大程度上提高频谱效率,并且是在非合作环境下唯一可行的均衡技术。

盲均衡不借助训练序列,直接利用发送信号的某些已知特性,通过使均衡器输出信号与发送信号的特性相匹配,来实现均衡目的。

以下信号特性可用于盲均衡。

(1) 恒包络:FSK、MSK、GMSK 等调制具有恒定包络。

(2) 统计特性:循环平稳特性等统计特性。

(3) 字符有限:星座图中只有有限个离散的星座点。

(4) 频谱相关:信号频谱和自身移位后的信号频谱具有相关性。

(5) 以上特性的组合。

盲均衡算法主要包括基于最陡下降法的盲均衡算法、基于高阶统计量的盲均衡算法、基于神经网络的盲均衡算法、基于最大似然的盲均衡算法等。

盲均衡算法无须训练序列,虽然提高了传输效率,但算法性能较差,复杂度高,不易实现。而半盲均衡是基于训练序列均衡算法和盲均衡算法的一种折中,即采用较短的训练序列,从而既在一定程度上保持了基于训练序列的均衡算法的精确性和低复杂度,又在一定程度上提高了频谱效率。

第8章 分集技术

CHAPTER 8

分集(Diversity)技术是对抗信道衰落的有效手段之一。本章将介绍分集技术的基本原理、微分集和宏分集技术、常用的分集合并方式,最后将分析分集的性能增益。

8.1 概述

8.1.1 分集原理

5.3.7节分析了AWGN信道、瑞利信道和频率选择性衰落信道的调制性能。由分析可知,无线信号在传输过程中经历的多径和多普勒频移会导致在时域和频域上发生衰落,造成系统性能的恶化。

第8-1集 微课视频

图8-1更加形象地说明了由于接收机运动导致的衰落对于系统性能的影响。图8-1(a)给出了电波传播环境,在接收机从A移动到B的过程中,由于周边存在较多的反射体,因此形成了大量的多径,导致接收功率发生了如图8-1(b)所示的剧烈变化,即小尺度衰落。特别是当移动到深衰落区(如P处)时,接收功率非常低,信噪比很低,会产生大量误比特。

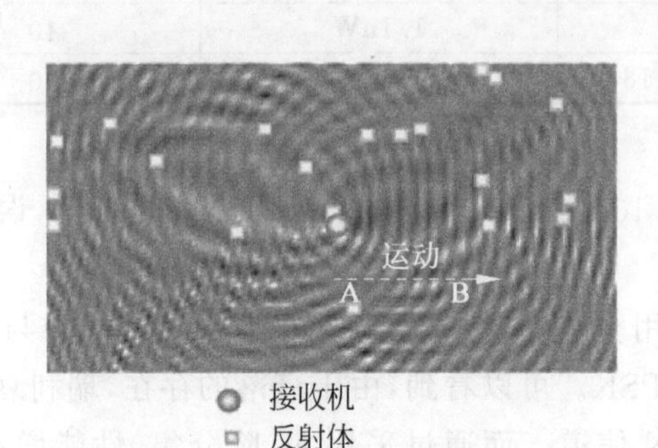

(a) 无线信道环境

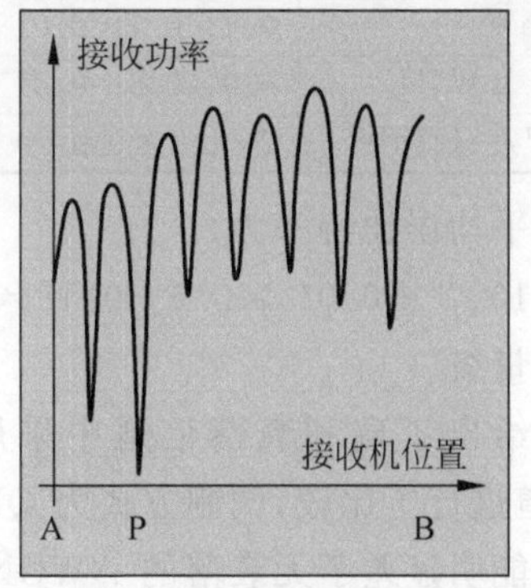

(b) 小尺度衰落

图8-1 衰落的影响

为了应对衰落对无线通信系统性能的影响,产生了一系列技术,包括信道编码、交织、均衡、分集、扩频、OFDM、MIMO等。分集技术是其中非常有效的一种技术。

1. 分集技术基本思想

发射信号经过独立(或高度不相关)的两个或多个传播信道到达接收机;接收机利用某

种合并方式，对接收到的多个样本(也称副本)进行合并，从而达到对抗衰落，提高传输可靠性的目的。

2. 分集技术的物理解释

由于接收到的多个副本经历的信道相互独立(或高度不相关)，因此从概率意义上讲，多个接收副本的信号功率同时低于给定门限的概率比任意一个副本的信号功率低于给定门限的概率小得多，即某个副本信号经历了深衰落，但其他与之相互独立(或高度不相关)的副本可能未经历深衰落。这样如果选择信号最强的那个副本，就能获得更好的信号，这就是选择合并技术。分集技术通过改变接收信号的统计分布特性，降低了深衰落发生的概率，从而改善了系统的性能。

为了更直观地理解分集技术带来的性能增益，来看一个简单的例子。

【例 8-1】 衰落信道中两支路分集接收。

假定某系统采用频移键控(FSK)和相干解调。在某平坦衰落信道中，90%时间内接收信号平均功率为1.1nW，此时信噪比为13.5dB，误比特率为10^{-10}；10%时间接收信号平均功率为0，误比特率为0.5。则平均误比特率为

$$0.9\times10^{-10}+0.1\times0.5\approx0.05 \tag{8-1}$$

平均误比特率非常高。由此可以发现，10%时间内信道处于深衰落，导致了大量的误比特，严重影响了系统性能。这就是俗称的“木桶原理”。

假设接收机采用两根天线，且两根天线相距足够远，可认为两根天线上的接收信号经历的衰落不相关，接收机选择功率较高的支路进行接收。两个支路的接收信号功率 P_1 和 P_2、发生概率和相应的误比特率如表 8-1 所示。

表 8-1 分集接收示例

两个支路接收信号功率	发生概率	接收信号功率(选取功率较高的支路)	误比特率
$P_1=P_2=0\text{nW}$	$0.1\times0.1=0.01$	0nW	0.5
$P_1=P_2=1.1\text{nW}$	$0.9\times0.9=0.81$	1.1nW	10^{-10}
$P_1=0\text{nW}, P_2=1.1\text{nW}$	$2\times0.1\times0.9=0.18$	1.1nW	10^{-10}

此时的平均误比特率为

$0.81\times10^{-10}+0.01\times0.5+0.18\times10^{-10}\approx0.005$，与未采用分集时相比，误比特率下降了一个数量级。

图 8-2 给出了瑞利衰落信道中采用分集和未采用分集的误比特率，并与无衰落的 AWGN 信道进行了比较，调制方式为 QPSK。可以看到，由于衰落的存在，瑞利衰落信道未分集时的性能明显差于无衰落的 AWGN 信道。而通过采用 M 阶分集，性能增益(称为分集增益)超过 10dB，相同信噪比下的误比特率下降为 $1/10^M$。由此可见，采用分集后，明显减弱了衰落对性能的影响，但并不能完全消除衰落的影响。

8.1.2 相关系数

由概率论知识可知，当事件 A 和 B 相互独立时，有

$$P(\text{AB})=P(\text{A})P(\text{B}) \tag{8-2}$$

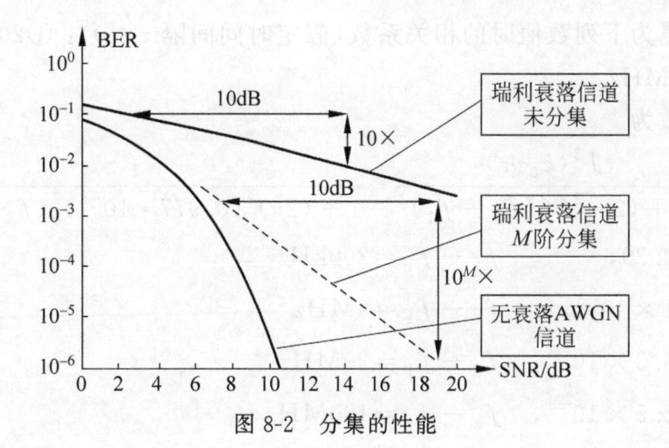

图 8-2 分集的性能

因此，当信号经历衰落相互独立的信道传输时，接收功率的联合概率密度函数 $\mathrm{pdf}_{r1,r2,\cdots}(r_1,r_2,\cdots)$等于各信道的边缘概率密度函数 $\mathrm{pdf}_{r1}(r_1)$，$\mathrm{pdf}_{r2}(r_2)$，…的乘积。

分集技术能够显著降低信号经历深衰落的概率，改善传输性能。而当各支路经历的信道衰落之间有一定相关性时，则会降低分集的效果。

通常采用相关系数表征信号之间的相关性。相关系数有多种定义方式，如包络相关系数、复相关系数等。其中，信号 x 和 y 的包络相关系数定义为

$$\rho_{xy}=\frac{E\{xy\}-E\{x\}\cdot E\{y\}}{\sqrt{(E\{x^2\}-E\{x\}^2)\cdot(E\{y^2\}-E\{y\}^2)}} \tag{8-3}$$

其中，$E\{\}$表示期望。

当信号 x 和 y 统计独立时，有 $E\{xy\}=E\{x\}E\{y\}$，则相关系数 $\rho_{xy}=0$。请注意，反之，当相关系数 $\rho_{xy}=0$ 时，并不能认定 x 和 y 统计独立。

在实际应用中，一般当相关系数低于某一门限值（如 0.5 或 0.7）时，即可以认为不相关。

研究表明，时间间隔为 τ，频率间隔为 f_1-f_2 的两个信道的相关系数为

$$\rho_{xy}=\frac{J_0^2(k_0 v\tau)}{1+(2\pi)^2S_\tau^2(f_1-f_2)^2} \tag{8-4}$$

其中，J_0 为第一类零阶贝塞尔函数；$k_0=1/\lambda$ 为波数；λ 为波长；v 为移动速度；S_τ 为信道均方根时延扩展。

注意，式(8-4)的推导基于以下假设。

(1) 信道为广义平稳非相关散射模型。

(2) 不存在视距传播。

(3) 功率时延谱中的功率服从指数分布。

(4) 入射功率各向同性分布。

(5) 使用全向天线。

对于移动终端，可以将时间间隔转换为空间间隔，因此时间分集和空间分集在数学上是等价的。所以，式(8-4)可适用于空间分集、时间分集和频率分集的分析。

为了更好地理解相关系数的概念，下面来看一个实例。

【例 8-2】 典型城市中的 RMS 时延扩展一般为 1～3μs。假定 RMS 时延扩展为 1μs，

分别计算频率间隔为下列数值时的相关系数(假定时间间隔 $\tau=0$)：①200kHz；②5MHz；③20MHz；④100MHz。

解 相关系数为

$$\rho_{xy}=\frac{J_0^2(k_0 v\tau)}{1+(2\pi)^2 S_\tau^2(f_2-f_1)^2}=\frac{1}{1+(2\pi)^2(0.977\cdot 10^{-6})^2(f_2-f_1)^2}$$

$$=\begin{cases}0.39, & f_2-f_1=200\text{kHz}\\ 1\times 10^{-3}, & f_2-f_1=5\text{MHz}\\ 6.3\times 10^{-5}, & f_2-f_1=20\text{MHz}\\ 2.5\times 10^{-6}, & f_2-f_1=100\text{MHz}\end{cases} \tag{8-5}$$

可见，随着频率间隔的增加，相关系数不断下降。例如，在 GSM 系统中，两个相邻信道的频率间隔为 200kHz，相关系数为 0.39；对于宽带码分多址(WCDMA)系统，两个相邻信道的频率间隔为 5MHz，相关系数为 10^{-3}，可以认为不相关；对于 LTE 系统和 5G 系统，带宽为 20MHz 和 100MHz，相关系数分别为 6.3×10^{-5} 和 2.5×10^{-6}，这时可以认为是完全不相关。

8.2 微分集

第 8-2 集
微课视频

无线信道衰落可以大致分为小尺度衰落与大尺度衰落。其中，克服小尺度衰落的分集技术称为微分集(Micro Diversity)技术；克服大尺度衰落的分集技术称为宏分集(Macro Diversity)技术。本节将介绍微分集技术，宏分集技术将在 8.3 节进行介绍。

当前无线通信系统中常用的微分集技术如下。

(1) 空间分集(Space Diversity)：也称为天线分集，通常采用多个收发天线实现传输，是无线通信中使用较多的分集形式。

(2) 时间分集(Time Diversity)：信号在不同的时隙上进行传输，且时隙的最小间隔大于信道的相干时间。

(3) 频率分集(Frequency Diversity)：信号通过多个不同频率进行传输，且频率的最小间隔大于信道的相干带宽。

(4) 角度分集(Angle Diversity)：使用不同天线方向图的多个天线进行传输。

(5) 极化分集(Polarization Diversity)：两根天线分别发射/接收水平极化和垂直极化的信号。

8.2.1 空间分集

空间分集也称为天线分集，是应用最为广泛的分集方式之一。空间分集又可以进一步分为发射分集和接收分集。

(1) 发射分集(Transmit Diversity)：发射分集是在发射机使用多根天线，信号经发射机处理后通过多根天线发射出去，如图 8-3(a)所示。

(2) 接收分集(Receive Diversity)：接收分集是在接收机使用多根天线，合并各接收天线接收到的信号副本，如图 8-3(b)所示。

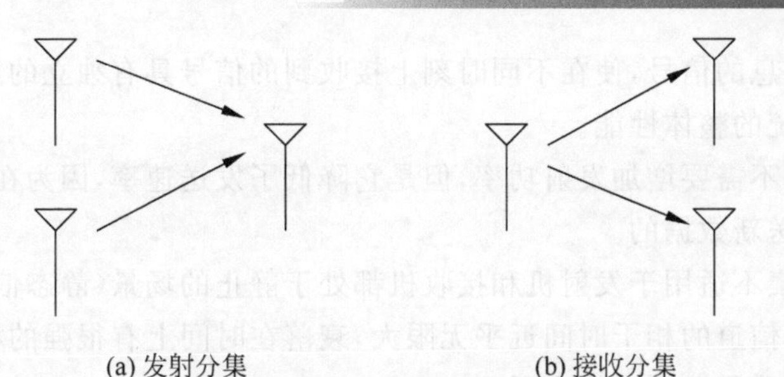

图 8-3 发射分集与接收分集

在接收分集中,实现独立衰落路径不需要额外增加发射功率,通过对分集信号进行相干合并还能提高接收信噪比,称为阵列增益。通过对各天线上的发射信号进行适当加权,发射分集也能获得阵列增益。除了阵列增益以外,空间分集还能带来分集增益。

无论是发射分集,还是接收分集,为了获得较大的分集增益,一般要求有足够大的天线距离,使不同天线上的信号经历的衰落相互独立,或者高度不相关。空间分集设计的关键就是确定天线距离和相关系数之间的关系。而所需的天线间距随天线的高度、传播环境和频率的不同而不同。

在移动台侧,一般可以认为散射体集中分布在其周围,为各向同性非相关散射(Isotropic Uncorrelated Scattering),而且一般采用全向天线。如图 8-4 所示,包络相关系数为 0.5 所需的最小天线距离约为 0.24λ。因此,当工作频率为 900MHz 和 1800MHz 时,移动台天线之间获得独立衰落需要间隔 8cm 和 4cm。显然,频率越高,所需的天线间距越短。

而对于基站,由于一般采用定向天线,且所处位置较高,因此不能假设信号各向同性入射,入射角度扩展一般为 1°~5°,则基站天线之间获得独立衰落需要间隔(2~20)λ,且角度扩展越小,要求天线间距越大。

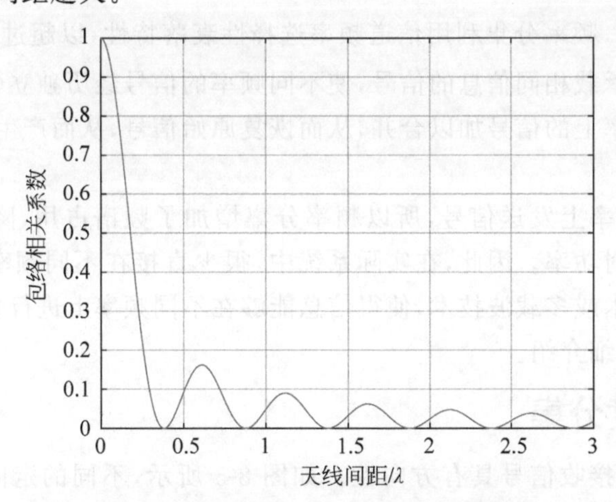

图 8-4 包络相关系数与天线间距的关系

8.2.2 时间分集

无线信道大多数情况下是时变的,因此无线信号在不同时刻所经历的信道衰落往往是不同的。时间分集就是利用了无线信道时变特性,以超过信道相干时间 T_c 的时间间隔,多次发送承载相同信息的信号，使在不同时刻上接收到的信号具有独立的衰落，从而产生分集效果，改善通信系统的整体性能。

时间分集虽然不需要增加发射功率，但是它降低了发送速率，因为在重复发送的那个时间，本来是可以发送新数据的。

另外，时间分集不适用于发射机和接收机都处于静止的场景（静态信道场景），如固定无线接入。因为静态信道的相干时间近乎无限大，衰落在时间上有很强的相关性。

时间分集可以采用以下方式实现。

(1) 重复编码。重复编码是最简单的信道编码方式。信息进行多次重复发送，当重复时间间隔大于信道相干时间时，就实现了时间分集。这种方法虽然能够获得分集的效果，但也大大降低了频谱效率，频谱效率降低因子就等于重复发送信号的次数。因此，在实际系统中较少采用。

(2) 自动重传请求(ARQ)。在ARQ机制中，接收机会反馈给发射机一个信息，表明是否接收到了满足系统要求的信号。如果接收到的信号不满足系统要求，则在等待足够长的时间后（大于信道相干时间），发射机将重新发送数据。在ARQ机制中，根据接收情况，决定是否需要进行重传，因此能够获得比重复编码更高的频谱效率和更高的传输可靠性。但是，ARQ机制增加了系统延迟，而且需要反馈信道。

(3) 纠错编码与交织相结合。相比于ARQ机制，采用结合交织技术的前向纠错编码是更为有效的方案。由于采用了交织技术，一个编码码字中的不同符号在不同时间传输且时间间隔较大，因此仅有少量的符号可能经历深度衰落，导致错误，而大多数符号未经历深度衰落，能够正确接收，采用信道译码，能够纠正随机化错误，从而提高了传输可靠性。由于无须进行反馈重发，因此降低了系统延迟，而且无需反馈信道。

8.2.3 频率分集

与时间分集类似，频率分集利用信道频率选择性衰落特性，以超过信道相干带宽 B_c 的频率间隔，多次发送承载相同信息的信号，使不同频率的信号经历独立（或高度不相关）的衰落，接收机将不同频率上的信号加以合并，从而恢复原始信号，从而产生分集效果，改善通信系统的整体性能。

因为要在多个频率上发送信号，所以频率分集增加了频谱占用，降低了系统的频谱效率，而且需要增大发射功率。因此，在实际系统中，很少直接在不同频率上重复发送相同信息，通常采用扩频技术或多载波技术，使得信息能够在不同频率上进行传输。相关内容将在第10章和第11章详细介绍。

8.2.4 角度分集

定向天线辐射和接收信号具有方向性。如图8-5所示，不同的定向天线设定不同的主瓣方向，波束不重叠，则不同天线的辐射信号就会通过不同的路径，且以不同角度到达接收机；而接收机同样可以利用多根具有不同方向性的定向天线，分离来自不同方向的信号。由于来自不同方向的信号具有相互独立的衰落，因此即使天线之间的距离很近，也能获得分集效果，即角度分集（或称为方向性分集）。

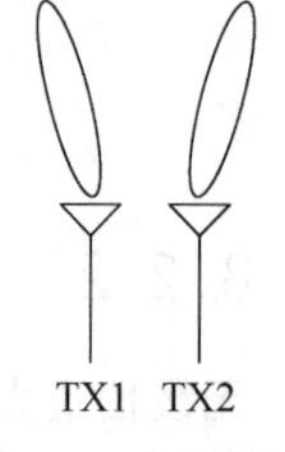

图8-5 角度分集

对于极端情况，即天线波瓣宽度非常小，最多只有一条路径落在接收天线的波瓣宽度内，这样就不存在多径衰落。这种技术可能需要足够多的定向天线，以覆盖信号所有可能的到达方向，或者只用一根天线对准其中一个方向(一般功率最强的路径)。智能天线(Smart Antenna)作为一种天线阵列，通过调整每个阵元的相位，能把主瓣对准功率最强的路径。由于很多多径分量落在接收天线主瓣之外，除非天线增益足以弥补这种损失，否则接收信号功率会非常低，从而导致较低的信噪比。

角度分集也可以认为是空间分集的一个特例。但一般而言，在空间分集中，每根天线的方向图都是相同的。

8.2.5 极化分集

使用不同极化方式的天线(如图8-6所示的垂直极化和水平极化，以及如图8-7所示的−45°极化/+45°极化)发送或接收信号，不同极化方式的信号虽然经由相同路径传播，但在无线信道中的传播特性是不同的，所以不同极化方式的信号同时经历深衰落的可能性很小。

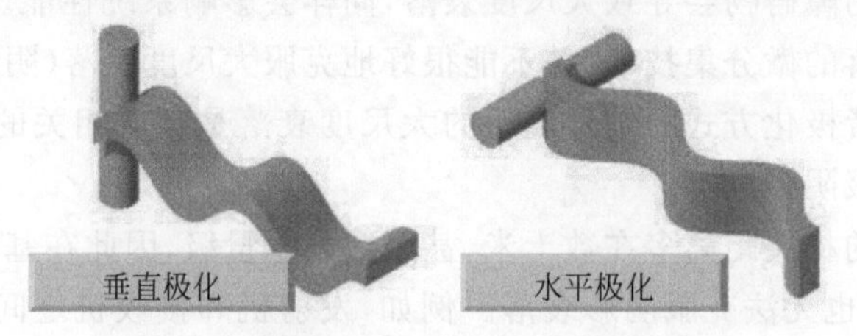

图8-6 垂直极化与水平极化

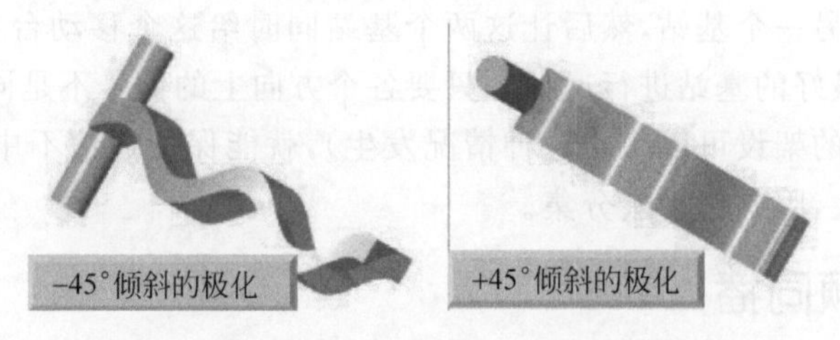

图8-7 −45°极化/+45°极化

一般两根天线分别发射水平极化和垂直极化信号，接收机用两根不同极化的天线接收。极化分集对于天线之间的最小距离没有要求。利用不同的极化方式，使天线不用相隔很远就可得到不相关信号。极化分集也可以认为是空间分集的一个特例。图8-8描述了当前常用的极化分集方式。

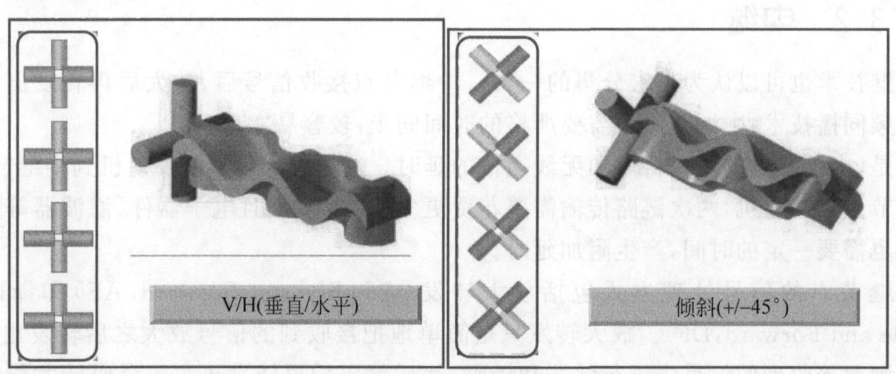

图8-8 常用的极化分集方式

但是,极化分集也存在缺点。

(1) 只能有两个分集支路,分别对应两种极化方向。

(2) 发射功率要分配到两个极化天线上,所以有3dB的功率损失。

本节介绍了5种常用的微分集技术(空间分集、时间分集、频率分集、角度分集和极化分集)。然而,在实际的通信系统中,为满足系统的性能要求,常将两种或多种分集技术结合起来,提高分集的维度。

例如,在GSM系统中,基站使用多根接收天线,并且结合纠错编码和交织实现空间分集和时间分集;在WCDMA的增强版本中,将MIMO技术与CDMA相结合,同时实现空间分集和频率分集(RAKE接收机)。

8.3 宏分集

电波传播环境中的障碍物会导致大尺度衰落,同样会影响系统性能。然而,8.2节介绍的用于克服小尺度衰落的微分集技术,并不能很好地克服大尺度衰落(阴影衰落)。

由于不同频率或者极化方式的信号经历的大尺度衰落是高度相关的,因此频率分集或极化分集无法用于克服阴影衰落。

由于大尺度衰落的相关距离多在数十米,甚至数百米量级,因此在基站或移动台采用多根天线,实现空间分集也无法克服阴影衰落。例如,发射机和接收机之间有一座山,依靠基站或移动台处相距几个波长的天线,显然无法克服这座山带来的阴影衰落的影响。

第8-3集
微课视频

但是,可以利用另一个基站,然后让这两个基站同时给这个移动台发送相同的信号,移动台可以选择信号最好的基站进行通信。只要各个方向上的信号不是同时受到阴影衰落的严重影响(基站天线的架设可以防止这种情况发生),就能保持通信不中断。由于这两个基站之间的距离非常大,因此称为宏分集。

8.3.1 同频同播

同频同播也称为单频网(Single Frequency Network,SFN),是由多个处于不同位置且时间同步的发射机构成的网络,多个发射机在“同一时间”、以“同一频率”发射“相同的信号”,以实现对一定区域的可靠覆盖。

单频网能够有效克服大尺度衰落,当前主要应用于广播电视系统中。

8.3.2 中继

中继技术也可以认为是宏分集的一种。中继节点接收信号后,放大后再转发出去。相比于同频同播技术,中继节点不需要严格的时间同步,较容易实现。

但是,中继节点的使用将增加无线通信的延时。这是因为信号从发射机到中继节点,再从中继节点到接收机,两次链路传输需要花费更多的时间;而且电子器件、滤波器等数字信号处理也需要一定的时间,产生附加延时。

中继节点的信号处理方式包括放大转发(Amplify and Forward,AF)和译码转发(Decode and Forward,DF)。放大转发只是简单地把接收到的信号放大之后转发出去;译码转发则对接收到的信号先进行解调和译码,然后编码后再转发出去。译码转发能够避免噪声累积,具有更好的性能,但复杂度也更高。

8.3.3 协作多点传输

随着超密集组网的发展,基站的密度越来越高,这也导致了小区间的干扰越发严重。为了解决小区间的干扰问题以及提高边缘用户的服务质量,提出了协作多点传输(Coordinated Multipoint Transmission,CoMP)技术。CoMP 技术也被称为网络多输入多输出技术,也是一种宏分集技术,被认为是提高移动网络频谱效率的关键技术之一。

根据信号协作处理方向的不同,CoMP 分为上行和下行两种情况。其中,上行 CoMP 是指终端发送的上行信号被多个基站接收并协作处理;下行 CoMP 是指多个基站将信号进行协作预处理后发送给终端。CoMP 通过共享数据信息或信道状态信息,共同为协作小区内的用户设备(UE)提供服务。

由于下行 CoMP 应用更为广泛,下面将重点介绍。下行 CoMP 可分为 3 类,包括协作调度/协作波束赋形(Coordinated Scheduling/Coordinated Beamforming,CS/CB)、联合处理(Joint Processing,JP)以及动态节点选择(Dynamic Point Selection,DPS)。

1. 协作调度/协作波束赋形

图 8-9(a)给出了 CS/CB 的示意图,基站(BS)只服务本小区内 UE,通过预编码可以减小 UE 的信号干扰。而协作 BS 之间只共享信道状态信息,不用共享数据信息。由于不需要共享用户数据,CS/CB 方案能够降低回程要求。

2. 联合处理

联合处理指的是多个 BS 使用相同的子信道同时发送相同的数据给同一个 UE。因此,JP 技术要求协作小区中的 BS 共享其与 UE 的信道状态信息和数据信息。如图 8-9 (b)所示,由 BS1 和 BS2 使用相同的子信道对 UE1 同时发送相同的数据;在同步之后,UE1 接收到来自本小区 BS 和其他小区 BS 发射的信号的相干叠加。因此,相当于将干扰信号转化为有用信号,能够提高 UE 接收信号的质量,从而提升整个系统的性能。

3. 动态节点选择

如图 8-9 (c)所示,根据信道状态信息判断信道质量,每次动态地选择信道质量最好的那个 BS 为 UE 提供服务,而其他 BS 在同一时频资源上保持沉默。

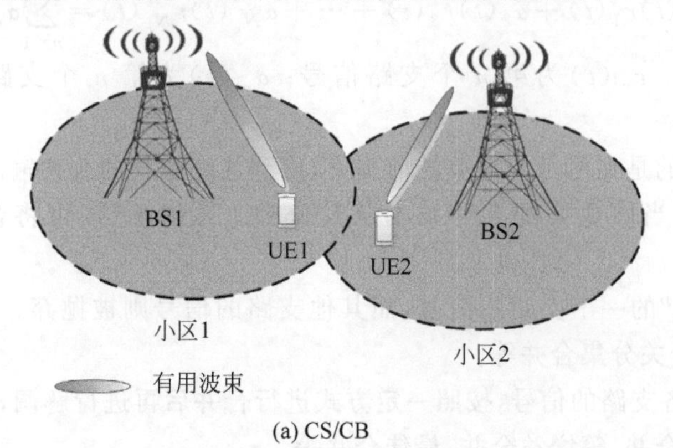

(a) CS/CB

图 8-9 CoMP 传输方案

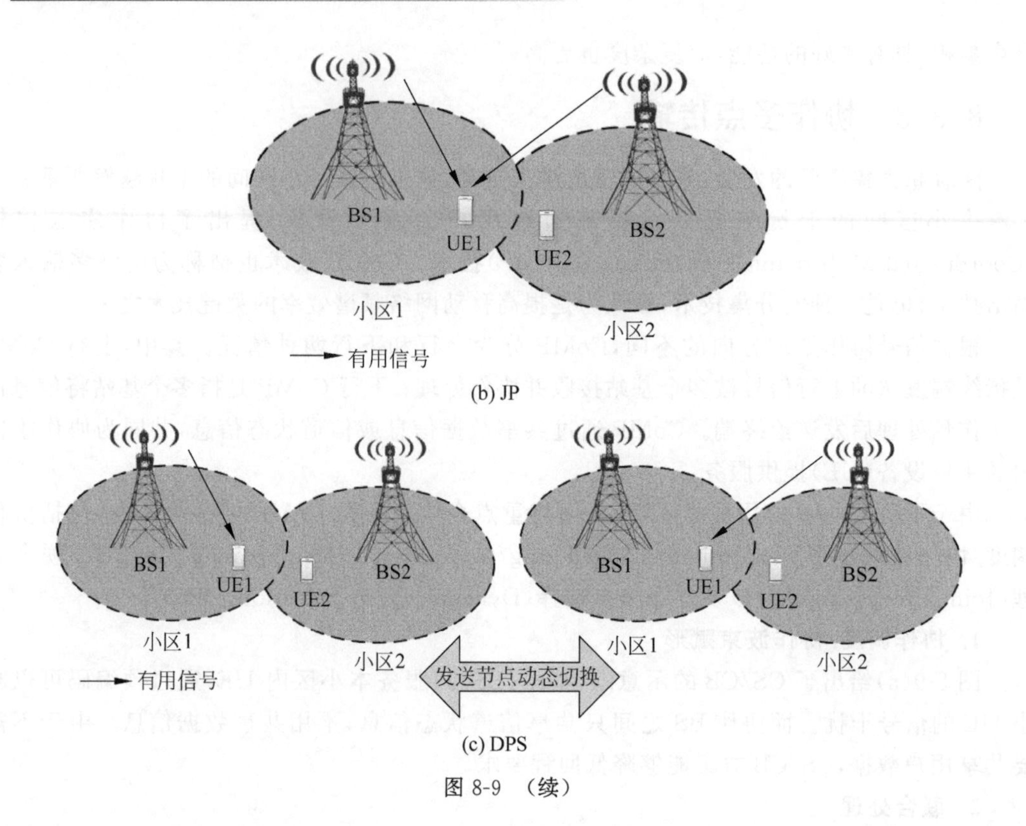

图 8-9 （续）

第 8-4 集 微课视频

8.4 信号合并

分集技术包括“分”和“集”两部分，这里的“集”指的是在接收机，将多个信号副本（即多个支路信号）进行合并。通过信号合并，实现了分集抗衰落的目的，改善了传输质量。

信号合并的方式有多种，性能和实现复杂度也各不相同。大多数合并方式都属于线性合并，即合并输出是不同支路信号的线性叠加。

$$r(t)=\alpha_1(t)r_1(t)+\alpha_2(t)r_2(t)+\cdots+\alpha_{N_r}(t)r_{N_r}(t)=\sum_{n=1}^{N_r}\alpha_n(t)r_n(t) \tag{8-6}$$

其中，N_r 为支路数；$r_n(t)$ 为第 n 个支路信号；$\alpha_n(t)$ 为第 n 个支路信号的加权因子（权值）。

信号合并的目的是在尽可能简单的前提下，得到性能最佳的合并输出信号。

图 8-10 给出了当前主要的合并技术及其分类。总的来讲，可将合并方式分为以下两类。

(1) 选择“最佳”的一个支路的信号，而其他支路的信号则被抛弃。这类合并方式包括选择式分集合并、开关分集合并等。

(2) 将接收到各支路的信号，按照一定方式进行合并后再进行解调，即合并分集。具体又可分为最大比值合并、等增益合并、最佳合并等。

显然，第 2 类合并方法由于利用了接收到的各支路信号，因此相比于第 1 类合并方法能够获得更好的性能。但是，在大多数接收机中，信号处理都是在基带完成的，因此采用合并分集的接收机需要将各支路的射频信号下变频到基带,复杂度明显提升。

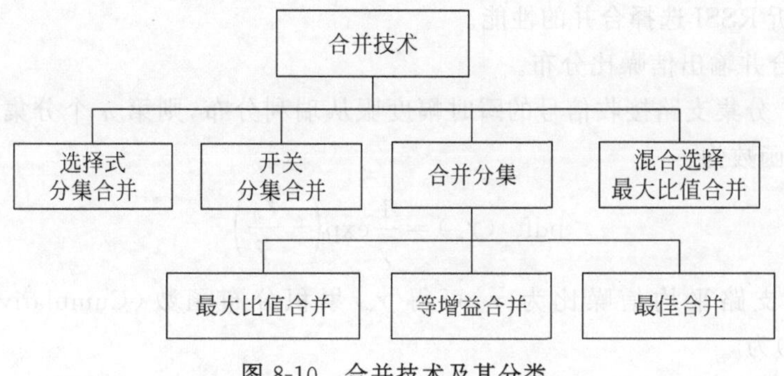

图 8-10 合并技术及其分类

8.4.1 选择式分集合并

选择式分集合并是通过跟踪监视所有 N_r 个分集支路,从中选出指示参量(如接收信号强度、信噪比、误比特率等)最好的一个分集支路作为合并器的输出。这相当于式(8-6)N_r 个支路的权值中,只有一个为1,其余均为0。选择式分集合并在每个时刻只选择一个支路,所以只需要一个接收电路,且不需要考虑相位对齐,接收系统复杂度低,因此得到了广泛的应用。

1. 接收信号强度指示

以空间分集为例,如图 8-11 所示,当采用接收信号强度指示(Received Signal Strength Indication,RSSI)时,合并器同时监测 N_r 个支路,比较各支路的瞬时接收信号强度指示,选择 RSSI 最大的支路作为合并器输出。因此,需要 N_r 根天线和 N_r 个 RSSI 检测器,以及一个 $N_r:1$ 的选择开关,但只需要一个接收电路。

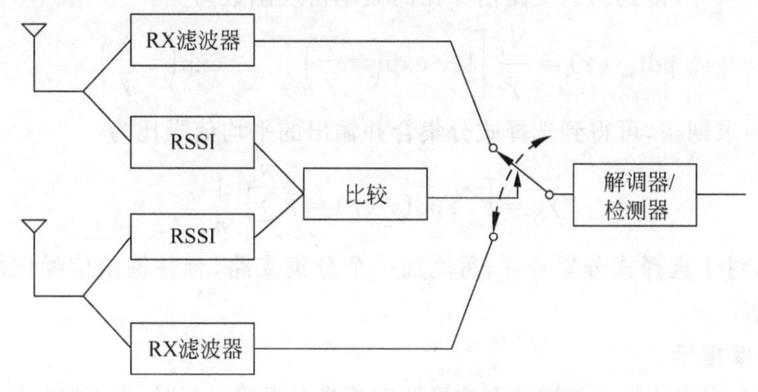

图 8-11 选择合并分集(接收信号强度指示)

该方法通过选择 RSSI 最高的信号,获得分集增益。但是,也存在局限性,具体体现在以下方面。

(1) 当误比特完全是由噪声引起时,选择 RSSI 最高的支路,也就是选择信噪比最大的支路,此时 RSSI 是最佳的选择合并方法。

(2) 当误比特是由信道衰落导致的信号失真引起时,选择具有最小 BER 的支路才是最优的,但使用 RSSI 仍然较为合理,是次最优方法。

(3) 当误比特是由干扰引起时,较强的干扰会造成 RSSI 的值也较高,因此根据 RSSI

选择的其实是干扰最强、性能最差的支路。

接下来分析 RSSI 选择合并的性能。

首先确定合并输出信噪比分布。

假设 N_r 个分集支路接收信号的瞬时幅度服从瑞利分布，则第 n 个分集支路的信噪比 γ_n 的概率密度函数为

$$\mathrm{pdf}_{\gamma_n}(\gamma_n)=\frac{1}{\bar{\gamma}}\exp\left(-\frac{\gamma_n}{\bar{\gamma}}\right) \tag{8-7}$$

这里假设支路平均信噪比为 $\bar{\gamma}$，可得 γ_n 累积分布函数(Cumulative Distribution Function，CDF)为

$$\mathrm{cdf}_{\gamma_n}(\gamma_n)=1-\exp\left(-\frac{\gamma_n}{\bar{\gamma}}\right) \tag{8-8}$$

累积分布函数定义为瞬时信噪比低于给定门限值的概率。

选择具有最大 RSSI 的支路，也就是选择了信噪比最大的支路，因此所选支路信噪比 γ_Σ 低于给定门限值等价于所有 N_r 个支路信噪比均低于给定门限值，即

$$P(\gamma_\Sigma<\gamma)=P(\max[\gamma_1,\gamma_2,\cdots,\gamma_{N_r}]<\gamma)=P(\gamma_1<\gamma,\gamma_2<\gamma,\cdots,\gamma_{N_r}<\gamma)$$

假定各个支路相互独立，有

$$P(\gamma_\Sigma<\gamma)=P(\gamma_1<\gamma,\gamma_2<\gamma,\cdots,\gamma_{N_r}<\gamma)=\prod_{n=1}^{N_r}P(\gamma_n<\gamma) \tag{8-9}$$

假定所有支路平均信噪比相同时，可得到所选支路信噪比 γ_Σ 的累积分布函数为

$$\mathrm{cdf}_{\gamma_\Sigma}(\gamma)=\left[1-\exp\left(-\frac{\gamma}{\bar{\gamma}}\right)\right]^{N_r} \tag{8-10}$$

对式(8-10)求导，得到所选支路信噪比的概率密度函数为

$$\mathrm{pdf}_{\gamma_\Sigma}(\gamma)=\frac{N_r}{\bar{\gamma}}\left[1-\exp\left(-\frac{\gamma}{\bar{\gamma}}\right)\right]^{N_r-1}\exp\left(-\frac{\gamma}{\bar{\gamma}}\right) \tag{8-11}$$

对式(8-11)求期望，可得到选择式分集合并输出的平均信噪比为

$$\bar{\gamma}_\Sigma=\int_0^\infty \gamma\,\mathrm{pdf}_{\gamma_\Sigma}(\gamma)=\bar{\gamma}\sum_{n=1}^{N_r}\frac{1}{n} \tag{8-12}$$

由此可见，对于选择式分集合并，每增加一个分集支路，合并输出信噪比增加总分集支路 N_r 的倒数倍。

2. 误比特率指示

由上文可知，当误比特由信道频率选择性衰落或者干扰引起时，采用接收信号强度指示不能获得最佳的性能。为了解决这一问题，提出了误比特率(BER)指示的选择分集合并方法。

如图 8-12 所示，合并器同时对各个支路进行接收和解调，比较并选择 BER 最低的支路，作为合并器输出。为实现误比特率指示，发射机需要预先发送一个接收机已知的序列(训练序列)，接收机通过将解调后序列与训练序列进行相关，确定误比特率。

误比特率指示方法虽然具有更优的性能，但也存在以下缺点。

(1) 与接收信号强度指示接收机只需要一个解调器不同，误比特率指示接收机需要 N_r 个解调器和 N_r 个相关器，增加了系统的复杂度。

(2) 由于信道具有时变特性，因此需要定期(一般与信道相干时间相当)发送训练序列，降低了系统的频谱效率。

(3) 当训练序列长度较短时，根据训练序列估计的 BER 并不精确，可能导致选择的支路并不是最佳支路。而增加训练序列长度，虽然能够提高 BER 估计精度，但会造成频谱效率更低。

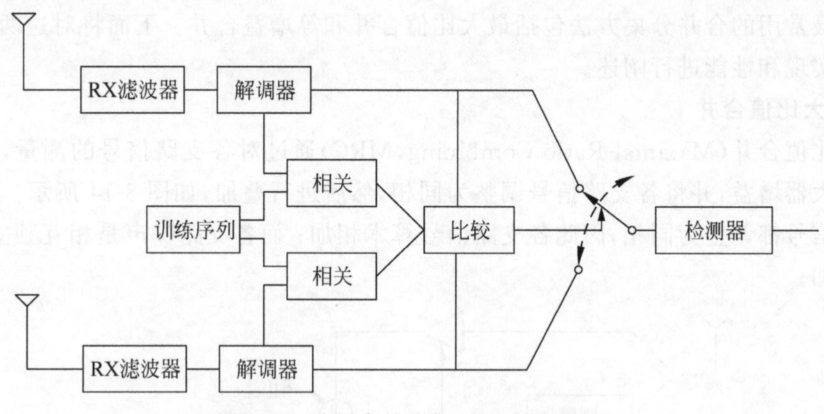

图 8-12 选择合并分集(误比特率指示)

8.4.2 开关分集合并

开关分集合并也称为切停合并(Switch-and-Stay Combining，SSC)或门限切换合并。与选择式分集合并类似，开关分集合并同样只选择一个支路信号作为合并器的输出。但不同的是，选择分集合并要同时监视所有分集支路，从中确定指示参量最佳的支路。而开关分集合并只监视一个分集支路，如图 8-13 所示。如果监视的分集支路的指示参量低于门限值时，则切换到其他支路；否则，即使可能存在性能更好的支路，也会继续留在该支路上。因此，开关分集合并性能比选择式分集合并差。但由于开关分集只需监视一个分集支路，因此复杂度较低。

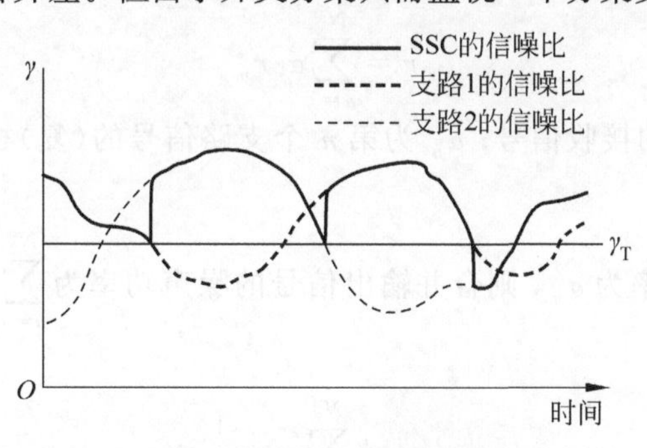

图 8-13 开关分集合并

开关分集合并在切换时不能保证新支路具有门限以上的质量，因此可能越切换质量越差，造成在支路之间大量的无效切换。为了解决这个问题，提出了“切换-等待”方式，即切换到一个新的支路后，在一段时间内，即使该支路指示参量低于门限值，也不再进行切换。该方法避免了频繁的无效切换，但是也导致接收机可能在一段时间内“停留”在某条性能较差的支路上。

8.4.3 合并分集

选择式分集合并和开关分集合并都只选择一个支路的信号，而丢弃了其余 N_r-1 个信号副本，造成了信息的浪费。合并分集克服了这个缺点，对所有 N_r 个分集支路的信号进行加权求和。这个权重值可以是复值，由相位校正和放大幅度组成。

当前最常用的合并分集方法包括最大比值合并和等增益合并。下面将对这两种合并分集技术的实现和性能进行阐述。

1. 最大比值合并

最大比值合并(Maximal-Ratio Combining，MRC)通过对各支路信号的测量，确定各支路信号放大器增益，并将各支路信号调整为同相，然后进行叠加，如图 8-14 所示。由于合并时各支路信号都调整为同相，因此各支路信号算术相加；而各支路噪声是相互独立的，因此是功率相加。

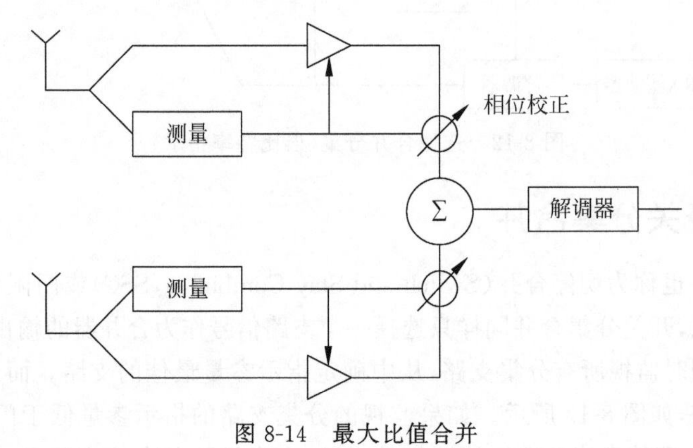

图 8-14 最大比值合并

MRC 合并后的信号为

$$r=\sum_{n=1}^{N_r}\alpha_n r_n$$

其中，r_n 为第 n 个支路的接收信号；α_n 为第 n 个支路信号的(复)权值，包括放大增益和相位旋转。

假设各支路噪声功率为 σ_n^2，则合并输出信号的噪声功率为 $\sum_{n=1}^{N_r}|\alpha_n|^2\sigma_n^2$。可得合并输出的信噪比为

$$\gamma_{\Sigma}=\frac{\left|\sum_{n=1}^{N_r}\alpha_n r_n\right|^2}{\sum_{n=1}^{N_r}|\alpha_n|^2\sigma_n^2} \tag{8-13}$$

通过对式(8-13)求偏导，或者通过使用柯西-施瓦茨不等式，可得使得 γ_{Σ} 最大的 α_n 的值为 $\alpha_n=r_n^*/\sigma_n^2$，其中 * 表示共轭。

由此可见，各支路加权系数的模值与本支路信号幅度成正比，而与本支路的噪声功率成反比；若各路噪声功率相同，则加权系数模值仅随本支路的信号振幅而变化。即信噪比大的

支路加权系数模值就大,对合并后的信号贡献就大。

MRC 合并输出的信噪比为

$$\gamma_{\mathrm{MRC}}=\sum_{n=1}^{N_{\mathrm{r}}}\gamma_{n} \tag{8-14}$$

即各支路信噪比之和。由此可见,MRC 能显著提高了合并输出的信噪比,是最佳的分集合并方法。

当各条支路都是独立同分布的瑞利信道时,合并输出的瞬时信噪比的概率密度函数为

$$\mathrm{pdf}_{\gamma}(\gamma)=\frac{1}{(N_{\mathrm{r}}-1)\,!}\frac{\gamma^{N_{\mathrm{r}}-1}}{\bar{\gamma}^{N_{\mathrm{r}}}}\exp\left(-\frac{\gamma}{\bar{\gamma}}\right) \tag{8-15}$$

累积分布函数为

$$\mathrm{cdf}_{\gamma}(\gamma)=1-\exp\left(-\frac{\gamma}{\bar{\gamma}}\right)\sum_{n=1}^{N_{\mathrm{r}}}\frac{(\gamma/\bar{\gamma})^{n-1}}{(n-1)\,!} \tag{8-16}$$

假设各支路的平均信噪比相同,即 $\gamma_n=\bar{\gamma}$,则合并输出的平均信噪比 $\bar{\gamma}_{\mathrm{MRC}}=N_{\mathrm{r}}\bar{\gamma}$。

2. 等增益合并

最大比值合并虽然具有很好的性能,但是需要对每条分集支路上时变的信号进行测量,复杂度较高。等增益合并(Equal-Gain Combining,EGC)将 N_{r} 个支路信号进行同相处理,以相等的权重(等增益)进行加权后进行叠加,如图 8-15 所示。

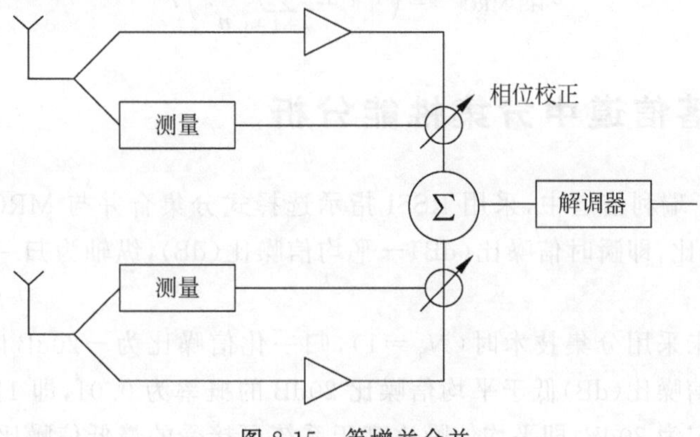

图 8-15 等增益合并

假设每个支路上的噪声功率谱密度都相同,那么 EGC 合并输出信噪比为

$$\gamma_{\mathrm{EGC}}=\frac{\left(\sum_{n=1}^{N_{\mathrm{r}}}\sqrt{\gamma_n}\right)^2}{N_{\mathrm{r}}} \tag{8-17}$$

当各支路都是独立同分布的瑞利信道时,EGC 合并输出信噪比没有闭合表达式,但当使用两根天线时,瞬时信噪比的概率密度函数为

$$\mathrm{pdf}_{\gamma}(\gamma)=\frac{1}{\bar{\gamma}}\exp\left(-\frac{2\gamma}{\bar{\gamma}}\right)-\sqrt{\pi}\left(\frac{1}{\sqrt{4\gamma\bar{\gamma}}}-\frac{1}{\bar{\gamma}}\sqrt{\frac{\gamma}{\bar{\gamma}}}\right)\left[1-2Q\left(\sqrt{\frac{2\gamma}{\bar{\gamma}}}\right)\right] \tag{8-18}$$

最后得到合并输出的信噪比为

$$\bar{\gamma}_{\mathrm{EGC}}=\left[1+(N_{\mathrm{r}}-1)\frac{\pi}{4}\right]\bar{\gamma} \tag{8-19}$$

EGC 的性能略差于 MRC(相差不足 1dB),但是系统实现复杂度要低得多,因此也是实际系统中常用的合并技术之一。

8.4.4 混合选择最大比值合并

由前文的介绍可知,选择式分集合并复杂度低,但由于丢弃了其他支路信息,因此性能要差于合并分集。

混合选择最大比值合并(Hybrid Selection/Maximal-Ratio Combining,HS/MRC)又称为通用合并,将选择分集合并与合并分集相结合,即先将 N_r 个支路按信噪比降序排列,选择其中最佳的 L 个支路的信号进行最大比值合并。

HS/MRC 将合并支路数由 N_r 个减少为 L 个,复杂度基本上与 L 成正比,相比于 N_r 个支路的 MRC,系统复杂度大为降低;另外,混合合并提供的分集重数与 N_r 成正比,而不是与 L 成正比,性能相比于 N_r 个支路的 MRC 只会有少量损失。因此,HS/MRC 在复杂度和性能之间取得了一个良好折中。

HS/MRC 输出信噪比的均值和方差分别为

$$\bar{\gamma}_{\mathrm{HS/MRC}}=L\left(1+\sum_{n=L+1}^{N_r}\frac{1}{n}\right)\bar{\gamma} \tag{8-20}$$

$$\sigma^2_{\mathrm{HS/MRC}}=L\left(1+L\sum_{n=L+1}^{N_r}\frac{1}{n^2}\right)\bar{\gamma}^2 \tag{8-21}$$

第 8-5 集
微课视频

8.5 衰落信道中分集性能分析

图 8-16 给出了瑞利信道中,采用 RSSI 指示选择式分集合并与 MRC 时的分集性能。横轴为归一化信噪比,即瞬时信噪比(dB)－平均信噪比(dB),纵轴为归一化信噪比的累积分布函数值。

可以看到,在未采用分集技术时($N_r=1$),归一化信噪比为－20dB 时的 CDF 值约为 0.01,这表明瞬时信噪比(dB)低于平均信噪比 20dB 的概率为 0.01,即 1%。换句话说,如果衰落余量 M 设定为 20dB,即平均信噪比高于系统可接受的最低信噪比 20dB 时,系统无法正常工作的概率(中断概率)也是 0.01。

在采用分集技术后,如采用 2 支路分集($N_r=2$)后,分集输出的瞬时信噪比的统计特性发生明显变化。以 RSSI 指示选择式分集合并为例,归一化信噪比为－10dB 时的 CDF 值约为 0.01;而如果不采用分集技术,系统中断概率为 0.1。可见,通过分集技术,减小了深衰落发生的概率,降低了中断概率。

也可以从衰落余量角度进行分析。假定系统中断概率要求为 0.01,采用 2 支路的 RSSI 指示选择式分集合并,需要约 10dB 的衰落余量;而在未分集时,要实现相同的中断概率,衰落余量需要约 20dB。由此可见,采用分集后,可以减少约 10dB 的衰落余量,也就是分集带来的性能增益约为 10dB。随着分集支路 N_r 的增加,分集的性能也会提升,但性能增益的提升幅度则相应减小。另外,由于 MRC 利用了所有支路的信息,因此性能比 RSSI 指示选择式分集合并更好。例如,当 $N_r=3$ 时,两种分集合并技术之间性能差大约为 2dB。

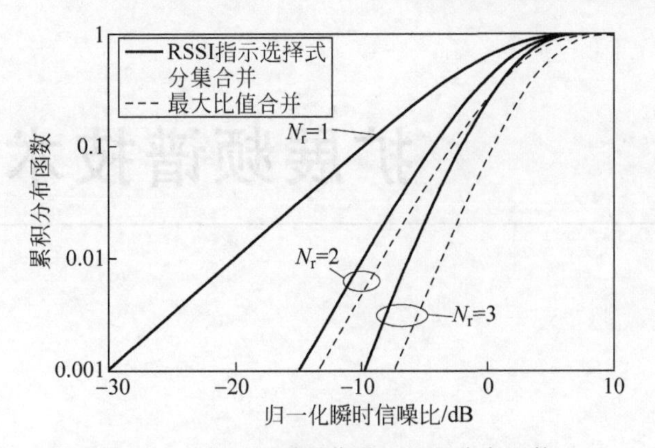

图 8-16　归一化瞬时信噪比累积分布函数

图 8-17 给出了在瑞利信道中，当采用 MSK 调制和 N_r 个分集支路时的 BER 曲线。可以看到，随着支路数 N_r 增加，BER 明显降低。例如，当 SNR＝20dB，不采用分集时，BER 约 0.004；而对于 2 分集支路，同样的 SNR，采用 RSSI 指示选择式分集时，BER 约为 1×10^{-4}，而如果采用最大比值合并，BER 则进一步降低为 5×10^{-5}。

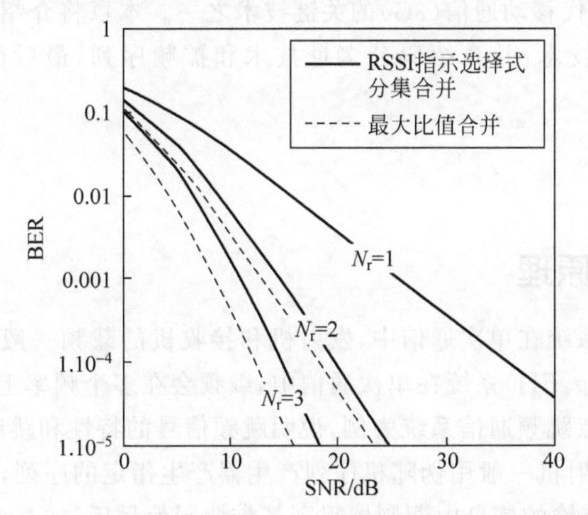

图 8-17　采用 MSK 调制和 N_r 个分集支路时的 BER 曲线

第9章 扩展频谱技术

CHAPTER 9

面对日益稀缺的频率资源，无线通信系统千方百计地压缩带宽，减少频率占用。而扩展频谱(Spread Spectrum，SS)技术，简称扩频技术，则反其道而行之，将信号的带宽扩展到远超过信息传输所需的最小带宽。

扩展频谱技术具有较强的抗干扰、抗多径衰落和抗截获能力，而且易于组网，因此得到了广泛的应用，是第三代移动通信(3G)的关键技术之一。本章将介绍其中应用最多的跳频技术和直接序列扩频技术，并介绍码分多址技术和扩频序列，最后简要介绍脉冲无线电技术。

第9-1集
微课视频

9.1 跳频

9.1.1 跳频原理

传统的无线通信系统在单次通信中，发射机和接收机的载频一般是保持不变的。而跳频(Frequency Hopping，FH)系统在单次通信中，载频会在多个频率上跳变。

下面以一个点对点跳频通信系统为例，说明跳频信号的特性和跳频通信的基本原理。

如图9-1所示，发射机一般用伪随机序列产生器产生指定的序列，控制频率合成器产生相应频率的载频；待传输的信息由调制器得到基带调制信号后，加载到跳变的载波上，使得信号频率以一定的周期不断跳变，故称为“跳频”。

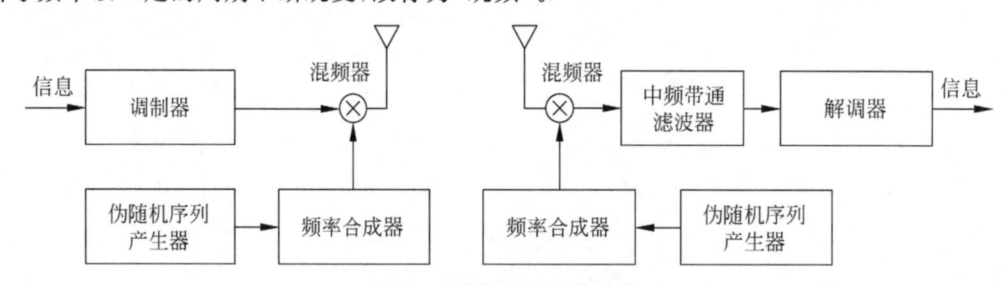

图9-1　跳频通信系统结构

在接收机，由于已知频率跳变规律，本地伪随机序列产生器产生与发射机相同的伪随机序列，并由频率合成器生成跳变的本地载波。只要本地载波能与接收信号同步跳变，就可以实现接收信号下变频，得到中频信号，带通滤波后进行解调，检测判决出传输的信息。

值得注意的是，跳频系统在任意时刻的信号只占用一个子信道，是一个窄带系统，但就整个通信过程而言，实际占用的带宽远远大于信号带宽，因此频谱被扩展了。

由于频率跳变时难以保持相位的连续性，因此跳频系统的调制方式多采用频移键控，接收机也多采用非相干解调。

9.1.2 跳频图案

跳频通信系统的带宽通常被划分为多个宽度相同、相对较窄的子信道。在通信过程中的任意时刻，一个用户的发射信号只占用其中一个子信道；但在整个通信过程中，频率不断跳变。

跳频系统的频率跳变看似随机，实则是受控和有规律的，并且以一个较大的周期（跳频重复周期）重复。为了直观地显示载波频率在伪随机序列控制下随时间的变化规律，可以采用图的形式，即跳频图案。

以图 9-2 所示的跳频图案为例，跳频周期，即在每个频率驻留时间为 T_h，跳频重复周期为 $8T_h$，频率跳变的规律为 $f_3, f_1, f_5, f_7, f_4, f_8, f_2, f_6, \cdots$

在实际跳频通信系统中，跳频图案通常是由伪随机序列产生器控制产生的，系统用户可根据实时参数及密钥推算得到当前的频率。

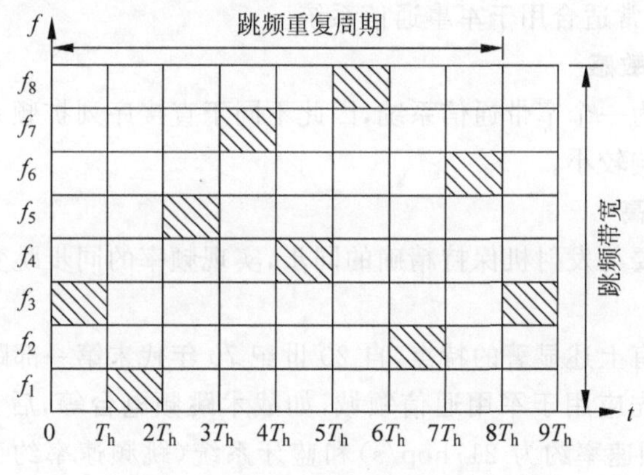

图 9-2 跳频图案

一个优秀的跳频图案应该符合以下要求。

（1）跳频图案具有良好的自相关性，即自相关函数类似冲激函数。

（2）不同跳频图案之间具有良好的互相关性，即互相关值趋近于 0。

（3）跳频图案具有良好的伪随机性，跳频图案越复杂，被他方捕获并破解的概率就越小。

（4）跳频重复周期长和跳频图案多，系统中不同用户间的干扰和频点碰撞概率小。

9.1.3 跳频主要特点

1. 较强的抗干扰能力

在同一时刻，干扰信号频率只有与跳频信号的频率相同，且干扰信号能量足够强时，才能造成严重的影响。由于跳频图案具有伪随机性，跳频重复周期可长达数十年，跳变的频率有成千上万个。除非破译跳频图案，否则仅在某一频率或某几个频率上施放长时间的干扰是无济于事的。而在整个频段施放长时间干扰实现难度很大，几乎是不可能的。因此，跳频具有较强的抗干扰的能力。

2. 易于组网

通过使用不同的跳频图案，在相同的频段内可以同时容纳多个跳频系统，或者同一系统中的不同用户，实现跳频多址。跳频多址达到了共享频谱资源的目的，提高了频谱利用率，易于组网（详细内容见 9.1.5 节）。

3. 良好的系统兼容性

跳频系统是瞬时窄带系统。如果给现有的窄带通信系统加装上能使其载波频率按照某种跳频图案跳变，并能实现同步接收的装置，则可改造为跳频通信系统，具有宽带系统性能。例如，跳频电台兼容性很强，可在多种模式下工作，如定频和跳频、数字和模拟、话音和数据等。

4. 较强的抗多径衰落能力

跳频系统中载波频率快速跳变，当跳频的频率间隔大于信道的相干带宽时（通常这个条件是能够满足的），可以获得频率分集的效果，因此具有较强的抗多径衰落能力。

5. 较强的抗截获能力

跳频频点在伪随机序列的控制下，近似无规律地随机跳变。对于不掌握跳频图案的接收方，无法预测下一次跳变的频率，无法长时间接收跳频信号。因此，跳频信号不易被截获，具有一定的保密性，非常适合用于军事通信系统。

6. 对远近效应不敏感

跳频系统在瞬时为一个窄带通信系统，因此不同于直接序列扩频系统（详细内容见 9.2 节），受远近效应的影响较小。

7. 对同步的要求高

跳频系统接收机要与发射机保持精确的同步，实现频率的同步跳变，因此对同步的要求较高。

由于跳频系统具有上述显著的特点，自 20 世纪 70 年代末第一部跳频电台问世至今，跳频通信发展迅猛。首先应用于军用通信领域，如战术跳频电台等，后又逐步拓宽到民用领域，在 GSM 系统（跳频速率约为 217hop/s）和蓝牙系统（跳频速率约为 1600hop/s）等得到了较为广泛的应用。

9.1.4 慢跳频和快跳频

根据跳频周期 T_h 与符号周期 T_s 的关系，跳频可分为慢跳频和快跳频。

慢跳频（Slow Frequency Hopping）：跳频周期 T_h 大于符号周期 T_s，即在一个跳频周期中传输多个数据符号。

快跳频（Fast Frequency Hopping）：跳频周期 T_h 小于符号周期 T_s，在多个跳频周期内传输一个数据符号。

快跳频在每个频率的驻留时间非常短，敌方即使截获了当前的跳频信号，分析掌握了跳频参数后，快跳频通信系统已经跳到新的频点上，敌方无法完成任何一个调制符号的完整接收，也无法对其进行阻塞干扰，因此快跳频抗截获和抗干扰的能力更强。

当快跳频的跳频周期小于信道的多径时延时，接收机只会接收到当前频率的主径信号，待其他路径的信号传输到达接收机时，接收机已经跳到另一个频率上进行接收了，其他路径信号会被接收机中的滤波器滤除，不会导致多径干扰。因此，快跳频具有更好的抗多径衰落的能力。

但快跳频系统对接收机同步的要求更高，实现的难度更大，因此当前主要应用于军事通信中。

9.1.5 跳频多址

从表面上看，跳频占用了更宽的频带，会造成频率资源的浪费。但通过采用跳频多址技术，不同用户使用不同的跳频图案，可以同时使用同一频率资源，从而提升了频率利用率。

如图 9-3 所示，跳频系统中的用户 1 和用户 2 共享同一频率资源，每个用户使用不相同的伪随机序列产生相应跳频图案，控制频率跳变。在理想情况下，不同用户的跳频图案完全正交，且系统精确同步，则两个用户在任意时间都不会使用相同的频率，即没有发生“碰撞”。那么，用户之间不会相互干扰，每个用户的传输都能像其他用户不存在一样。但在实际系统中，扩频序列往往并不能完全正交，各用户的跳频图案之间仍有可能重叠，即发生了图 9-3 中的碰撞。此时，不同用户之间会造成干扰，称为多址干扰。通过合理设计跳频图案，发生碰撞的概率就会非常小，系统中的多个用户就可以共享频率资源。

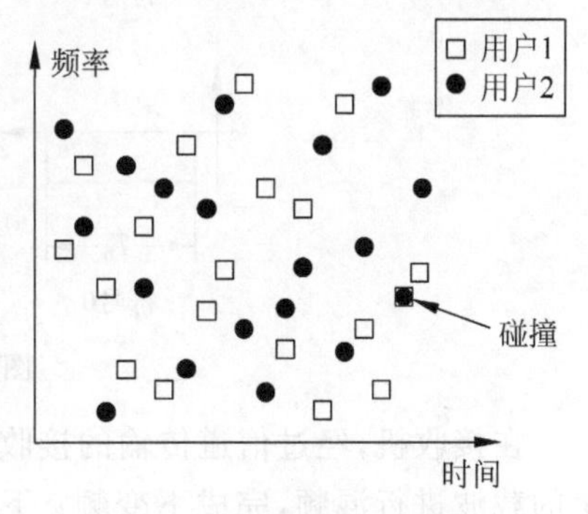

图 9-3 跳频多址示意图

第 9-2 集
微课视频

9.2 直接序列扩频

9.2.1 直接序列扩频原理

直接序列扩频（Direct Sequence Spectrum Spreading，DSSS）简称直扩，是迄今研究和应用最为广泛的扩频技术，是第三代移动通信（3G）的核心技术之一。

一个点对点直接序列扩频通信系统如图 9-4 所示。

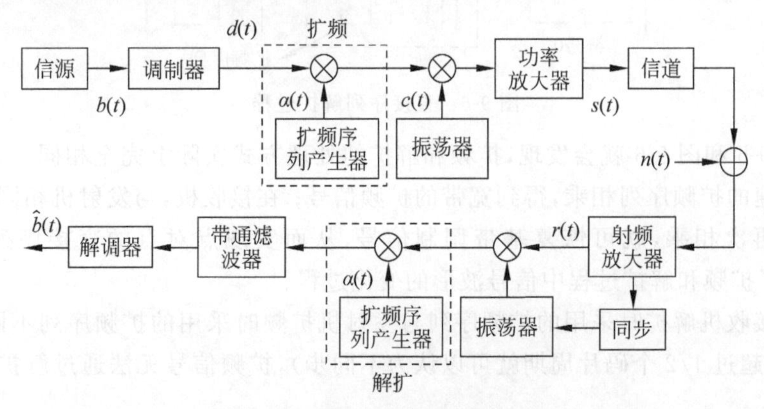

图 9-4 直接序列扩频通信系统

在发射机，信源产生的信号 $b(t)$ 经调制器映射为基带调制信号 $d(t)$。$d(t)$ 与扩频序列产生器产生的伪随机序列 $\alpha(t)$ 相乘，完成扩频；扩频后的宽带信号与射频振荡器产生的

载波 $c(t)$相乘，上变频到指定的频率上，最后经过功率放大，发送到信道。

直接序列扩频过程如图 9-5 所示。符号周期为 T_b 的双极性基带调制信号与码片宽度为 T_c、周期为 T_b 的扩频序列（也称为扩频码（Spreading Code））相乘，得到直接序列扩频信号。因为码片宽度 T_c 远小于符号周期 T_b，所以扩频信号的带宽要远大于扩频前基带调制信号。扩频实际上是频谱展宽、能量分散的过程。

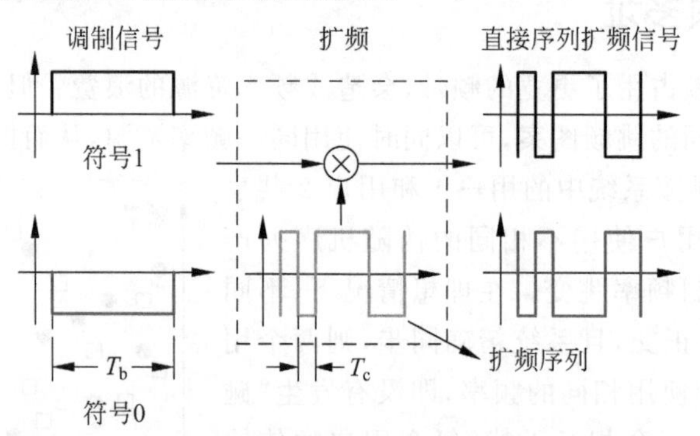

图 9-5 直接序列扩频过程

在接收机，经过信道传输的接收信号在经过射频放大后，通过与之同步的本地振荡器产生的载波进行混频，完成下变频；下变频后的信号与扩频序列相乘，实现解扩；最后经过带通滤波后进行解调，恢复发送基带调制信号。

直接序列解扩过程如图 9-6 所示。接收机本地产生与发射机扩频时完全相同的扩频序列，且与接收的扩频信号严格同步。将本地的扩频序列与接收的扩频信号相乘，即可恢复基带调制信号。解扩实际上是频谱压缩、能量集中的过程。

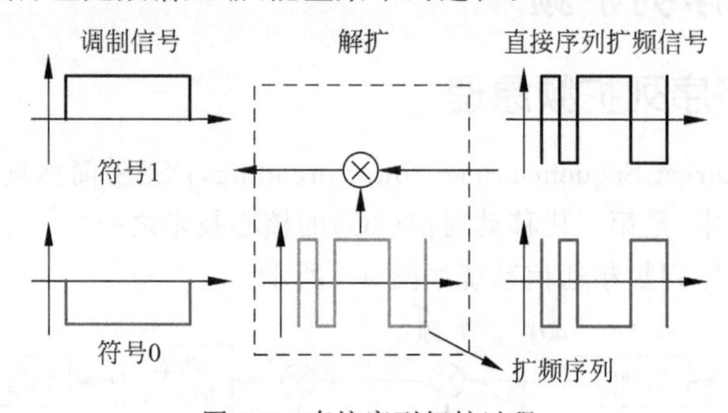

图 9-6 直接序列解扩过程

对比图 9-5 和图 9-6 就会发现，扩频和解扩的处理方式实际上完全相同。在发射机，数据信号与高速的扩频序列相乘，得到宽带的扩频信号；在接收机，与发射机相同且精确同步的扩频信号再次相乘，就可恢复基带调制信号，从而实现点对点的直接序列扩频通信。图 9-7 给出了扩频和解扩过程中信号波形的变化过程。

但如果接收机解扩时采用的扩频序列与发射机扩频时采用的扩频序列不同，或者不同步（定时偏差超过 1/2 个码片周期就可以认为不同步），扩频信号无法通过解扩恢复基带调制信号。

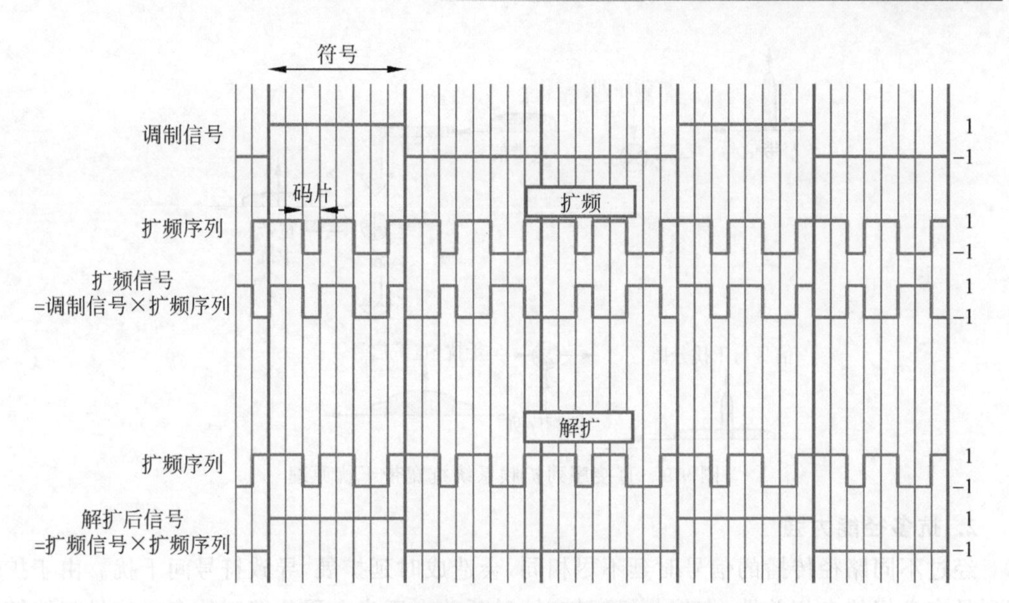

图 9-7 扩频和解扩过程中信号波形变化

9.2.2 直接序列扩频主要特点

1. 抗干扰能力强

直接序列扩频系统抗窄带干扰的原理如图 9-8 所示。

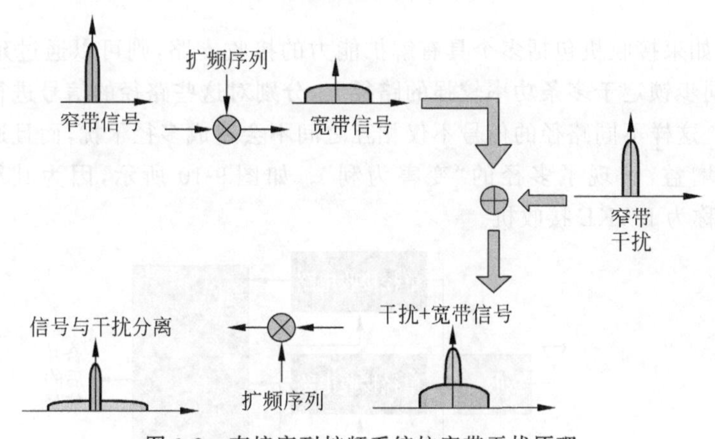

图 9-8 直接序列扩频系统抗窄带干扰原理

在发射机,承载信息的基带调制信号(窄带信号)经过扩频,展宽为宽带信号;在信道传输过程中,受到了加性的窄带干扰。

在接收机,窄带干扰和扩频信号一起被解扩。扩频信号通过解扩恢复为窄带信号,而窄带干扰无法完成解扩,反而会被"扩频",成为功率谱密度较低的宽带干扰。通过滤波,就能将大多数干扰信号滤除。因此,直接序列扩频系统具有良好的抗窄带干扰能力。

如图 9-9 所示,直接序列扩频信号如果受到宽带干扰,在接收机解扩过程中,扩频信号恢复为窄带信号,而宽带干扰信号无法完成解扩,仍然为宽带信号,而且宽带干扰信号还被噪声化。通过滤波,也能将大多数干扰信号滤除。因此,直接序列扩频系统同样具有良好的抗宽带干扰能力。

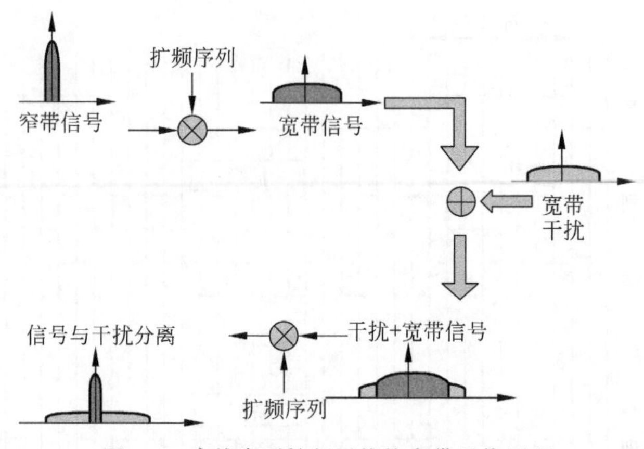

图 9-9 直接序列扩频系统抗宽带干扰原理

2. 抗多径能力强

经过不同路径传播的信号时延不尽相同，会造成时延扩展，导致符号间干扰。由于扩频序列具有良好的自相关性，在接收机解扩时，时延差大于半个码片宽度的多径信号就能够被区分开。

接收机搜索所有可分辨路径，通常同步锁定在功率最强路径的信号上，并进行解扩；而其他路径的信号只要与功率最强信号存在超过半个码片宽度以上的时延差，就无法完成解扩，类似于宽带干扰，通过滤波器，可以将这些多径信号加以滤除，从而实现了抗多径的目的。

更进一步，如果接收机包括多个具有解扩能力的接收支路，则可以通过延迟估计，将各接收支路分别同步锁定于多条功率较强的路径上，分别对这些路径的信号进行解扩，然后再加以相干合并。这样不同路径的信号不仅相互之间不会造成多径干扰，而且通过相干合并，还获得了分集增益，实现了多径的“变害为利”。如图 9-10 所示，因为其结构类似耙子(RAKE)，所以称为 RAKE 接收机。

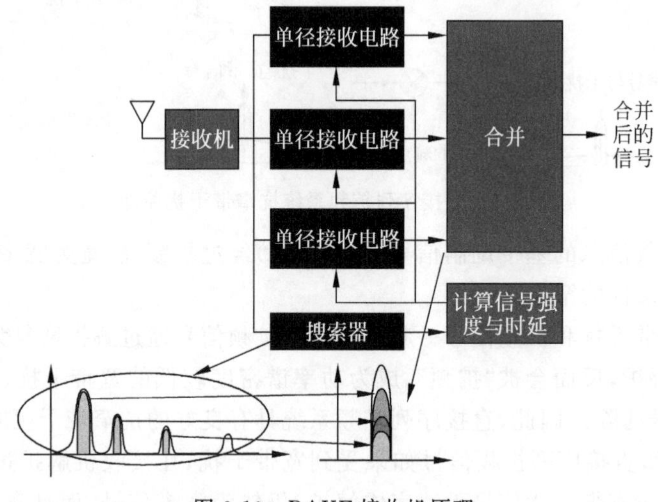

图 9-10 RAKE 接收机原理

3. 抗截获能力强

截获敌方信号的目的是发现敌方信号，确定敌方信号的频率和发射机的方位，甚至破译信息。信号的检测概率与信号与噪声功率谱密度之比成正比，与信号的带宽成反比。

直接序列扩频信号的带宽很宽，功率谱密度很低。在接收机输入端处的直接序列扩频信号功率与接收机热噪声功率相当甚至更低，能够隐藏在噪声中，被敌方截获的难度很大。

另外，由于直接序列扩频信号的宽频特性，敌方接收机需要在很宽的频率范围进行搜索和监测，也进一步增大了截获的难度。

4. 保密性好

接收机只有采用与发射机相同且同步的扩频序列，才能实现对直扩信号的解扩，恢复出发送信号。而直接序列扩频系统采用的扩频序列具有的随机特性，破译难度大，有很好的保密性。因此，直接序列扩频技术首先应用于军事通信。

5. 高时间分辨率

由于扩频序列中码片周期 T_c 很小，而且伪随机序列具有优良的周期性自相关特性，因此直接序列扩频系统具有很高的时间分辨率，当前广泛应用于定时和测距，如北斗卫星定位系统（详见 9.2.5 节）。

课程思政：RAKE 接收机实现了多径“变害为利”——辩证思维

无线信道中多径传播造成的小尺度衰落会严重影响无线通信系统，特别是宽带无线通信系统的性能。信道编码、交织、分集、均衡等技术都是为了抑制多径传播造成的影响。

RAKE 接收机则将多个路径的信号进行相干合并，各个路径的信号不仅不会造成符号间干扰，还获得了分集增益，实现了多径的“变害为利”。

唯物主义就是要承认无线信道是客观存在，并通过对无线信道本质特性的认识，掌握无线信道规律。但这并不是研究的终点，而是要以此为基础，发挥主观能动性，发挥有利因素，抑制不利因素，趋利避害，甚至变害为利。

9.2.3 扩频增益

扩频增益是直接序列扩频系统的一个重要的参数，也称为“处理增益”，定义为解扩器输出端信噪比与输入端信噪比之比，也可以表示为扩频信号相对于未扩频信号带宽增加的倍数。

对于如图 9-5 所示的直接序列扩频信号，扩频增益等于码片速率 R_c 与符号速率 R_b 之比，也等于符号周期 T_b 与码片周期 T_c 之比，即

$$G_{DSSS}=\frac{R_c}{R_b}=\frac{T_b}{T_c} \tag{9-1}$$

扩频增益通常等于扩频序列的长度。一般而言，采用的扩频序列越长，频谱扩展倍数越高，系统的抗干扰、抗多径、安全性、多址等性能就越好。

但要获得更大的扩频增益，就意味着扩频信号的带宽更大，发射机和接收机的实现难度也更大，成本相应也会提高。例如，需要带宽更大的射频器件（如滤波器、放大器）、更高速率的伪随机序列产生器等。

9.2.4 同步

接收机本地生成的扩频序列，只有实现与接收到的扩频信号之间精确的同步，才能完成

对扩频信号的解扩。因此,扩频通信系统除了要实现载波同步、符号同步和帧同步以外,还必须实现扩频序列的同步。

扩频序列同步过程一般包含两个阶段,即捕获(Acquisition)和跟踪(Tracing)。

接收机最初并不知道对方是否发送了信号,因此需要有一个捕获过程,即在一定的频率和时间范围内搜索捕获有用信号,将本地生成的扩频序列与接收到的扩频信号的时间差(相位差)控制在半个伪随机码片内,也称为粗同步。

一旦完成了捕获,则进入跟踪阶段,即进一步缩小本地扩频序列与接收到的扩频信号的时间差,而且即使当收发端频率和相位发生偏移时,也能跟踪变化,随之调整本地扩频序列,始终保持两者之间的精确同步。

1. 捕获

捕获方法的共同特点是用本地信号与接收信号进行相关或匹配滤波,获得二者相似性度量,并与门限值相比较,判断是否捕获到有用信号;一旦捕获到有用信号,双方就进入同步状态。常用的捕获方法包括并行相关捕获法、串行相关器捕获法和匹配滤波捕获法。

1) 并行相关捕获法

并行相关捕获器结构如图 9-11 所示。假定接收信号与本地扩频序列时间差的不确定范围为 N_c 个码片,则并行相关捕获器以码片周期 T_c 为间隔,设置 N_c 个相关支路。每个相关支路只计算接收序列和本地序列中 m 个码片的相关值。比较各支路的相关值,认为具有最大相关值的支路上的本地扩频序列完成了对接收信号的捕获。

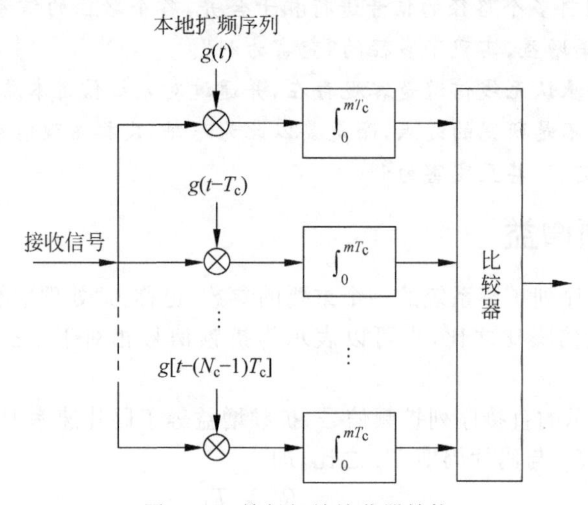

图 9-11　并行相关捕获器结构

由于接收信号中存在噪声,并可能受到干扰和多径等因素的影响,因此具有最大相关值的支路并不一定就完成了对接收信号的捕获,即存在发生误捕获。显然,m 的值越大,发生误捕获的概率越小,但同时捕获时间也越长。

并行相关捕获器的捕获时间较短(最长捕获时间为 mT_c),但系统复杂度高(需要 N_c 个相关支路),因此在实际系统中很少采用。

2) 串行相关捕获法

与并行相关捕获器需要 N_c 个相关支路不同,串行相关捕获法只需要一个相关支路。串行相关捕获器结构如图 9-12 所示,计算本地产生的伪随机序列与接收的扩频信号 m 个码片的相关值，然后与门限比较。如果相关值高于门限，则表明捕获完成，进入跟踪阶段；如果相关值低于门限，则搜索控制钟调节伪随机序列发生器的相位，使得本地伪随机序列与接收扩频序列的相位发生相对滑动(一般一次滑动半个码片)。因此，总会有一个时刻，两个序列的相位会对齐，此时相关值将超过门限，完成捕获。

串行相关捕获器结构简单，但捕获时间较长(最长捕获时间为 mN_cT_c)。

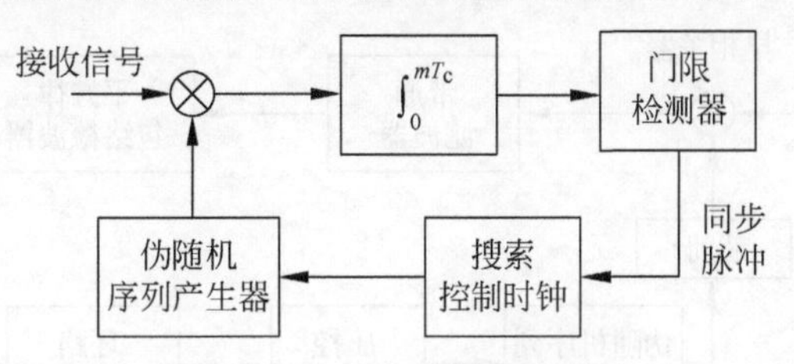

图 9-12 串行相关捕获器结构

3) 匹配滤波捕获法

匹配滤波捕获法采用抽头延迟线结构的匹配滤波器，实现对特定结构的扩频序列的捕获。图 9-13 所示为捕获伪随机序列 0100111 的匹配滤波器。可知，当移位寄存器中的信号正好与扩频序列对齐时，捕获器输出超过门限检测器的门限，完成捕获过程。匹配滤波捕获法的搜索时间较短，但当伪随机序列较长时，系统的复杂度较高。

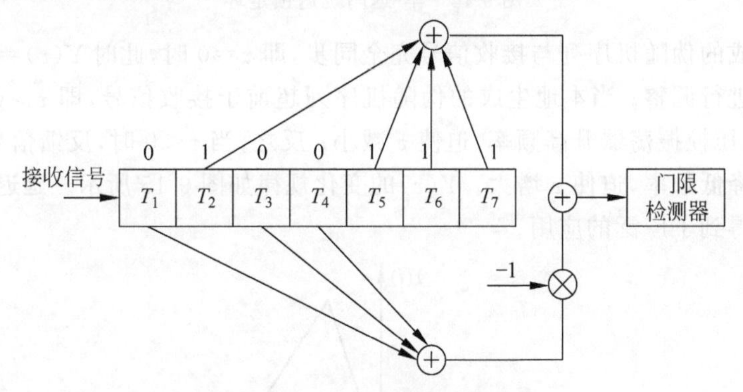

图 9-13 匹配滤波捕获器结构

匹配滤波器可通过许多途径实现，当带宽超过 20MHz 时，声表面波(Surface Acoustic Wave，SAW)匹配滤波器比电荷耦合器件(Charge-Coupled Device，CCD)或用数字电路实现的抽头延迟线匹配滤波器更易实现。

2. 跟踪

在捕获阶段完成粗同步后，就转入跟踪阶段，实现细同步。跟踪环路属于提前-延后型的锁相环，常用的跟踪环路包括延迟锁定环(Delay Lock Loop，DLL)和 τ-抖动环(Tau-Dither Loop，TDL)等。

锁相环的作用通过接收的扩频信号与本地产生的两个具有一定相位差(提前及延后)的信号进行相关运算完成。

1) 早-迟门延迟锁定环

早-迟门延迟锁定环结构如图 9-14 所示，是由两个并联的相关器支路构成的锁相环路。本地产生两个伪随机序列，其中一个超前 τ，另一个滞后 τ，要求 $-T_c/2<\tau<T_c/2$。

两个伪随机序列分别与接收信号进行相关运算，其中一个为早相关器，另一个为迟相关器。相关器由乘法器、带通滤波器和平方律包络检波器组成。通过对两个相关支路输出进行比较，产生误差信号，即反馈信号 $Y(\tau)$。反馈信号 $Y(\tau)$ 经过环路滤波器后，控制压控振荡器(Voltage Controlled Oscillator，VCO)提高(或降低)伪随机序列发生器的时钟频率，达到增大(或减小) τ 值的目的，使本地生成的伪随机序列相位始终能够跟踪接收信号。

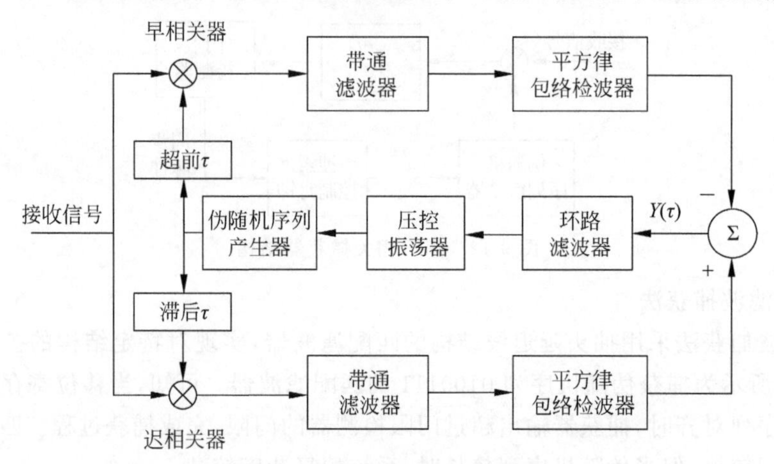

图 9-14 早-迟门延迟锁定环

当本地生成的伪随机序列与接收信号完全同步，即 $\tau=0$ 时，此时 $Y(\tau)=0$，无须对伪随机序列产生器进行调整；当本地生成的伪随机序列超前于接收信号，即 $\tau>0$ 时，反馈信号 $Y(\tau)>0$，控制压控振荡器升高频率，迫使 τ 减小；反之，当 $\tau<0$ 时，反馈信号 $Y(\tau)<0$，控制压控振荡器降低频率，迫使 τ 增大。$Y(\tau)$ 的变化规律如图 9-15 所示。延迟锁定环工作可靠，性能优良，得到了广泛的应用。

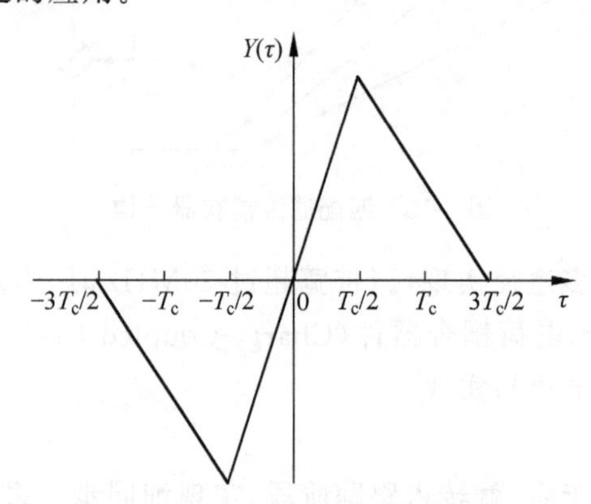

图 9-15 早-迟门延迟锁定环检测特性(单码片)

2) τ-抖动环

早-迟门延迟锁定环中，超前和滞后的两个相关器支路增益必须精确平衡，否则即使已经实现了精确同步，反馈信号 $Y(\tau)$ 仍不为零，造成系统性定时偏差。

τ-抖动环与早-迟门延迟锁定环的跟踪原理基本相同，但结构上只采用一个相关器支路，通过时间上的复用，完成对接收信号的跟踪，较好地解决了早-迟门延迟锁定环中两个相关器支路增益不平衡的问题，而且也减弱了直流偏置的影响。

τ-抖动环结构如图 9-16 所示，增加了一个 τ 抖动发生器。它产生的 τ 抖动信号为一个正负方波，使伪随机序列产生器产生的伪随机序列在相位上发生一定提前和滞后。与早-迟门延迟锁定环类似，接收的扩频信号先后与提前和滞后的伪随机序列进行相关运算，并通过环路滤波后控制压控振荡器，对伪随机序列的相位进行调整。

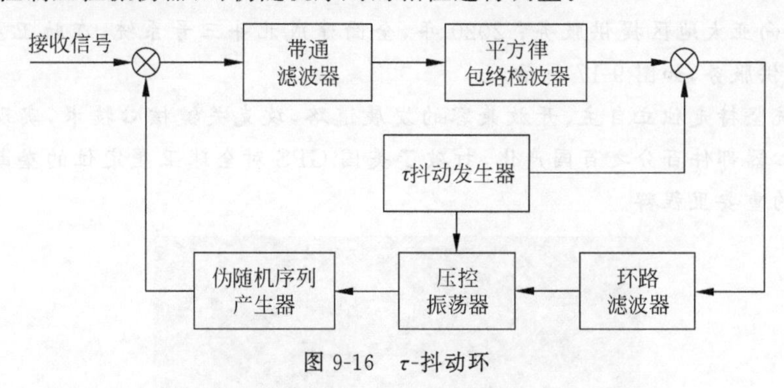

图 9-16 τ-抖动环

9.2.5 基于直接序列扩频的测距定时

直接序列扩频不仅广泛应用于无线通信，而且可应用于测距和定时。

由于伪随机序列具有优良的周期自相关特性，因此发射机通常采用具有较长周期的伪随机码作为扩频序列。接收机通过相关运算，计算信号从发射机到接收机的时间差，进而换算出两者之间的距离。如果已知多个发射机的位置及接收机与其之间的距离，通过简单的几何运算，就能确定接收机的位置。

例如，北斗卫星导航系统(BeiDou Navigation Satellite System，BDS)就是通过测量卫星信号传播到用户接收机的时间(以接收机时钟为基准的接收时刻减去以星载时钟为基准的发射时刻)乘以真空中的光速，得到“伪距”。之所以称为伪距，是因为该距离并不是卫星距接收机的真实距离，而是包含了接收机和卫星的时钟偏差、大气传播时延估计误差、多径效应等多方面的因素。由于卫星本身的位置可以根据星载时钟所记录的时间在星历中查出，综合与多颗卫星的伪距，计算确定接收机的三维坐标。正常情况下，要确定三维坐标，需要至少接收来自 4 颗卫星的信号。但在特殊情况下(如已知高度时)可使用更少的卫星进行定位。接收到的卫星数越多，定位精度越高。

系统的时间测量分辨率为码片宽度，因此码片越窄，即码片速率越高，则时间测量分辨率越高，定位精度越高。例如，美国全球定位系统(GPS)采用的测距扩频码包括 P 码(精码)和 C/A 码(粗码)两种，其中 P 码的码片速率为 10.23Mchip/s，C/A 码的码片速率为 1.023Mchip/s；我国北斗系统采用的测距扩频码的码片速率则为 10.23Mchip/s 和 2.046Mchip/s。

课程思政：北斗卫星导航系统

北斗卫星导航系统简称北斗系统，是我国自行研制、自主建设、自主运行的全球卫星导航系统，是继美国 GPS、俄罗斯全球卫星导航系统(Global Navigation Satellite System，GLONASS)之后的第 3 个成熟的卫星导航系统。除上述 3 个卫星导航系统，还有欧盟研制的伽利略(GALILEO)卫星导航系统。

北斗系统由空间段、地面段和用户段 3 部分组成，可在全球范围、全天候、全天时为各类用户提供高精度、高可靠定位、导航、授时服务，定位精度为 2.5～5m、测速精度优于 0.2m/s，授时精度优于20ns。与GPS中终端用户只能被动接收信号不同，北斗系统还支持用户终端发送短报文。

我国于1994年启动北斗系统工程建设；2000年，发射两颗地球静止轨道卫星，建成北斗一号系统，向中国地区提供服务；2012年底，建成了北斗二号系统，包括14颗卫星和30多个地面站，向亚太地区提供服务；2020年，全面建成北斗三号系统，在轨卫星达到了55颗，向全球提供服务，如图9-17所示。

北斗系统坚持走独立自主、开放兼容的发展道路，攻克关键核心技术，实现自主可控。北斗三号核心器部件百分之百国产化，打破了美国GPS对全球卫星定位的垄断，是我国攀登科技高峰的重要里程碑。

图9-17 北斗卫星导航系统

9.3 码分多址

本书前面各章对无线通信技术的介绍多集中在点对点通信，即一个发射机和一个接收机构成的单一通信链路。而实际上无线通信系统要容纳大量的用户，能够实现多个用户的同时通信，多个用户共享通信资源，即多址(Multiple Access)通信。

常用的多址技术主要如下。

(1) 频分多址(Frequency Division Multiple Access，FDMA)。将可用的信号带宽划分为若干频域上不重叠的子信道，分配给不同的用户。第一代移动通信(1G)中的AMPS系统采用的就是FDMA技术，每个子信道带宽为30kHz，每个用户占用一个子信道进行通信。

(2) 时分多址(Time Division Multiple Access，TDMA)。将可用时间划分为时域上不重叠的时隙(Time Slot)，分配给不同的用户。第二代移动通信(2G)中的GSM系统采用的就是TDMA技术，将每个帧(持续时间为4.615ms)分为等长的8个时隙，每个用户占用一个时隙进行通信。

(3) 码分多址(Code Division Multiple Access，CDMA)。与FDMA和TDMA将频率和时间分割为互不重叠的部分不同，CDMA系统中，不同用户采用不同的扩频序列进行扩频，可以在相同频率和时间上同时通信，因此也称为扩频多址。

(4) 空分多址(Space Division Multiple Access，SDMA)。空分多址是利用不同用户所处空间位置的不同，通过形成指向期望用户的窄波束，避免对其他用户的干扰，实现了不同用户同时同频的通信。相关内容将在本书第11章加以介绍。

9.3.1 码分多址基本原理

如图 9-18 所示，在某小区的上行链路中，各用户使用不同的扩频序列进行扩频，并同时在相同的频率上发送，因此基站处接收到的是混合了多个用户的扩频信号。基站接收机采用多个接收支路，分别同步和解扩各用户的信号。例如，采用扩频序列 1 对接收信号进行解扩，则只会解扩用户 1 的信号，其他用户的信号无法完成解扩，以此类推。

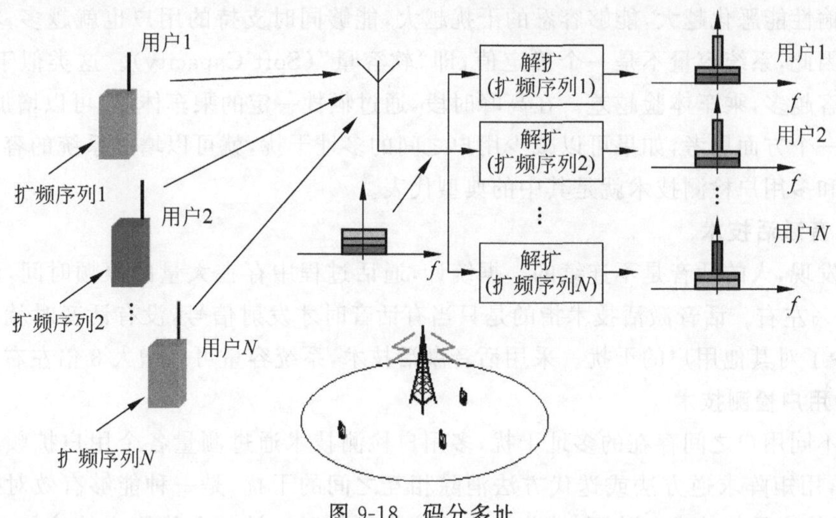

图 9-18 码分多址

可以看到，小区内多个用户可以共享同一频段，当不同用户的扩频序列完全正交且完美同步时，不同用户的信号虽然在频率和时间上重叠，基站却可以分别解扩不同用户的信号，不同用户之间不会相互干扰。但在实际应用中，不同用户采用的扩频序列难以做到完全正交，或者时间和/或频率同步存在偏差，则在解扩后，同时传输的其他用户（称为活跃用户）的扩频信号也会有少量残留，从而对期望信号产生多址干扰（Multiple Access Interference, MAI），如图 9-19 所示。

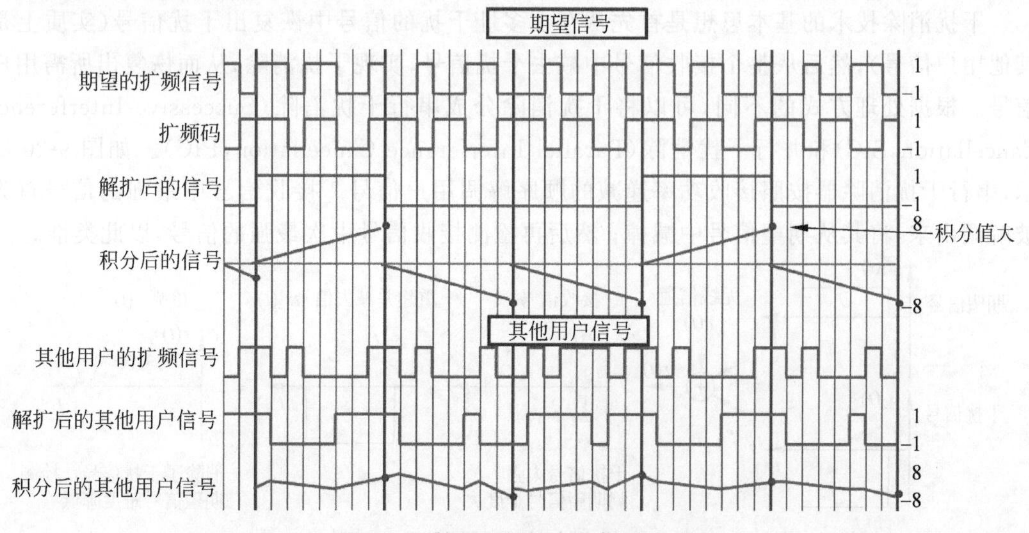

图 9-19 扩频和解扩中的信号处理

9.3.2 软容量

对于FDMA和TDMA系统，系统能够容纳的活跃用户取决于子信道和时隙的数量，因此系统容量是确定的。而对于CDMA系统，不同用户共享频率和时间资源，但用户之间存在一定的多址干扰。虽然单个用户造成的多址干扰很有限，但活跃用户越多，造成的多址干扰也越大，传输性能恶化也越严重。因此，扩频系统的容量取决于能够容忍的干扰。系统能够接受传输性能恶化越大，能够容忍的干扰越大，能够同时支持的用户也就越多，容量为干扰受限。因此，系统容量不是一个确定值，即"软容量"(Soft Capacity)。这类似于公交车，车上的乘客越多，乘车体验越差。在高峰时段，通过牺牲一定的乘车体验，可以增加载客数。

从另一个方面思考，如果可以减少用户之间的多址干扰，就可以增加系统的容量。话音激活技术和多用户检测技术就是其中的典型代表。

1. 话音激活技术

研究发现，人的话音是不连续的。据统计，通话过程中存在大量的停顿时间，激活期通常只占35%左右。话音激活技术指的是只当有话音时才发射信号，没有话音时就停止发射信号，减少了对其他用户的干扰。采用话音激活技术，系统容量可以增大3倍左右。

2. 多用户检测技术

针对不同用户之间存在的多址干扰，多用户检测技术通过测量各个用户扩频序列之间的相关性，用矩阵求逆方法或迭代方法消除相互之间的干扰，是一种能够有效对抗多址干扰、提升系统容量的技术。然而，接收机能够接收到数以百计的干扰用户的信号，如果进一步考虑多径时延，实际需要消除的干扰信号数量巨大，对所有干扰用户信号均实现检测，并加以消除，实现复杂度非常高。

一般根据结构的不同，将多用户检测分为线性多用户检测和非线性多用户检测。线性多用户检测包括解相关接收机和最小均方误差接收机等。而非线性多用户检测则包括干扰消除、判决反馈接收机、最大似然序列估计检测和Turbo接收机等。下面简要介绍干扰消除技术。

干扰消除技术的基本思想是首先从存在多址干扰的信号中恢复出干扰信号(实质上是其他用户信号)，然后从整个接收信号中减去干扰信号，实现干扰消除，从而恢复出所需用户信号。根据处理方式的不同，可以将干扰消除分成串行干扰消除(Successive Interference Cancellation，SIC)和并行干扰消除(Parallel Interference Cancellation，PIC)。如图9-20所示，串行干扰消除器按照接收功率递减的顺序解调用户信号。接收信号中最强的信号首先被解调出来，将其从期望信号中减掉；然后再检测接收信号中次最强的信号，以此类推。

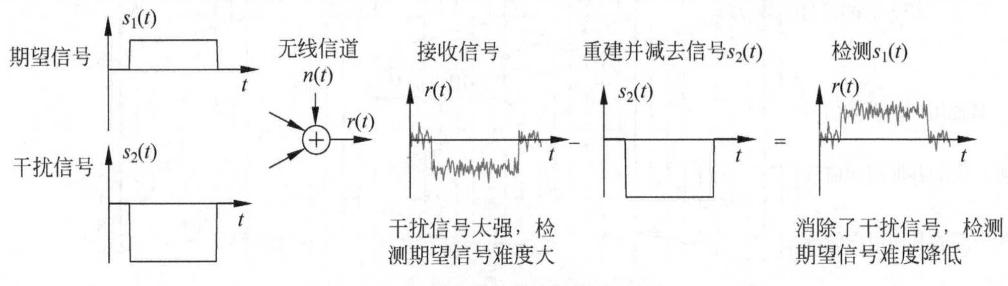

图9-20　串行干扰消除信号处理

9.3.3 软切换

在蜂窝移动通信系统中,通常由能提供最佳通信质量的基站(一般是距离用户最近的基站)为用户服务。但在移动场景中,用户在一次通信过程中可能经过多个小区,这就需要把服务用户的责任在小区间及时地交接,称为"切换(Handover)"。为了保障通信的连续性和质量,要求在相邻小区间进行快速可靠的切换,不要发生中断,即使中断,中断时间也不要过长。

对于FDMA和TDMA系统,相邻小区使用不同载波频率,移动台通常需要先断开与原基站的连接,然后建立与目标基站的连接,即"先断开,后连接"的硬切换(Hard Handover),中间难免有一个通信中断的过程。

而对于CDMA系统,相邻小区,甚至所有小区都可以使用相同频率,因此在切换过程中,用户可以同时保持与原基站和目标基站的通信连接,在目标基站信号足够强且接入成功后,再断开与原基站的连接,即"先连接,后断开"的软切换(Soft Handover)。软切换能消除切换过程的通信中断,提高业务的连续性,改善服务质量。

9.3.4 远近效应

直接序列码分多址系统具有很多突出的优点,但也存在一些不足,其中远近效应(Near-Far Effect)就是较为突出的不足。

假定各用户终端的发射功率相同,但由于距基站的距离不同,在基站天线处,处于小区边缘、远离基站的用户终端的信号将被处于小区中心、靠近基站的用户终端的信号所淹没,难以正确接收,甚至无法完成同步,称为远近效应。

第9-3集
微课视频

通常采用功率控制(简称功控)技术克服远近效应,目的是尽量使同小区中各用户终端发射的信号在基站天线处的强度基本一致,即上行功率控制。对于下行链路,同样可以采用功率控制,以减少对相邻小区的干扰,并降低功耗。

功率控制技术可分为开环功率控制和闭环功率控制两大类。开环功率控制是指用户终端通过测量下行链路(基站发送)导频信号功率,估计下行链路的路径损耗,根据上下行路径损耗的互易性,确定上行链路的发射功率。闭环功率控制是指基站通过测量上行链路接收信号的信干噪比(Signal to Interference Plus Noise Ratio,SINR),通过反向链路告知用户终端调整到合适的发射功率。

9.4 扩频序列

扩频序列直接关系到扩频系统的保密性、低截获性、抗干扰、抗多径、多址、软容量、软切换等诸多方面的性能,是扩频系统中的关键。扩频序列通常采用伪随机序列,也称为伪噪声(Pseudo-Noise,PN)序列。之所以称为伪随机序列,是因为对于不了解其生成方法的侦听者,其具有随机序列的统计特性;而"伪"表明收发端都能确定性生成周期性序列。

扩频序列应具有以下特点。

(1) 自相关峰值大。尖锐的自相关特性有利于接收机中的解扩操作,能够有效提取与自身同步的信号。

(2) 互相关接近于0。不易被他人截获和解扩,安全性好;自身解扩后残余干扰小,对于点对点通信ISI影响小,对于多用户通信来说多址干扰小。

(3) 可用序列数目多。能够支持足够多的用户同时通信。

(4) 序列平衡。序列中0和1的数量尽可能相当。

(5) 易于产生,处理复杂度低。

下面重点介绍常用的扩频序列,主要包括m序列、M序列、Gold序列等。

9.4.1 m序列

m序列是最长线性移位寄存器序列的简称,是当前最为人熟知的伪随机序列。

m序列由一个n级移位寄存器(或其他延迟元件)通过线性反馈产生,周期为2^n-1位。以图9-21(a)所示的m序列为例,由于$n=3$,因此m序列的长度为$2^3-1=7$位。假定移位寄存器初始状态为111,状态变化如图9-21(b)所示。其中D_3的值即为m序列生成器的输出,输出序列为1110010。

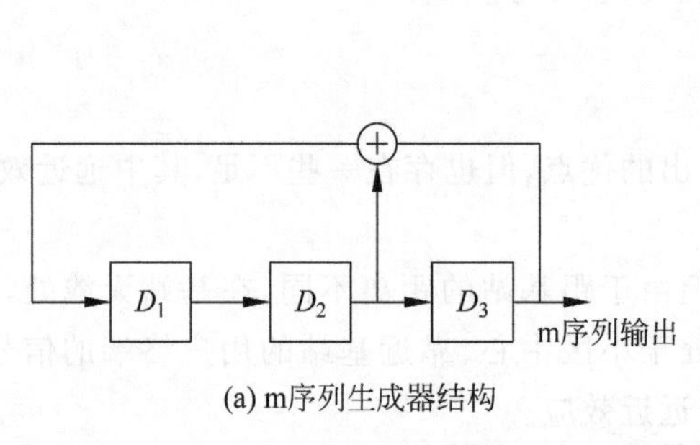

(a) m序列生成器结构

D_1	D_2	D_3
1	1	1
0	1	1
0	0	1
1	0	0
0	1	0
1	0	1
1	1	0

(b) 状态转移

图9-21 m序列生成

改变移位寄存器初始状态,并不会产生新的m序列,而只是改变了m序列的初始相位。例如,当寄存器初始状态为101时,生成的m序列为1011100,与寄存器初始状态为111时生成的m序列是同一个序列,只是向右循环移位了两次。

只有改变移位寄存器的抽头结构才可能产生不同的m序列。例如,采用如图9-22所示的抽头结构,产生的m序列为1001110。

m序列具有以下特点。

(1) 平衡性。在长度为2^n-1的m序列中,1出现的次数仅比0出现的次数多1次,即1出现2^{n-1}次,0出现$2^{n-1}-1$次。

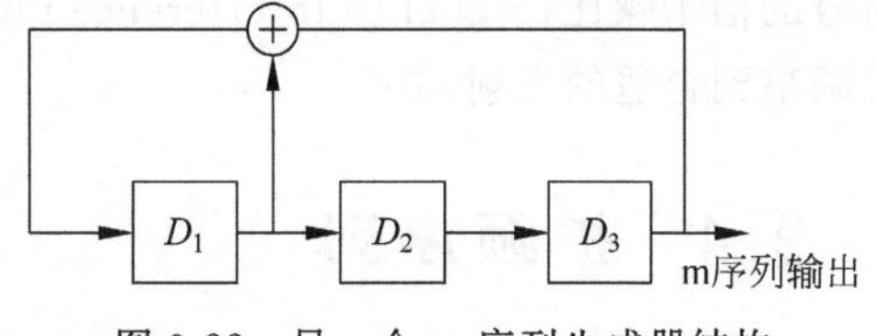

图9-22 另一个m序列生成器结构

(2) 移位相加特性。将m序列在一个周期内进行循环移位,则移位后的m序列与原序列模2加后产生的新序列仍为该m序列的一个循环移位序列。

(3) 游程特性。序列中连0或连1称为游程,连0或连1的个数称为游程的长度。m序列中长度为k的游程出现的次数是长度为$k+1$的游程出现次数的2倍。

(4) 相关性。m序列的归一化周期自相关函数为

$$R(\tau)=\begin{cases}1, & \tau=kN \\ -\dfrac{1}{N}, & \tau\neq kN\end{cases},k=0,\pm1,\pm2,\cdots \tag{9-2}$$

其中，$N=2^{n-1}$ 为 m 序列的长度。

如图 9-23 所示，自相关函数周期为 N，且在一个周期内有且仅有在 $\tau=0$ 处的一个峰值，而在其他位置的自相关函数的值均为 $-1/N$。m 序列具有良好的自相关性，而且 m 序列越长（N 越大），自相关函数越趋近于冲激函数。

m 序列之间的互相关性能则相对较差，这意味着不同用户之间会造成较大的多址干扰。图 9-24 给出了图 9-21 和图 9-22 生成的两个 m 序列的互相关系数。

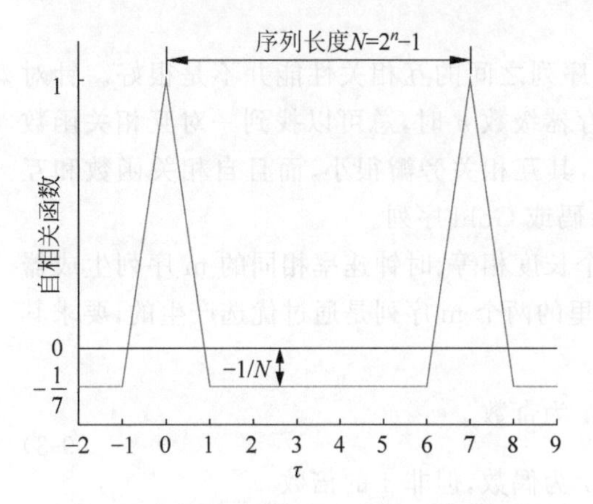

图 9-23 m 序列自相关（$n=3$，序列长度 $N=7$）

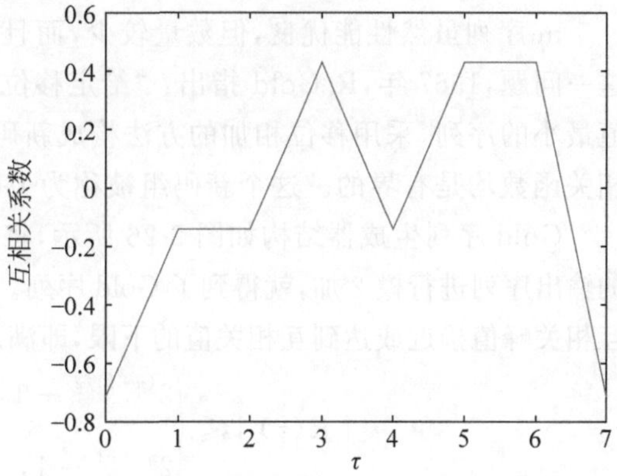

图 9-24 m 序列互相关（$n=3$，序列长度 $N=7$）

m 序列具有容易生成、自相关性能优异、规律性强等许多优良的性能，在扩频通信中得到了广泛的应用。但是，m 序列数量非常少，只有 $\Phi(2^n-1)/n$ 个，其中 $\Phi(x)$ 为欧拉函数，表示不大于 x 同时与 x 互素的正整数的数量。例如，3 级移位寄存器产生的长度为 7 位的 m 序列总共只有两个；而 5 级移位寄存器产生的长度为 31 位的 m 序列也总共只有 6 个。

9.4.2 M 序列

M 序列是由 n 级非线性移位寄存器产生的长度为 $N=2^n$ 的周期序列。M 序列已达到 n 级移位寄存器所能达到的最大周期，是最长非线性移位寄存器序列，故又称为全长序列。

M 序列的构造可以在 m 序列的基础上实现。因为 m 序列已包含了 2^n-1 个非零状态，只要在适当位置插入一个全 0 状态，即可使由码长为 2^n-1 的 m 序列增长为码长为 2^n 的 M 序列。显然，全 0 状态应插入在状态 10…00 之后，还必须使全 0 状态的后续状态为 00…01，即状态的转移应为→ 10…00 → 00…00 → 00…01 →。M 序列生成器结构如图 9-25 所示。

M 序列的自相关特性远不如 m 序列那样好，但是 M 序列的数量远比 m 序列多。n 级 M 序列有 $2^{2^{n-1}-n}$ 个，而 m 序列只有 $\Phi(2^n-1)/n$ 个。以 $n=5$ 为例，M 序列共有 2048 个，而 m 序列仅有 6 个。

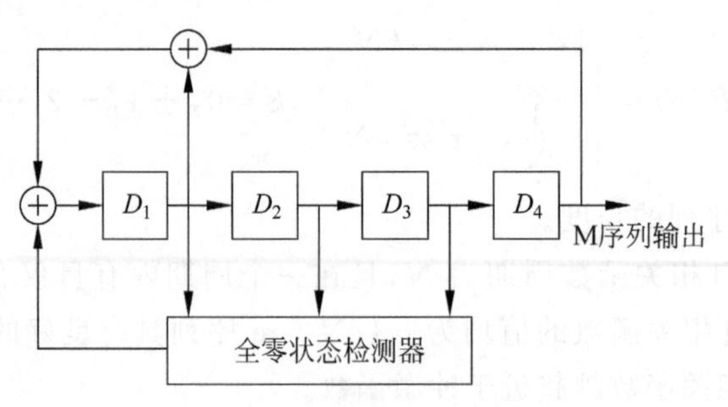

图 9-25 M 序列生成器结构

9.4.3 Gold 序列

m 序列虽然性能优良，但数量较少，而且 m 序列之间的互相关性能并不是很好。针对这一问题，1967 年，R. Gold 指出："给定移位寄存器级数 n 时，总可以找到一对互相关函数值最小的序列，采用移位相加的方法构成新码组，其互相关旁瓣很小，而且自相关函数和互相关函数均是有界的。"这个新码组被称为 Gold 码或 Gold 序列。

Gold 序列生成器结构如图 9-26 所示，将两个长度相等、时钟速率相同的 m 序列生成器的输出序列进行模 2 加，就得到了 Gold 序列。这里的两个 m 序列是通过优选产生的，要求其互相关峰值接近或达到互相关值的下限，即满足

$$|R(\tau)| \leqslant \begin{cases} 2^{(n+1)/2}+1, & n\text{ 为奇数} \\ 2^{n/2+1}+1, & n\text{ 为偶数,但非 4 的倍数} \end{cases} \tag{9-3}$$

就称这两个 m 序列为优选对。当 n 为 4 的倍数时不存在 m 序列优选对。

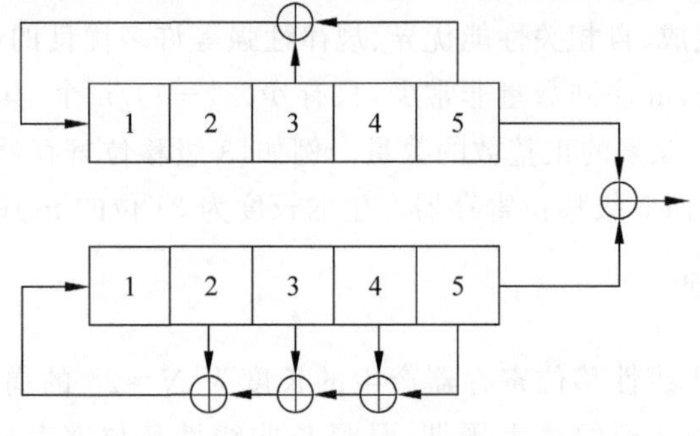

图 9-26 Gold 序列生成器结构

由于两个 m 序列生成器的长度相等，时钟速率相同，因此 Gold 序列与两个 m 序列的长度相同，均为 2^n-1 位。而且每改变两个 m 序列的相对位移，就可以得到一个新的 Gold 序列，从而得到一个 Gold 族。

如图 9-27 所示，Gold 序列具有较好的自相关特性，互相关函数只有 3 个值。当 n 为奇数时，族中约有 50%的码序列有很低的互相关函数值（$-1/N$）；当 n 为偶数但不是 4 的整倍数时，族中约有 75%的码序列有很低的互相关函数值（$-1/N$），互相关函数的值详情见表 9-1。

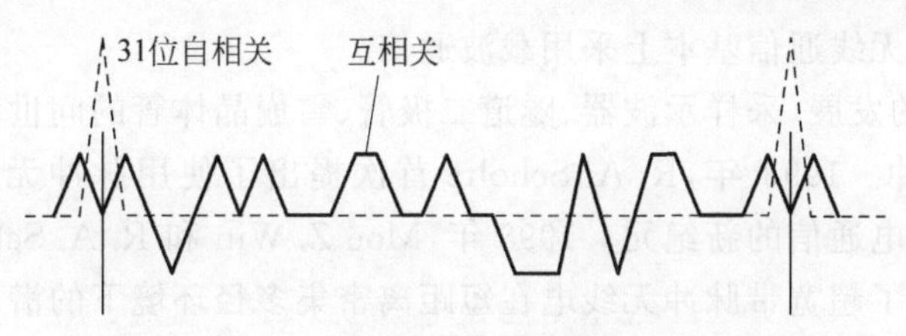

图 9-27 Gold 序列($n=5$)的自相关与互相关

表 9-1 Gold 序列互相关函数

n 的取值	互相关函数值	概率
n 为奇数	$-\frac{2^{(n+1)/2}+1}{N}$	≈0.25
	$-1/N$	≈0.50
	$\frac{2^{(n+1)/2}-1}{N}$	≈0.25
n 为偶数,但不是 4 的整倍数	$-\frac{2^{n/2+1}+1}{N}$	≈0.125
	$-1/N$	≈0.750
	$\frac{2^{n/2+1}-1}{N}$	≈0.125

由于 Gold 序列具有较好的自相关和互相关特性,而且构造简单,序列数量也较多,因此获得了广泛的应用。例如,WCDMA 系统中的扰码采用的就是 Gold 序列。

第 9-4 集
微课视频

9.5 脉冲无线电

跳频和直接序列扩频技术虽然都可以实现较大带宽,但要满足超宽带(Ultra-Wide Band,UWB)对带宽的要求(即绝对带宽大于或等于 500MHz),难度仍然很大。而脉冲无线电(Impulse Radio,IR)技术,通过发送时域窄脉冲,能够以较低的复杂度实现 500MHz 及以上的带宽。

严格而言,脉冲无线电并不是新技术。100 多年前诞生的无线电报,就是通过控制火花隙产生不同宽度的脉冲来传输经过摩尔斯编码(Morse Code)的信息。在国际摩尔斯码(见图 9-28)中,点(•)是持续时间为一个单位的短脉冲,而画(▬)则是持续时间为 3 个单位的较长脉冲;一个字符中点、画之间的间隔为一个点的持续时间,而两个字符之间的间隔为 3 个点的持续时间(一画的持续时间),两个单词之间的间隔为 7 个点的持续时间。例如,救难信号 SOS 的国际摩尔斯码就是三点三画三点。

图 9-28 国际摩尔斯码

然而,受当时技术条件限制,难以产生时域极窄的脉冲,并对脉冲无线电辐射进行合适的调节,以避免对其他无线通信系统的干扰,因此脉冲无线电并未得到广泛的研究和应用，无线通信基本上采用载波通信。

随着电子技术的发展，采样示波器、隧道二极管、雪崩晶体管的问世和逐渐成熟，已经可以产生亚纳秒级脉冲。1993 年，R. A. Scholtz 首次提出了使用脉冲无线电信号的跳时调制，开辟了脉冲无线电通信的新纪元。1998 年，Moe Z. Win 和 R. A. Scholtz 明确了脉冲无线电的概念，并提出了超宽带脉冲无线电在短距离密集多径环境下的潜在应用。进入 21 世纪后，脉冲无线电得到了全球的关注。2002 年 2 月，美国联邦通信委员会（Federal Communications Commission，FCC）发布了民用 UWB 设备使用频谱和功率的初步规定。该规定中将相对带宽（带宽/中心频率）大于 0.2，或在传输的任何时刻带宽大于 500MHz 的通信系统定义为 UWB 系统，给 UWB 分配了 3.1～10.6GHz 频段，并限定辐射功率需要低于−41.3dBm/MHz，如图 9-29 所示。随后，日本也于 2006 年 8 月开放了 UWB 频段。

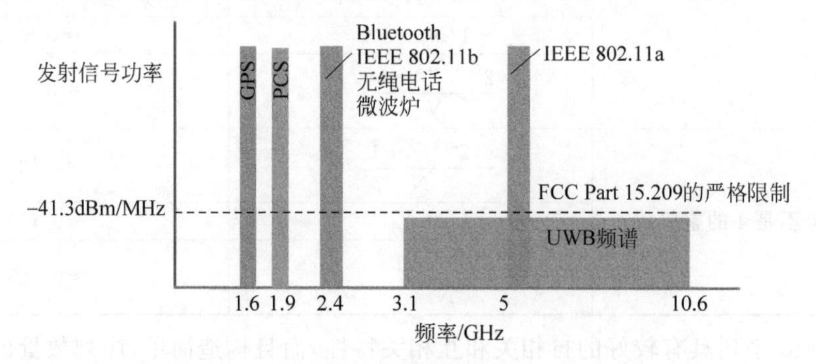

图 9-29　UWB 信号频谱范围（3.1～10.6GHz）

脉冲无线电信号具有以下特点。

（1）脉冲宽度极窄（典型脉冲宽度在 1ns 以下），因此信号带宽可以超过 1GHz，具有极大的信道容量。

（2）脉冲的占空比极低，因此信号的平均功率谱密度非常低，对其他通信系统的干扰很小，可以与其他系统共享频率，而且具有很强的保密性。

（3）脉冲时间位置或幅度（含极性）可控。

由于脉冲无线电具有上述优点，因此广泛应用于无线传感网络、医疗以及精确定位等领域。

但脉冲无线电也存在一些不足，主要如下。

（1）信号峰均比非常高，发射机和接收机电路设计难度很大。

（2）功率受限。

（3）输出的波形、相位需保持较高的稳定性。

（4）抗多址干扰能力差。当不同用户发送的脉冲于相同时间到达接收机，即发生“碰撞”时，接收机将难以区分，而且一旦一个数据帧发送了碰撞，之后的数据帧很大概率都将发生碰撞。

跳时（Time Hopping，TH）脉冲无线电是解决脉冲无线电多址干扰问题的有效方法。跳时脉冲无线电与跳频的思想类似，只不过跳变的不是信号的频率，而是脉冲出现的时间。如图 9-30 所示，跳时的基本思想是用一个脉冲（持续时间为 T_c）序列表示一个符号，而整个符号持续时间 T_s 划分为若干个帧，每个帧的持续时间为 T_f，而脉冲则在帧持续时间内一定的时刻出现，通常称这个时刻为脉冲出现的位置。因此，称这种调制方式为脉冲位置调制

(Pulse Position Modulation,PPM)。例如,图 9-30 中将帧持续时间 T_f 分为 8 个片段,在第 1 帧的第 6 个片段中发送脉冲,在第 2 帧的第 3 个片段中发送脉冲,在第 3 帧的第 5 个片段中发送脉冲。各帧中脉冲出现的位置由跳时序列(通常为伪随机序列)决定。

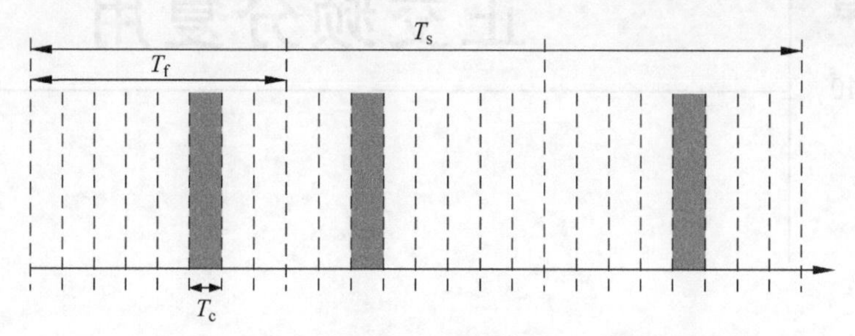

图 9-30 跳时信号

在多用户通信的情况下,不同用户采用不同的跳时序列,类似于跳频系统中不同用户使用不同的跳频图案。如图 9-31 所示,3 个用户通过采用不同的跳时序列,在各帧中不同的时刻发送脉冲,从而实现了多址通信。对于大容量的系统,通过合理设计跳时序列,使得不同用户只会在极少数的帧上发生“碰撞”,而其他帧则能正确接收,通过进一步采用信道编码等技术,可以实现可靠通信。

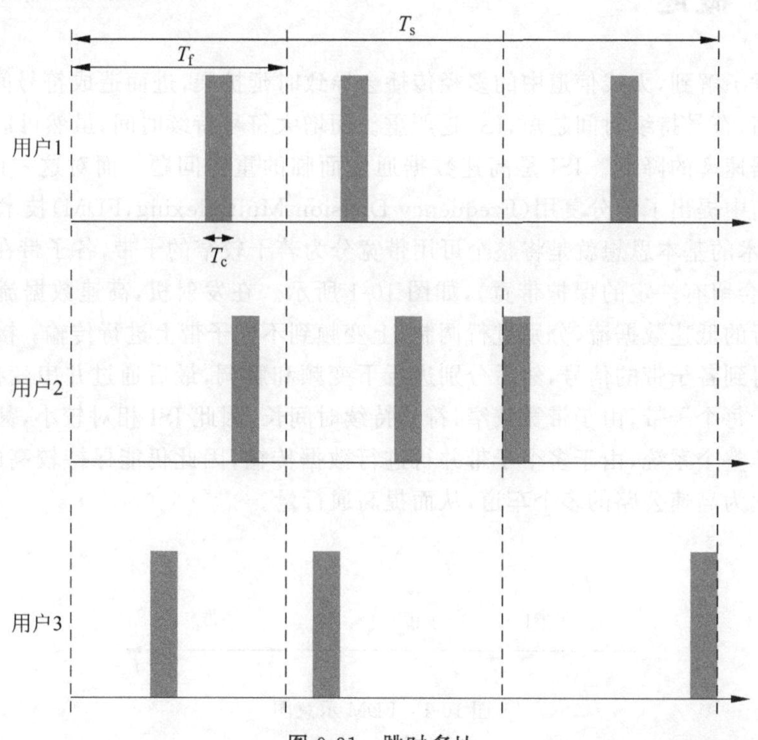

图 9-31 跳时多址

跳时脉冲无线电采用一个脉冲序列代表单个符号。在接收机,要将各帧中的脉冲进行合并。在合并时,脉冲信号是相干叠加(幅度相加),而噪声则是非相干叠加(功率相加)。通过合并,能提高接收信噪比,获得跳时增益。

第10章 正交频分复用

CHAPTER 10

正交频分复用(Orthogonal Frequency Division Multiplexing,OFDM)将整个可用带宽分成多个子信道,利用多个相互正交的子载波并行传输多路信息,具有很高的频谱利用率和很强的抗多径衰落的能力,在无线通信中得到了广泛的应用。本章将介绍 OFDM 基本原理和关键技术,并探讨参数设计与时频资源管理。

10.1 概述

第10-1集
微课视频

从第4章了解到,无线信道中的多径传播会导致时延扩展,进而造成符号间干扰(ISI)。数据速率越高,符号持续时间越短,ISI 越严重。而增大符号持续时间,虽然可以降低 ISI,但又意味着数据速率的降低。ISI 是高速数据通信面临的重要问题。面对这一两难局面,最早在军事通信中提出了频分复用(Frequency Division Multiplexing,FDM)技术。

FDM 技术的基本思想就是将整个可用带宽分为若干较窄的子带,各子带在频域上互不重叠(通常还会留有一定的保护带宽),如图10-1所示。在发射机,高速数据流通过串并变换为多路并行的低速数据流,分别进行调制,上变频到不同子带上进行传输;接收机先采用带通滤波器得到各子带的信号,然后分别进行下变频和解调,最后通过并串变换,恢复高速数据流。对于每个子带,由于带宽较窄,符号持续时间长,因此 ISI 相对较小,甚至可以忽略不计。而对于整个系统,由于多个子带并行进行数据传输,因此仍能保持较高的数据速率。可以简单类比为高速公路的多个车道,从而提高通行量。

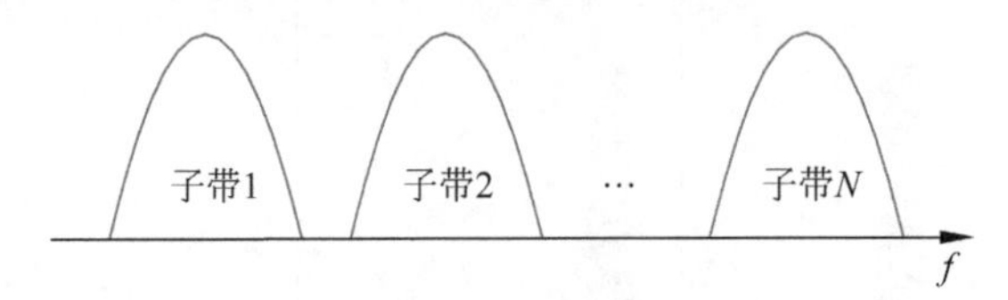

图10-1　FDM示意图

FDM 虽然较好地解决了高速宽带传输中的 ISI 问题,但也存在明显缺点。第一,由于将整个可用带宽分为若干较窄的子带,且各子带之间需要留一定的保护带宽,降低了频谱效率;第二,由于需要多个发射和接收支路,因此系统复杂度较高。

为了提高频谱利用率,OFDM 应运而生。OFDM 频谱图如图10-2所示。与 FDM 不同,OFDM 各子载波在频域相互重叠,但每个子载波在其他子载波中心频率处的响应都是零，因此子载波间是相互正交的，不会造成相互干扰。这既明显提升了频谱效率，又保证了接收机能够提取和恢复各子载波上承载的信息。

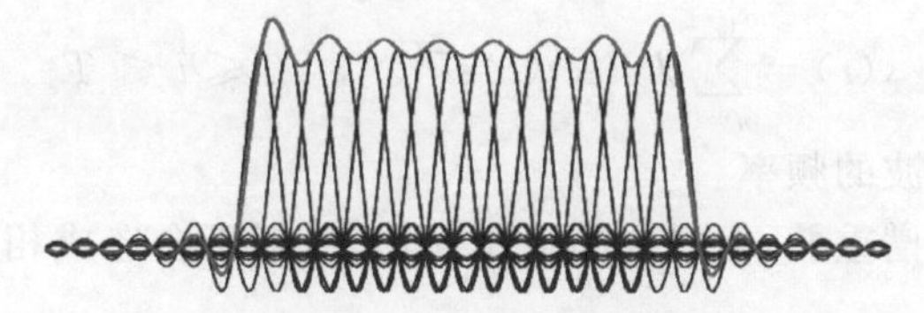

图 10-2 OFDM 频谱图

20 世纪 90 年代以来，伴随着数字信号处理和大规模集成电路的高速发展，OFDM 广泛用于各种数字传输和通信中，如移动通信系统（如 4G 和 5G）、无线局域网（如 IEEE 802.11a）、数字音频广播（DAB）、数字视频广播（DVB）等。

10.2 OFDM 基本原理

10.2.1 系统模型

OFDM 用一组在符号周期 T_s 内相互正交的载波作为子载波。系统结构如图 10-3 所示。

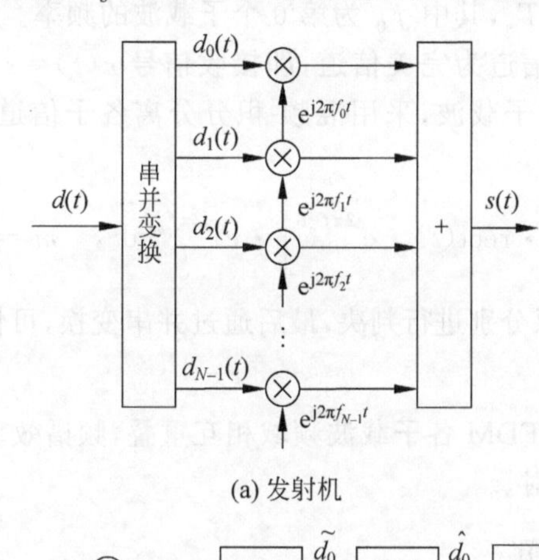

(a) 发射机

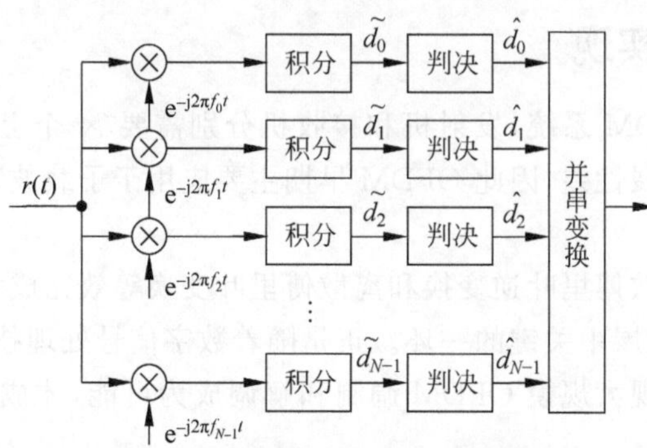

(b) 接收机

图 10-3 OFDM 系统结构

在发射机，承载数据符号 $\{d_0, d_1, \cdots, d_{N-1}\}$ 的高速串行信号 $d(t)$ 经过串并变换，得到符号周期为 T_s 的 N 路并行信号 $d_n(t) = d_n \text{rect}(t)$，$n = 0, 1, \cdots, N-1$，其中 $\text{rect}(t)$ 为不归

零方波，d_n 为第 n 路传输的数据符号。将 N 路基带信号分别调制到 N 个子载波上，并相互叠加，得到 OFDM 信号为

$$s(t)=\sum_{n=0}^{N-1} d_n \operatorname{rect}(t) \mathrm{e}^{\mathrm{j} 2 \pi f_n t}, \quad 0 \leqslant t \leqslant T_{\mathrm{s}} \tag{10-1}$$

其中，f_n 为第 n 个子载波的频率。

各子载波虽然在频谱重叠，但只要满足相互正交，就不会造成相互干扰，这也是正交频分复用得名的原因。

频率为 f_n 和 f_m 的任意两个子载波相互正交须满足

$$\begin{aligned}
\frac{1}{T_{\mathrm{s}}} \int_\tau^{\tau+T_{\mathrm{s}}} \mathrm{e}^{\mathrm{j} 2 \pi f_n t} \mathrm{e}^{-\mathrm{j} 2 \pi f_m t} \mathrm{d} t= & \frac{1}{T_{\mathrm{s}}} \int_\tau^{\tau+T_{\mathrm{s}}}\left(\cos 2 \pi f_n t+\mathrm{j} \sin 2 \pi f_n t\right)\left(\cos 2 \pi f_m t-\mathrm{j} \sin 2 \pi f_m t\right) \mathrm{d} t \\
= & \frac{1}{T_{\mathrm{s}}} \int_\tau^{\tau+T_{\mathrm{s}}}\left(\cos 2 \pi f_n t \cos 2 \pi f_m t+\sin 2 \pi f_n t \sin 2 \pi f_m t\right)+ \\
& \mathrm{j}\left(\sin 2 \pi f_n t \cos 2 \pi f_m t-\cos 2 \pi f_n t \sin 2 \pi f_m t\right) \mathrm{d} t \\
= & \frac{1}{T_{\mathrm{s}}} \int_\tau^{\tau+T_{\mathrm{s}}} \cos 2 \pi\left(f_n-f_m\right) t+\mathrm{j} \sin 2 \pi\left(f_n-f_m\right) t \mathrm{d} t
\end{aligned} \tag{10-2}$$

而满足正交性要求的最小频率间隔 $\Delta f=1/T_{\mathrm{s}}$。因此，第 n 个子载波的频率可以表示为 $f_n=f_0+n\Delta f=f_0+n/T_{\mathrm{s}}$，其中 f_0 为第 0 个子载波的频率。

为简便起见，这里假定信道为完美信道，即接收信号 $r(t)=s(t)$。接收机有一组与 N 路接收信号同步的正交本地子载波，采用混频-积分分离各子信道（子载波）。第 m 个支路的积分结果为

第 10-2 集
微课视频

$$\tilde{d}_m=\int_0^{T_{\mathrm{s}}}\left[\sum_{n=0}^{N-1} d_n \cdot \operatorname{rect}(t) \cdot \mathrm{e}^{\mathrm{j} 2 \pi f_n t}\right] \cdot \mathrm{e}^{-\mathrm{j} 2 \pi f_m t} \mathrm{d} t, \quad m=0,1, \cdots, N-1 \tag{10-3}$$

对 N 个支路的积分结果分别进行判决，最后通过并串变换，可恢复符号序列 $\{\hat{d}_0, \hat{d}_1, \cdots, \hat{d}_{N-1}\}$。

如图 10-4 所示，由于 OFDM 各子载波频域相互重叠，频谱效率相对于单载波系统提高近 1 倍，而且降低了带外辐射。

10.2.2 数字实现

图 10-3 所示的 OFDM 系统，发射机和接收机分别需要 N 个上变频器和 N 个下变频器，系统结构复杂，可扩展性差，因此 OFDM 早期主要应用于子载波数较少的军事通信系统（如短波电台）。

本节将介绍使用离散傅里叶逆变换和离散傅里叶变换等效完成多载波调制和解调的基本原理。这是 OFDM 发展中关键的一环。正是随着数字信号处理技术与器件的发展，以较低复杂度和较低成本实现大规模 OFDM 调制和解调成为可能，才成就了如今 OFDM 技术的广泛应用。

1. OFDM 发射机

对于如图 10-3 所示的包含 N 个子载波、符号周期为 T_{s} 的 OFDM 系统，其发射信号为

$$s(t)=\sum_{n=0}^{N-1} d_n \operatorname{rect}(t) \mathrm{e}^{\mathrm{j} 2 \pi f_n t}, \quad 0 \leqslant t \leqslant T_{\mathrm{s}} \tag{10-4}$$

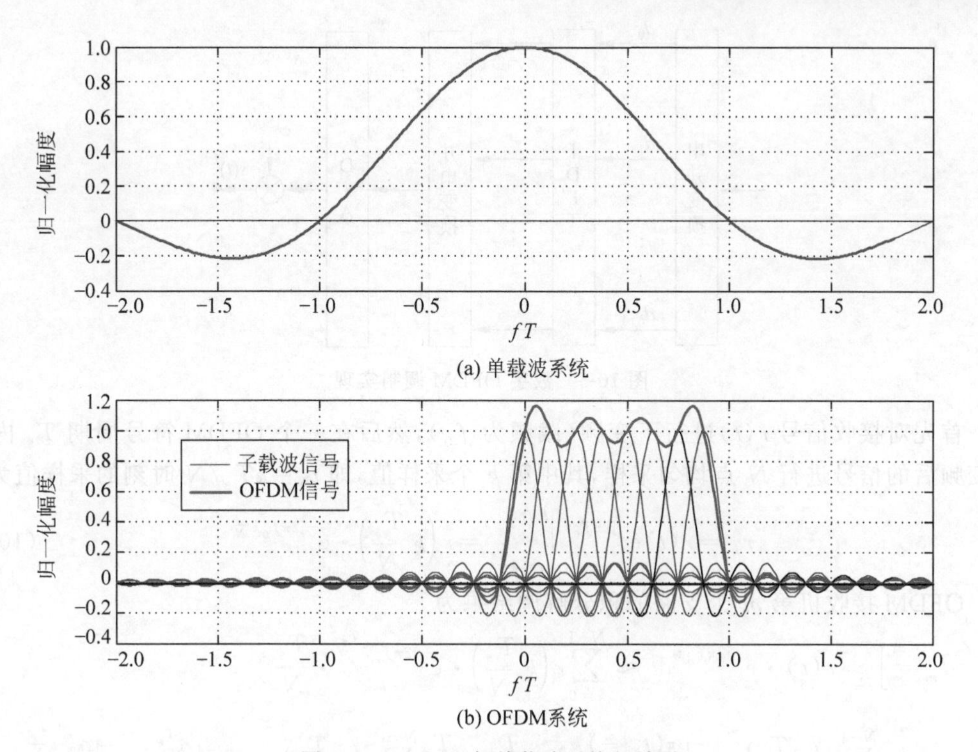

(a) 单载波系统

(b) OFDM系统

图 10-4　OFDM 与单载波系统频域图

其中，$f_n=f_0+n/T_s$，f_0 为第 0 个子载波的频率。

因此，有

$$s(t)=\sum_{n=0}^{N-1} d_n \operatorname{rect}(t)\mathrm{e}^{\mathrm{j}2\pi(f_0+n/T_s)t}=\mathrm{e}^{\mathrm{j}2\pi f_0 t}\sum_{n=0}^{N-1} d_n \operatorname{rect}(t)\mathrm{e}^{\mathrm{j}2\pi n/T_s t} \tag{10-5}$$

可认为 $s(t)$ 是载频为 f_0 的带通信号，则其等效基带信号为

$$s_L(t)=\sum_{n=0}^{N-1} d_n \operatorname{rect}(t)\mathrm{e}^{\mathrm{j}2\pi n/T_s t} \tag{10-6}$$

在符号周期 T_s 内对 $s_L(t)$ 进行 N 点均匀采样，采样间隔为 $\Delta t=\dfrac{T_s}{N}$。则第 k 个采样值，即 $t_k=k\Delta t=\dfrac{kT_s}{N}$ 时刻的采样值为

$$s_k=s_L(t)\mid_{t=k\Delta t}=N\left(\frac{1}{N}\sum_{n=0}^{N-1} d_n \mathrm{e}^{\mathrm{j}2\pi\frac{k}{N}n}\right) \tag{10-7}$$

因此，s_k 正是对串并变换后的 N 路并行数据 $\{d_0,d_1,\cdots,d_{N-1}\}$ 进行了 N 点离散傅里叶逆变换(Inverse Discrete Fourier Transform，IDFT)计算得到的 N 点序列的第 k 个元素。也就是说，OFDM 信号的所有采样值可由基带符号块经 N 点 IDFT 后，再通过并串变换和数模(Digital to Analog，D/A)变换，最后上变频到载频 f_0 得到。因此，图 10-3(a)中所示的模拟 OFDM 调制可通过图 10-5 所示的数字信号处理过程等效实现。

2. OFDM 接收机

假定理想状态下，即不考虑信道衰落和噪声，且时间和频率理想同步，接收信号 $r(t)$ 等于式(10-5)的发射信号 $s(t)$。

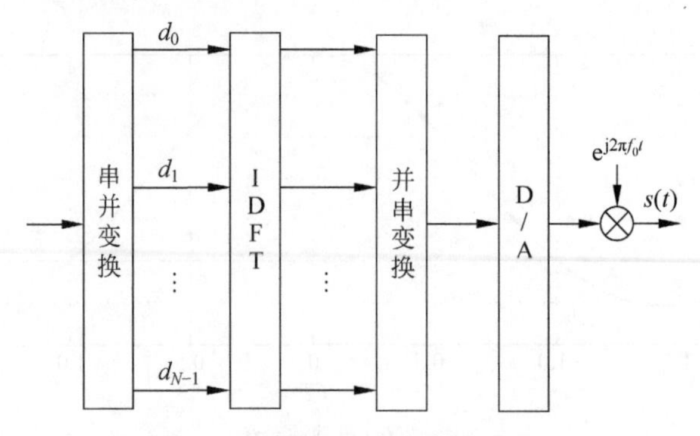

图 10-5　数字 OFDM 调制实现

首先对接收信号 $r(t)$进行下变频(载频为 f_0),然后在一个 OFDM 符号周期 T_s 内对下变频后的信号进行 N 点均匀采样,其中第 k 个采样值,即 $t_k=kT_s/N$ 时刻的采样值为

$$r_k=r(t)e^{-j2\pi f_0 t}\Big|_{t=k\frac{T_s}{N}}=r\left(k\frac{T_s}{N}\right)\cdot e^{-j2\pi f_0 k\frac{T_s}{N}} \tag{10-8}$$

OFDM 接收机第 m 个支路的积分解调结果为

$$\begin{aligned}\tilde{d}_m&=\int_{t=0}^{T_s}r(t)\cdot e^{-j2\pi f_m t}dt\approx\sum_{k=0}^{N-1}r\left(k\frac{T_s}{N}\right)\cdot e^{-j2\pi f_m k\frac{T_s}{N}}\cdot\frac{T_s}{N}\\&\approx\sum_{k=0}^{N-1}r\left(k\frac{T_s}{N}\right)\cdot e^{-j2\pi\left(f_0+\frac{m}{T_s}\right)k\frac{T_s}{N}}\cdot\frac{T_s}{N}=\frac{T_s}{N}\sum_{k=0}^{N-1}r\left(k\frac{T_s}{N}\right)\cdot e^{-j2\pi f_0 k\frac{T_s}{N}}\cdot e^{-j2\pi\frac{m}{T_s}k\frac{T_s}{N}}\\&=\frac{T_s}{N}\sum_{k=0}^{N-1}r_k\cdot e^{-j2\pi\frac{m}{N}k}\end{aligned} \tag{10-9}$$

由此可知,OFDM 信号解调得到的第 m 个子载波上的积分解调结果,正是下变频后的接收信号采样序列经 N 点离散傅里叶变换(Discrete Fourier Transform,DFT)计算得到的 N 点序列中的第 m 个元素,即当前 OFDM 所有子载波的解调可由对接收信号采样序列经 N 点 DFT 计算得到。因此,图 10-3(b)所示的模拟 OFDM 解调可通过图 10-6 所示的数字信号处理过程等效实现。

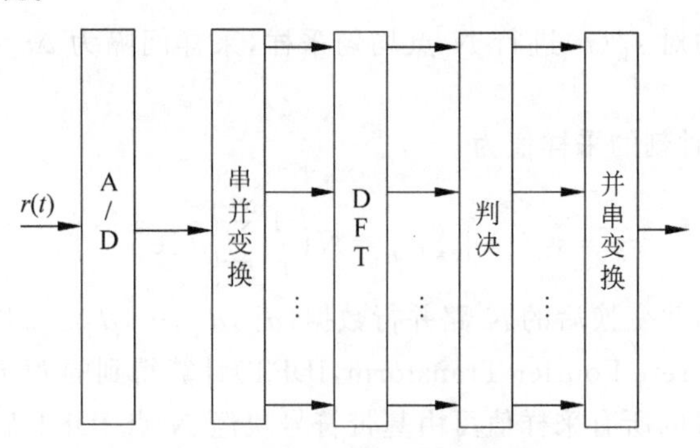

图 10-6　数字 OFDM 解调实现

综上所述,OFDM 发射机和接收机分别采用 IDFT 和 DFT 后(还可以进一步采用快速傅里叶算法),只需要一个上变频器和一个下变频器,系统复杂度显著下降,灵活性也更好。因此,随着数字信号处理技术发展,这一大为简化的系统结构为 OFDM 技术广泛应用创造了有利的条件。数字 OFDM 系统框图如图 10-7 所示。

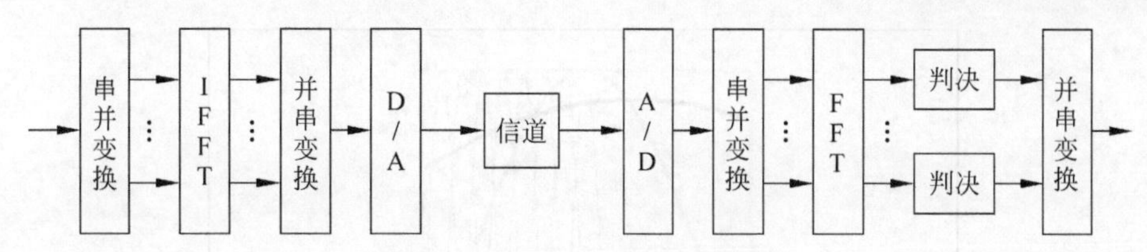

图 10-7 数字 OFDM 系统框图

10.2.3 抗多径

可以有效地对抗多径是 OFDM 的一个突出优点。可以从两方面理解 OFDM 抗多径能力。从时域看，OFDM 克服了多径时延扩展及码间干扰；从频域看，OFDM 则克服了信道频率选择性衰落。

1. 并行窄带多载波

OFDM 发射机对高速数据流进行串并变换，得到 N 个并行的低速数据流，分别由 N 个正交的子载波进行传输。

从时域看，OFDM 在保持信息传输速率不变的情况下，将符号周期 T_s 增大为原来符号周期 T 的 N 倍，即 $T_s = NT$，如图 10-8 所示。由于符号周期展宽，则同样的多径时延扩展造成的 ISI 也相应大为下降。

第 10-3 集
微课视频

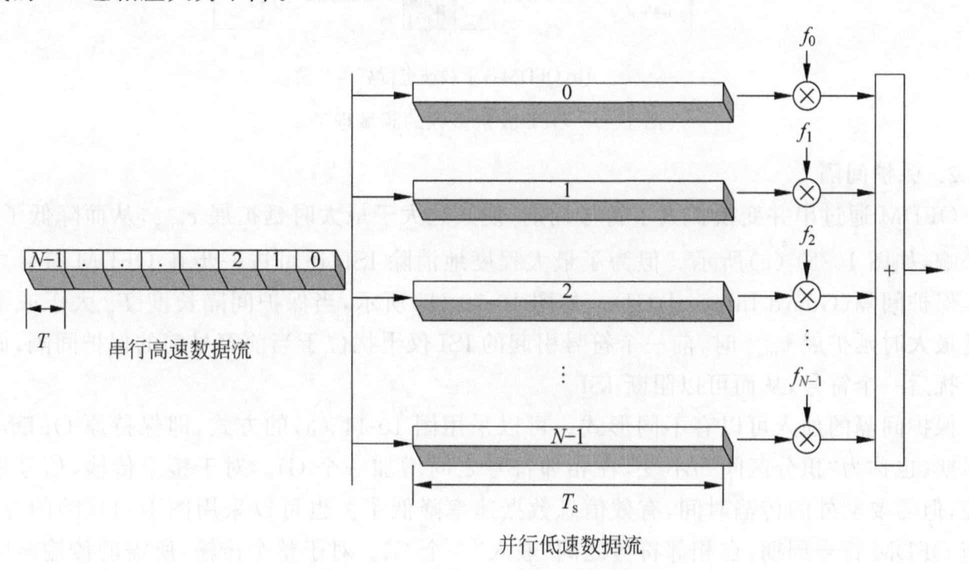

图 10-8 OFDM 抗多径的时域理解

从频域看，OFDM 将整个宽带信道分割成 N 个窄带子信道，通过合理设计 OFDM 参数，可以保证每个子信道带宽都远小于信道相干带宽，从而每个子信道上的信号经历平坦衰落，如图 10-9 (a)所示。这样一来，宽带信号所经历的频率选择性衰落，就被分解为 N 个子信道上的平坦衰落了。因此，接收机只需要针对各子载波(或子载波组)上的平坦衰落进行单抽头的补偿，与单载波需要对频率选择性衰落进行均衡相比，复杂度要小得多，如图 10-9(b)所示。

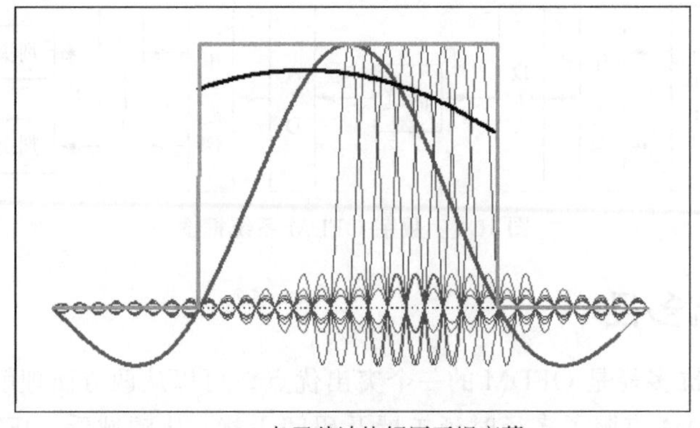

(a) 各子载波均经历平坦衰落

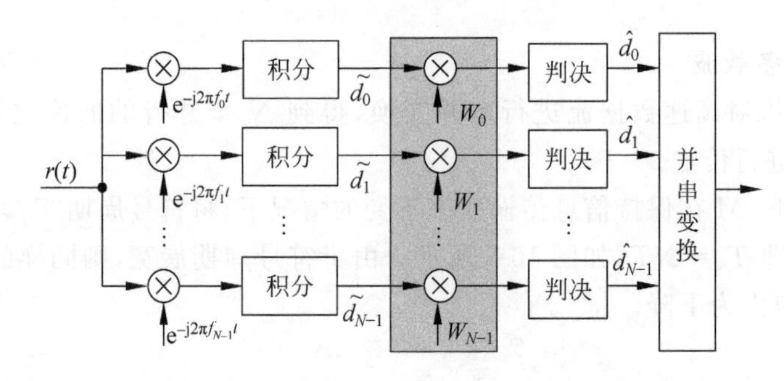

(b) OFDM各子载波进行衰落补偿

图 10-9　OFDM 抗多径的频域理解

2. 保护间隔

OFDM 通过串并变换扩大了符号周期，使其远大于最大时延扩展 $\tau_{\max}$，从而降低了 ISI 的影响，如图 10-10 (a)所示。但为了最大程度地消除 ISI，还可进一步在 OFDM 符号之间插入保护间隔(Guard Interval，GI)。如图 10-10 (b)所示，当保护间隔长度 T_g 大于或等于信道最大时延扩展 $\tau_{\max}$ 时，前一个符号引起的 ISI 仅干扰位于当前符号前的保护间隔，而不会干扰后一个符号，从而可以阻断 ISI。

保护间隔的加入可以有不同形式。可以采用图 10-11 (a)的方式，即保持原 OFDM 符号周期(也称为“积分区间”)不变，在相邻符号之间增加一个 GI。对于整个传输，信号带宽不变，但需要额外的传输时间，有效信息数据速率降低了。也可以采用图 10-11(b)的方式，压缩 OFDM 符号周期，在相邻符号之间“嵌入”一个 GI。对于整个传输，所需的传输时间不变，但符号周期变短，意味着子载波间隔变大，需要额外的传输带宽。

可以看出，无论是需要额外的传输时间，还是额外的传输带宽，加入保护间隔的代价都是传输效率的损失。以如图 10-11(a)所示的保护间隔加入方式为例，加入保护间隔后，传输效率损失为 $\eta=\dfrac{T_g}{T_s+T_g}$。

显然，符号周期 T_s 越小，效率损失越大。因此，对于宽带单载波通信系统，由于符号周期 T_s 较小，加入 T_g 导致的传输效率损失是不可承受的；而 OFDM 由于采用串并变换将高速数据转换为 N 路低速的并行数据流，符号周期 T_s 增大为原来的 N 倍，因此加入保护间隔导致的传输效率损失在可接受的范围内。

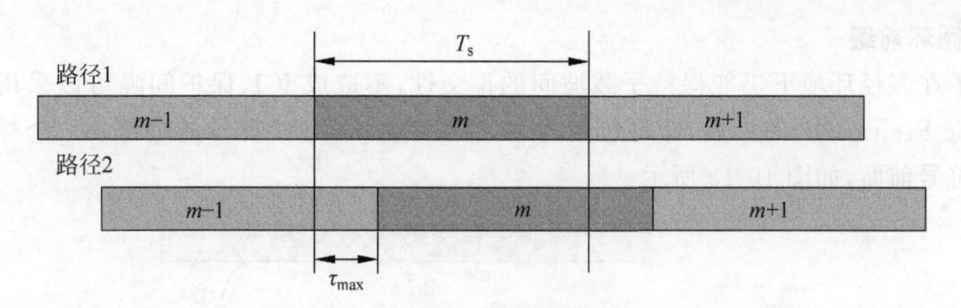

(a) 未加入保护间隔时

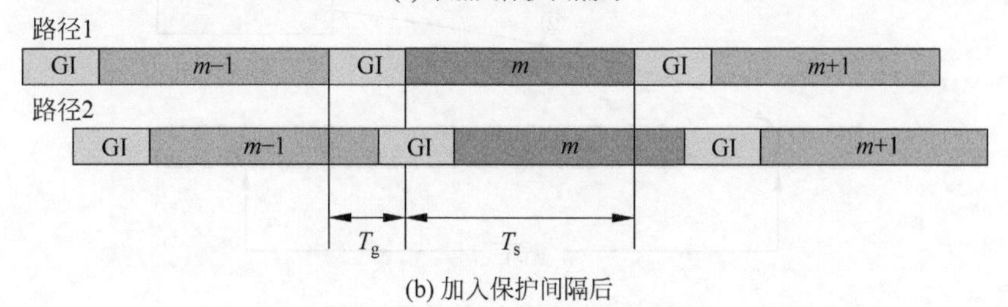

(b) 加入保护间隔后

图 10-10 加入保护间隔阻断多径 ISI

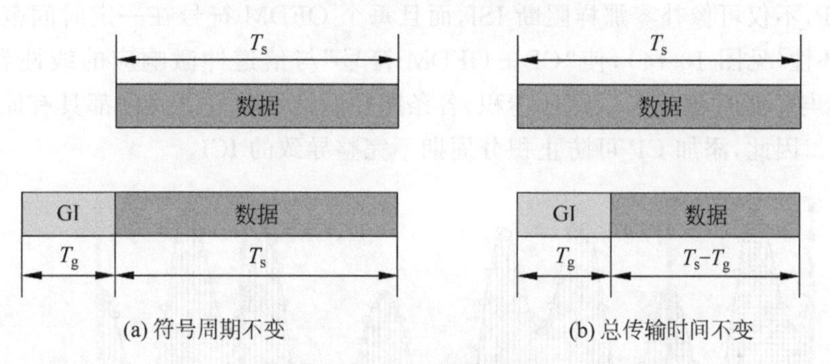

图 10-11 加入保护间隔

保护间隔中填充的内容可以有不同形式，最简单的方式就是补零(Zero Padding，ZP)。ZP 保护间隔虽然阻断了 ISI，但在解调时不可避免地造成子载波间干扰(Inter-sub-Carrier Interference，ICI)。原因是接收信号实际上是具有不同传播时延的路径合成，接收机在符号定时上只能取一个时刻作为当前符号积分区间的起始位置。因此，对于如图 10-12 所示的两径信号，假定精确同步于时延较小、功率较强的第 1 条路径，那么第 2 条路径信号的积分存在滞后，积分周期不完整。在解调时，这部分信号就不满足在符号周期上子载波信号正交所需要的“完整积分区间”的条件，子载波之间不再正交，由此产生 ICI。

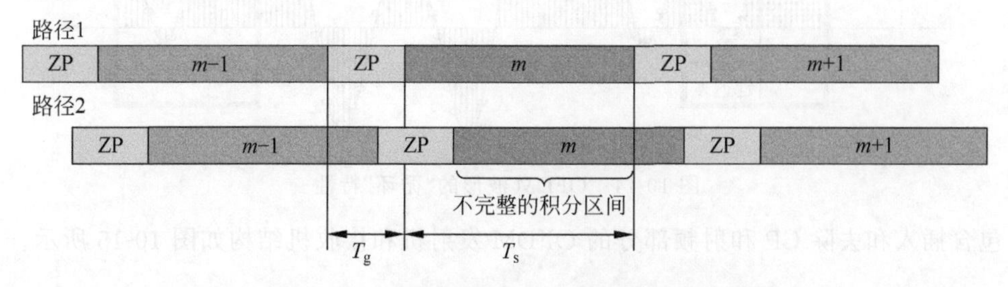

图 10-12 ZP 保护间隔导致子载波正交性丧失

3. 循环前缀

为了在多径环境下仍能保持子载波间的正交性，不造成ICI，保护间隔可以采用循环前缀(Cyclic Prefix,CP)的形式，即将包括为 N 个样点的OFDM符号的尾部 N_g 个样点复制后放到符号前面，如图10-13所示。

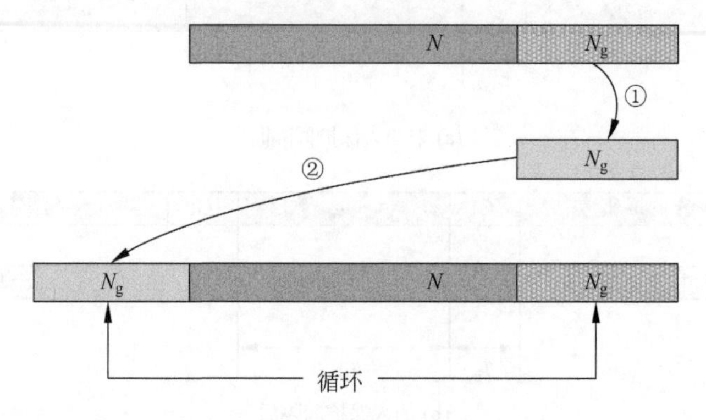

图10-13　OFDM符号添加CP

加入CP，不仅可像补零那样阻断ISI，而且每个OFDM符号在一定时间范围内表现出周期性/循环性(见图10-14)，使"CP+OFDM符号"与信道冲激响应的线性卷积，转换为OFDM符号与信道冲激响应的循环卷积，各条路径的信号积分区间内都具有原来的整数个周期的波形。因此，添加CP可防止积分周期不完整导致的ICI。

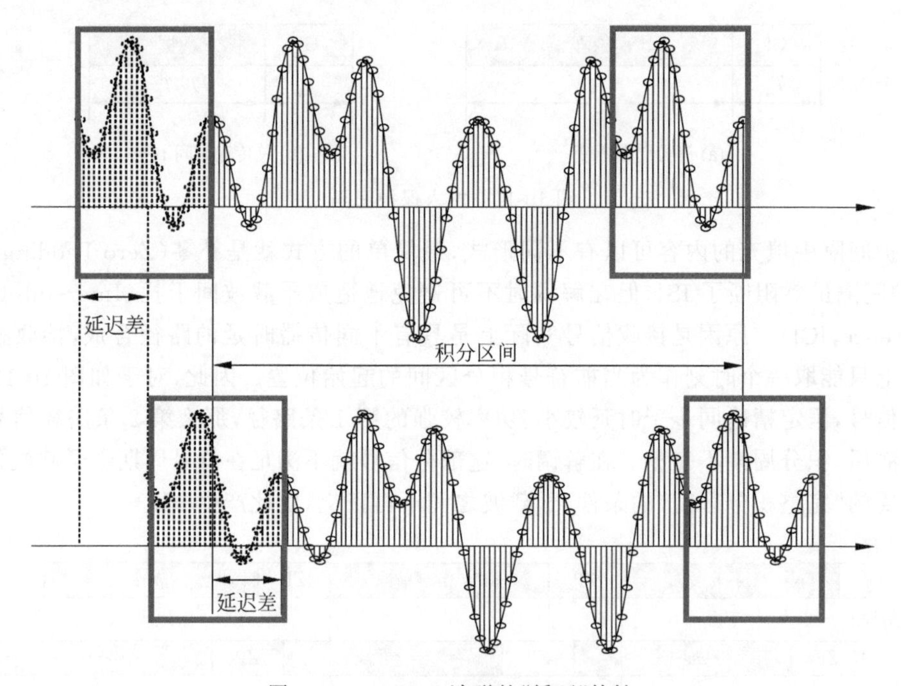

图10-14　OFDM波形的"循环"特性

包含插入和去除CP和射频部分的OFDM发射机和接收机结构如图10-15所示。

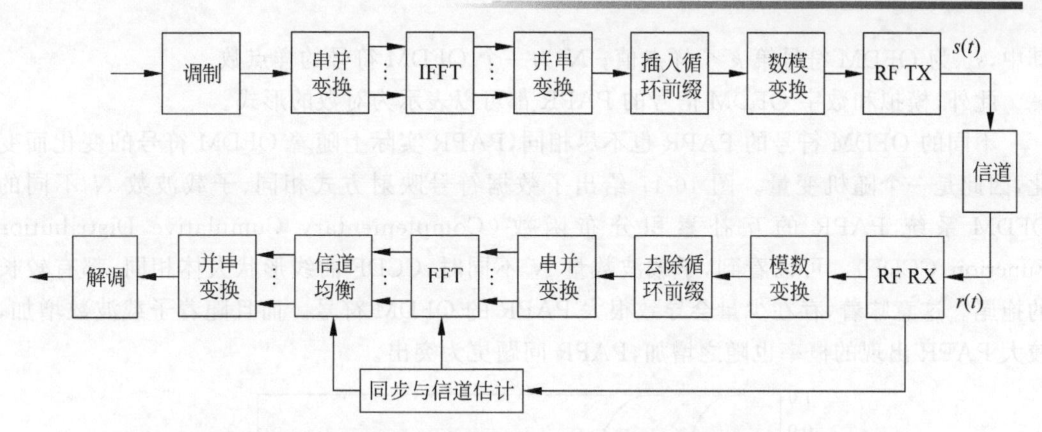

图 10-15 包含插入和去除 CP 和射频部分的 OFDM 系统发射机和接收机结构

10.3 OFDM 关键技术

10.3.1 峰均比抑制

OFDM 虽然有频谱效率高、抗 ISI 能力强等突出的优点，但也有其不足。由于 OFDM 信号是由多个经过调制的不同频率的子载波信号相互叠加而成，各子载波的信号可能相互加强（相长干涉），也可能相互削弱（相消干涉），因此合成信号的功率存在较大的起伏，如图 10-16 所示。

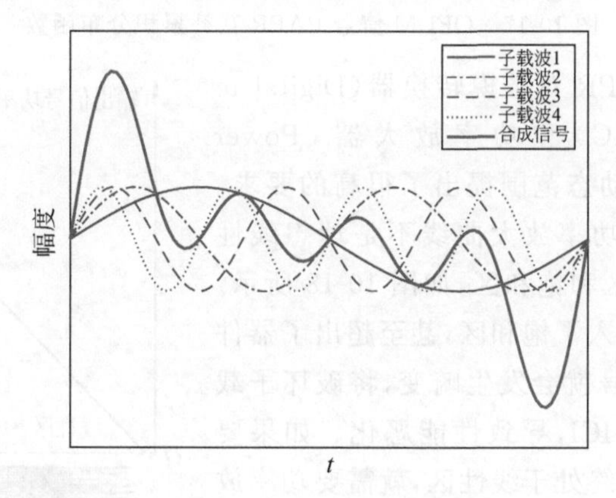

图 10-16 OFDM 合成信号起伏

常用峰值平均功率比（Peak-to-Average Power Ratio，PAPR），即峰值功率与平均功率之比，刻画信号功率的起伏。

对于模拟 OFDM 信号，PAPR 定义为

$$\mathrm{PAPR}[s(t)]=\frac{\max[|s(t)|^2]}{E[|s(t)|^2]},\quad t\in[0,T_\mathrm{s}] \tag{10-10}$$

其中，$\max[|s(t)|^2]$为峰值功率；$E[|s(t)|^2]$为平均功率。

对于数字 OFDM 信号，PAPR 定义为

$$\mathrm{PAPR}[\{s_k\}]=\frac{\max\limits_{k\in[0,1,\cdots,N-1]}[|s_k|^2]}{E[|\{s_k\}|^2]} \tag{10-11}$$

其中，s_k 为 OFDM 符号第 k 个样点值；N 为一个 OFDM 符号的样点数。

此外，模拟和数字 OFDM 信号的 PAPR 都可以表示为对数的形式。

不同的 OFDM 符号的 PAPR 也不尽相同，PAPR 实际上随着 OFDM 符号的变化而变化，因此是一个随机变量。图 10-17 给出了数据符号映射方式相同、子载波数 N 不同的 OFDM 系统 PAPR 的互补累积分布函数（Complementary Cumulative Distribution Function，CCDF）。可以看到，子载波数量 N 不同时，CCDF 曲线形状大体相同，都有较长的拖尾。这意味着，存在少量会导致很大 PAPR 的 OFDM 符号。而且随着子载波数增加，较大 PAPR 出现的概率也随之增加，PAPR 问题更为突出。

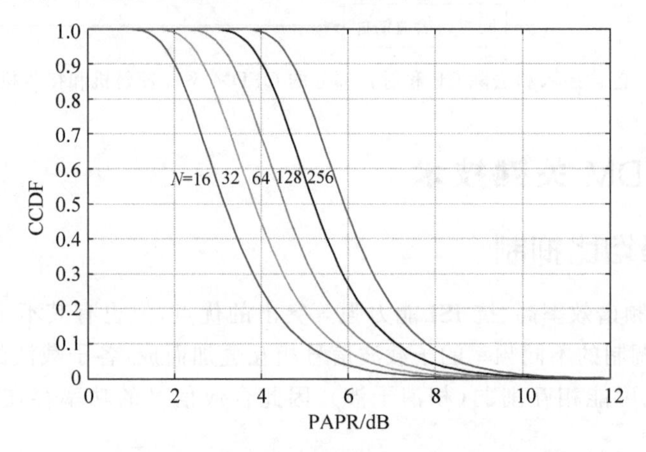

图 10-17　OFDM 信号 PAPR 互补累积分布函数

OFDM 较大的 PAPR 对数模转换器（Digital to Analog Converter，DAC）和功率放大器（Power Amplifier，PA）的线性动态范围提出了很高的要求。以功率放大器为例，其功率放大曲线不是理想线性的，一般可以分为线性区和饱和区，如图 10-18 所示。当瞬时输入信号功率进入了饱和区，甚至超出了器件的动态范围时，发射信号就会发生畸变，将破坏子载波之间的正交性，造成 ICI，导致性能恶化。如果要使瞬时输入信号功率始终处于线性区，就需要功率放大器具有较大的线性动态范围。这样虽然避免了非线性失真，但却降低了功率放大器的效率，不仅造成了能耗的增加，而且增加了器件成本。

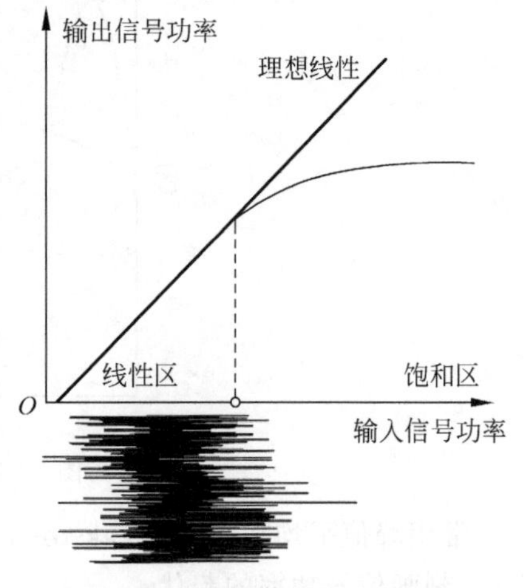

图 10-18　功率放大器放大曲线

较高 PAPR 阻碍了 OFDM 技术的应用，因此抑制 PAPR 一直是研究和应用的重要问题之一。抑制 OFDM 信号 PAPR 的方法大致可以分为 3 类。

1. 预失真类

预失真类方法是在信号通过会产生畸变的器件前，对幅度大于门限的信号进行（非线性）畸变，主要有限幅/削波（Clipping）（见图 10-19）和压扩变换。预失真类的优点是实现简单，但缺点是会造成不可逆的非线性失真，本身就会破坏子载波正交性，并会造成带外辐射干扰。

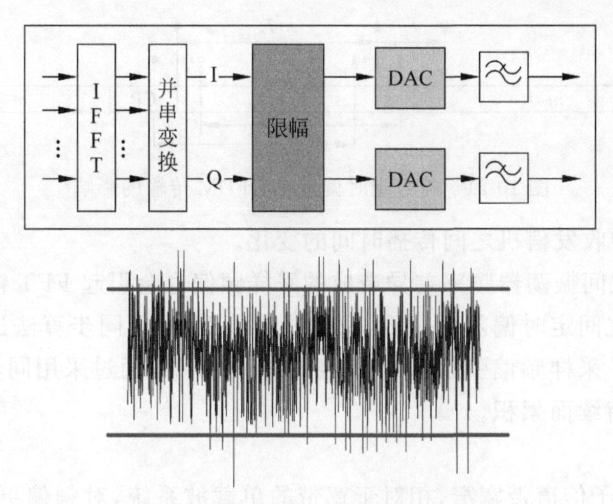

图 10-19 （数字）OFDM 信号限幅

2. 编码类

编码类方法是限制 OFDM 符号集，剔除那些会在调制后产生较大峰值功率的 OFDM 符号。编码类方法的优点是能够减小非线性失真，而且有些编码方式还能提供一定的差错保护。但缺点是会降低传输效率，并且因为过于侧重 PAPR 性能，所选择的码组不一定具备明确的数学关系，使编译码只能通过查表实现，复杂度较高，因此只适用于子载波数量较少且星座图较小的情况。

3. 概率类

概率类方法是通过对信号进行线性变换，如对各子载波上的信号进行相互独立的相位旋转（见图 10-20），从而减少甚至避免大峰值功率的产生。概率类方法的优点是可以有效地减小 OFDM 信号的非线性失真，是可逆的线性变换，传输效率高于编码类方法。但缺点是实现复杂度高，而且发射机需要将线性变换方式（如相位旋转矩阵）发送给接收机，因此需要占用额外的频率资源。

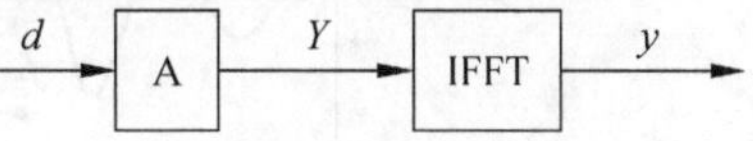

d → A → Y → IFFT → y

图 10-20 概率类方法

10.3.2 同步

本节重点介绍 OFDM 系统的符号定时同步和频率同步。

1. 符号定时同步

OFDM 符号定时同步的目标是在接收信号中确定快速傅里叶变换（Fast Fourier Transform，FFT）窗口的起始位置，进而准确去除循环前缀，阻断符号间干扰。当 OFDM 符号定时估计出现较大偏差时，不但会造成有用信号的相位偏移，降低对多径时延的容忍能力，还可能导致各子载波之间正交性被破坏，引起 ICI，甚至与前/后 OFDM 符号发生 ISI 干扰，如图 10-21 所示。

造成定时偏差的原因有多种，主要如下。

（1）接收信号到达时间的随机性，包括异步通信系统中数据包传输时间的随机性和同步通信系统中开机后和切换后收发机之间的定时差异。

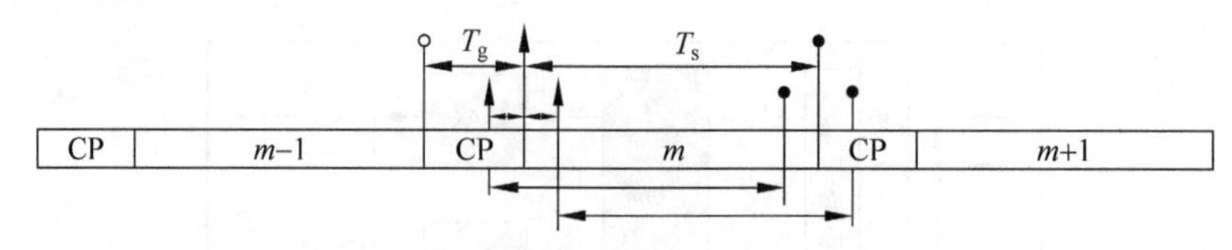

图 10-21 符号定时偏差对 OFDM 传输的影响

(2) 移动环境中收发信机之间传播时间的变化。

(3) 收发信机之间振荡器频率差异造成的采样频偏也会引起 FFT 窗口漂移。

对于收发信机之间定时偏差,一般可以通过 OFDM 符号同步算法进行定时估计,确定最佳定时同步位置。采样频偏引起的 FFT 窗口漂移也可以通过采用同步算法来减轻,使其不至于随传输时间持续而累积。

2. 频率同步

由于 OFDM 各子信道带宽窄,相对于宽带的单载波系统,对频偏更为敏感。当出现频偏时,不但各子载波上的有用信号会发生幅度衰减和相位旋转,而且会破坏了子载波之间的正交性,导致 ICI,对系统性能造成较为严重的影响,如图 10-22 所示。其中,第 i 个和第 j 个子载波的频率分别为 f_i 和 f_j,而在接收机存在 f_e 的频偏。

第 10-4 集
微课视频

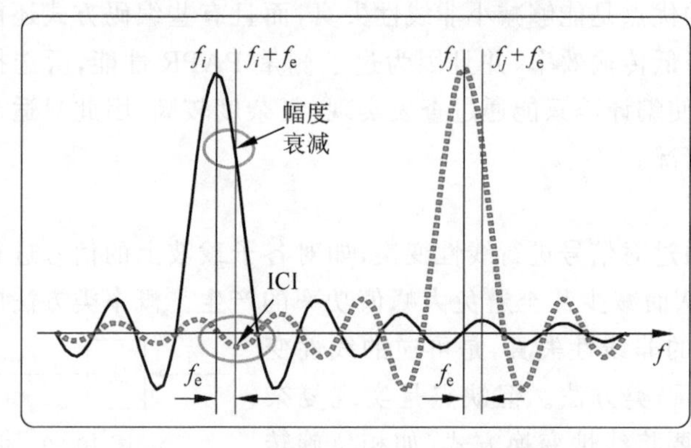

图 10-22 频偏对 OFDM 传输的影响

造成频偏的原因有多种,主要如下。

(1) 收发信机之间本地振荡器之间存在频率偏差。

(2) 收发信机之间相对移动,或环境中反散射体移动造成的多普勒效应。

对于收发信机之间由于本地振荡器频率偏差或多普勒频移造成的频偏,一般通过频偏估计和校正可以很好地克服。但接收信号受到多普勒扩展影响,此时频率同步就无法应对了,需要在接收机进行多普勒扩展和时变包络的估计,对接收信号进行类似单载波信号 ISI 均衡的操作,才能消除子载波间的 ICI。

为了减小频偏造成的影响,在系统设计时要保证足够大的子载波间隔,一般要求多普勒频移不超过子载波间隔的 5%。

10.4 参数设计

合理设计 OFDM 参数,可提升 OFDM 系统频谱利用率、抗多径能力、高速适应性等方面的性能,降低系统复杂度。

假设来自信源的数据符号周期为 T,传输经历信道的最大时延扩展为 τ_{max},最大多普勒频移为 $f_{d,max}$。OFDM 系统参数包括子载波数 N 和循环前缀长度 T_g。由于系统带宽一定,因此子载波数 N 越大,子载波间隔越小,OFDM 符号周期越大。

下面分别从抗多径传播(抗 ISI)和支持高速移动(抗频偏)两方面讨论参数的优化设计方法。

1. 抗多径传播

为保证各子载波经历平坦衰落,因此须使子载波带宽 B_{sub}(可认为 2 倍于子载波间隔)小于信道相干带宽。若以最大时延扩展 τ_{max} 的倒数作为相干带宽 B_{coh} 的粗略近似,有

$$B_{sub}=2\Delta f=2\frac{1}{T_s}=2\frac{1}{NT}<\frac{1}{\tau_{max}}\approx B_{coh} \tag{10-12}$$

为有效阻断码间干扰,循环前缀长度一般应大于或等于信道最大时延扩展,即

$$T_g\geqslant\tau_{max} \tag{10-13}$$

同时,为减小加入循环前缀造成的传输效率损失,应使循环前缀的长度远小于符号周期,即

$$T_g\ll T_s=NT \tag{10-14}$$

2. 支持高速移动(抗频偏)

为使系统对频偏不敏感,应使子载波间隔远大于最大多普勒频移,即

$$\Delta f=\frac{1}{NT}\gg f_{d,max} \tag{10-15}$$

从时域来看,就是使 OFDM 符号周期远小于信道相干时间,即

$$T_s=NT\ll\frac{1}{f_{d,max}} \tag{10-16}$$

综上,对于子载波数 N 的选择,从抗多径传播的角度来看,N 的值越大越好,不仅使子载波上的衰落更为平坦,而且能减少添加循环前缀造成的传输效率损失;但从支持高速移动的角度,则希望 N 的值越小越好,这样子载波间隔相对于最大多普勒频移更大,多普勒频移导致的 ICI 较小。此外,还要考虑到 N 值越大,OFDM 符号周期增大,会降低系统对于时变信道的抵抗能力;而且 N 值越大,OFDM 的 PAPR 也越大,发射机和接收机的复杂度也越高。因此,要针对实际系统的通信环境和业务特点,合理地设计参数。

下面分别介绍 4G 与 5G 移动通信系统,以及数字视频地面广播系统中 OFDM 的参数。

10.4.1 4G 移动通信系统

由第 4 章可知,城区场景的均方根时延扩展为 1.0～3.0μs,郊区场景的均方根时延扩展为 0.2～0.4μs。因此,考虑城区这一多径传播最为严重的场景。循环前缀的长度要大于信道最大时延扩展。因此,3GPP 规范将普通循环前缀(Normal CP)长度设定为 4.7μs;而为了满足一些时延扩展较大的特殊场景,还设定扩展循环前缀(Extended CP)长度为 16.7μs。

4G 系统不仅要对抗多径传播,而且要支持终端 350km/h 高速移动。以中国联通部署在 2.6GHz 频段的 4G 系统为例,最大多普勒频移为 843Hz。

因此，综合考虑上述原因，3GPP 规范将 LTE 子载波间隔设定为 15kHz；而针对单播和多播，为了提高频谱效率，将子载波间隔设定为 7.5kHz。

10.4.2 5G 移动通信系统

5G 系统要支持更为广泛的应用场景，承载更为丰富的业务，使用的频段也更广（既包含 Sub-6GHz 频段，也包含毫米波频段），因此采用单一的 OFDM 参数难以满足所有场景的需求。例如，5G 需要支持终端最高 500km/h 高速移动，即使考虑较低的 3.5GHz 频段，最大多普勒频移也达到了 1620Hz。因此，15kHz 子载波间隔显然无法满足高速移动场景的要求。

因此，5G 系统中 OFDM 的参数设置更为多样化，称为“多参数”，参数集如表 10-1 所示。其中 FR1 频段（Sub-6GHz 频段，450MHz～6GHz）支持 3 种子载波间隔（15kHz、30kHz 和 60kHz），FR2 频段（毫米波频段，24.25～52.6GHz）也支持 3 种子载波间隔（60kHz、120kHz 和 240kHz）。

表 10-1 5G 系统 OFDM 参数集

μ	子载波间隔/kHz ($\Delta f=2^{\mu}\cdot 15$)	循环前缀	频段
0	15	正常	FR1
1	30	正常	FR1
2	60	正常，扩展	FR1，FR2
3	120	正常	FR2
4	240	正常	FR2

5G 中循环前缀包括正常 CP 和扩展 CP 两类。正常 CP 的基本设计与 LTE 相似，且 CP 长度根据子载波间隔调整，且确保不同子载波间隔值的参考参数集（15kHz）之间的符号对齐。对于参考 15kHz 子载波间隔，OFDM 符号持续时间约为 66.6μs，CP 长度约为 4.7μs。当子载波间隔增加时，OFDM 符号和 CP 长度与子载波间隔大致成反比。例如，30kHz 子载波间隔与 15kHz 子载波间隔相比，符号和 CP 长度大约为一半。对于 60kHz 子载波间隔，可以使用扩展 CP，长度约为正常 CP 的 4 倍，用于有较大时延扩展的小区。在这种情况下，一个时隙仅包含 12 个 OFDM 符号。

10.4.3 数字视频地面广播系统

数字视频地面广播系统（Digital Video Broadcasting-Terrestrial，DVB-T）是欧洲数字视频广播组织制定的，支持室内和室外的无线固定接收以及便携接收的数字电视标准。DVB-T 标准可以支持 6MHz、7MHz 和 8MHz 这 3 种带宽模式，采用编码正交频分复用（Coded OFDM，COFDM）技术，支持 QPSK、16QAM、64QAM 等调制方式，采用数据加扰、外编码、外交织、内编码和内交织的信道编码方式。

DVB-T 标准定义了 2K 和 8K 两种模式，有效子载波个数分别为 1705（2K 模式）和 6817（8K 模式）。下面以 8MHz 带宽为例，介绍 DVB-T 系统 OFDM 参数，如表 10-2 所示。

表 10-2 DVB-T 系统 OFDM 参数(8MHz 带宽)

参 数	2K 模式				8K 模式			
实际带宽/MHz	7.61				7.61			
有效子载波数	1705				6817			
子载波间隔/Hz	4464				1116			
OFDM 符号周期/μs	224				896			
保护间隔	1/4 56μs	1/8 28μs	1/16 14μs	1/32 7μs	1/4 224μs	1/8 112μs	1/16 56μs	1/32 28μs

与移动通信系统不同,DVB-T 系统中收发信机之间的距离更远,信道的最大时延扩展也更大,因此 OFDM 系统需要采用更大的保护间隔。如表 10-2 所示,DVB-T 系统保护间隔为 7～224μs,明显大于 4G 和 5G 系统。

另外,DVB-T 系统中接收机基本上静止不动,或者仅慢速移动,多普勒频移非常小,因此无须设置较大的子载波间隔。如表 10-2 所示,DVB-T 系统子载波间隔为 4464Hz(2K 模式)和 1116Hz(8K 模式),子载波间隔明显小于 4G 和 5G 系统。

课程思政:实事求是,因地制宜

4G 系统在技术上取得了突破,获得了巨大的商业成功。然而,当面对更广泛的应用场景、承载更丰富的业务、使用差异更大的频段时,单一参数配置方案的局限性逐渐体现出来。5G 系统站在 4G 的肩上,针对多样化的通信环境、多种通信模式、不同业务的不同质量要求,在深入分析各种需求特点的基础上,设计了多种参数集,实现不同场景中信息的有效、可靠传输。

第 10-5 集
微课视频

而对于 DVB-T 系统,由于应用环境不同,因此采用了与 4G 和 5G 截然不同的 OFDM 参数。

这个例子告诉我们,没有放之四海而皆准的参数配置方案。面对复杂多变的环境,必须坚持实事求是这一基本原则,根据实际环境,因地制宜,选择合理的参数配置方案,才能实现更好的性能。

10.5 时频资源管理

在 OFDM 系统中,时域和频域的无线资源被划分为更多更小的“颗粒”,因此可以根据信道的实时特性和业务需求,动态进行子信道、比特和功率分配,更有效地利用时频资源。本节将分单用户和多用户两种情况,简单介绍 OFDM 系统时频资源管理的基本方法。

10.5.1 单用户时频资源管理

在 OFDM 系统中,如果所有子载波都采用相同编码和调制方式,并分配相同的功率,则整个系统传输的可靠性基本上由信道条件最差的子载波决定。为了满足传输可靠性要求,只能以信道条件最差的子载波作为设计基准,选择编码和调制方式,这大大限制了信息传输速率,更是对本就十分有限的无线资源的巨大浪费。这就是俗称的“木桶效应”。

在实际系统中,OFDM 发射机在掌握信道状态信息的基础上,可通过两步实现传输速率的最大化,更有效地利用无线资源。

(1) 注水(Water-Filling)功率分配。把有限的能量集中在信道增益较大的子载波上，即信道增益大的子载波分配较多的功率，信道增益小的子载波分配较少的功率，充分利用信道容量的潜力，如图 10-23 所示。其中，$P(f)$是分配给各子载波的功率，$\Phi_{nn}(f)$是噪声功率谱密度，$H(f)$是信道传输函数。

(2) 比特加载(Bit Loading)。信道增益较大的子载波分配获得了较大的功率，信噪比较高，因此可以采用高阶调制方式(如 16QAM 和 64QAM 等)，承载更多比特；而信道增益较小的子信道获得的功率较低，信噪比较低，则采用低阶调制(如 QPSK)。当采用低阶调制也不能满足传输可靠性要求时，可以放弃使用这些子载波，不加载任何比特。

注水功率分配和比特加载，充分利用了无线资源，在保证传输可靠性要求的同时，显著提升传输速率。

此外，为了提高传输的可靠性，通常还将 OFDM 技术与信道编码技术和交织技术相结合，即编码 OFDM 系统。

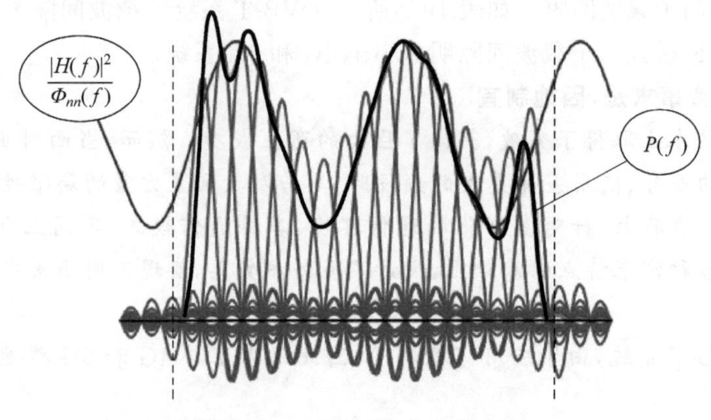

图 10-23 OFDM 注水功率分配

10.5.2 多用户时频资源管理

在 OFDM 系统中，所有子载波均为一个用户服务，因此需要和其他多址技术相结合，实现多用户共享无线资源。

第 9 章介绍了常用的多址技术，主要包括频分多址、时分多址、码分多址，以及上述多址方式的联合。多址技术实际上是将不同维度的无线通信资源分配给用户。

本节将介绍 4G 系统采用的多址技术，其中下行链路采用了正交频分多址(Orthogonal Frequency Division Multiple Access，OFDMA)，而上行链路为了减小发送信号的 PAPR，采用了单载波频分多址(Single-Carrier FDMA，SC-FDMA)。

1. 正交频分多址

正交频分多址技术是 OFDM 和 FDMA 的结合。为了简化 OFDMA 资源分配，通常将一组子载波定义为一个子信道，以其作为资源分配的基本单元。如图 10-24 所示，整个系统带宽分成若干子信道，一个用户可以占用一个子信道，也可以占用多个子信道，不同用户能够共享频率资源，实现了多址接入，称为正交频分多址。

在 4G 系统中，将子信道称为资源块(Resource Block，RB)，包含 12 个带宽为 15kHz 子载波，共 15×12＝180kHz 带宽。由于子载波之间相互正交，无须像传统的 FDMA 系统那样预留保护带宽,因此频率利用率更高。图 10-24 所示的子信道由若干个相邻的子载波构成,子信道也可以由等间隔或随机的子载波组成。后两种方式能够获得频率分集增益,但信道估计的难度也更高。

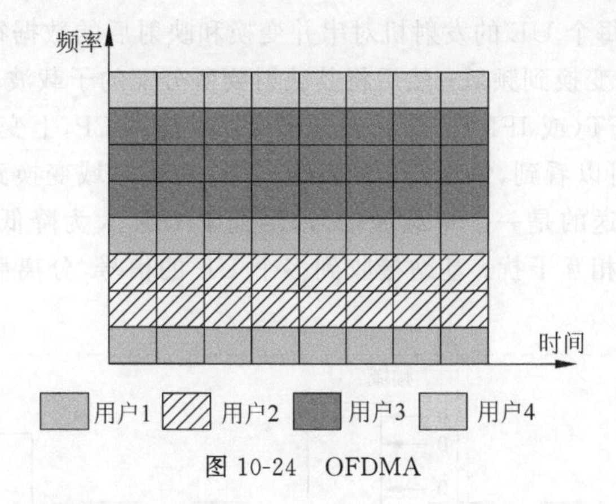

图 10-24　OFDMA

OFDMA 具有以下特点。

(1) 灵活配置频率资源。通过正交频分多址技术,可以根据用户的业务需求,灵活配置频率和时间资源。对于业务需求量大的用户可以分配较多的子信道,而业务需求量小的用户则分配较少的子信道。如图 10-24 所示,给用户 1 和用户 2 分配两个子信道,给用户 3 分配 3 个子信道,而给用户 4 仅分配一个子信道。

(2) 多用户分集增益。无线信道衰落具有空间选择性,各用户与基站之间的无线信道通常相互独立(或者高度不相关),而且一般为频率选择性衰落,称为多用户多径衰落信道,如图 10-25 所示。

OFDMA 系统可以基于各用户与基站之间无线信道的状态信息,尽可能给各个用户分配信道条件较好的那些子信道,并进一步对分配给各用户的子载波集合构成的等效信道进行注水功率分配和比特加载,从而实现总传输速率最大化。这种在多个用户间通过灵活调度资源实现的性能提升称为多用户分集增益。

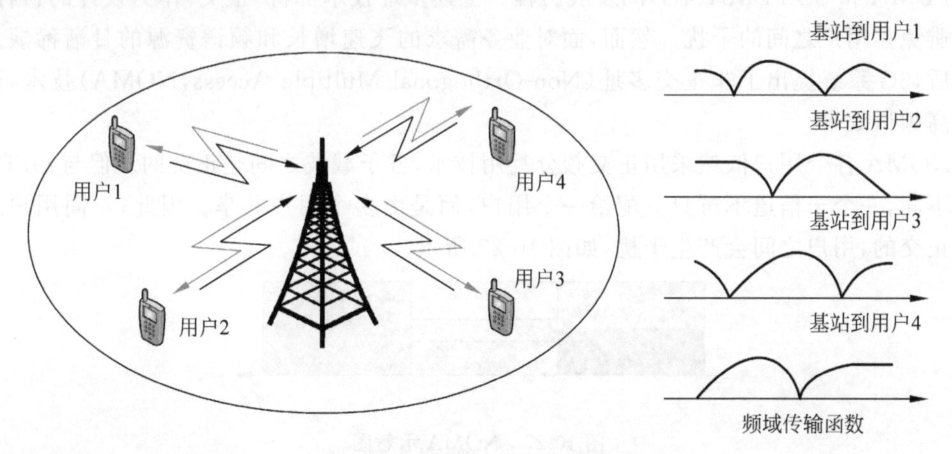

图 10-25　多用户多径衰落信道

2. 单载波频分多址

OFDM 信号具有较大的 PAPR,PAPR 会导致功率放大器效率下降,能耗增加。由于用户设备(UE)对能耗更为敏感,因此4G系统上行链路采用基于离散傅里叶扩展的正交频分复用(Discrete Fourier Transform-Spread Orthogonal Frequency Division Multiplexing, DFT-S-OFDM),属于单载波频分多址(SC-FDMA)。

如图10-26所示,每个UE的发射机对串并变换和映射后的数据符号进行 N 点的DFT(或FFT)处理,由时域变换到频域;然后将其映射到所分配的子载波,并在其他子载波位置补零,进行 M 点的IDFT(或IFFT),最后在并串变换后插入CP,上变频后进行发送。

从以上处理过程可以看到,每个UE的发送信号,先从时域变换到频域,然后再由频域变换回时域,相当于发送的是一个单载波信号,因而PAPR大为降低。各UE占用相互正交的子信道,不会造成相互干扰;基站接收到多个UE的信号,分离后进行解调,就实现了整个带宽的共享。

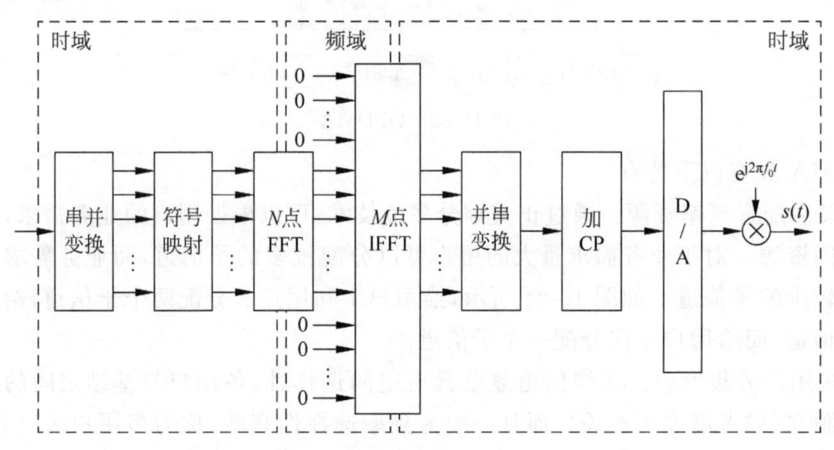

图10-26 SC-FDMA发射机

10.5.3 非正交多址(NOMA)

纵观整个移动通信发展史,多址技术经历了从FDMA(1G)、TDMA(2G)、CDMA(3G)到OFDMA和SC-FDMA(4G)的发展历程。上述多址技术都将"正交"作为设计的目标,尽可能避免多用户之间的干扰。然而,面对业务需求的飞速增长和频谱资源的日渐稀缺之间的矛盾,5G系统提出了非正交多址(Non-Orthogonal Multiple Access, NOMA)技术,进一步提高频谱效率。

NOMA各个用户依然采用正交频分复用技术,各子载波之间是正交的。但与OFDMA技术不同,一个子信道不再只分配给一个用户,而是由多个用户共享。因此,不同用户之间是非正交的,用户之间会产生干扰,如图10-27所示。

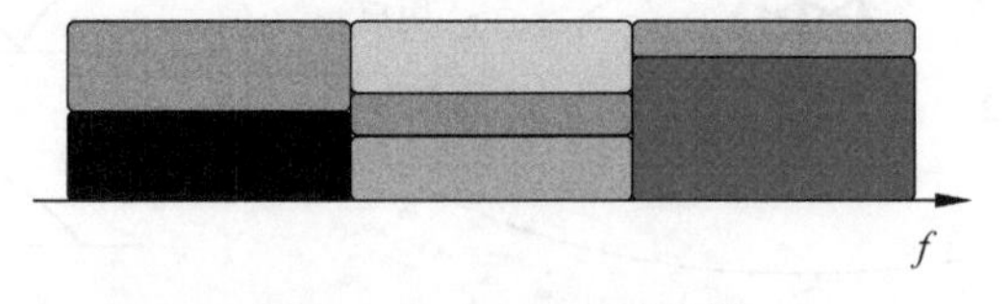

图10-27 NOMA示意图

发射机采用功率复用技术,即同一子带上的不同用户的信号功率按照一定的算法进行分配,使得到达接收机每个用户的信号功率各不相同。

接收机根据不同用户信号功率大小按照一定的顺序进行干扰消除，即采用串行干扰消除技术，实现正确解调，同时也达到了区分用户的目的。

NOMA开发了功率域资源，可以大幅提升频谱效率。但由于需要进行串行干扰消除，因此复杂度有所提高。实际上就是以复杂度增加为代价，换取频谱效率的提升。NOMA作为5G极有希望的候选关键技术之一，当前得到了广泛的关注和研究。

第 11 章 多天线技术

CHAPTER 11

面对爆炸性增长的业务需求和日益稀缺的频谱资源之间的突出矛盾，多天线技术采用多个发射天线和/或多个接收天线，构建多个空间信道，充分利用信道的空间资源，显著提升了无线通信系统的容量，因此在移动通信、无线局域网等系统中得到了广泛的研究和应用。本章将首先介绍智能天线技术；然后介绍多输入多输出技术，包括多输入多输出的基本原理、技术分类、系统容量；最后介绍空时编码技术和 5G 移动通信系统中采用的大规模多天线技术。

11.1 智能天线

11.1.1 基本原理

智能天线也称为自适应天线阵列，是指仅在通信链路一侧（一般在基站侧）采用多天线（也称为天线阵）的系统。多个天线采用不同的权重，利用干涉原理，实现窄波束。

如图 11-1 所示，对于包含 N 个天线阵元的天线阵列，智能天线通过对各天线阵元的增益和相位（天线权重）进行调整，即赋以不同的天线权矢量 $\boldsymbol{F}$（或预编码），使得在期望方向实现相长干涉，形成高增益的窄波束，而在其他非期望方向发生相消干涉，甚至形成零陷，实际上相当于空间滤波器（Spatial Filter）。而且，天线阵元越多，可实现的波束越窄，如图 11-2 所示。

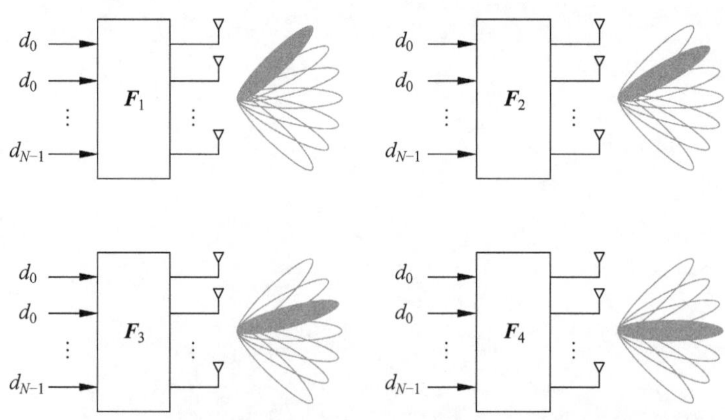

图 11-1 通过不同的天线权矢量实现不同方向的波束

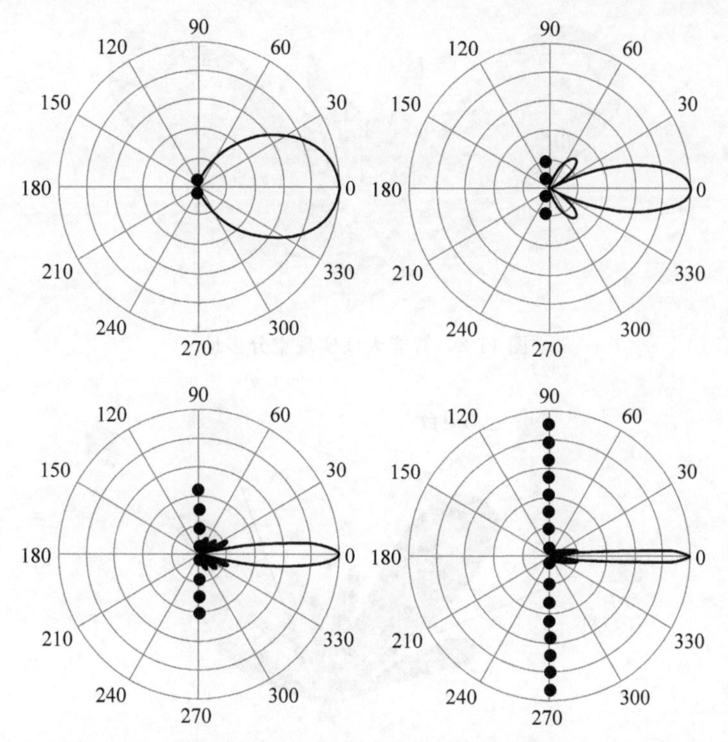

图 11-2 不同天线阵元数的波束宽度

智能天线广泛应用于军事通信、雷达、声呐等领域。例如，相控阵雷达，即相位控制电子扫描阵列雷达，通过控制天线阵列中大量天线阵元的增益和相位，合成不同指向的窄波束，从而无需机械旋转天线，即可实现雷达波束对空域的扫描。相控阵雷达具有探测距离远、扫描速度快、定位精度高、能够同时跟踪多个目标等优点，因此在军事上得到了越来越多的应用。

11.1.2 主要特点

智能天线不仅应用于军事领域，在民用无线通信中也得到了广泛应用，如 3G 系统中的 TD-SCDMA 标准就采用了智能天线技术。

智能天线具有以下特点。

1. 增大覆盖范围

智能天线能够形成窄波束，将辐射信号能量集中于特定方向，使天线阵列具有方向性，相当于定向天线，因此扩大了覆盖范围。而且，通过改变天线权矢量，不需要在物理上改变天线方向，就可以改变波束方向，使波束可以随着移动台移动。

2. 增大容量

如图 11-3 所示，智能天线可以针对不同用户分别形成不同的波束，不同波束方向可以使用相同的时频资源，实现了空分多址(SDMA)，增大了系统容量。

3. 改善链路质量

智能天线可以只接收期望方向的信号，而对于干扰的方向形成波束“零陷”，如图 11-4 所示，因此能抑制干扰，改善链路质量。

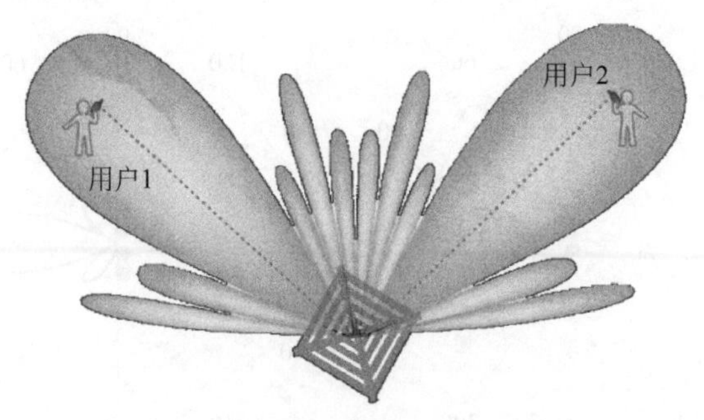

图 11-3　智能天线实现空分多址

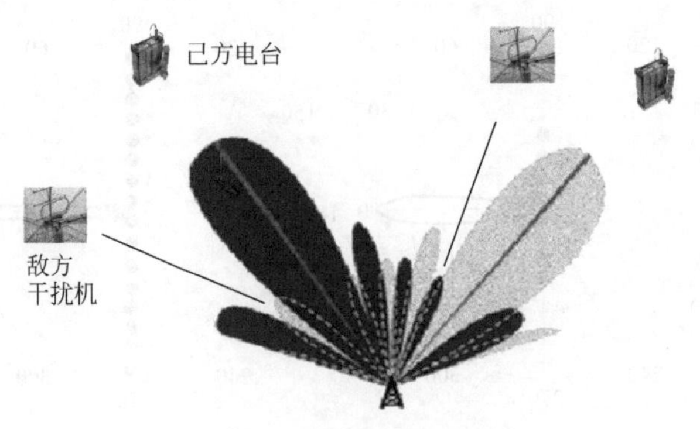

图 11-4　智能天线抑制干扰

4. 减小时延色散

智能天线可以将波束方向对准功率最强路径的方向，从而抑制了其他方向的多径分量，减少了多径时延色散。

5. 提高用户定位估计性能

智能天线能够实现对用户来波方向角（Direction of Arrival，DoA）的精确估计，通过配合到达时间和/或多个基站的联合定位，能够实现对用户的高精度定位。

11.1.3　天线权重确定方法

确定天线权重是智能天线技术的核心，主要的天线权重确定算法如下。

1. 时间参考法

时间参考法的基本思想是使用入射信号中已知的训练信号作为参考信号，根据使合并器的输出与已知的训练序列误差最小的原则调整权重，产生一个有效的天线方向图。

时间参考法不需要来波方向角度信息，对阵列误差不敏感，能适用于无线信号发生空间弥散的情况。时间参考法由于使用训练序列，因此必须确知训练序列在信号中的具体位置，必须完成载波和符号的精确同步。典型的时间参考法算法包括最小均方（MMSE）算法。

2. 空间参考法

空间参考法根据来波方向角调整天线权重，使波束图在期望用户信号的主要到达方向上具有最大值，而在其他干扰方向上形成零陷。

空间参考法的核心是确定信号的来波方向角，分离期望信号和干扰信号，通过形成一个窄波束，获得最大 SINR。空间参考法的主要算法如图 11-5 所示。

图 11-5 空间参考法的主要算法

空间参考法的一个突出优点是可以将上行信号的来波方向用于下行链路。

由于空间参考法需要来波方向信息，而来波方向的估计算法对天线阵列的误差非常敏感，因此天线阵列的几何误差、天线阵元之间的互耦以及各天线阵元增益的不一致都会造成来波方向角估计误差，从而导致性能恶化。因此，需要对存在误差的天线阵列进行校正。

3. 盲算法

盲算法不需要训练序列，也无需来波方向信息，而是直接利用已知发送信号的结构特性进行估计，包括恒模特性、有限字符特性、循环平稳特性等。盲算法计算复杂度较高，因此多采用递归的形式进行求解。

11.1.4 上、下行信道估计

第 11-1 集
微课视频

信道估计是确定天线权重的基础。由于一般仅在基站采用智能天线，因此上行链路（基站收移动台发）的信道估计结果由基站通过信道估计获得；而下行链路（基站发移动台收）的信道估计结果，对于 TDD 和 FDD 系统，获取方式有所不同。

对于 TDD 系统，由于上、下行信道使用相同的频率，因此可根据信道的互易性，即假定上、下行信道相同，基站将上行链路估计结果直接用于确定下行链路的天线权重。

第 11-2 集
微课视频

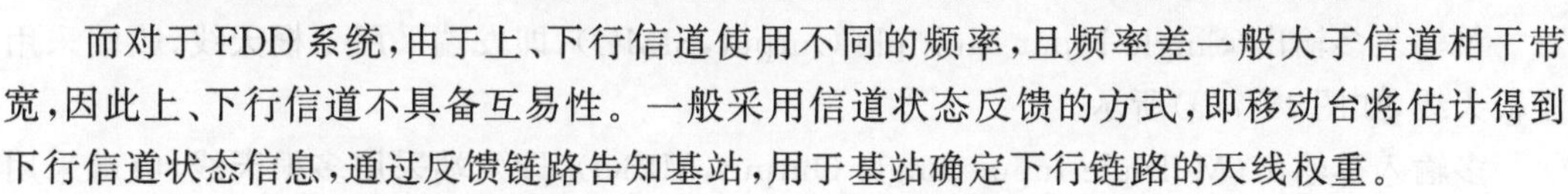

而对于 FDD 系统，由于上、下行信道使用不同的频率，且频率差一般大于信道相干带宽，因此上、下行信道不具备互易性。一般采用信道状态反馈的方式，即移动台将估计得到下行信道状态信息，通过反馈链路告知基站，用于基站确定下行链路的天线权重。

11.2 多输入多输出

11.2.1 基本原理

多输入多输出（MIMO）是一种在发射机和接收机采用多个天线的无线传输技术。

图 11-6 所示为一个包括 N_{T} 个发射天线、N_{R} 个接收天线的 MIMO 系统，信道矩阵为

$$\boldsymbol{H}=\begin{bmatrix} h_{11} & h_{12} & \cdots & h_{1N_{\mathrm{T}}} \\ h_{21} & h_{12} & \cdots & h_{2N_{\mathrm{T}}} \\ \vdots & \vdots & & \vdots \\ h_{N_{\mathrm{R}}1} & h_{N_{\mathrm{R}}2} & \cdots & h_{N_{\mathrm{R}}N_{\mathrm{T}}} \end{bmatrix} \tag{11-1}$$

其中，h_{ij} 表示第 j 个发射天线到第 i 个接收天线的子信道传输系数（注意接收天线序号在前，发射天线序号在后）。

接收信号矢量可表示为

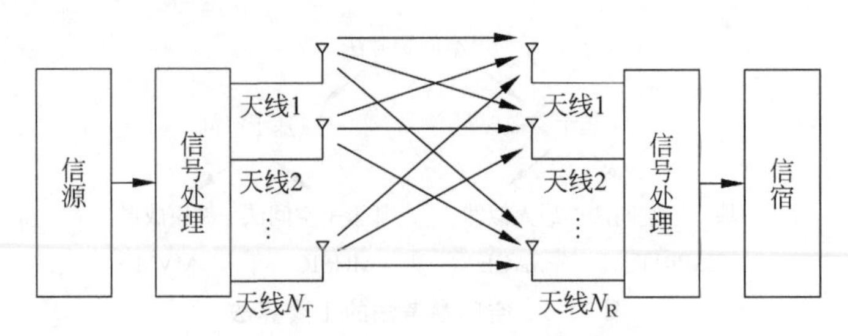

图 11-6 MIMO 系统模型

$$\boldsymbol{r}=\{r_1,r_2,\cdots,r_{N_R}\}=\boldsymbol{Hs}+\boldsymbol{n} \tag{11-2}$$

其中，$\boldsymbol{s}=\{s_1,s_2,\cdots,s_{N_T}\}$为发射信号矢量；$\boldsymbol{n}$ 为噪声矢量。

当不考虑噪声且矩阵 $\boldsymbol{H}$ 满秩时，可以根据接收矢量 $\boldsymbol{r}$ 求解得到发射信号矢量 $\boldsymbol{s}$。

显然，当发射天线间距离足够远，和/或接收天线间距离足够远，且信道中存在较为丰富的反/散射体，收、发天线间会形成独立信道(或不相关信道)。利用信道衰落的空间选择性，各发射天线可以使用同一频率同时发送数据，从而大幅提高数据传输速率(提高频谱利用率)或改善传输质量。

MIMO 是智能天线在移动通信领域的发展，比智能天线具有更宽泛的含义。MIMO 已经成为 4G 和 5G 移动通信系统、无线局域网等众多无线通信系统的关键技术。近年来，在 5G 毫米波通信的研究中，大规模 MIMO 成为研究新热点。

11.2.2 分类

1. 天线数

根据发射天线与接收天线的数量，MIMO 技术可简化为以下类型。

单输入多输出(Single Input Multiple Output，SIMO)，即发端采用 1 根天线，收端采用多根天线，如图 11-7(a)所示。

多输入单输出(Multiple Input Single Output，MISO)，即发端采用多根天线，收端采用 1 根天线，如图 11-7(b)所示。

在一些实际应用中，受尺寸和成本的限制，一般基站采用多根天线，而用户设备(UE)采用单根天线，因此上行链路(UE 发，基站收)为 SIMO，而下行链路(基站发，UE 收)为 MISO。只有在收发端都采用多天线的情况下，才是完全意义上的 MIMO。

2. 用户数

一个具有多根天线的基站和一个具有多根天线的 UE 间的通信称为单用户 MIMO(Single User MIMO，SU-MIMO)，如图 11-7(c)所示；而具有多根天线的基站与多个具有多根天线 UE 间同时通信，称为多用户 MIMO(Multiple User MIMO，MU-MIMO)，其特点是几个 UE 使用相同的时域和频域资源同时与一个基站通信，如图 11-7(d)所示；而多个小区的基站，如果不进行协作，就会造成相互干扰，如图 11-7(e)所示；以协作的形式同时与多个 UE 通信，称为协作多小区多用户 MIMO，通过基站之间的协作，不仅避免了相互干扰，而且可以获得宏分集增益，如图 11-7(f)所示。

3. 实现方式

根据实现方式和目标，MIMO 可以分为空间分集、空分复用和波束赋形。

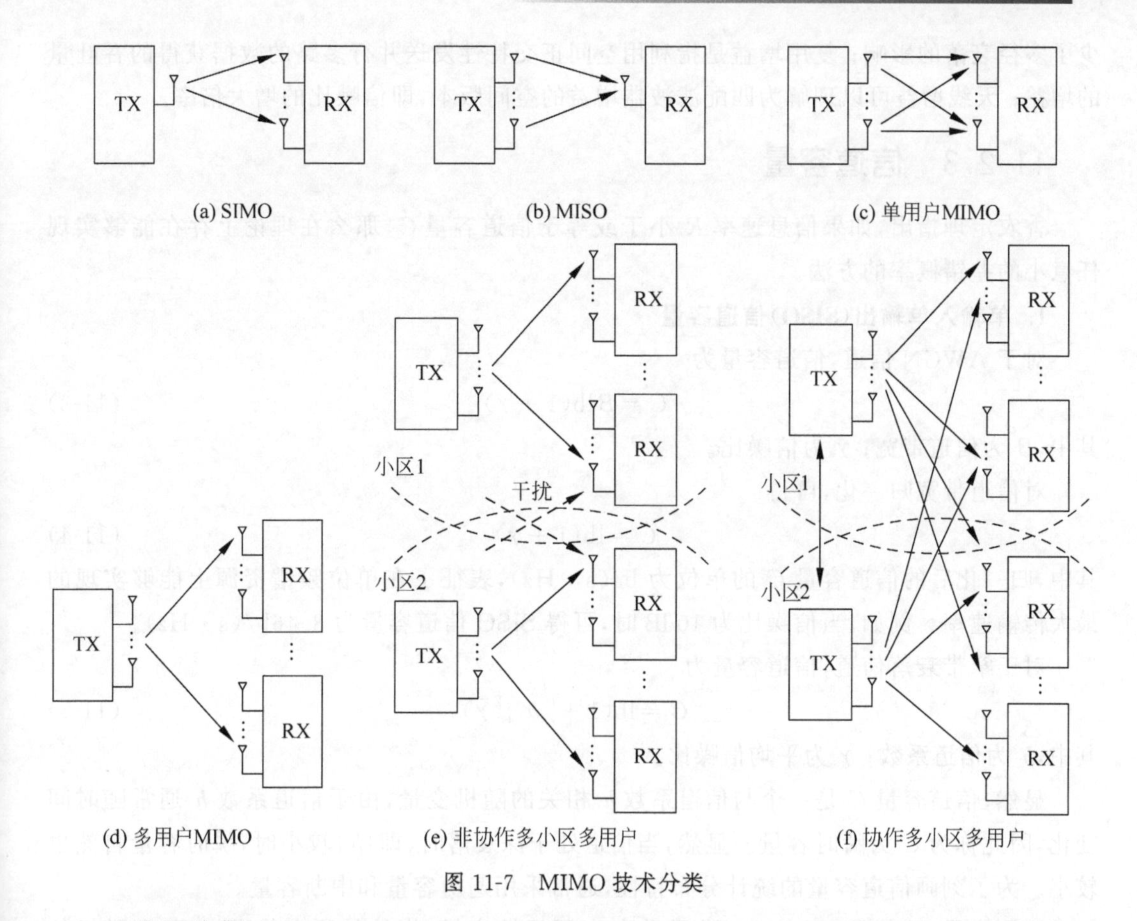

(a) SIMO (b) MISO (c) 单用户MIMO

(d) 多用户MIMO (e) 非协作多小区多用户 (f) 协作多小区多用户

图 11-7 MIMO 技术分类

1）空间分集

第 8 章已经介绍了空间分集技术。空间分集可进一步分为发送分集和接收分集技术。

空间分集实际上是在不同天线上发射承载相同信息的信号，利用无线信道的空间选择性，即不同子信道衰落相互独立（或者高度不相关），达到克服信道衰落、显著提升传输可靠性的目的。

2）空分复用

与空间分集技术不同，空分复用技术是通过收发端的多根天线传输多个子数据流，利用不同子信道衰落相互独立（或者高度不相关），使接收机通过空时检测方法恢复出各子数据流，从而实现传输速率的大幅提升。

3）波束赋形

波束赋形（Beamforming）技术可以认为是空间域的线性滤波器。通过相移器和延迟单元调整天线阵列的发送信号，使得在特定的方向形成窄波束。在波束赋形多天线技术中，最有代表性的是智能天线，它通过天线权重形成窄的发射波束，将能量集中在目标用户方向上，提高信噪比，而接收时尽可能地抑制来自其他方向的干扰，提高系统性能和用户容量，对于改善小区边缘用户特别有效。波束赋形多天线技术与空间分集和空分复用最明显的区别是要求天线阵元之间存在相关性，并利用这种相关实现波束赋形。

上述 3 种技术实现了 3 种增益，即分集增益（Diversity Gain）、复用增益（Multiplexing Gain）、天线增益（Antenna Gain）。分集增益是通过不相关的多天线发射或接收来实现，减少了多径衰落的影响；复用增益是指利用空间正交特性发送并行多路的数据获得的吞吐量的增益；天线增益可以理解为匹配滤波器增益的空间版本，即信噪比的增大倍率。

11.2.3 信道容量

香农定理指出，如果信息速率 R 小于或等于信道容量 C，那么在理论上存在能够实现任意小的差错概率的方法。

1. 单输入单输出(SISO)信道容量

对于 AWGN 信道，信道容量为

$$C = B\,\mathrm{lb}(1+\gamma) \tag{11-3}$$

其中，B 为信道带宽；γ 为信噪比。

对信道带宽归一化，可得

$$C = \mathrm{lb}(1+\gamma) \tag{11-4}$$

其中，归一化后的信道容量 C 的单位为 b/(s · Hz)，表征了在单位频谱资源上能够实现的最大传输速率。例如，当信噪比为 10dB 时，可得 SISO 信道容量为 3.46b/(s · Hz)。

对于窄带衰落信道，信道容量为

$$C = \mathrm{lb}(1+|h|^2\bar{\gamma}) \tag{11-5}$$

其中，h 为信道系数；$\bar{\gamma}$ 为平均信噪比。

显然，信道容量 C 是一个与信道系数 h 相关的随机变量，由于信道系数 h 通常随时间变化，因此称为 C 为瞬时容量。显然，当信道处于深衰落时，即 $|h|$ 较小时，瞬时容量自然也较小。为了刻画信道容量的统计分布特性，通常采用遍历容量和中断容量。

遍历容量(Ergodic Capacity)也称为各态历经性容量，指的是所有信道实现，即随机信道状态下信道容量的期望值，它表示无线信道能够提供的平均传输速率。遍历容量可表示为

$$C_{\mathrm{erg}} = E\{C\} \tag{11-6}$$

也就是说，对所有信道状态下的瞬时容量 C 进行统计平均得到的就是遍历容量。一般通过对较长时间上信道容量求平均得到。

中断容量(Outage Capacity)定义为瞬时信道容量 C 以一定的概率 q 小于中断容量 C_{out}。

$$P(C < C_{\mathrm{out}}) = q \tag{11-7}$$

其中，概率 q 称为中断概率。

中断容量是一定概率下(如 90%、95%和 99%)所能实现的最小传输速率。一般通过信道容量的累积概率函数计算中断容量，且中断容量一般小于遍历容量。

2. 多输入单输出(MISO)信道容量

考虑发射机有 N_{T} 根天线，接收机只有一根天线的 MISO 信道，这相当于发射分集。信道矢量 $\boldsymbol{h}=[h_1,h_2,\cdots,h_{N_{\mathrm{T}}}]^{\mathrm{T}}$，其中 $h_i(i=1,2,\cdots,N_{\mathrm{T}})$ 表示从第 i 根发射天线到接收天线的信道系数。

假定各天线上的发射功率相等，则信道容量为

$$C=\mathrm{lb}\left(1+\sum_{i=1}^{N_{\mathrm{T}}}|h_i|^2\frac{\overline{\gamma}}{N_{\mathrm{T}}}\right) \tag{11-8}$$

其中，$\overline{\gamma}$ 为接收天线处的平均信噪比。

图 11-8 给出了发射天线数为 1、2、5、10 和 20 时，MISO 瞬时容量的累积分布函数。假定各子信道均为瑞利衰落，平均信噪比为 10dB。

可以看到，随着发射天线数的增加，中断容量增加明显，而且中断概率越大，中断容量增加越明显，而遍历容量仅略有增加(见表 11-1)。这主要是通过发射分集降低了深衰落发生的概率。当发射天线数很多时(如 $N_{\mathrm{T}}=20$ 时)，累积分布函数曲线非常陡峭，这表明信道容量的值较为集中，信道衰落被明显抑制。

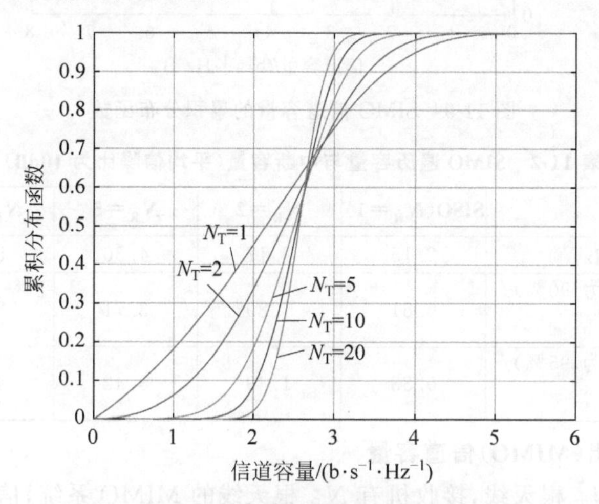

图 11-8　MISO 信道容量的累积分布函数

表 11-1　遍历容量与中断容量(平均信噪比为 10dB)

信道容量	SISO($N_{\mathrm{T}}=1$)	$N_{\mathrm{T}}=2$	$N_{\mathrm{T}}=5$	$N_{\mathrm{T}}=10$	$N_{\mathrm{T}}=20$
遍历容量/(b·s^{-1}·Hz^{-1})	2.15	2.35	2.45	2.53	2.56
中断容量(中断概率为 90%)/(b·s^{-1}·Hz^{-1})	0.61	1.22	1.78	2.04	2.21
中断容量(中断概率为 95%)/(b·s^{-1}·Hz^{-1})	0.33	0.91	1.57	1.89	2.11

3. 单输入多输出(SIMO)信道容量

考虑发射机只有一根天线，接收机有 N_{R} 根天线的 SIMO 系统，这相当于接收分集。信道矢量 $\boldsymbol{h}=[h_1,h_2,\cdots,h_{N_{\mathrm{R}}}]$，其中 $h_j(j=1,2,\cdots,N_{\mathrm{R}})$ 表示从发射天线到第 j 根接收天线的信道系数。则信道容量为

$$C=\mathrm{lb}\left(1+\sum_{j=1}^{N_{\mathrm{R}}}|h_j|^2\overline{\gamma}\right) \tag{11-9}$$

图 11-9 给出了接收天线数为 1、2、5、10 和 20 时 SIMO 瞬时容量的累积分布函数。假定各子信道均为瑞利衰落，平均信噪比为 10dB。

可以看到，随着接收天线数的增加，遍历容量和中断容量都明显增加(见表 11-2)。这表明通过接收分集，不仅增强了接收信号强度，而且降低了深衰落发生的概率。

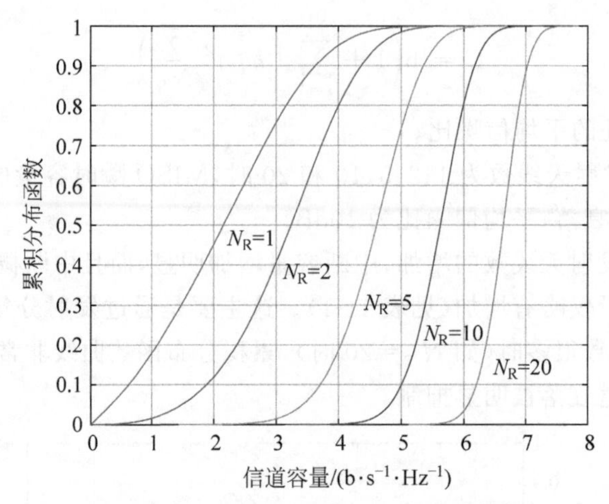

图 11-9 SIMO 信道容量的累积分布函数

表 11-2 SIMO 遍历容量与中断容量(平均信噪比为 10dB)

信道容量	SISO($N_R=1$)	$N_R=2$	$N_R=5$	$N_R=10$	$N_R=20$
遍历容量/($\mathrm{b\cdot s^{-1}\cdot Hz^{-1}}$)	2.15	3.17	4.56	5.60	6.62
中断容量(中断概率为 90%)/($\mathrm{b\cdot s^{-1}\cdot Hz^{-1}}$)	0.61	1.89	3.71	5.00	6.20
中断容量(中断概率为 95%)/($\mathrm{b\cdot s^{-1}\cdot Hz^{-1}}$)	0.33	1.49	3.42	4.82	6.07

4. 多输入多输出(MIMO)信道容量

考虑发射机有 N_T 根天线,接收机有 N_R 根天线的 MIMO 系统,信道矩阵为

$$\boldsymbol{H}=\begin{bmatrix} h_{11} & h_{12} & \cdots & h_{1N_T} \\ h_{21} & h_{22} & \cdots & h_{2N_T} \\ \vdots & \vdots & & \vdots \\ h_{N_R1} & h_{N_R2} & \cdots & h_{N_RN_T} \end{bmatrix} \tag{11-10}$$

Telatar 证明了通过对信道矩阵 $\boldsymbol{H}$ 进行奇异值分解,得到 R_H 个非零奇异值,可以将 MIMO 信道等价为 R_H 个互不干扰的 SISO 信道的叠加,则信道容量为 R_H 个 SISO 信道容量之和,即

$$C=\sum_{k=1}^{R_H}\mathrm{lb}\left[1+\frac{P_k}{\sigma^2}\sigma_k^2\right] \tag{11-11}$$

其中,P_k 为分配给第 k 根天线的功率;σ_k 为信道矩阵 $\boldsymbol{H}$ 的第 k 个非零奇异值;σ^2 为噪声方差。

信道容量也可以等价表示为

$$C=\mathrm{lb}\left[\det\left(\boldsymbol{I}_{N_R}+\frac{\bar{\gamma}}{N_T}\boldsymbol{H}\boldsymbol{R}_{ss}\boldsymbol{H}^{H}\right)\right] \tag{11-12}$$

其中,det(·)表示矩阵的行列式的值;$\boldsymbol{I}_{N_R}$ 表示 $N_R\times N_R$ 的单位矩阵;$(\cdot)^H$ 表示共轭转置;$\boldsymbol{R}_{ss}$ 表示发射数据相关矩阵。

如果不同天线上的数据不相关,则发射数据相关矩阵 $\boldsymbol{R}_{ss}$ 的数值反映各个天线功率分布的对角矩阵。下面按照发射机和接收机是否有信道状态信息(Channel State Information,CSI)分别讨论信道容量。

1）发射机无 CSI,接收机有完全的 CSI

假定接收机通过信道估计能够获得完全的 CSI,而发射机无法获得 CSI 信息。此时,发射机只能给所有天线平均分配功率。

此时,系统容量为

$$C = \mathrm{lb}\left[\det\left(\boldsymbol{I}_{N_\mathrm{R}} + \frac{\overline{\gamma}}{N_\mathrm{T}}\boldsymbol{H}\boldsymbol{H}^\mathrm{H}\right)\right] \tag{11-13}$$

当 N_T 和 N_R 很大时,系统容量近似为

$$C \approx \min(N_\mathrm{T}, N_\mathrm{R})\mathrm{lb}\left(\frac{\overline{\gamma}}{2}\right) \tag{11-14}$$

即系统容量近似随 $\min(N_\mathrm{T}, N_\mathrm{R})$ 线性增长。

为了便于研究 MIMO 信道容量,在很多研究中假定窄带 MIMO 各子信道相互独立,并具有相同的分布,即独立同分布(Independently Identically Distribution,IID)。例如,图 11-10 给出了平坦瑞利衰落信道遍历容量,即假定信道矩阵 $\boldsymbol{H}$ 中各元素均为独立同分布的均值为0、方差为 1 的复高斯变量。可以看到信道容量随天线数线性增长。

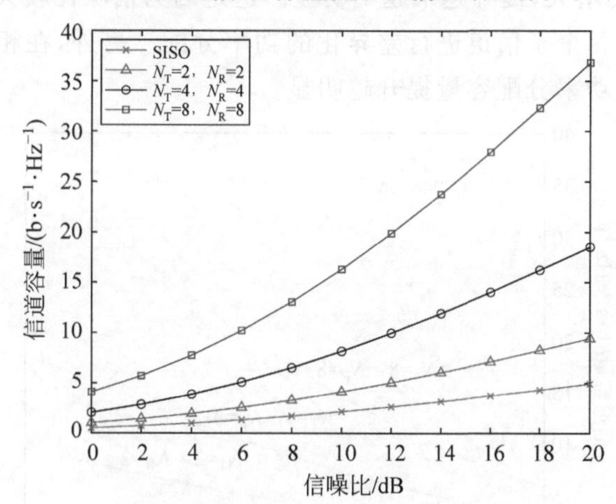

图 11-10 平坦瑞利衰落信道中 MIMO 系统遍历容量

2）发射机和接收机都有完全的 CSI

假定接收机将 CSI 反馈给发射机,发射机可以根据信道状态给不同天线分配不同功率。可采用经典的注水算法确定各天线上的功率分配。

在 MIMO 系统中应用注水算法,首先通过奇异值分解,将 MIMO 信道等价为 R_H 个独立并行的 SISO 信道(R_H 为非零奇异值的个数),给增益较大的信道分配较大的功率,而给增益较小的信道分配较小的功率。给第 k 个 SISO 信道分配的功率为

$$P_k = \left(\mu - \frac{\sigma^2}{\sigma_k^2}\right)^+ \tag{11-15}$$

其中,σ_k 为信道矩阵 $\boldsymbol{H}$ 的第 k 个非零奇异值；σ^2 为噪声方差；$(x)^+ = \max(x,0)$；μ 的值应使总功率 $\sum_{k=1}^{R_\mathrm{H}} P_k = P$。

则系统容量为

$$C=\sum_{k=1}^{R_{\mathrm{H}}}\mathrm{lb}\left[1+\frac{P_k}{\sigma^2}\sigma_k^2\right] \tag{11-16}$$

图 11-11 给出了一个 4 天线注水功率分配示意图。灰色部分的总面积代表总功率 P,各天线上的功率分配就好像在一个底部不平的水池中注水。噪声功率越高,相当于底部越高,则上方的水越少,分配的功率越小;对于噪声功率特别大的信道(如图 11-11 中的子信道 4),底部突出了水面,则不分配任何功率。注水功率分配能够从整体上合理利用功率,达到最大的容量,也称该容量为"注水容量"。

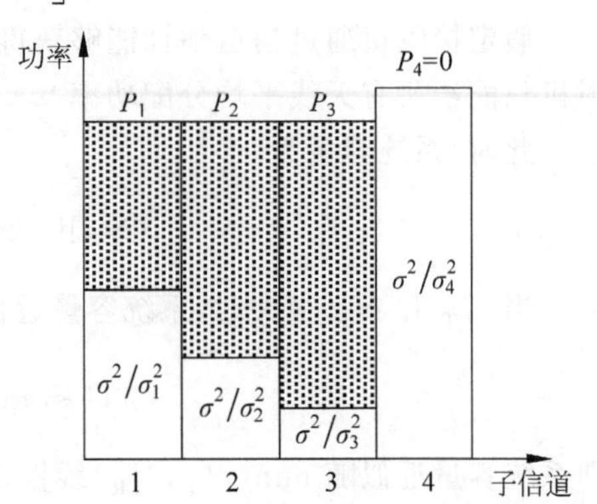

图 11-11 4 天线注水功率分配示意图

注水容量大于功率平均分配获得的容量,但发射机需要信道状态信息。图 11-12 对比了 2×2、4×4 和 8×8 MIMO 注水功率分配与平均功率分配的容量。可以看到,在低信噪比时,注水功率分配容量比平均功率分配的容量有较为明显提升;但随着信噪比的增大,提升越来越不明显。这是因为信噪比较大时,各子信道的条件整体较好,无须刻意对每个子信道进行差异化的功率分配。另外,在相同信噪比条件下,收发天线数越多时,注水功率分配容量提升越明显。

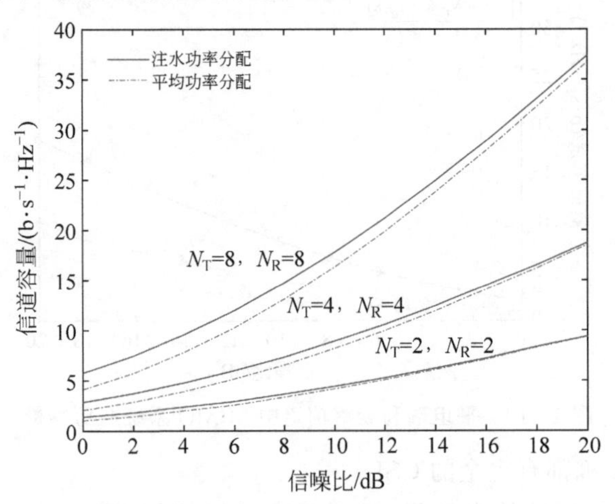

图 11-12 注水功率分配与平均功率分配比较

5. 信道相关性对容量的影响

一般而言,当电波传播环境中多径非常丰富,没有视距路径,发射(接收)天线之间的距离较远(一般超过半个波长)时,各子信道的衰落可以认为是相对独立的。此时信道矩阵 $\boldsymbol{H}$ 满秩且各奇异值的值相近,MIMO 的空间优势可以被充分利用,能够获得最大的信道容量。

图 11-13 给出了各子信道为独立同分布瑞利衰落时的信道容量,并与莱斯信道(莱斯因子 K 分别为 3dB、6dB、10dB 和 20dB)进行了比较。可以看出,莱斯信道中由于存在视距分量,各子信道之间会存在一定的相关性,当信噪比较高时,容量要小于瑞利衰落信道,而且 K 值越大,即视距分量越强,容量下降幅度越大。所以说,MIMO 实现了多径的变害为利。

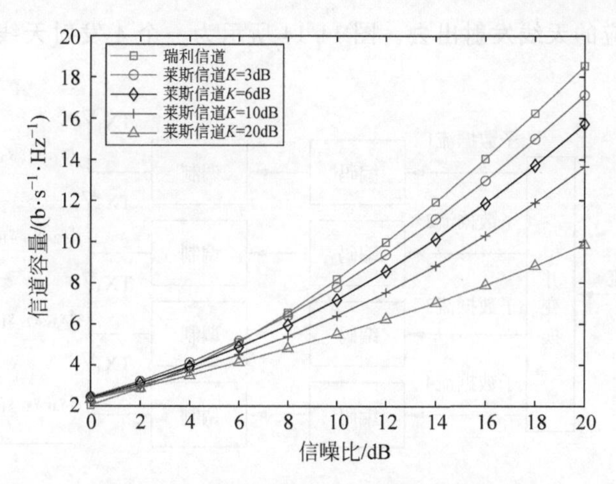

图 11-13 信道相关性对信道容量的影响

11.3 空时编码

由 11.2 节可知，MIMO 技术通过采用多根发射天线和接收天线，充分利用空间资源，能够显著提高系统容量。系统容量的增加，既可以增加传输速率，也又可以提高传输可靠性。空时编码技术将信号处理技术与信道编码技术有机结合，是实现 MIMO 系统容量的有效方法，能够有效对抗信道衰落和提高频谱利用率。

第 11-3 集
微课视频

空时编码技术可以大体分为两类。

一类空时编码是利用编码结构的优势，获得空间自由度，提高传输速率，逼近理论上的容量极限。典型代表就是分层空时码(Layered Space Time Code，LST)。

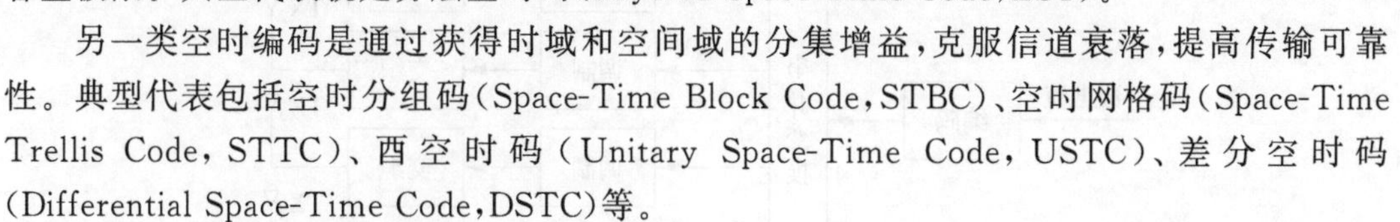
另一类空时编码是通过获得时域和空间域的分集增益，克服信道衰落，提高传输可靠性。典型代表包括空时分组码(Space-Time Block Code，STBC)、空时网格码(Space-Time Trellis Code，STTC)、酉空时码(Unitary Space-Time Code，USTC)、差分空时码(Differential Space-Time Code，DSTC)等。

11.3.1 分层空时码

分层空时码最早由贝尔实验室的 Gerard J. Foschini 于 1996 年提出，称为 Bell 实验室分层结构(Bell Labs Layered Space-Time，BLAST)，也是最早的空时编码。

分层空时码基本原理：发射机将信息比特流分解成若干子比特流，独立地进行编码、调制，分配到对应的发射天线上进行发射；接收机采用一定的处理技术，将到达接收天线的信号分离，然后分别进行解调和译码。

分层空时码在相同的频率上将 N_T 路独立信息流同时从 N_T 根发射天线上发射，数据传输速率随发射天线数线性增加，能够实现较高的频谱利用率。

目前，分层空时码主要包括垂直 BLAST(Vertical-BLAST，V-BLAST)、水平 BLAST(Horizontal-BLAST，H-BLAST)、对角 BLAST(Diagonal-BLAST，D-BLAST)等。

1. 垂直 BLAST

V-BLAST 发射机将数据流分离成 N_T 个并行数据流，每个数据流单独进行编码，编码后的数据流再从对应的天线发射出去。图 11-14 所示为一个 4 发射天线的 V-BLAST 发射机结构。

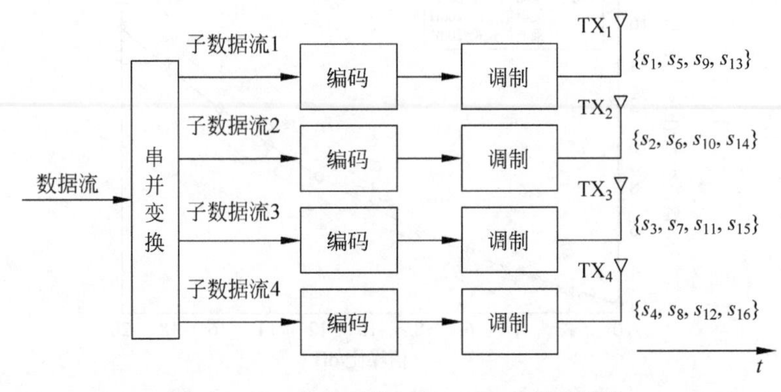

图 11-14　4 发射天线 V-BLAST 发射机结构

接收机首先对子数据流 1 进行解调和译码；对子数据流 1 的输出进行重新编码调制，与信道系数相乘，得到子数据流 1 对其他天线的影响；从其他天线减去子数据流 1 的影响，然后对子数据流 2 进行解调译码；不断重复上述过程，直到所有子数据流均完成解调和译码。

2. 水平 BLAST

在 V-BLAST 发射机中加入信道编码和交织过程，就得到了 H-BLAST 结构。各路子数据流可以独立编码，也可以统一编码，如图 11-15 所示。采用统一编码时，首先对数据流

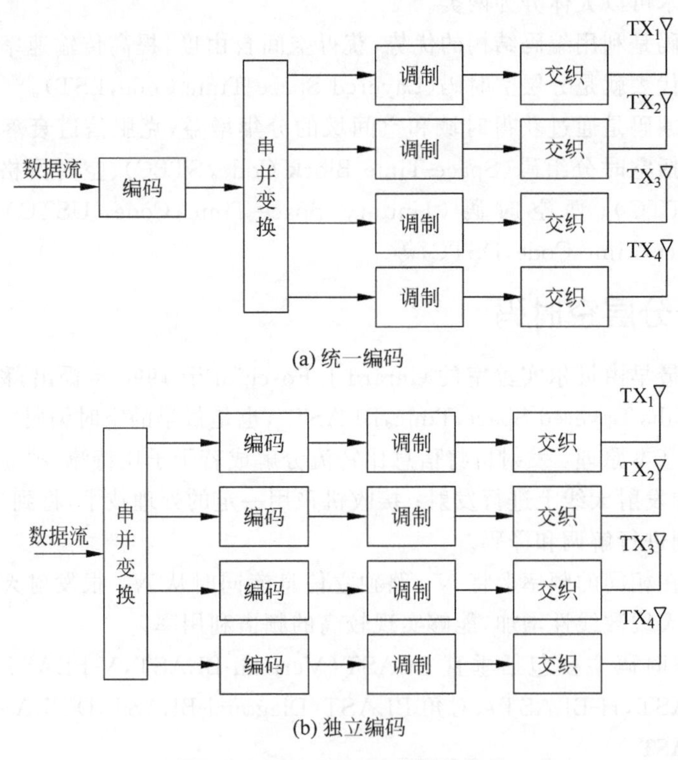

图 11-15　H-BLAST 发射机结构

进行编码，然后在进行串并变换后，分别对各路进行调制和交织；而采用独立编码时，首先进行串并变换，然后对各路分别进行编码、调制和交织，且不同子数据流可以采用不同的编码方式。H-BLAST 对编码的数据流进行交织。当交织深度大于信道相干时间时，就可以实现额外的时间分集增益。

3. 对角 BLAST

在 V-BLAST 和 H-BLAST 中，每个子数据流分别对应一个固定的发射天线，在译码时也只有一个固定的解码顺序，所能达到的信道容量将受其中具有较大信干噪比的子数据流影响。

而在 D-BLAST 中，每个子数据流独立进行编码和调制后，要进行空间交织，然后分配到不同的天线上进行传输，如图 11-16 所示。因此，每个子数据流的信干噪比将平均分配到各个天线上，在解码时受到平均信干噪比的影响。

D-BLAST 相对于 V-BLAST 和 H-BLAST，更有效地利用了多天线技术所具有的空间分集效应，具有更好的性能。

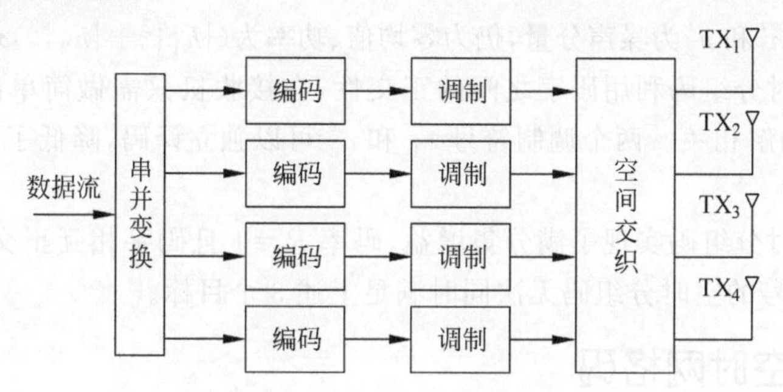

图 11-16 D-BLAST 发射机结构

11.3.2 空时分组码

空时分组码(STBC)因为其性能优秀、码字结构简单、译码复杂度低等优势成为应用最为广泛的空时编码。

Alamouti 空时分组码是 Alamouti 于 1998 年提出的适用于两根发射天线和两根接收天线的空时分组编码方案，是最早的真正意义上的空时编码。Alamouti 空时分组码虽然结构简单，但设计精巧，目前已被多种 MIMO 通信标准采用。

如图 11-17 所示，发射机将连续两个调制符号 $\boldsymbol{c}=[c_1\ \ c_2]^{\mathrm{T}}$，通过复正交编码矩阵 $\begin{bmatrix} c_1 & -c_2^* \\ c_2 & c_1^* \end{bmatrix}$ 映射到天线 TX1 和 TX2 上。

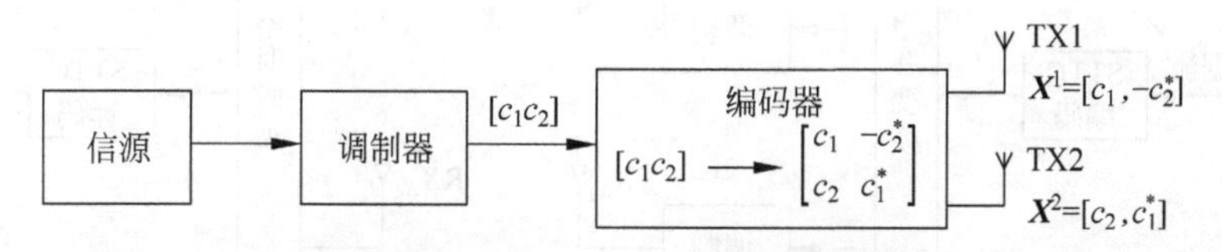

图 11-17 Alamouti 空时分组码编码

这表示在第 1 个符号周期，天线 TX1 和 TX2 分别发送 c_1 和 c_2；在第 2 个符号周期，分别发送 $-c_2^*$ 和 c_1^*，其中$(\ )^*$表示共轭。

Alamouti 空时分组码最重要的特点是码字具有正交性，即天线上发射序列具有正交

性，即

$$\boldsymbol{X}^1\boldsymbol{X}^{2*}=c_1c_2^*-c_2^*c_1=0 \tag{11-17}$$

定义发射天线 TX1 和 TX2 与接收天线之间的信道系数分别为 h_1 和 h_2。因此，第 1 个符号周期的接收信号为 $r_1=h_1c_1+h_2c_2+n_1$；第 2 个符号周期的接收信号为 $r_2=-h_1c_2^*+h_2c_1^*+n_2$。其中，$n_1$ 和 n_2 分别为第 1 个和第 2 个符号周期上的噪声。假定信道在这两个符号周期上不发生变化，且可以被接收机精确估计出来。

接收机对接收信号进行如式(11-18)所示的处理，可以得到两个符号周期上的信号 $\tilde{s}_1$ 和 $\tilde{s}_2$。

$$\begin{aligned}\tilde{s}_1&=h_1^*r_1+h_2r_2^*=(|h_1|^2+|h_2|^2)c_1+h_1^*n_1+h_2n_2^*=\alpha c_1+n_1'\\ \tilde{s}_2&=h_2^*r_1-h_1r_2^*=(|h_1|^2+|h_2|^2)c_2-h_1n_2^*+h_2^*n_1=\alpha c_2+n_2'\end{aligned} \tag{11-18}$$

其中，$\alpha=|h_1|^2+|h_2|^2$ 可以认为是一个“等价信道系数”。显然，只有当 TX1 和 TX2 与接收天线之间无线信道同时发生了深衰落，即 $|h_1|$ 和 $|h_2|$ 的值同时很小时，α 的值才会很小，从而实现了分集增益；n_1' 和 n_2' 为噪声分量，仍为零均值、功率为 $(|h_1|^2+|h_2|^2)\sigma^2$ 的高斯白噪声。

Alamouti 空时分组码利用码字之间的正交性，在接收机只需做简单的线性处理，就能够实现 c_1 和 c_2 的解相关。两个调制符号 c_1 和 c_2 可以独立译码，降低了译码复杂度，这正是正交的优势。

Alamouti 空时分组码实现了满分集增益，码率 $R=1$ 且码字相互正交。但当发射天线数大于 2 时，复信号的空时分组码无法同时满足上述 3 个目标。

11.3.3 空时网格码

空时分组码虽然可以实现最大分集增益，但是不能提供编码增益，而且当发射天线超过 2 时，无法实现码率 $R=1$，会增大带宽。为突破这些限制，AT&T 实验室的 Tarokh 等于 1999 年提出了空时网格码(STTC)。STTC 是在空时延迟分集的基础上提出的，将编码、调制、发射和接收分集融为一体，不仅能够获得分集增益，而且可以获得编码增益，能够有效地抵抗衰落，而且具有较高的频谱利用率。

图 11-18 所示为包含 N_T 根发射天线和 N_R 根接收天线的空时网格码系统。假定系统采用 M 元调制。$\boldsymbol{c}_t=[c_t^1c_t^2\cdots c_t^m](t=0,1,2,\cdots)$表示 t 时刻输入编码器的 $m=\mathrm{lb}M$ 比特的数据符号。

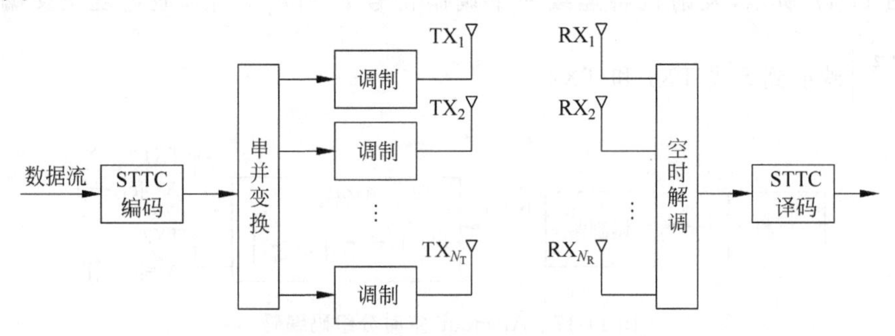

图 11-18　空时网格码系统模型

STTC 编码器可以认为是一种特殊的包括 m 个移位寄存器支路的卷积编码器，其中第 k 支路的输出符号不仅与当前的输入有关，而且与之前 v_k 个时刻的输入(抽头)有关。

各移位寄存器的输出与系数 $g_{j,i}^{k}$ 相乘，$k=1,2,\cdots,m$；$j=1,2,\cdots,v_k$，$i=1,2,\cdots,N_T$，最后经模 M 相加，得到 N_T 根天线上的编码输出 $\boldsymbol{x}_t=(x_t^1,x_t^2,\cdots,x_t^{N_T})$，其中

$$x_t^i=\sum_{k=1}^{m}\sum_{j=0}^{v_k}g_{j,i}^{k}c_{t-j}^{k}\bmod M,\quad i=1,2,\cdots,N_T \tag{11-19}$$

其中，系数 $g_{j,i}^{k}$ 表示第 k 个分支上的第 j 个抽头输出对第 i 根发射天线上信号的系数。

图 11-19 给出了 $m=3,v_1=v_2=v_3=3$ 的 STTC 编码得到第 1 根发射天线上的发射信号 x_t^1 的结构，其他天线上的发射信号与之类似。

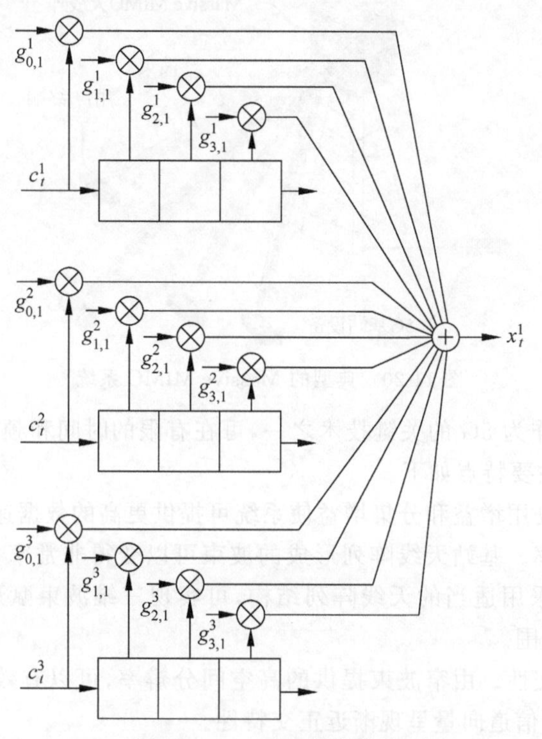

图 11-19　STTC 编码结构

STTC 的译码多采用 Viterbi 译码算法。该算法搜索与接收信号具有最大似然（或最小欧氏距离）的路径，对于级联系统也可以采用 MAP 译码算法。

STTC 优点：在给定分集增益和发送速率条件下，空时网格码引入了编码增益，性能要优于空时分组码。空时网格码不损失带宽效率的前提下，可提供最大的编码增益和分集增益，最大分集增益等于发射天线数。

STTC 缺点：空时网格码的频谱利用率不会随天线数的增加而增加；而且当发射天线数固定时，空时网格码的译码复杂度随着分集增益和发送速率的增加呈指数增长。

11.4　大规模多天线

11.4.1　基本原理

近年来，随着智能终端的迅速普及，新应用不断涌现，无线数据业务需求爆炸式增长，频

谱资源短缺和频谱效率提升成为亟待解决的严重问题。为了满足移动通信的对高数据速率的需求，5G 系统一方面拓展高频段频谱资源，另一方面通过引入新技术进一步提高频谱效率和能量效率。

MIMO 技术能够显著提升数据传输速率和传输可靠性，在 4G 系统中得到了广泛应用，也成为 5G 系统不可或缺的关键技术之一。但与 LTE 系统中的 MIMO 不同的是，5G 基站端使用的天线可以达到几十根，甚至数百根，超过了小区内激活终端数目，因此称为大规模 MIMO(Massive MIMO)，也称为 Large-Scale MIMO，如图 11-20 所示。

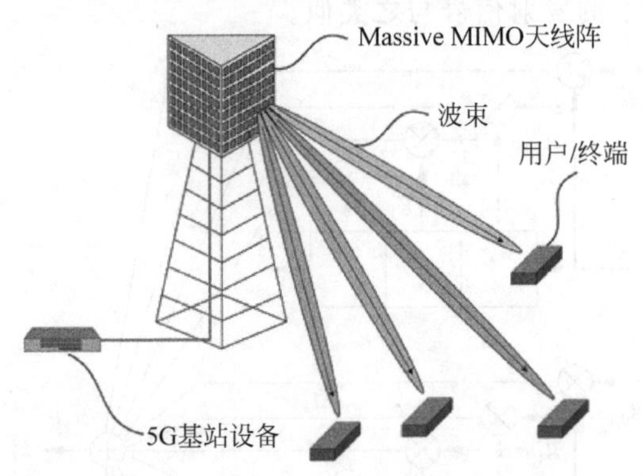

图 11-20　典型的 Massive MIMO 系统

Massive MIMO 作为 5G 的关键技术之一，可在有限的时间和频率资源上，进一步提升 MIMO 技术的性能，主要特点如下。

(1) 高增益。高复用增益和分集增益使系统可提供更高的数据速率和链路可靠性。

(2) 高空间分辨率。基站天线阵列形成的波束可以变得非常窄，具有极高的方向选择性和波束赋形增益。采用适当的天线阵列结构，可实现三维波束赋形，大幅提高频谱利用率、网络容量和覆盖范围。

(3) 信道渐进正交性。由窄波束提供的高空间分辨率，可以有效地消除邻近用户间干扰，使不同用户之间的信道向量呈现渐近正交特性。

(4) 信道硬化(Channel Hardening)。由于基站天线非常多，信道小尺度衰落效果被平均化，MIMO 信道矩阵呈现硬化特性，显著降低了信号处理复杂度。

(5) 高能量效率。基站将能量聚焦到用户所在的方向上，实现非常高的天线阵列增益，辐射功率可以降低一个数量级，甚至更多。

Massive MIMO 的信号处理相当复杂。例如，对于如图 11-21 所示的混合预编码多用户毫米波 Massive MIMO 系统，除了基带的 FFT、串并变换、添加循环前缀、增加保护子载波、添加导频、资源块映射、数字预编码(Digital Precoding)外，其射频链(RF Chains)还包括大规模的数模变换、滤波、模拟预编码(Analog Precoding)等步骤。

11.4.2 面临的挑战

Massive MIMO 在带来巨大增益的同时，也面临诸多的技术挑战。

1. 信道估计开销和计算复杂度

Massive MIMO 的性能提升是建立在精确掌握信道状态信息的基础上的。信道估计需要的导频序列长度与天线数成正比，需要估计的信道参数也随天线数增加。因此，直接采用

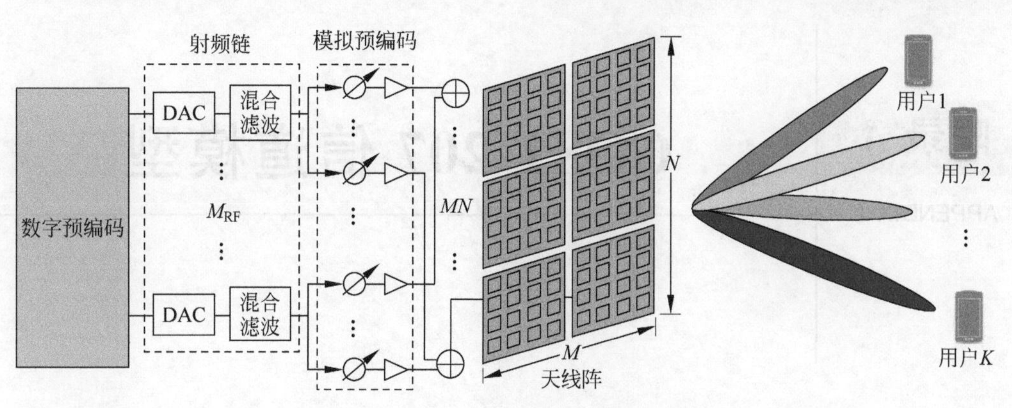

图 11-21　Massive MIMO 简化系统模型

传统的 MIMO 信道估计算法将导致过高的导频开销和极高的计算复杂度。

2. 导频污染

Massive MIMO 系统中，基站通常基于导频进行信道估计，获得信道状态信息。为避免用户之间的干扰，应保证系统服务的所有用户均使用相互正交的导频。然而，在 Massive MIMO 系统中，由于用户数较多，可用的正交导频数量受限于信道相干时间，因此不可避免地要进行用户间的导频复用。导频复用会造成导频污染(Pilot Contamination，PC)，导致基站无法准确估计信道，从而影响系统性能。

3. 定时同步

Massive MIMO 通常采用 TDD 方式降低信道状态信息估计难度。在 TDD 系统中，所有无线设备必须实现严格的定时同步，同步精度要达到 ADC/DAC 的一个采样周期之内，对系统定时同步提出了较高要求。

附录 A COST 207 信道模型

APPENDIX A

针对 GSM 系统，欧洲 COST-207 工作组为乡村地区(Rural Area，RA)、典型城区(Typical Urban，TU)、恶劣城区(Bad Urban，BU)、丘陵地区(Hilly Terrain，HT)4 种典型场景定义了信道模型，如表 A-1～表 A-7 所示。

表 A-1 乡村地区(RA)场景 6 径信道模型

多径编号	相对时延/μs	相对功率		多普勒谱
		线性值	分贝值/dB	
1	0.0	1	0	RICE $K=6.5$dB
2	0.1	0.40	−4	CLASS
3	0.2	0.16	−8	CLASS
4	0.3	0.06	−12	CLASS
5	0.4	0.03	−16	CLASS
6	0.5	0.01	−20	CLASS

表 A-2 典型城区(TU)场景 12 径信道模型

多径编号	相对时延/μs	相对功率		多普勒谱
		线性值	分贝值/dB	
1	0.0	0.4	−4	CLASS
2	0.2	0.5	−3	CLASS
3	0.4	1.0	0	CLASS
4	0.6	0.63	−2	GAUSS Ⅰ
5	0.8	0.50	−3	GAUSS Ⅰ
6	1.2	0.32	−5	GAUSS Ⅰ
7	1.4	0.20	−7	GAUSS Ⅰ
8	1.8	0.32	−5	GAUSS Ⅰ
9	2.4	0.25	−6	GAUSS Ⅱ
10	3.0	0.13	−9	GAUSS Ⅱ
11	3.2	0.08	−11	GAUSS Ⅱ
12	5.0	0.10	−10	GAUSS Ⅱ

表 A-3 典型城区(TU)场景 6 径信道模型

多径编号	相对时延/μs	相对功率		多普勒谱
		线性值	分贝值/dB	
1	0.0	0.5	−3	CLASS
2	0.2	1	0	CLASS
3	0.5	0.63	−2	CLASS
4	1.6	0.25	−6	GAUSS Ⅰ
5	2.3	0.16	−8	GAUSS Ⅱ
6	5.0	0.10	−10	GAUSS Ⅱ

表 A-4 恶劣城区(BU)场景 12 径信道模型

多径编号	相对时延/μs	相对功率		多普勒谱
		线性值	分贝值/dB	
1	0.0	0.20	−7	CLASS
2	0.2	0.50	−3	CLASS
3	0.4	0.79	−1	CLASS
4	0.8	1.00	0	GAUSS Ⅰ
5	1.6	0.63	−2	GAUSS Ⅰ
6	2.2	0.25	−6	GAUSS Ⅱ
7	3.2	0.20	−7	GAUSS Ⅱ
8	5.0	0.79	−1	GAUSS Ⅱ
9	6.0	0.63	−2	GAUSS Ⅱ
10	7.2	0.20	−7	GAUSS Ⅱ
11	8.2	0.10	−10	GAUSS Ⅱ
12	10.0	0.03	−15	GAUSS Ⅱ

表 A-5 恶劣城区(BU)场景 6 径信道模型

多径编号	相对时延/μs	相对功率		多普勒谱
		线性值	分贝值/dB	
1	0	0.56	−2.5	CLASS
2	0.3	1	0	CLASS
3	1.0	0.50	−3	GAUSS Ⅰ
4	1.6	0.32	−5	GAUSS Ⅰ
5	5.0	0.63	−2	GAUSS Ⅱ
6	6.6	0.40	−4	GAUSS Ⅱ

表 A-6 丘陵地区(HT)场景 12 径信道模型

多径编号	相对时延/μs	相对功率		多普勒谱
		线性值	分贝值/dB	
1	0.0	0.10	−10	CLASS
2	0.2	0.16	−8	CLASS
3	0.4	0.25	−6	CLASS
4	0.6	0.4	−4	GAUSS Ⅰ

续表

多径编号	相对时延/μs	相对功率		多普勒谱
		线性值	分贝值/dB	
5	0.8	1.00	0	GAUSS Ⅰ
6	2.0	1.00	0	GAUSS Ⅰ
7	2.4	0.40	−4	GAUSS Ⅱ
8	15.0	0.16	−8	GAUSS Ⅱ
9	15.2	0.13	−9	GAUSS Ⅱ
10	15.8	0.10	−10	GAUSS Ⅱ
11	17.2	0.06	−12	GAUSS Ⅱ
12	20.0	0.04	−14	GAUSS Ⅱ

表 A-7 丘陵地区(HT)场景 6 径信道模型

多径编号	相对时延/μs	相对功率		多普勒谱
		线性值	分贝值/dB	
1	0	1.00	0	CLASS
2	0.1	0.71	−1.5	CLASS
3	0.3	0.35	−4.5	CLASS
4	0.5	0.18	−7.5	CLASS
5	15.0	0.16	−8.0	GAUSS Ⅱ
6	17.2	0.02	−17.7	GAUSS Ⅱ

附录B 3GPP 4G 信道模型

APPENDIX B

3GPP 针对 4G LTE 移动通信系统，在 36.104 规范中定义了 3 种抽头延迟线形式的信道模型，分别为扩展步行者模型（Extended Pedestrian A Model，EPA）、扩展车辆模型（Extended Vehicular A Model，EVA）和扩展典型城市模型（Extended Typical Urban Model，ETU），如表 B-1～表 B-3 所示。

表 B-1　扩展步行者模型（EPA）

多径编号	相对时延/ns	相对功率/dB
1	0	0.0
2	30	−1.0
3	70	−2.0
4	90	−3.0
5	110	−8.0
6	190	−17.2
7	410	−20.8

表 B-2　扩展车辆模型（EVA）

多 径 编 号	相对时延/ns	相对功率/dB
1	0	0.0
2	30	−1.5
3	150	−1.4
4	310	−3.6
5	370	−0.6
6	710	−9.1
7	1090	−7.0
8	1730	−12.0
9	2510	−16.9

表 B-3 扩展典型城市模型(ETU)

多径编号	相对时延/ns	相对功率/dB
1	0	−1.0
2	50	−1.0
3	120	−1.0
4	200	0
5	230	0
6	500	0
7	1600	−3.0
8	2300	−5.0
9	5000	−7.0

附录 C APPENDIX C 3GPP 5G 信道模型

3GPP 针对 5G 移动通信，除定义了 GSCM 模型以外，为了降低仿真的复杂度，支持链路性能评估，还定义 CDL 和 TDL 两大类信道模型，其中 CDL 针对 MIMO 系统，TDL 针对非 MIMO 系统。

1. CDL 模型

3GPP 针对 5G 移动通信定义了 5 种 CDL 模型，其中 CDL-A、CDL-B 和 CDL-C 用于 NLoS，CDL-D 和 CDL-E 用于 LoS。模型具体参数如表 C-1～ 表 C-5 所示，其中时延和功率都进行了归一化。

表 C-1　CDL-A 模型

簇编号	归一化时延	功率/dB	AOD/(°)	AOA/(°)	ZOD/(°)	ZOA/(°)
1	0.0000	−13.4	−178.1	51.3	50.2	125.4
2	0.3819	0	−4.2	−152.7	93.2	91.3
3	0.4025	−2.2	−4.2	−152.7	93.2	91.3
4	0.5868	−4	−4.2	−152.7	93.2	91.3
5	0.4610	−6	90.2	76.6	122	94
6	0.5375	−8.2	90.2	76.6	122	94
7	0.6708	−9.9	90.2	76.6	122	94
8	0.5750	−10.5	121.5	−1.8	150.2	47.1
9	0.7618	−7.5	−81.7	−41.9	55.2	56
10	1.5375	−15.9	158.4	94.2	26.4	30.1
11	1.8978	−6.6	−83	51.9	126.4	58.8
12	2.2242	−16.7	134.8	−115.9	171.6	26
13	2.1718	−12.4	−153	26.6	151.4	49.2
14	2.4942	−15.2	−172	76.6	157.2	143.1
15	2.5119	−10.8	−129.9	−7	47.2	117.4
16	3.0582	−11.3	−136	−23	40.4	122.7
17	4.0810	−12.7	165.4	−47.2	43.3	123.2
18	4.4579	−16.2	148.4	110.4	161.8	32.6
19	4.5695	−18.3	132.7	144.5	10.8	27.2
20	4.7966	−18.9	−118.6	155.3	16.7	15.2
21	5.0066	−16.6	−154.1	102	171.7	146
22	5.3043	−19.9	126.5	−151.8	22.7	150.7
23	9.6586	−29.7	−56.2	55.2	144.9	156.1

续表

簇编号	归一化时延	功率/dB	AOD/(°)	AOA/(°)	ZOD/(°)	ZOA/(°)

各簇参数

参数	c_{ASD}/(°)	c_{ASA}/(°)	c_{ZSD}/(°)	c_{ZSA}/(°)	XPR /dB
取值	5	11	3	3	10

表 C-2 CDL-B 模型

簇编号	归一化时延	功率 /dB	AOD/(°)	AOA/(°)	ZOD/(°)	ZOA/(°)
1	0.0000	0	9.3	−173.3	105.8	78.9
2	0.1072	−2.2	9.3	−173.3	105.8	78.9
3	0.2155	−4	9.3	−173.3	105.8	78.9
4	0.2095	−3.2	−34.1	125.5	115.3	63.3
5	0.2870	−9.8	−65.4	−88.0	119.3	59.9
6	0.2986	−1.2	−11.4	155.1	103.2	67.5
7	0.3752	−3.4	−11.4	155.1	103.2	67.5
8	0.5055	−5.2	−11.4	155.1	103.2	67.5
9	0.3681	−7.6	−67.2	−89.8	118.2	82.6
10	0.3697	−3	52.5	132.1	102.0	66.3
11	0.5700	−8.9	−72	−83.6	100.4	61.6
12	0.5283	−9	74.3	95.3	98.3	58.0
13	1.1021	−4.8	−52.2	103.7	103.4	78.2
14	1.2756	−5.7	−50.5	−87.8	102.5	82.0
15	1.5474	−7.5	61.4	−92.5	101.4	62.4
16	1.7842	−1.9	30.6	−139.1	103.0	78.0
17	2.0169	−7.6	−72.5	−90.6	100.0	60.9
18	2.8294	−12.2	−90.6	58.6	115.2	82.9
19	3.0219	−9.8	−77.6	−79.0	100.5	60.8
20	3.6187	−11.4	−82.6	65.8	119.6	57.3
21	4.1067	−14.9	−103.6	52.7	118.7	59.9
22	4.2790	−9.2	75.6	88.7	117.8	60.1
23	4.7834	−11.3	−77.6	−60.4	115.7	62.3

各簇参数

参数	c_{ASD}/(°)	c_{ASA}/(°)	c_{ZSD}/(°)	c_{ZSA}/(°)	XPR/dB
取值	10	22	3	7	8

表 C-3 CDL-C 模型

簇编号	归一化时延	功率/dB	AOD/(°)	AOA/(°)	ZOD/(°)	ZOA/(°)
1	0	−4.4	−46.6	−101	97.2	87.6
2	0.2099	−1.2	−22.8	120	98.6	72.1
3	0.2219	−3.5	−22.8	120	98.6	72.1
4	0.2329	−5.2	−22.8	120	98.6	72.1
5	0.2176	−2.5	−40.7	−127.5	100.6	70.1
6	0.6366	0	0.3	170.4	99.2	75.3
7	0.6448	−2.2	0.3	170.4	99.2	75.3

续表

簇编号	归一化时延	功率/dB	AOD/(°)	AOA/(°)	ZOD/(°)	ZOA/(°)
8	0.6560	−3.9	0.3	170.4	99.2	75.3
9	0.6584	−7.4	73.1	55.4	105.2	67.4
10	0.7935	−7.1	−64.5	66.5	95.3	63.8
11	0.8213	−10.7	80.2	−48.1	106.1	71.4
12	0.9336	−11.1	−97.1	46.9	93.5	60.5
13	1.2285	−5.1	−55.3	68.1	103.7	90.6
14	1.3083	−6.8	−64.3	−68.7	104.2	60.1
15	2.1704	−8.7	−78.5	81.5	93.0	61.0
16	2.7105	−13.2	102.7	30.7	104.2	100.7
17	4.2589	−13.9	99.2	−16.4	94.9	62.3
18	4.6003	−13.9	88.8	3.8	93.1	66.7
19	5.4902	−15.8	−101.9	−13.7	92.2	52.9
20	5.6077	−17.1	92.2	9.7	106.7	61.8
21	6.3065	−16	93.3	5.6	93.0	51.9
22	6.6374	−15.7	106.6	0.7	92.9	61.7
23	7.0427	−21.6	119.5	−21.9	105.2	58
24	8.6523	−22.8	−123.8	33.6	107.8	57

各簇参数

参数	c_{ASD}/(°)	c_{ASA}/(°)	c_{ZSD}/(°)	c_{ZSA}/(°)	XPR/dB
取值	2	15	3	7	7

表 C-4 CDL-D 模型

簇编号	簇角度功率谱	归一化时延	功率/dB	AOD/(°)	AOA/(°)	ZOD/(°)	ZOA/(°)
1	Specular(LoS path)	0	−0.2	0	−180	98.5	81.5
	Laplacian	0	−13.5	0	−180	98.5	81.5
2	Laplacian	0.035	−18.8	89.2	89.2	85.5	86.9
3	Laplacian	0.612	−21	89.2	89.2	85.5	86.9
4	Laplacian	1.363	−22.8	89.2	89.2	85.5	86.9
5	Laplacian	1.405	−17.9	13	163	97.5	79.4
6	Laplacian	1.804	−20.1	13	163	97.5	79.4
7	Laplacian	2.596	−21.9	13	163	97.5	79.4
8	Laplacian	1.775	−22.9	34.6	−137	98.5	78.2
9	Laplacian	4.042	−27.8	−64.5	74.5	88.4	73.6
10	Laplacian	7.937	−23.6	−32.9	127.7	91.3	78.3
11	Laplacian	9.424	−24.8	52.6	−119.6	103.8	87
12	Laplacian	9.708	−30.0	−132.1	−9.1	80.3	70.6
13	Laplacian	12.525	−27.7	77.2	−83.8	86.5	72.9

各簇参数

参数	c_{ASD}/(°)	c_{ASA}/(°)	c_{ZSD}/(°)	c_{ZSA}/(°)	XPR/dB
取值	5	8	3	3	11

表 C-5 CDL-E 模型

簇编号	簇角度功率谱	归一化时延	功率 /dB	AOD/(°)	AOA/(°)	ZOD/(°)	ZOA/(°)
1	Specular (LoS path)	0.000	−0.03	0	−180	99.6	80.4
	Laplacian	0.000	−22.03	0	−180	99.6	80.4
2	Laplacian	0.5133	−15.8	57.5	18.2	104.2	80.4
3	Laplacian	0.5440	−18.1	57.5	18.2	104.2	80.4
4	Laplacian	0.5630	−19.8	57.5	18.2	104.2	80.4
5	Laplacian	0.5440	−22.9	−20.1	101.8	99.4	80.8
6	Laplacian	0.7112	−22.4	16.2	112.9	100.8	86.3
7	Laplacian	1.9092	−18.6	9.3	−155.5	98.8	82.7
8	Laplacian	1.9293	−20.8	9.3	−155.5	98.8	82.7
9	Laplacian	1.9589	−22.6	9.3	−155.5	98.8	82.7
10	Laplacian	2.6426	−22.3	19	−143.3	100.8	82.9
11	Laplacian	3.7136	−25.6	32.7	−94.7	96.4	88
12	Laplacian	5.4524	−20.2	0.5	147	98.9	81
13	Laplacian	12.0034	−29.8	55.9	−36.2	95.6	88.6
14	Laplacian	20.6419	−29.2	57.6	−26	104.6	78.3

各簇参数

参数	c_{ASD}/(°)	c_{ASA}/(°)	c_{ZSD}/(°)	c_{ZSA}/(°)	XPR/dB
取值	5	11	3	7	8

2. TDL 模型

对于非 MIMO 系统，3GPP 定义了 5 种抽头延迟线（TDL）模型，其中 TDL-A、TDL-B 和 TDL-C 用于 NLoS，TDL-D 和 TDL-E 用于 LoS。模型具体参数如表 C-6～表 C-10 所示，其中时延和功率都进行了归一化。

表 C-6 TDL-A 模型

抽头编号	归一化时延	功率/dB	衰落分布
1	0.0000	−13.4	Rayleigh
2	0.3819	0	Rayleigh
3	0.4025	−2.2	Rayleigh
4	0.5868	−4	Rayleigh
5	0.4610	−6	Rayleigh
6	0.5375	−8.2	Rayleigh
7	0.6708	−9.9	Rayleigh
8	0.5750	−10.5	Rayleigh
9	0.7618	−7.5	Rayleigh
10	1.5375	−15.9	Rayleigh
11	1.8978	−6.6	Rayleigh
12	2.2242	−16.7	Rayleigh
13	2.1718	−12.4	Rayleigh
14	2.4942	−15.2	Rayleigh
15	2.5119	−10.8	Rayleigh
16	3.0582	−11.3	Rayleigh

续表

抽头编号	归一化时延	功率/dB	衰落分布
17	4.0810	−12.7	Rayleigh
18	4.4579	−16.2	Rayleigh
19	4.5695	−18.3	Rayleigh
20	4.7966	−18.9	Rayleigh
21	5.0066	−16.6	Rayleigh
22	5.3043	−19.9	Rayleigh
23	9.6586	−29.7	Rayleigh

表 C-7 TDL-B 模型

抽头编号	归一化时延	功率/dB	衰落分布
1	0.0000	0	Rayleigh
2	0.1072	−2.2	Rayleigh
3	0.2155	−4	Rayleigh
4	0.2095	−3.2	Rayleigh
5	0.2870	−9.8	Rayleigh
6	0.2986	−1.2	Rayleigh
7	0.3752	−3.4	Rayleigh
8	0.5055	−5.2	Rayleigh
9	0.3681	−7.6	Rayleigh
10	0.3697	−3	Rayleigh
11	0.5700	−8.9	Rayleigh
12	0.5283	−9	Rayleigh
13	1.1021	−4.8	Rayleigh
14	1.2756	−5.7	Rayleigh
15	1.5474	−7.5	Rayleigh
16	1.7842	−1.9	Rayleigh
17	2.0169	−7.6	Rayleigh
18	2.8294	−12.2	Rayleigh
19	3.0219	−9.8	Rayleigh
20	3.6187	−11.4	Rayleigh
21	4.1067	−14.9	Rayleigh
22	4.2790	−9.2	Rayleigh
23	4.7834	−11.3	Rayleigh

表 C-8 TDL-C 模型

抽头编号	归一化时延	功率/dB	衰落分布
1	0	−4.4	Rayleigh
2	0.2099	−1.2	Rayleigh
3	0.2219	−3.5	Rayleigh
4	0.2329	−5.2	Rayleigh
5	0.2176	−2.5	Rayleigh
6	0.6366	0	Rayleigh

续表

抽头编号	归一化时延	功率/dB	衰落分布
7	0.6448	−2.2	Rayleigh
8	0.6560	−3.9	Rayleigh
9	0.6584	−7.4	Rayleigh
10	0.7935	−7.1	Rayleigh
11	0.8213	−10.7	Rayleigh
12	0.9336	−11.1	Rayleigh
13	1.2285	−5.1	Rayleigh
14	1.3083	−6.8	Rayleigh
15	2.1704	−8.7	Rayleigh
16	2.7105	−13.2	Rayleigh
17	4.2589	−13.9	Rayleigh
18	4.6003	−13.9	Rayleigh
19	5.4902	−15.8	Rayleigh
20	5.6077	−17.1	Rayleigh
21	6.3065	−16	Rayleigh
22	6.6374	−15.7	Rayleigh
23	7.0427	−21.6	Rayleigh
24	8.6523	−22.8	Rayleigh

表 C-9 TDL-D 模型

抽头编号	归一化时延	功率/dB	衰落分布
1	0	−0.2	LoS
	0	−13.5	Rayleigh
2	0.035	−18.8	Rayleigh
3	0.612	−21	Rayleigh
4	1.363	−22.8	Rayleigh
5	1.405	−17.9	Rayleigh
6	1.804	−20.1	Rayleigh
7	2.596	−21.9	Rayleigh
8	1.775	−22.9	Rayleigh
9	4.042	−27.8	Rayleigh
10	7.937	−23.6	Rayleigh
11	9.424	−24.8	Rayleigh
12	9.708	−30.0	Rayleigh
13	12.525	−27.7	Rayleigh

注：第1径功率为0dB，服从莱斯分布，$K_1=13.3$dB。

表 C-10 TDL-E 模型

抽头编号	归一化时延	功率/dB	衰落分布
1	0	−0.03	LoS
	0	−22.03	Rayleigh
2	0.5133	−15.8	Rayleigh

续表

抽头编号	归一化时延	功率/dB	衰落分布
3	0.5440	−18.1	Rayleigh
4	0.5630	−19.8	Rayleigh
5	0.5440	−22.9	Rayleigh
6	0.7112	−22.4	Rayleigh
7	1.9092	−18.6	Rayleigh
8	1.9293	−20.8	Rayleigh
9	1.9589	−22.6	Rayleigh
10	2.6426	−22.3	Rayleigh
11	3.7136	−25.6	Rayleigh
12	5.4524	−20.2	Rayleigh
13	12.0034	−29.8	Rayleigh
14	20.6519	−29.2	Rayleigh

注：第1径功率为0dB，服从莱斯分布，$K_1=22$dB。